Android in Action

Android应用开发实战

李宁◎著

机械工业出版社
China Machine Press

这是一本实践与理论紧密结合的Android应用开发参考书。实践部分以一个完整的大型案例（功能完善的微博客户端）贯穿始终，以迭代的方式详细演示和讲解了该案例的开发全过程，旨在帮助读者迅速理清Android应用开发的完整流程和实现细节，同时，对开发过程中所涉及的理论知识进行了详细的分析和讲解。理论部分是对实践部分的升华，对Android应用开发所需具备的高级知识和常用技巧进行了深入的阐述，读者掌握这部分内容后，在迅速获得实际应用开发经验之后还能进一步提升自己的理论技术功底。

全书一共分为三个部分。第一部分基础篇：全面介绍了Android的系统架构、开发环境的搭建、Android应用程序的常用组件，以及一个简单的微博客户端的实现方法，为接下来动手实现本书中的完整案例（新浪微博客户端）奠定了基础；第二部分实例篇：介绍了微博客户端的概况以及新浪微博API，然后根据微博客户端的功能划分详细地介绍了微博客户端各个功能模块的实现方法和细节，包括界面展示、代码分析，还有对所运用的理论知识的重点讲解，既便于读者动手实践，又能帮助读者巩固已经掌握的理论知识；第三部分高级篇：讲解了Android开发中的高级技术，包括各种常用的Android资源、通信功能的开发、数据库、蓝牙与Wi-Fi、第三方程序库、2D绘图技术、OpenGL ES绘图技术、Android的编译，以及Android的性能优化方法和实践；最后，详细介绍了Android 4.0的新特征。

图书在版编目（CIP）数据

Android应用开发实战 / 李宁著. —北京：机械工业出版社，2011.11

ISBN 978-7-111-36260-9

I. A…　II. 李…　III. 移动电话机－应用程序－程序设计　IV. TN929.53

中国版本图书馆CIP数据核字（2011）第217326号

机械工业出版社（北京市西城区百万庄大街22号　邮政编码　100037）
责任编辑：白　宇
北京京北印刷有限公司印刷
2012年1月第1版第1次印刷
186mm×240mm · 27.75印张
标准书号：ISBN 978-7-111-36260-9
定价：69.00元

凡购本书，如有缺页、倒页、脱页，由本社发行部调换
客服热线：（010）88378991；88361066
购书热线：（010）68326294；88379649；68995259
投稿热线：（010）88379604
读者信箱：hzjsj@hzbook.com

前　言

为什么要写这本书

几年前开始接触 Android 时就被 Android 自由开发的精神所感染。虽然 Android 在诞生之初曾在 iPhone 的阴影下沉寂了很长时间，也受到很多的质疑，但随着加入 Android 阵营的手机厂商、软件开发商、电信运营商和个人开发者的增多，Android 的势头也逐渐赶上并超过了 iPhone，成为占有率第一的移动操作系统。

由于 Android 发展迅速，导致了就业市场对 Android 开发人员的需求量猛增。然而，很多企业需要的是拥有实践经验的开发人员。刚毕业的大学生一般没有企业要求的实践经验，而培训机构的高昂培训费又令他们望而却步。尽管可以通过很多 Android 书籍中的小例子积累一些经验，但这些例子毕竟有限，有的也不完整，根本达不到企业所要求的水平。笔者在参与公司的面试过程中多次遇到了这些问题。为此，笔者特意选择了一个完整的项目新浪微博客户端作为本书的核心来讲解，其中涉及大部分的 Android 技术。读者通过仔细研究这个项目的实现方法以及本书提供的源代码，可以大大增加自己的实践经验。为了使读者获得更多的 Android 知识，本书还重点介绍了几项 Android SDK 中常用的技术，为读者提供实践经验外的理论储备。

读者对象

- ❑ 想增加 Android 实践经验的 Android 初学者
- ❑ 想从事 Android 开发工作的在校或即将毕业的大学生
- ❑ 有 Java 基础，想进入移动领域的开发人员
- ❑ 想进一步提高技术和实践能力的开发人员
- ❑ 开设 Android 课程的大专院校和培训机构
- ❑ 所有对 Android 感兴趣的读者

如何阅读本书

本书分为三大部分：

第一部分为基础篇，介绍了 Android 开发的基础知识，除此之外，还介绍了如何使用新浪微博 SDK 开发客户端程序，并给出一个简单的例子供读者练习。

第二部分为实例篇，通过一个新浪微博客户端程序介绍如何使用 Android 技术和新浪微博 SDK 开发一个完整的应用程序。这部分相对独立，如果你是一名有经验的 Android 开发人员，能够理解和使用 Android 开发技术，那么可以直接阅读这部分内容。但如果你是一名 Android 初学者，请一定从第 1 章开始学习。

第三部分为高级篇，重点介绍了 Android SDK 中一些常用的高级技术。例如 Android 资源、电话和短信的处理、数据库、蓝牙、2D 和 3D 绘图、编译器在 Android 中的应用等。读者可以通过这部分内容，进一步提高 Android 的理论和实践能力。

本书的大部分章节都提供了源代码（由于篇幅有限，书中只展示了核心代码，完整的源代码可以在网上[⊖]下载），建议读者先阅读本书的内容，如果仍然不理解书中的理论和代码，可以将完整的源代码导入 Eclipse 中，运行并调试这些代码。

在下载本书的源代码后，可以按下面的方法将 Android 工程导入 Eclipse。

单击 Eclipse 的【File】→【Import】菜单项，打开【Import】对话框，选择【Existing Projects into Workspace】节点，如图 1 所示。单击【Next】按钮进入下一个页面后，单击【Browse...】按钮选择要导入的 Android 工程，如图 2 所示。最后单击【Finish】按钮即可导入 Android 工程。

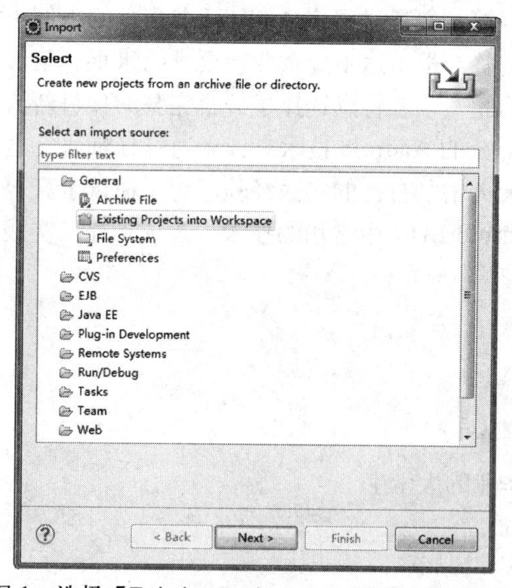

图 1　选择【Existing Projects into Workspace】节点

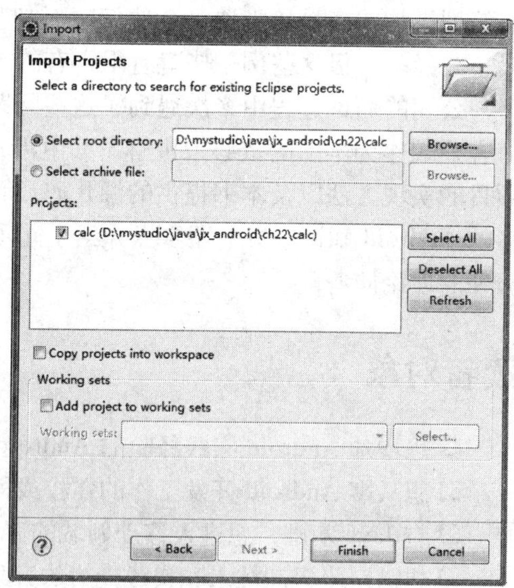

图 2　选择要导入的工程

⊖ 请先在华章公司网站（www.hzbook.com）上搜索到本书，在本书页面上即可找到相关源代码的下载链接。——编辑注

勘误和支持

除封面署名外，参加本书编写工作的还有赵华振、李斌锋、邓斌、戚祥、于伟、皮文星、陈育春、陆正武、虞晓东、张恒汝、高喆、刘威、刘冉、付志涛、宗杰、王大平、李振捷、李波、张鹏、管西京、闫芳、王玉芹、王秀明、杨振珂。

由于作者的水平有限，编写时间仓促，书中难免会出现一些错误或者不准确的地方，恳请读者批评指正。为此，笔者特意创建了一个在线答疑和发布勘误的论坛 http://books.51happyblog.com，读者可以将书中的错误、建议、技术问题发布在相关的版页，同时也请关注本论坛发布的本书相关信息。书中的全部源代码除可以从华章公司的网站下载外，还可以从这个论坛下载。如果你有更多的宝贵意见，也欢迎发送邮件至邮箱 techcast@126.com。期待得到你们的真挚反馈。

致谢

感谢所有在本书写作过程中给予我指导、帮助和鼓励的朋友，尤其是机械工业出版社华章公司的编辑杨福川和白宇，他们不仅对本书提出了宝贵的写作建议，而且还对本书进行了仔细的审阅。

感谢一直以来信任、鼓励、支持我的家人和朋友。

感谢 eoeAndroid、移动开发者社区的朋友对我技术上的帮助。

谨以此书献给我最亲爱的家人，以及众多热爱 Android 的朋友们！

李宁（银河使者）

2011 年 8 月于中国沈阳

目 录

第一部分　基础篇

Android 开发基础

第 1 章　Android 应用开发基础

自从 Google 在 2005 年收购了成立仅 22 个月的 Android 公司以来，在 Google 以及其他软硬件企业的不断推动下，Android 迅猛发展成为目前最流行的智能手机操作系统。

2010 年是 Android 蓬勃发展的一年。在这一年里上市的 Android、OMS 等系统的手机种类多达数百款。Android 作为 Google 最具创新的产品之一，正受到越来越多的手机厂商、软件厂商、运营商及个人开发者的喜欢。目前，Android 阵营主要包括 HTC（宏达电）、T-Mobile、高通、三星、LG、摩托罗拉、ARM、软银移动、中国移动、华为等。这些企业都在 Android 平台的基础上不断创新，让用户体验到最优质的服务。

随着加入 Android 阵营的手机厂商不断增多，从事 Android 开发的程序员也在以几何级的速度增长。千里之行，始于足下。那些徘徊在 Android 大门之外的程序员，你们还在等什么呢？ Android 圣殿之门已经向你敞开，Let's go. 让我们一起开始 Android 之旅吧！

1.1　Android 的系统构架

通过前面的介绍，我们对 Android 已经有了一个初步的了解。本节介绍 Android 的系统构架。先来看看 Android 的体系结构，如图 1-1 所示。

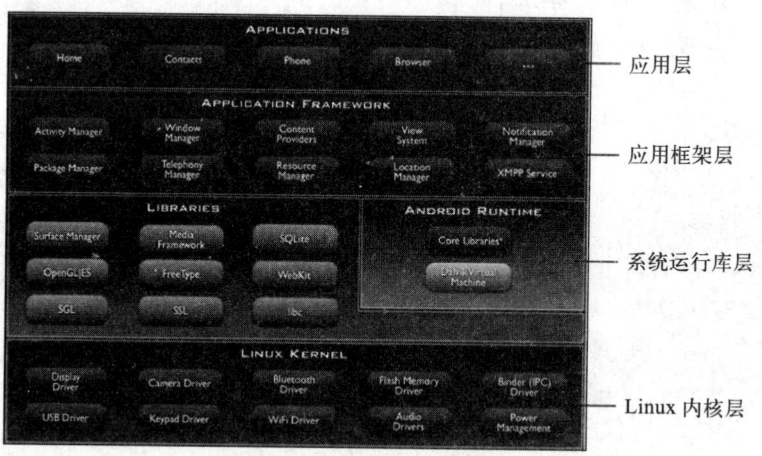

图 1-1　Android 体系结构

从图 1.1 可以看出 Android 分为 4 层，从高到低分别是：应用层、应用框架层、系统运行库层和 Linux 内核层。

下面对这 4 层分别进行简单的介绍。

（1）应用层

该层由运行在 Dalvik 虚拟机上的应用程序组成，例如日历、地图、浏览器、联系人管理等，这些应用程序主要由 Java 语言编写。需要说明的是，Dalvik 虚拟机是 Google 为 Android 专门设计的基于寄存器的 Java 虚拟机，运行 Java 程序的速度比 JVM 更快。

（2）应用框架层

该层主要由 View、通知管理器（Notification Manager）、活动管理器（Activity Manager）等可供开发人员直接调用的 API 组成，这些 API 主要由 Java 语言编写。

（3）系统运行库层

该层主要包括 C 语言标准库、多媒体库、OpenGL ES、SQLite、Webkit、Dalvik 虚拟机等。也就是说，该层是对应用框架层提供支持的层。由于 Java 本身不能直接访问硬件，要想让 Java 访问硬件，必须使用 NDK（Native Development Kit）才可以。NDK 是一些由 C/C++ 语言编写的库，主要是 *.so 文件。这些由 C/C++ 编写的程序也是该层的主要组成部分。

（4）Linux 内核层

该层主要包括驱动、内存管理、进程管理、网络协议栈等组件。目前 Android 的版本基于 Linux 2.6 内核。

1.2 Android 开发环境搭建

虽然 Android 开发环境使用起来较为舒适，但要想使开发环境正常地工作，就要安装大量软件、SDK、插件。虽然初次搭建 Android 开发环境比较费时费力，但是安装完你就会发现，安装过程并没有想象的那么复杂。本节针对 Android 开发环境的搭建做了非常全面的阐述，读者只要按图索骥，便可水到渠成。

1.2.1 安装 JDK 和配置 Java 开发环境

安装 JDK（Java Development Kit）是学习编写 Java 程序（如 Java SE、Java EE、Java ME 以及本书所讲的 Android）的基础。很多 Java 的初学者因为不能很好地配置 Java 的开发环境，从而对进一步学习 Java 产生了畏惧心理。实际上，安装和配置 Java 的开发环境要比搭建 Android 开发环境简单得多。

安装和配置 Java 开发环境可按如下几步进行。

步骤 1 从 http://www.oracle.com/technetwork/java/javase/downloads/index.html 下载最新版 JDK。

步骤 2 安装 JDK。

如果下载的是 JDK，那么安装包中会包含 JDK 和 JRE 两部分。建议将它们安装在同一个逻辑盘中。双击安装程序，选择安装的目录，单击“下一步”按钮，等待安装程序自动完成安装即可。

步骤 3 设置 Java 环境变量。

右键单击“我的电脑”，选择“属性”菜单项，单击弹出窗口左上角的“高级系统设置”。在弹出的界面中选择“高级”选项卡，单击“环境变量”按钮，在弹出的“环境变量”对话框的“系统变量”列表中找“Path”变量。如果找到，双击该变量显示设置对话框；如果没找到该变量，新建一个“Path”变量，并在变量设置对话框中设置 JDK 中 bin 目录的路径，如图 1-2 所示。

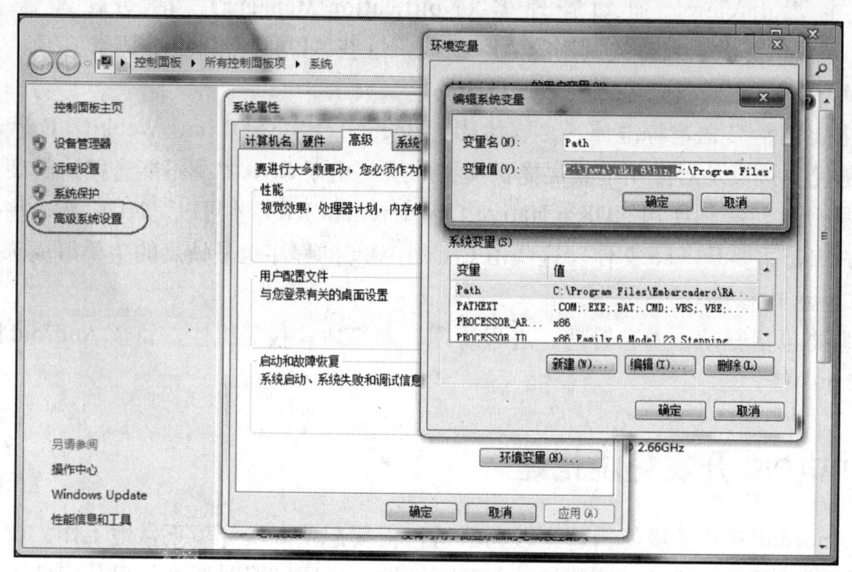

图 1-2 设置“Path”环境变量（Windows 7）

按照同样的方法设置“JAVA_HOME”变量，该变量的值指向 JDK 的根目录（如果未设置该变量，Eclipse 会由于找不到 JDK 而无法启动）。除了这两个变量外，还有一个“CLASSPATH”变量。这个变量指向多个全局搜索的目录或 jar 文件。在使用 java 和 javac 命令运行和编译程序时，如果未通过命令行指定所引用的类库，系统会在“CLASSPATH”变量指向的目录或 jar 文件中搜索相应的类库。当然，如果只使用 JDK 中标准的类库，并不需要设置该变量。

注意 写作本书时使用的是 Windows 7。如果是其他操作系统，如 Windows XP，设置过程略有差异，但基本的流程是一样的。

安装配置完成后，启动 Windows 控制台。输入 java -version 命令，如果输出 JDK 的版本信息（如图 1-3 所示），说明已经成功安装和配置了 Java 的开发环境。

1.2.2 安装 Android SDK

读者可以从下面的地址下载 Android SDK 的最新版本：

http://developer.android.com/sdk/index.html

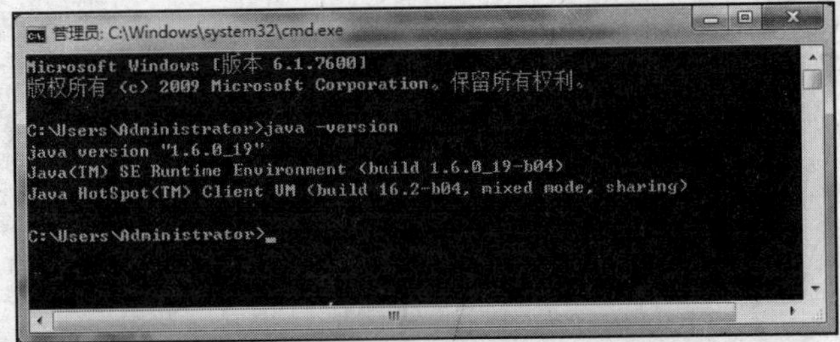

图 1-3　输出 JDK 的版本信息

该版本可以同时安装 9 个 Android SDK 版本（1.5 ～ 4.0 之间的主要版本）。注意，Android SDK 是在线安装的，在安装 Android SDK 之前，要保证有稳定而快速的 Internet 连接。完全安装 Android SDK 会花比较长的时间，读者需要耐心等待。如果安装过程顺利，将会出现如图 1-4 所示的下载界面。

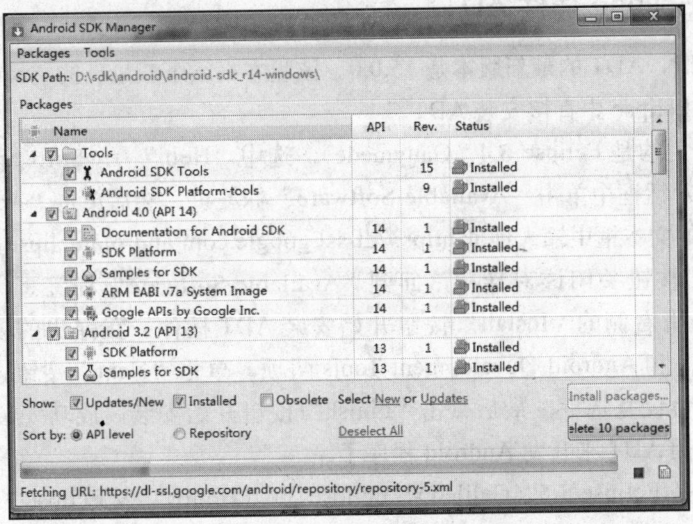

图 1-4　安装过程的下载界面

如果在读者的机器上已经安装了旧版本的 Android SDK 和 ADT，应先下载最新的 ADT，并在图 1-4 所示的界面中选择更新的 Android SDK，最后单击“Install packages”按钮进行安装。

Android SDK 安装成功后，会看到如图 1-5 所示的 Android SDK 根目录结构。platforms 目录包含当前 Android SDK 支持的所有版本，如图 1-6 所示。

注意　在写作本书时，Android 的最新版本是 4.0。这个版本将很多命令行程序（如 adb.exe、aapt.exe）放在了 platform-tools 目录中，而不是原来的 tools 目录。

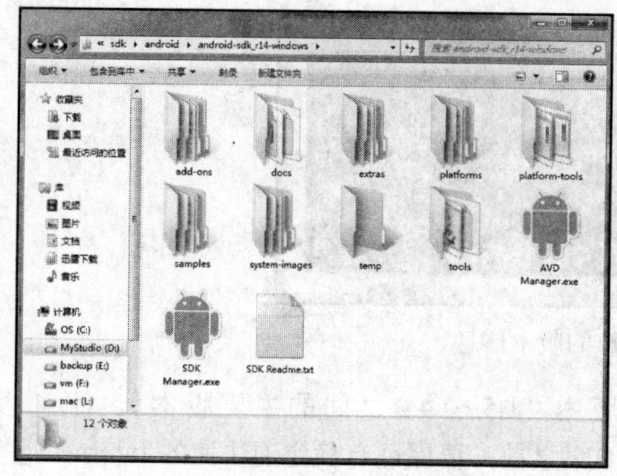

图 1-5 Android SDK 根目录结构

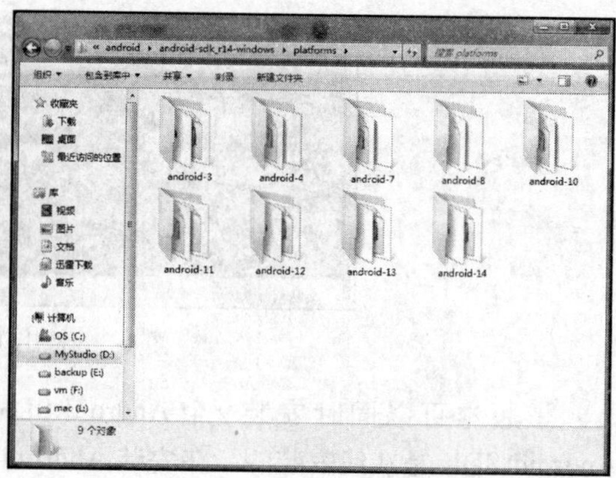

图 1-6 已经安装的所有 Android SDK 版本

1.2.3 安装 Eclipse 插件 ADT

在写作本书时，ADT 的最新版本是 15.0.0。该版本必须下载最新的 Android SDK 才能使用。读者可以在 Eclipse 中直接安装 ADT。

如果读者使用的是 Eclipse 3.4（Ganymede），选中“Help”→“Software Updates...”菜单项，在显示的对话框中单击“Available Software”标签页，然后单击“Add Site...”按钮。在显示的对话框的文本框中输入地址 https://dl-ssl.google.com/android/eclipse。

单击“OK”按钮关闭该对话框，回到“Available Software”标签页，选中刚才增加的地址，然后单击右侧的“Install”按钮开始安装 ADT 插件。在弹出的安装对话框中选择 Android DDMS 和 Android Development Tools 两项，单击“Next”按钮进入下一个安装界面，选择接受协议复选框，最后单击“Finish”按钮开始安装。成功安装 ADT 后，重启 Eclipse 就可以使用 ADT 来开发 Android 程序了。

如果使用的是 Eclipse 3.5（Galileo）、Eclipse 3.6（Helios）或 Eclipse 3.7（Indigo），单击“Help”→“ Install New Software...”菜单项，显示安装对话框。单击右侧的“Add...”按钮，在弹出的对话框的第 1 个文本框输入一个名字，在第 2 个文本框输入上面的地址。剩下的安装过程与 Eclipse 3.4 类似。读者可以参考 Eclipse 3.4 的安装过程或通过如下地址查看官方的安装文档：

http://develope.android.appspot.com/sdk/eclipse-adt.html。

安装完 ADT 后，还需要设置 Android SDK 的安装目录。单击“Window”→“Preferences”菜单项，在弹出的对话框中选中左侧的“Android”节点，在右侧的“SDK Location”文本框中输入 Android SDK 的安装目录，如图 1-7 所示。

至此，Android 的开发环境已经搭建完成，读者可以试着建立一个 Android 工程，并观察工程目录的结构。在后面的部分将介绍 Android 应用程序的资源和应用程序组件。

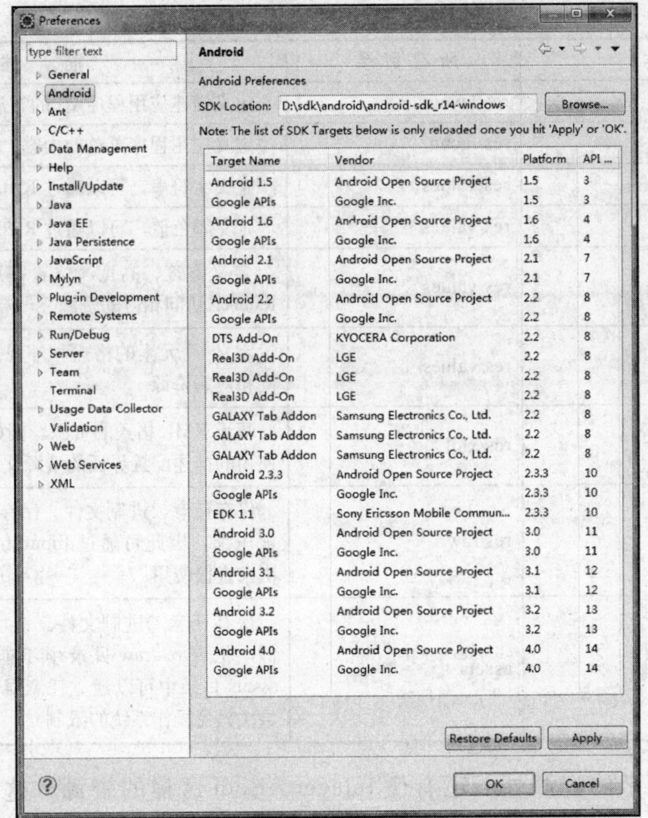

图 1-7 设置 Android SDK 的安装目录

1.3 Android 应用程序中的资源

Android 应用程序中的资源基本都在工程目录的 res 子目录中。当生成 apk 后，这些资源将被封装在 apk 文件中。当然，除了 res 目录，Android 工程根目录中的 assets 目录也可以保存资源文件，关于如何使用 res 及 assets 目录中的资源将在后面的章节中详细介绍。Android 应用程序可以包含的常用资源如表 1-1 所示。

表 1-1 Android 应用程序中的资源

资源种类		所在目录	描述
动画（Animation）	帧（Frame）动画	res/anim、res/drawable	定义动画文件
	补间（Tween）动画	res/anim	
颜色状态列表（Color State List）		res/color	定义根据视图（View）状态变化的颜色资源
可拉伸图像（Drawable）		res/drawable	使用 Android 所支持的图像格式或 XML 文件定义不同的图形

（续）

资源种类	所在目录	描　述
布局（Layout）	res/layout	定义描述应用程序 UI 的布局
菜单（Menu）	res/menu	定义应用程序菜单的内容
字符串（String）	res/values	定义字符串，可以通过 R.string 访问相应的资源
颜色（Color）	res/values	定义颜色值，可以通过 R.color 访问相应的资源
尺度（Dimen）	res/values	定义宽度、高度、位置等尺度信息，可以通过 R.dimen 访问相应的资源
风格（Style）	res/values	定义 UI 元素的格式和外观。可通过 R.style 类访问相应的资源
XML	res/xml	基于 XML 格式的资源。例如，PreferenceActivity 使用的描述配置界面的资源文件
RAW	res/raw	保存任意二进制文件。保存在该目录中的文件未被压缩，因此可通过 InputStream 从 apk 文件提取出来直接使用
ASSETS	assets	保存任意二进制文件。该目录与 res/raw 目录类似，但在 res/raw 目录中不能建立子目录，而在 assets 目录中可以建立任意层次的子目录（目录的层次只受操作系统的限制）

除了表 1-1 所示的资源外，还有像 Integer、Bool 这样的资源，这些资源都保存在 res\values 目录中，分别用 R.bool 和 R.integer 来引用。

1.4 Android 的应用程序组件

在 Android 程序中没有入口点（Main 方法），取而代之的是一系列的应用程序组件，这些组件都可以单独实例化。应用程序对外共享功能一般也是通过以下 4 种应用程序组件实现的：

- Activity（Android 的窗体）
- Service（服务）
- Broadcast Receiver（广播接收器）
- Content Provider（内容提供者）

下面分别介绍这 4 个应用程序组件。

1.4.1 Activity（Android 的窗体）

Activity 是 Android 的核心类，全称是 android.app.Activity 。Activity 相当于 C/S 程序中的窗体（Form）或 Web 程序的页面。每一个 Activity 提供了一个可视化的区域，在这个区域可以放置各种 Android 控件，例如按钮、图像、文本框等。

Activity 类中有一个 onCreate 事件方法，通常在该方法中对 Activity 进行初始化。通过 setContentView 方法可以将 View 放到 Activity 上，绑定后，Activity 会显示 View 上的控件。

一个带界面的 Android 应用程序由一个或多个 Activity 组成。至于这些 Activity 如何工作，或者它们之间有什么依赖关系，完全取决于应用程序的业务逻辑。例如，一种典型的设计方案是使用一个 Activity 作为主 Activity（相当于主窗体，程序启动时首先显示这个 Activity）。在这个主 Activity 中通过菜单、按钮等方式显示其他的 Activity。Android 自带的程序中有很多都是这种类型的。

每一个 Activity 都有一个窗口，在默认情况下，这个窗口是充满整个屏幕的，也可以将窗口变得比手机屏幕小，或者悬浮在其他的窗口上面。Activity 窗口中的可视化控件由 View 及其子类组成，这些控件按照 XML 布局文件中指定的位置在窗口上进行摆放。

1.4.2　Service（服务）

服务没有可视化接口，但可以在后台运行。例如，当用户进行其他操作时，可以利用服务在后台播放音乐，或者在来电时，利用服务同时进行其他操作。服务类必须从 android.app.Service 继承。

举一个非常简单的使用服务的例子。手机中会经常使用播放音乐的软件，在这类软件中往往会有循环播放或随机播放的功能。虽然软件中可能会有相应的功能（通过按钮或菜单进行控制），但用户可能会一边放音乐，一边在手机上做其他事情，例如与朋友聊天、看小说等。在这种情况下，用户不可能在一首音乐放完后再回到软件界面进行重放的操作。因此，可以在播放音乐的软件中启动一个服务，由这个服务来控制音乐的循环播放，而且服务对用户是完全透明的，这样用户完全感觉不到后台服务的运行，甚至可以在音乐播放软件关闭的情况下，仍然播放后台背景音乐。

除此之外，其他程序还可以与服务进行通信。当与服务连接成功后，就可以利用服务中共享的接口与服务进行通信了。例如，控制音乐播放的服务允许用户暂停、重放、停止音乐的播放。

1.4.3　Broadcast Receiver（广播接收器）

广播接收器组件的唯一功能就是接收广播动作，以及对广播动作做出响应。很多时候，广播动作是由系统发出的，例如时区的变化、电池电量不足、收到短信等。除此之外，应用程序还可以发送广播动作，例如，通知其他的程序数据已经下载完毕，并且这些数据已经可以使用了。

一个应用程序可以有多个广播接收器，所有的广播接收类都需要继承 android.content.BroadcastReceiver 类。

广播接收器与服务一样，都没有用户接口，但在广播接收器中可以启动一个 Activity 来响应广播动作，例如通过显示一个 Activity 提醒用户。当然，也可以采用其他的方法或几种方法的组合来提醒用户，例如闪屏、震动、响铃、播放音乐等。

1.4.4 Content Provider（内容提供者）

内容提供者可以为其他应用程序提供数据。这些数据可以保存在文件系统中，例如 SQLite 数据库或任何其他格式的文件。每一个内容提供者是一个类，这些类都需要从 android.content.ContentProvider 类继承。

在 ContentProvider 类中定义了一系列的方法，通过这些方法可以使其他的应用程序获得内容提供者所提供的数据。但在应用程序中不能直接调用这些方法，而需要通过 android.content.ContentResolver 类的方法来调用内容提供者类中提供的方法。

Android 系统中很多内嵌的应用程序，如联系人、短信等，都提供了 ContentProvider。其他的应用程序通过这些 Content Provider 可以对系统内部的数据实现增、删、改操作。例如，可以将指定电话号码的短信内容从系统数据库中删除，并将该短信内容加密保存在自己的数据库中。这些删除系统短信的操作就需要通过 Content Provider 来完成。

1.5 小结

本章介绍了 Android 的基础知识。如果读者没有接触过 Android，那么一定要仔细阅读本章，尤其是如何安装和配置 Android 开发环境的章节。除此之外，本章还介绍了 Android 的 4 个重要组件：Activity、Service、Broadcast Receiver 和 Content Provider。本书后面的章节会多次使用这 4 个应用程序组件，读者会逐步了解这些组件的用法和功能。

第 2 章　开发前的准备工作

本章将为第二部分中正式开发新浪微博 Android 客户端做一些准备工作。除了基本的工作外（建立 Android 工程、引用 SDK 和第三方类库、调试 SDK），还将介绍如何使用 SDK 的异步操作，也就是通过异步的方式调用 SDK 中访问新浪微博 API[⊖]的方法。

2.1　建立 Android 工程

首先，在 Eclipse 中单击“File”→“Android Project”菜单项，会显示“New Android Project”对话框。在“Build Target”列表中选择 Android 版本（建议选择 Android 2.3.1 或更高版本），并在“New Android Project”对话框的文本框中输入如表 2-1 所示的内容。

表 2-1　建立 Android 工程需要填写的内容

文本框	内容
Project name	sina_weibo
Application name	新浪微博 Android 客户端
Package name	sina.weibo
Create Activity	WeiboMain
Min SDK Version	9

默认情况下，Eclipse 会将 Android 工程建立在当前的工作空间（workspace）中（其他类型的工程也会建立在当前的工作空间中）。工作空间实际就是一个目录，有时我们不希望所有的工程都建立在这个目录中。例如，将不同类别的 Eclipse 工程放在各自的目录中，这样更有利于源代码的管理。为了达到这个目的，可以在建立 Eclipse 工程时取消“Use default location”复选框的选中状态，如图 2-1 所示。这样可以直接在“Location”文本框中输入 Eclipse 工程要存放的目录。虽然多个 Eclipse 工程可能存放在不同的目录中，但都会在 Eclipse 左侧的工程列表中显示，也可以通过单击“File”→“Import”菜单项导入其他目录的 Eclipse 工程。

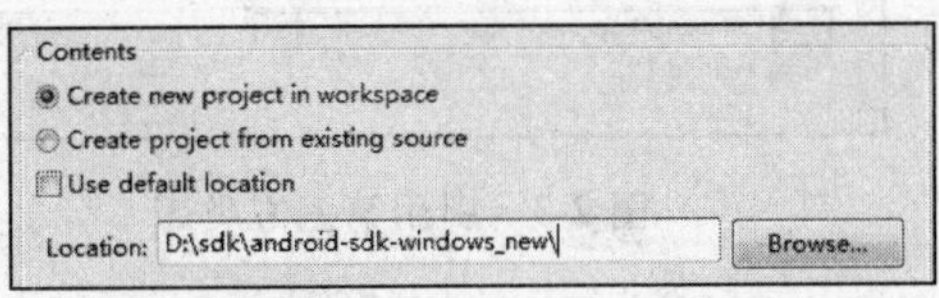

图 2-1　指定 Eclipse 工程存放的目录

⊖ 关于新浪微博 API 的详细信息请参考本书第 5 章。建议在阅读本章之前先快速阅读第 4 章、详细阅读第 5 章，这样能更好地理解本章的内容。

2.2 引用新浪微博 SDK

引用 SDK 的方法很多，例如，可以将 SDK 源代码编译生成 jar 文件，并在 Android 工程中引用这个 jar 文件，但由于要修改 SDK 的源代码，因此直接引用 jar 文件就显得不太方便。当然，也可以通过跨工程的方式引用 SDK 的工程。在这种情况下，如果 SDK 是 Android 版的，没有任何问题；如果引用了 Java 版本的 SDK，由于 Dalvik 虚拟机（Google 为 Android 专门开发的 Java 虚拟机）和 JDK 有一定的差异，可能在 JDK 下开发的程序在 Dalvik 上无法正常运行。为了避免不必要的麻烦，本书采用了最简单的方法来引用 SDK，也就是将 SDK 的源代码直接复制到 2.1 节建立的 Android 工程的 src 目录中，只需要复制 SDK 中 3 个源代码目录即可，如图 2-2 黑框中的目录所示。

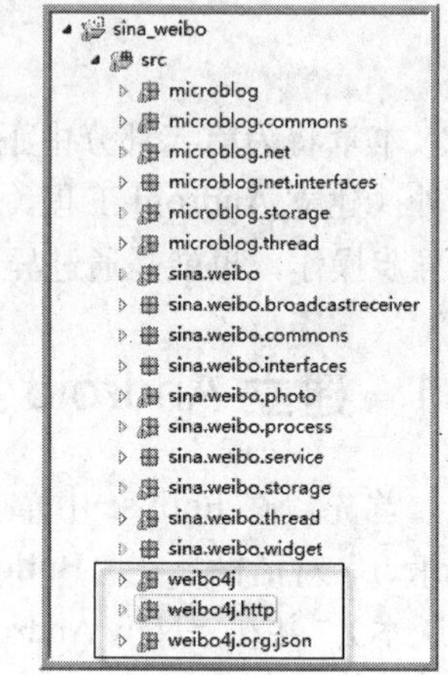

图 2-2 复制 SDK 的源代码目录到当前 Android 工程

2.3 引用第三方类库

新浪微博 SDK 需要使用一些第三方的类库（jar 文件）。可以将 SDK 目录中的 jar 文件复制到 Android 工程的 lib 目录中（如果没有该目录，可以创建一个）；然后，在工程右键菜单中单击“Properties”菜单项显示工程属性对话框，选中左侧列表中的“Java Build Path”项，单击右侧的“Libraries”标签。单击右侧的“Add JARS”按钮，选择 sina_weibo 工程 lib 目录中相应的 jar 文件，单击“OK”按钮引用这些 jar 文件，效果如图 2-3 所示。

引用 jar 文件后，会在 Android 工程目录的“Referenced Libraries”节点中显示被引用的 jar 文件，如图 2-4 所示。

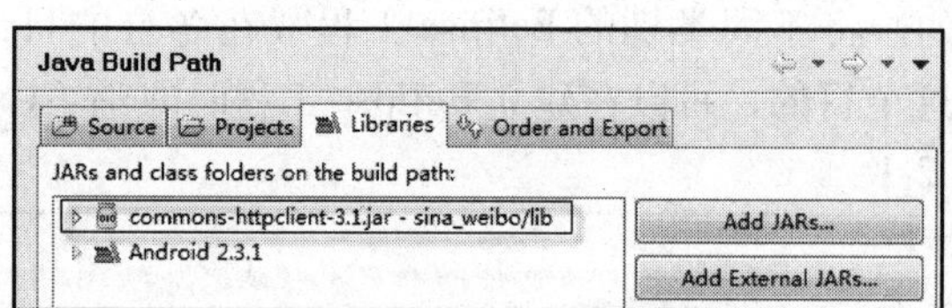

图 2-3 引用第三方类库

图 2-4 “Referenced Libraries”节点中被引用的 jar 文件

2.4 跨工程调试新浪微博 SDK

如果读者按照前三节进行操作，就可以在 Android 工程中调试 SDK 了。但用 Android 程序调试 SDK 比较费劲，为了更方便调试 SDK，可以创建一个专门用于调试新浪微博 SDK 的 Java 控制台工程（test_sina_weibo_sdk）。

在 Eclipse 工程中不仅可以引用外部的 jar 文件，还可以引用被 Import 或创建的其他 Eclipse 工程。这么做的好处是可以跨工程调试 SDK，在跟踪程序时，可以直接跟踪到 SDK 所在的工程。

跨工程引用的方法：首先进入工程属性页，选中左侧列表中的“Java Build Path”项，并选择右侧的“Projects”页面，然后单击“Add”按钮，在弹出的对话框中选择“sina_weibo”工程，单击“OK”按钮引用该工程。引用“sina_weibo”工程后，“sina_weibo”会显示在“Projects”页面，如图 2-5 所示。

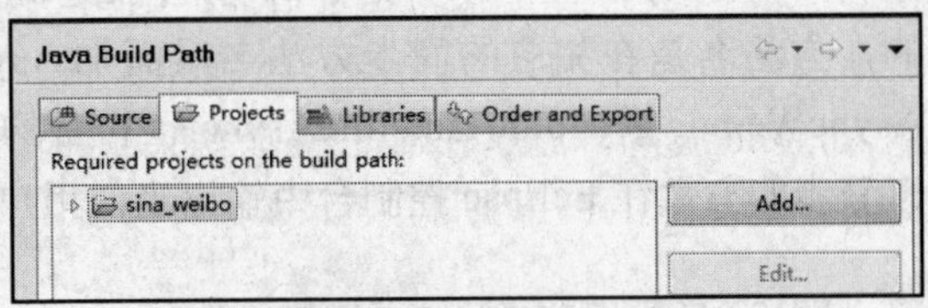

图 2-5　跨工程引用 sina_weibo

注意　虽然在 test_sina_weibo_sdk 工程中引用 sina_weibo 工程后可以使用 sina_weibo 工程的类，但由于 SDK 中引用了一些 jar 文件，这些文件也必须在 test_sina_weibo_sdk 工程中引用。建议将这些 jar 文件复制到 test_sina_weibo_sdk 工程中并引用它们。

现在可以在 test_sina_weibo_sdk 中建立一个 Java 控制台程序，并使用下面的代码来测试新浪微博 SDK：

```
//  请将App Key换成实际的App Key
Weibo.CONSUMER_KEY = "App Key";
Weibo weibo = new Weibo("account", "password");
User user = weibo.verifyCredentials();
System.out.println(user.getName());
```

注意　在导入 test_sina_weibo_sdk 工程之前，首先应导入 sina_weibo 工程，否则 test_sina_weibo_sdk 工程会因找不到 sina_weibo 工程而无法编译和运行。其他的跨工程引用也必须导入所有被引用的工程。

2.5 异步访问 API

工程目录：src\test_async_weibo

前面的例子中都是通过同步的方式调用新浪微博 SDK 中的方法。如果网速足够快，同步操作没有任何问题。但由于本系统需要运行在 Android 手机上，而且大多数手机的上网速度并不快，因此需要使用异步的操作来减缓因网速而造成的延迟。当然，如果发生了网络中断，或服务端出现暂时性的故障，更能体现出异步访问 API 的优势。在这种情况下如果使用同步，有可能会造成软件的“假死”，从而会严重影响用户体验。

2.5.1 使用 SDK 本身的异步功能

源代码：Test1.java

SDK 不仅提供了同步访问新浪微博 API 的方法，也提供了一些以异步方式访问新浪微博 API 的方法。Weibo 类中的方法都是同步的，而 AsyncWeibo 类中的方法都是异步的，方法名是在相应的同步方法名后面加 Async。例如，异步获取首页微博列表的方法是 AsyncWeibo. getHomeTimelineAsync。下面的代码通过调用 getHomeTimelineAsync 方法，以异步的方式在 Eclipse 控制台中输出当前用户首页的微博内容。

```
Weibo.CONSUMER_KEY = "App Key";
//  创建 AsyncWeibo 对象
AsyncWeibo asyncWeibo = new AsyncWeibo("account", "password");
//  异步获得当前首页中的微博信息
asyncWeibo.getHomeTimelineAsync(new WeiboListener()
{
    @Override
    public void gotHomeTimeline(List<Status> statuses)
    {
        for (Status status : statuses)
        {
            System.out.println("text: " + status.getText());
        }
    }
    ... ...
    //  此处省略了其他事件方法
});
System.out.println(" 方法调用完成 ");
System.in.read();
```

编写上面代码时应注意如下三点。

1）调用 getHomeTimelineAsync 方法后会立即返回。因此，“方法调用完成”会首先输出到控制台。

2）异步调用需要通过监听事件返回数据。在 SDK 中使用 getHomeTimelineAsync 方法来返回首页微博的信息。WeiboListener 接口中还有很多事件方法。在实际应用中，可以编写一个实现 WeiboListener 的类（如 WeiboListenerImpl），但在该类中并不需要编写具体的实现代码。当异步方法需要 WeiboListener 对象时，只需要创建 WeiboListenerImpl 对象即可。这样可以避免每次都要实现 WeiboListener 接口中的所有方法（虽然大多数方法中没有任何代码）。

3）在 Java 控制台程序中测试本例时，在 getHomeTimelineAsync 方法未成功返回数据之前，程序不能退出。因此，要使用 System.in.read 方法阻止控制台程序的退出，以便使 getHomeTimelineAsync 方法有足够的时间返回首页微博数据。

2.5.2 为 SDK 自定义异步功能

源代码：Test2.java

虽然 SDK 本身提供了异步的方法，但并不是每一个同步方法都有对应的异步方法。例如，verifyCredentials 方法就没有提供相应的 verifyCredentialsAsync 方法。因此，需要自己为这些方法添加对应的异步方法。同时，为了进行扩展，本系统基本上使用自定义的异步方法。读者也可以使用 SDK 本身提供的异步方法。

本节介绍异步操作的原理，并实现一个与 verifyCredentials 方法对应的异步方法。自定义的异步方法都在 MyMicroBlogAsync 类中，MyMicroBlog 类是与之对应的同步方法（只是对 Weibo 进行了简单的封装和处理）。MyMicroBlogAsync 继承自 MyMicroBlog。

所谓异步操作，最简单的实现方法就是将同步方法放在线程中执行，在执行成功或失败后，调用相应的事件方法返回数据。包含事件方法的接口是 MicroBlogListener（与 SDK 提供的 WeiboListener 接口类似）。在该接口中有如下 3 个重要的方法：

```
//  执行同步方法之前调用，这 3 个方法中的 type 参数表示返回数据的类型
public boolean onWait(String msg, int type);
//  成功执行同步方法后调用
public void onEnd(String msg, Object obj, int type);
//  执行同步方法失败后调用
public void onException(String msg, int type);
```

为了通用，onEnd 方法使用了 Object 对象来保存相应的返回数据。使用时需要将 Object 对象转换成相应的对象，例如 User、List<Status> 等。下面先看 MyMicroBlogAsync.loginAsync 方法（用于校验用户）的实现。该方法通过调用 verifyCredentials 方法实现了校验用户的功能。代码如下：

```
public Thread loginAsync(MicroBlogListener microBlogListener)
{
    ExecuteThread executeThread = new ExecuteThread(new AsyncTask(
            microBlogListener, OPERATION_TYPE_LOGIN, MESSAGE_LOGIN, mLanguage)
    {
        @Override
        public Object invoke() throws Exception
        {
            //  调用 MyMicroBlog.login（同步）方法返回 User 对象
            return login();
        }
    });
    executeThread.execute();
    return executeThread.getThread();
}
```

从 loginAsync 方法的代码可以看出，该方法并没有直接使用 Thread 对象来执行 verifyCredentials 方法，而是使用了 AsyncTask 对象来描述异步任务。MicroBlogListener 接

口并没有像 WeiboListener 接口那样，为每一种返回数据单独定义一个事件方法，而是所有的返回数据都通过 onEnd 方法返回。因此，需要通过 onEnd 方法的第 3 个参数（int 类型）确定返回的是哪种类型的数据。例如，该参数值是 OPERATION_TYPE_LOGIN，表示 onEnd 方法是在成功校验用户后被调用的。以下是 AsyncTask 类的代码。

```
package microblog;

import weibo4j.Weibo;

public abstract class AsyncTask implements Runnable
{
    private MicroBlogListener mMicroBlogListener;
    private int mType;        // 操作的类型，如用户登录、获得 Status 等
    private int mMsgId;
    private int mLanguage;    // 当前的语言
    private boolean mShowWaitMsg;
    //  抽象方法，在 AsyncTask 的子类中需要实现该方法，用于调用同步的方法
    public abstract Object invoke() throws Exception;
    public AsyncTask(MicroBlogListener microBlogListener, int type, int msgId,
        int language)
    {
        this(microBlogListener, type, msgId, language, true);
    }
    public AsyncTask(MicroBlogListener microBlogListener, int type, int msgId,
        int language, boolean showWaitMsg)
    {
        mMicroBlogListener = microBlogListener;
        mMsgId = msgId;
        mType = type;
        mLanguage = language;
        mShowWaitMsg = showWaitMsg;
    }

    @Override
    public void run()
    {
        //  对提示信息进行国际化处理
        String[] msgArray = MyUtil.getString(mMsgId, mLanguage);
        try
        {
            // mType + 1 表示操作成功的 ID
            if (mMicroBlogListener != null && mShowWaitMsg)
                if(mMicroBlogListener.onWait(msgArray[0], mType) == false)
                    return;
            //  调用相应的同步方法
            Object obj = invoke();
            // mType + 1 表示操作成功的 ID
            if (mMicroBlogListener != null)
                mMicroBlogListener.onEnd(msgArray[1], obj, mType + 1);
```

```
        }
        catch (Exception e)
        {
            // mType + 2 表示操作失败的 ID
            if (mMicroBlogListener != null)
                mMicroBlogListener.onException(msgArray[2], mType + 2);
        }
    }
}
```

在阅读 AsyncTask 类时应了解如下几点。

1）在 AsyncTask 类中有一个 invoke 抽象方法，该方法必须在 AsyncTask 的子类中实现，需要在该方法中调用同步的方法。loginAsync 方法中的 invoke 方法就是实现了 AsyncTask.invoke 方法。

2）在 AsyncTask.run 方法中调用相应的同步方法（invoke），在调用前后，分别调用 onWait 和 onEnd 方法。其中 onWait 方法必须返回 true 才会继续调用 invoke 方法。onWait 方法本章暂不涉及，因此，该方法只需要返回 true 即可。

3）为了方便，在定义常量时，表示操作类型的常量加 1，表示操作成功，加 2 表示操作失败。例如，OPERATION_TYPE_LOGIN 表示操作类型（4001）、OPERATION_TYPE_LOGIN_SUCCESS（4002）表示操作成功、OPERATION_TYPE_LOGIN_EXCEPTION（4003）表示操作失败。

下面演示如何使用 MyMicroBlogAsync.loginAsync 方法校验用户。代码如下：

```
Weibo.CONSUMER_KEY = "App Key";
MyMicroBlogAsync myMicroBlogAsync = new MyMicroBlogAsync(
        "account", "password", new KeySecret());
myMicroBlogAsync.loginAsync(new MicroBlogListener()
{
    //  校验之前调用
    @Override
    public boolean onWait(String msg, int type)
    {
        return true;
    }
    //  校验成功后调用
    @Override
    public void onEnd(String msg, Object obj, int type)
    {
        User user = (User) obj;
        System.out.println(user.getName());
    }
    //  校验失败后调用
    @Override
    public void onException(String msg, int type)
    {
        System.out.println(msg);
```

```
        }
        ... ...
        //  此处省略了其他的事件方法
    });
    System.in.read();
```

其中，KeySecret类封装了App Key和App Secret。读者可以直接修改KeySecret类中的consumerKey和consumerSecret变量的值来设置App Key和App Secret，也可以继承KeySecret类来重新定义这两个变量。

2.6 小结

为了开发新浪微博Android客户端，本章进行了一系列的准备工作。本系统引用SDK的方法是将SDK的源代码复制到Android工程中。因此，使用SDK就像使用自己编写的类一样简单方便。本章最后还介绍了如何使用SDK的异步方法访问新浪微博API。异步从本质上讲就是在多线程中访问相应的同步方法。为了进一步扩展异步操作，本章还自己实现了相应的异步方法。读者可以根据自己的需要决定是采用SDK本身提供的异步方法，还是自己来实现异步方法。

第 3 章　实现一个简单的微博客户端

本章将编写一个简单的微博客户端，使其实现自动将手机拍摄的照片发布到微博的功能。Android 的服务（Service）会不断监视照片的存储路径，如果有新的照片保存在该目录，就会立即将该照片发布到微博上。

3.1　编写 Android 的服务

由于本章的例子要使用服务（Service），因此，在编写程序之前，先介绍什么是 Service，以及编写 Service 的步骤。

Service 是 Android 的四大应用组件之一。Service 可以在后台运行，通过 Service 可以在不影响用户的情况下处理各种任务，例如，用户可能正在手机上看电影，或是和 MM 聊天，这时是最讨厌别人打扰的。

编写 Service 很容易，首先建立一个普通的 Java 类（假设类名为 MyService），该类必须继承自 android.app.Service。在编写完 Service 之后，需要在 AndroidManifest.xml 文件中使用 <service> 标签注册 Service。编写完的 Service 还不会运行，需要使用如下的代码来运行服务：

```
Intent intent = new Intent(this, MyService.class);
startService(intent);
```

Intent 类构造方法的第一个参数是 Context 类型，如果将上面的代码写在 Activity 中，可以直接用 this 表示当前的 Activity 对象。第二个参数是 Class 类型，其中 MyService 是我们编写的服务类。

准备工作做好了，下面就来编写这个微博客户端。

3.2　让任何拍照软件都成为微博客户端

工程目录：src\photo_share

现在开始编写发布微博的程序。本节实现的程序虽然可以将照片发布到新浪微博，但并不提供拍照的功能。这个程序可以通过监视存储照片的目录，当有新的照片存入该目录时，程序会自动检测到，并将该照片发布到新浪微博。这么做的目的是，将任何拍照软件或图像处理软件作为微博客户端，当这些软件将任何新处理的照片图像保存到该目录时，本程序就可以将照片文件发布到微博上（以新浪微博为例）。

3.2.1 可以监视目录文件的服务

Android SDK 并没提供监视目录中文件的功能，但可以利用一些技巧来达到这个目的。由于在被监视的目录中新建一个文件时，Android 系统会更新这个文件的修改时间。因此，只需要在初始化时将当前时间记录下来，并通过循环以一定时间间隔不断扫描该目录。如果目录中新建了文件，修改时间必然大于初始化时记录的时间；只要发现这样的文件，就返回这个文件的文件名，进行后续处理。

这个监视目录文件的功能需要在 Service 中完成，代码如下：

```
package mobile.android.photo.share;

import java.io.File;
import java.io.FileFilter;
import java.util.Arrays;
import java.util.Comparator;
import java.util.Date;
import android.app.Service;
import android.content.Intent;
import android.os.Handler;
import android.os.IBinder;
import android.os.Message;

public class PhotoShareService extends Service implements Runnable
{
    //  定义保存照片文件的路径
    private String path = android.os.Environment.getExternalStorageDirectory()
            .getAbsolutePath() + "/DCIM/Camera";
    //  记录目录中文件的最新修改时间
    private long maxTime;
    private Thread thread;
    //  flag为true，开始监视目录
    private boolean flag = true;

    @Override
    public IBinder onBind(Intent intent)
    {
        return null;
    }
    @Override
    public void onStart(Intent intent, int startId)
    {
        super.onStart(intent, startId);
        //  记录当前的时间
        maxTime = new Date().getTime();
        //  如果监视目录的线程正在运行，关闭运行标志（flag），结束线程
        if (thread != null)
        {
            flag = false;
```

```
            thread = null;
        }
        else
        {
            //  打开线程运行标志
            flag = true;
            //  启动监视目录的线程
            thread = new Thread(this);
            thread.start();
        }
    }
    @Override
    public void run()
    {
        //  通过循环不断监视目录
        while (flag)
        {
            try
            {
                //  每隔500毫秒扫描一次目录文件
                Thread.sleep(500);
            }
            catch (Exception e)
            {
            }
            File file = new File(path);
            //  获得所有修改时时间大于maxTime的文件列表
            File[] files = file.listFiles(new FileFilter()
            {
                @Override
                public boolean accept(File pathname)
                {
                    //  如果当前文件修改时间大于maxTime，则该文件满足条件
                    if (pathname.lastModified() > maxTime)
                        return true;
                    else
                        return false;
                }
            });
            if (files.length > 0)
            {
                try
                {
                    //  更新文件的最新修改时间
                    maxTime = files[0].lastModified();
                    //  上传带图像的微博
                    WeiboTools.uploadImage(files[0].getAbsolutePath());
                }
                catch (Exception e)
                {
```

```
                }
            }
        }
    }
}
```

编写 PhotoShareService 类需要注意如下几点。

1）系统默认保存照片的目录是“/sdcard/DCIM/Camera”。

使用系统自带的照相程序拍照后，照片都会保存在该目录。因此，本例会监视该目录中的图像文件。如果想监视其他拍照软件用于保存照片的目录，可以将 path 变量改成其他的值。

2）Service 有一个非常重要的 onStart 方法，该方法在每次启动服务时都会被调用。

本例中利用该方法作为监视开关。也就是说，第一次调用该方法，会运行监视目录的线程；再次调用该方法，会停止监视目录的线程；第三次调用仍然会再次运行监视目录的线程，以此类推。除了 onStart 方法外，Service 还有一个 onCreate 方法，该方法只在第一次开始 Service 时调用。在使用 Service 时要注意 onStart 和 onCreate 方法的区别。

3）在 run 方法中，每隔 500 毫秒会从被监视目录获得比当前更新时间（maxTime）更新的图像文件列表。

本例只选取这些文件中的第一个。如果在 500 毫秒之内拍摄了多张照片，需要处理所有返回的文件。

4）在发布微博之前，要将 maxTime 的值更新为最新的修改时间。否则系统会循环获得最近拍摄的照片列表，这样会造成重复发布同样的微博。其中，WeiboTools.uploadImage 方法用于上传带图像的微博，将在下一节详细介绍。

编写完 PhotoShareService 类后，需要在 AndroidManifest.xml 文件中使用如下代码注册：

```
<service android:name="PhotoShareService" android:enabled="true" />
```

由于本例需要通过 Internet 发布微博，因此，需要在 AndroidManifest.xml 文件中使用下面代码打开 Internet 访问权限。

```
<uses-permission android:name="android.permission.INTERNET" />
```

注意 不管通过 Wi-Fi，还是 2G、3G 上网，都需要打开该权限

最后，使用下面的代码开始服务：

```
public void onClick_Monitor(View view) throws Exception
{
    Intent intent = new Intent(this, PhotoShareService.class);
    //  开始服务
    startService(intent);
    Button btnStartMonitor = (Button) findViewById(R.id.btnStartMonitor);
    //  根据监视状态更新按钮的文本
    if ("开始监视".equals(btnStartMonitor.getText()))
    {
```

```
        btnStartMonitor.setText("停止监视");
    }
    else
    {
        btnStartMonitor.setText("开始监视");
    }
}
```

3.2.2　发布带图像的微博

WeiboTools 类有一个静态的 uploadImage 方法，该方法负责发布带图像的微博。下面先看 WeiboTools 类的代码。

```
package mobile.android.photo.share;

import java.io.ByteArrayOutputStream;
import microblog.KeySecret;
import microblog.MyMicroBlog;
import weibo4j.Status;
import android.graphics.Bitmap;
import android.graphics.Bitmap.CompressFormat;
import android.graphics.BitmapFactory;
import android.graphics.BitmapFactory.Options;
import android.graphics.Matrix;

public class WeiboTools
{
    public static Status uploadImage(String filename) throws Exception
    {
        //  下面的代码用于设置 App Key 和 App Secret
        KeySecret keySecret = new KeySecret();
        keySecret.setConsumerKey("appkey"); keySecret.setConsumerSecret("appsecret");
        //  设置账号和密码，并通过 KeySecret 对象设置 appkey 和 appsecret
        //  MyMicroBlog 是对 SDK 的更进一步封装，在后面章节详细介绍
        MyMicroBlog microBlog = new MyMicroBlog("account", "password", keySecret);

        Options options = new Options();
        options.inSampleSize = 5;
        //  按 1/5 大小读取指定图像文件
        Bitmap bitmap = BitmapFactory.decodeFile(filename, options);
        Matrix matrix = new Matrix();
        //  将图像顺时针旋转 90 度
        matrix.setRotate(90);
        //  生成旋转后的图像
        Bitmap rotateBitmap = Bitmap.createBitmap(bitmap, 0, 0,
                bitmap.getWidth(), bitmap.getHeight(), matrix, false);
        ByteArrayOutputStream baos = new ByteArrayOutputStream();
        //  将图像压缩成 JPEG 格式
        rotateBitmap.compress(CompressFormat.JPEG, 100, baos);
        //  获得 JPEG 格式图像的 byte[] 数据
```

```
            byte[] buffer = baos.toByteArray();
            //  发布带图像的微博
            Status status = microBlog.updateStatus(" 分享图片 ", baos.toByteArray());
            baos.close();
            return status;
        }
    }
```

目前手机大部分都是 500 万像素以上的摄像头，拍出的照片很多都超过 1MB，而新浪微博最大可以上传 1MB 的图像微博。由于手机的内存资源有限，本例使用 Options.inSampleSize 属性设置了压缩的比率，也就是说，如果 Options.inSampleSize 属性的值为 n，BitmapFactory.decodeFile 方法会按 1/n 大小装载指定的图像文件。本例按原图像的 1/5 来装载图像。读者可以根据实际情况改变这个比例。

由于系统默认的拍照程序拍出的照片是横向的，因此，需要顺时针旋转 90 度才可以达到正常的效果。

虽然通过 Weibo.updateStatus 和 Weibo.uploadStatus 方法可以分别发布文字微博和图像微博，但较麻烦。例如，需要创建 ImageItem 对象来封装图像数据。本例对这两个封法进行了封装（MyMicroBlog.updateStatus），同意发布文字微博和发布图像微博。updateStatus 方法有多种重载形式，代码如下：

```
//  发布文字微博
public Status updateStatus(String msg) throws Exception
{
    return mWeibo.updateStatus(msg, "");
}
// 使用 ImageItem 对象发图像微博
public Status updateStatus(String msg, ImageItem item) throws Exception
{
    return mWeibo.uploadStatus(msg, item);
}
//  使用 InputStream 对象发布图像微博
public Status updateStatus(String msg, InputStream is) throws Exception
{
    ByteArrayOutputStream baos = new ByteArrayOutputStream();
    byte[] buffer = new byte[8192];
    int count = 0;
    while ((count = is.read(buffer)) > 0)
    {
        baos.write(buffer, 0, count);
    }
    ImageItem item = new ImageItem("pic", baos.toByteArray());
    Status status = mWeibo.uploadStatus(msg, item);
    baos.close();
    return status;
}
//  使用字节数组发布图像微博
```

```
public Status updateStatus(String msg, byte[] image) throws Exception
{
    ByteArrayInputStream bais = new ByteArrayInputStream(image);
    return updateStatus(msg, bais);
}
//  使用本地文件名发布图像微博
public Status updateStatus(String msg, String filename) throws Exception
{
    FileInputStream fis = new FileInputStream(filename);
    Status status = updateStatus(msg, fis);
    fis.close();
    return status;
}
```

从上面的代码可以看出，发布文字微博的方法只有一种重载形式，而发布图像微博的方法共有四种重载形式，分别通过 ImageItem 对象、InputStream 对象，byte[] 和本地文件名来发布图像微博。通过这些重载形式，可以灵活地发布各种图像来源的微博。例如，图像来自网络，可以先获得网络图像资源的 InputStream 对象，然后再使用 updateStatus 方法发布图像微博。

现在本例已全部完成，运行 photo_share 程序，单击“开始监视”按钮，这时“开始监视”会变成“停止监视”，如图 3-1 所示。现在按手机上的“Home”键（小房子按键），使用手机自带的拍照程序拍摄照片。如果这时手机可以联网，并且读者已经将 Account、Password、App Key 和 App Secret 替换为相应的值，系统就会立刻将刚拍摄的照片发布到微博上。

图 3-1　photo_share 主界面

最后提醒读者，测试完本例后记得再次单击“停止监视”按钮，以停止对存储照片的目录的监视；否则，手机摄像头拍摄的所有照片就会都发布到自己的微博上了。

3.3　小结

本章通过一个实例介绍如何使用微博及微博开放 API。自从 Twitter 开放了自己的 API 以来，世界各大微博、SNS 等网站也相继开放了 API。本章介绍的新浪微博开放 API 只是冰山一角。为了使读者更好地理解新浪微博 API，本章还使用新浪微博 SDK 编写一个用于发布微博的 Android 程序。该程序可以监视任何指定的目录中的文件，如果发现最新保存的图像文件，就会将该图像文件发布到微博上。读者可以在本例的基础上进行修改，使其变得更强大。例如，监视多个图像保存目录、图像手工发布等。

未来是代码开放的时代，这也充分体现了互联网的最初精神：人人为我，我为人人。对于整个互联网来说，各种开放 API 将引爆更深层次的开放。开放 API 不仅是对内容的开放，也是对控制权的开放。有了开放 API，互联网才会成为一台巨大的机器，我们每一个人都会为这台机器添加各种功能，使其不断趋于完美。希望读者可以充分利用这些开放 API 来达到双赢的目的。

第二部分　实例篇

微博客户端开发

第 4 章 微博客户端概况

从本章开始，我们会逐步来设计和实现基于新浪微博的 Android 客户端。目前，已经有很多微博推出了自己的微博客户端，例如新浪微博、网易微博和腾讯微博都推出了 Android 客户端。因此，我们可以参考这些 Android 客户端来设计和实现新浪微博客户端。

本章首先介绍一些常用的微博客户端，然后对本书要实现的 Android 微博客户端的主要功能进行介绍，以使读者在实现客户端时有的放矢；最后会介绍微博客户端所使用的各种数据存储方案，这些存储技术会用到微博客户端的不同功能模块。

4.1 参考客户端

目前微博比较多，Android 客户端就更多了。本节只介绍几种使用较广泛的微博及相应的官方客户端，其他第三方的客户端读者可以从网上下载。

4.1.1 新浪微博官方 Android 客户端

新浪是国内做的最早的微博厂商之一，很早就推出了微博 Android 客户端。读者可以从地址 http://weibo.com/mobile/android.php 下载最新的新浪微博客户端，或在手机上的 Android Market 客户端中查找“新浪微博”，一般第二项就是新浪微博 Android 客户端，如图 4-1 所示。

注意，新浪官方的微博 Android 客户端比较大（超过 4MB），如果在手机上通过 3G 或 GPRS 下载，可能会消耗一些流量。

新浪微博 Android 客户端是一款比较标准和完善的微博客户端。主界面上、下是各种控制按钮（包括写微博、刷新当前页面、信息、我的资料、搜索等功能），中间部分是相应的微博页面，默认显示首页的微博内容，效果如图 4-2 所示。通过“我的资料”功能，可以显示当前登录用户的相关信息，如图 4-3 所示。

发布微博是客户端另一个重要的功能。单击图 4-2 所示界面左上角的按钮，会显示如图 4-4 所示的发布微博的界面。在文本框中输入微博内容后，单击右上角的“发送”按钮发布微博。发布微博的界面除了有发布微博的功能，还添加了一些辅助的功能（在文本框的下

图 4-1 在 Android Market 中下载新浪微博 Android 客户端

方)，包括插入当前位置（通过手机中的 GPS 模块完成）、采集照片（照片来自拍照或手机相册）、插入主题（实际上就是插入两个 # 号，例如，# 主题 # 表示一个主题）、插入 @ 符号以及插入笑脸。虽然这些功能都不是必要的，但作为一个完整的客户端，增加这些功能无疑是锦上添花。

单击图 4-2 所示的某条微博，会显示当前微博的详细信息，并可转发、评论、收藏微博，如图 4-5 所示。

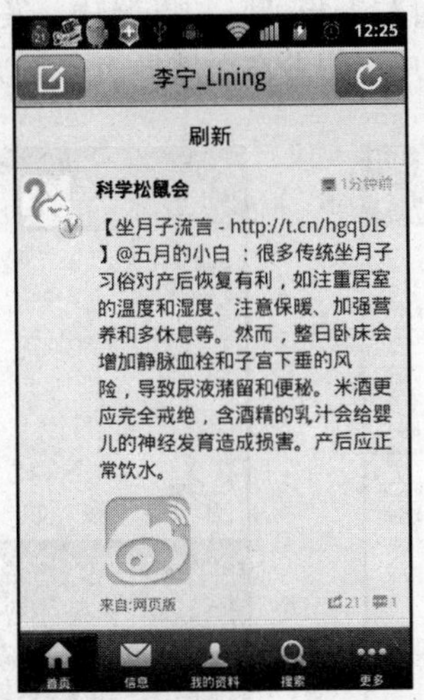

图 4-2　新浪微博 Android 客户端主界面

图 4-3　查看当前登录用户的资料

图 4-4　新浪微博 Android 客户端发布微博的界面

图 4-5 查看微博的详细内容

4.1.2 网易微博官方 Android 客户端

网易以免费邮箱闻名，网易的微博可以和网易邮箱（126、163 等）结合。除了在 Web 版邮箱中发布微博外，也可以使用 Android 客户端来发布微博。可以从地址 http://t.163.com/mobile/android 下载网易微博 Android 客户端，或在 Android Market 中查找“网易微博”，并下载网易微博 Android 客户端，如图 4-6 所示。

网易微博 Android 客户端主界面（图 4-7）与新浪微博 Android 客户端主界面的布局类似，只是某些功能的位置有了一些变化，例如，主界面右上角可以拍摄照片。发布微博的界面如图 4-8 所示。从界面上看，与新浪微博 Android 客户端的发布微博界面非常类似。

图 4-6 从 Android Market 中下载网易微博客户端

图 4-7 网易微博 Android 客户端主界面

图 4-8 网易微博 Android 客户端发布微博的界面

4.1.3 腾讯微博官方 Android 客户端

腾讯最著名的当数 QQ，因此，腾讯允许通过 QQ 来发布微博。而对于 Android 版的腾讯客户端来说，与新浪微博 Android 客户端、网易微博 Android 客户端类似，只是在界面布局和表现形式上有一些差异。读者也可以综合这几种客户端的特点来设计自己的微博客户端。

通过地址 http://t.qq.com/client.php?t=android 可以下载腾讯微博 Android 客户端，或在 Android Market 中搜索“腾讯微博”，并下载腾讯微博客户端，如图 4-9 所示。

下面来看腾讯微博客户端的主界面（图 4-10）和发布微博的界面（图 4-11）。这些功能与前面介绍的两种微博客户端非常相似（会有一些使用上的差异），甚至有的图标样式也相同（只是效果不同）。读者可以选择这几种微博客户端的一种或几种作为参考，以做出更“酷”的微博客户端。

图 4-9　从 Android Market 中下载腾讯微博客户端

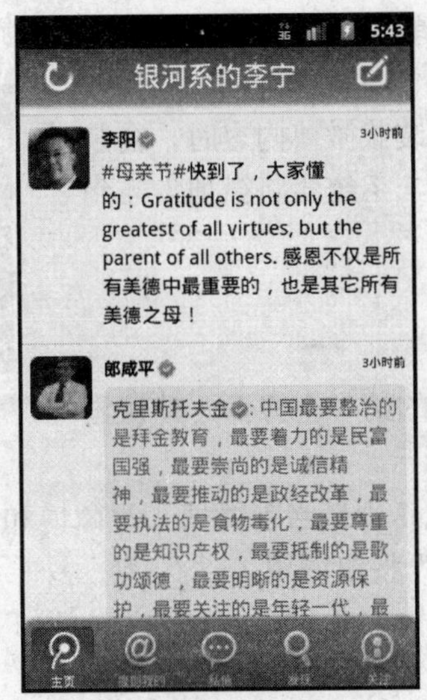

图 4-10　腾讯微博 Android 客户端主界面

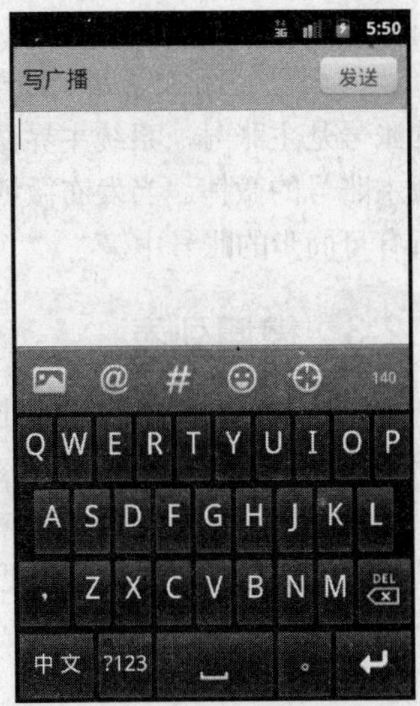

图 4-11　腾讯微博 Android 客户端发布微博的界面

4.2　功能模块展示

本书实现的新浪微博 Android 客户端包含了众多的功能模块。本节简单介绍这些模块的基本功能，使读者对本系统有一个总体的认识。

4.2.1　登录

由于在手机中不方便使用 OAuth 方式校验用户，因此与大多数 Android 客户端一样，本书实现的微博 Android 客户端使用了 Basic 方式校验用户，也就是需要输入微博账号和密码登录界面，如图 4-12 所示。

登录界面除了用来输入账号和密码外，还有一些其他的功能。例如，通过选择界面下方的复选框，可以关注作者的微博。通过长按账号文本框弹出的菜单可以选择曾经登录过的账号，或新建账号。此外，还有一个“注册”按钮，可以利用手机注册用户。

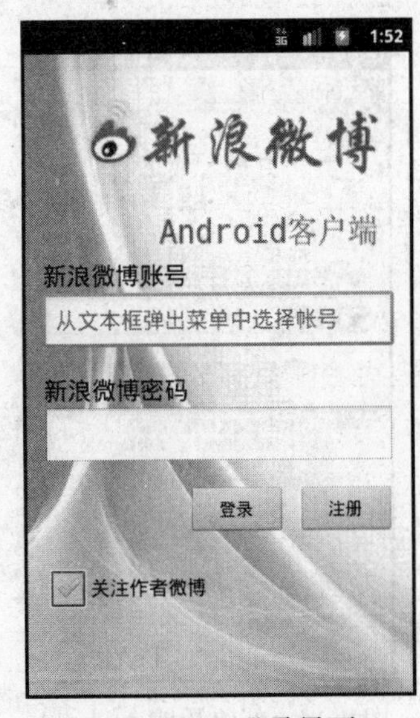

图 4-12　登录界面

4.2.2　账户管理

新浪微博 Android 客户端可以管理多个新浪微博账号，并且支持同步更新多个账号。进入微博客户端主界面后，单击选择菜单中的“账户管理”菜单项，会显示“账户管理”界面，如图 4-13 所示。

界面已经添加了两个账号，其中后面有“小房子”的账号是主账号，系统主界面在装载微博内容时，会装载主账号的微博。当发布微博时，系统会将微博发布到所有可同步的账号中。

图 4-13 账户管理界面

4.2.3 微博列表

微博列表是成功登录后出现的第一个界面。默认显示微博首页的内容，如图 4-14 所示。

主界面只放置了基本的功能（刷新当前微博、写微博和切换到首页微博），其他功能可以通过单击界面右下角的“更多”按钮调用。

4.2.4 私信列表

如图 4-14 所示，通过单击界面中“更多”按钮显示的“私信”菜单项，可以在显示当前微博收到和发出的私信。私信列表与微博列表在显示风格上类似，只是少了一些元素，如私信不支持图像。私信的界面如图 4-15 所示。

4.2.5 撰写微博

撰写微博是本系统的核心模块。主要功能包括输入微博、语音输入、拍照、从相册中获取图像、插入表情、插入话题等，界面如图 4-16 所示。输入微博内容后，单击“发布”按钮会发布微博。如果从相册装载图像或拍照，图像会显示在输入微博文本框的下方。

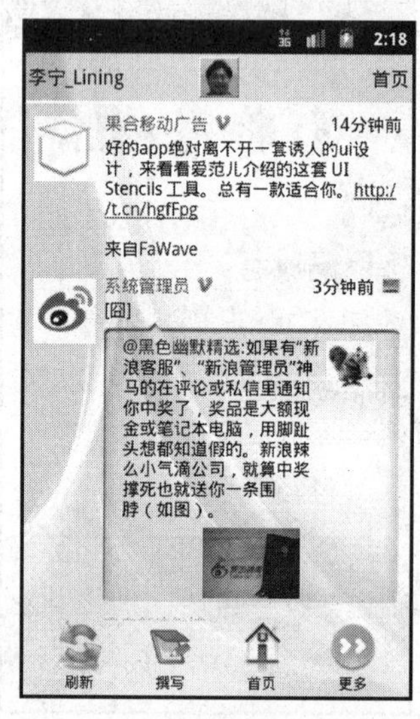

图 4-14 新浪微博 Android 客户端主界面

图 4-15 私信列表

图 4-16 撰写微博界面

4.2.6　图像渲染

图像渲染是本系统的主要特色。通过摄像头或相册获取图像后，长按图像，在弹出的菜单中选择“编辑图像”菜单项可以对当前图像添加特效。例如截取图像、对指定区域进行马赛克处理、灰度等。图 4-17 是进行马赛克处理的界面。使用“效果”功能处理完图片，单击“保存”，便会看到如图 4-18 所示的最终效果。

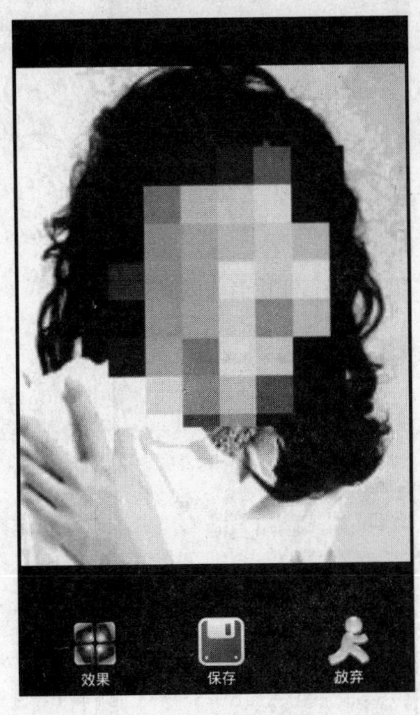

图 4-17　马赛克处理的界面

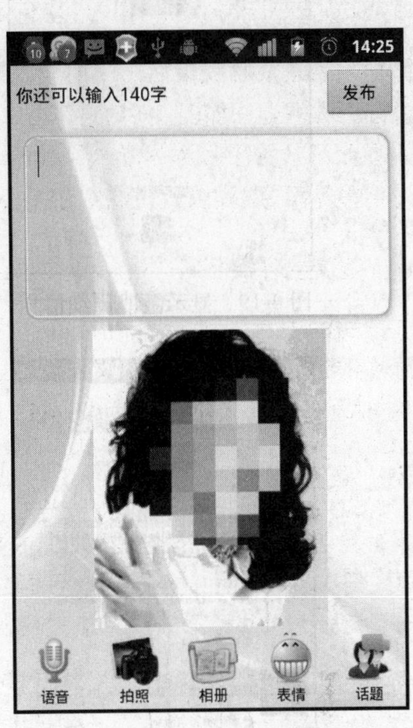

图 4-18　处理完的效果

4.2.7　转发、评论与收藏微博

单击微博列表中的某条微博，会显示当前微博的详细信息，如图 4-19 所示。界面下方有三个按钮：“转发”、“评论”和“收藏”。单击某一个按钮，会完成相应的功能。例如，单击“评论”按钮会弹出如图 4-20 所示的评论当前微博的界面。

4.2.8　搜索微博和用户

单击主界面的“搜索”选项菜单项，会显示用于搜索微博和用户的界面。通过选择“微博”和“用户”复选框，可以根据关键字搜索微博和用户。图 4-21 和图 4-22 分别是搜索微博和搜索用户的效果。

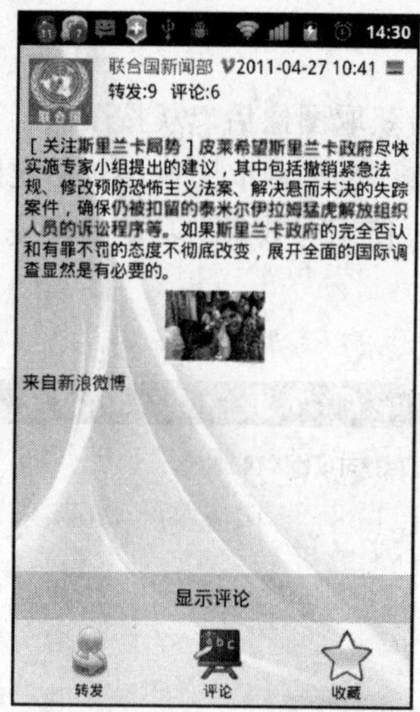

图 4-19 显示微博详细信息

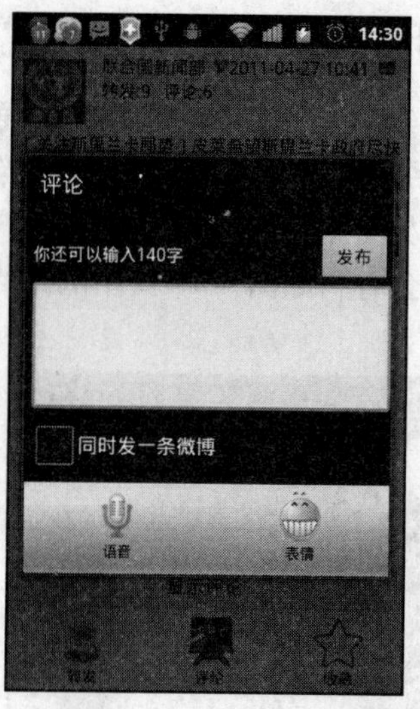

图 4-20 评论当前微博界面

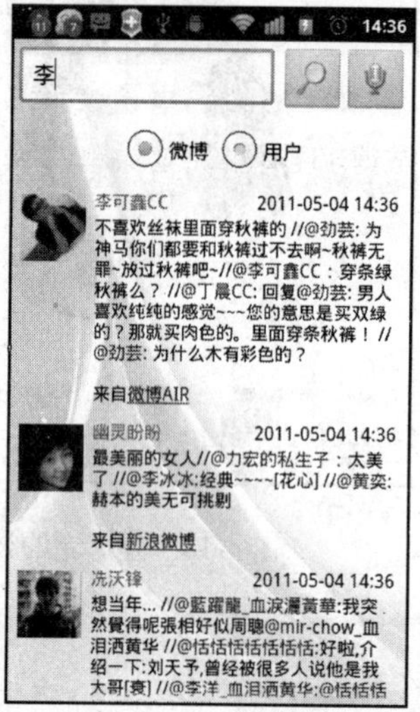

图 4-21 搜索微博界面

图 4-22 搜索用户界面

4.3 小结

本章首先介绍了新浪、网易和腾讯微博 Android 客户端的基本情况。虽然目前已经有很多基于 Android 的微博客户端，但基本上大同小异，读者只要参考几个流行的客户端即可；其中，新浪微博 Android 客户端使用得最普遍。接下来展示了本书要实现的新浪微博 Android 客户端的主要功能模块。当然，除了这些功能外，本系统还包括更复杂的功能，本书第二部分将会详细介绍这些功能的实现方法。

第5章　新浪微博API详解

本章详细介绍新浪微博的API，并利用新浪官方提供的SDK测试这些API。通过本章的学习，读者可以基本掌握使用SDK访问新浪微博API的方法。

在运行本章的例子之前，读者需要先申请一个新浪微博的账号（已有账号的读者可省去这步），然后将程序中的账号和密码换成读者自己的账号和密码。本章的工程目录是src\TestWeiboAPI。

5.1　新浪微博API有哪些功能

所谓微博开放API，就是将微博的部分或全部功能以API的方式公开，任何人都可以通过这些API开发任何形式的程序，并通过这些程序从各种渠道发布微博。

微博开放API的标准最初由Twitter发起。目前大多数微博都采用了这套API（可能会有一些改动，但总体框架没有变），因此，适用于某个微博的SDK经过简单的修改（通常只需要修改微博的URL）也可以使用于其他的微博。

现在以新浪微博为例，讨论微博开放API的基本结构。大家可以通过如下的地址查看新浪微博API的官方文档：

http://open.t.sina.com.cn/wiki/index.php/API%E6%96%87%E6%A1%A3

新浪微博API主要分为如下三类。

- 微博基础数据接口　　（Rest API）
- 微博搜索API　　（Search API）
- 微博地理位置信息API　（Location API）

其中“微博基础数据接口”是新浪微博API的核心。在这套API中包含了用户登录（Basic和OAuth）、获取微博数据（首页、我的微博、公共微博、评论、收藏等）、私信、关注、话题、Social Graph、隐私设置、黑名单、用户标签、账号、收藏等功能。

“微博搜索API”和“微博地理位置信息API”属于较高级的API。通过“微博搜索API”可以搜索用户和根据微博内容搜索微博。“微博地理位置位置信息API”可以返回与位置、地图相关的信息。

本章涉及第一类和第二类API。由于API的数量非常多，这里只选择几个在微博客户端经常用到的API介绍。

首先来进行开发前的准备工作。

5.2 使用新浪微博 API 开发前的准备工作

在使用新浪微博 API 开发微博客户端之前，需要申请一个应用程序。在开发的过程中，需要使用测试页面来测试新浪微博 API 的请求和返回结果。只有这样，才能顺利使用新浪微博 API 开发客户端程序。

5.2.1 申请新浪微博应用程序

要想使用新浪微博 API 开发微博客户端，首先要有一个新浪微博的账号，然后需要访问如下地址建立微博应用程序：

http://open.t.sina.com.cn/apps

进入创建微博应用程序的页面后（进入该页面之前，需要在浏览器中登录到新浪微博），单击右上角的“创建应用”按钮建立微博客户端应用程序，如图 5-1 所示。

图 5-1 创建微博应用界面

创建微博应用程序需要读者根据自己的客户端填写一些信息，如图 5-2 所示。其中需要确定应用程序的分类，在这里我们选择“手机客户端”，读者也可以选择其他的客户端程序类型；最后一项需要填写一些标签（多个标签之间用逗号分隔），这些标签要与自己的应用程序相关，以便在应用广场容易找到自己的应用程序。

创建新应用

应用名称：我的照片分享

应用地址：http://www.csdn.net

应用介绍：新浪微博客户端的介绍

域名绑定：是 否 应用安全选项，绑定域名后其他域名无法使用您的appkey

应用分类：手机客户端

标签：标签1,标签2,标签3

我已阅读并接受《新浪微博开发者协议》

创建 取消

图 5-2 填写微博应用的信息

创建完一个微博应用，会有一个对应的应用程序主页面，如图 5-3 所示。该页面会显示一些与当前应用相关的信息，例如接口调用次数、用户量。

在页面的下方会显示当前应用的 App Key 和 App Secret。使用新浪微博 API 必须要指定

App Key 和 App Secret，因为只有指定它们，发布的微博才会在来源处显示发布当前微博的客户端名称，单击客户端名称后会跳转到图 5-2 指定的应用地址页面。如果自己的应用未通过审核，会在来源处显示“来自未通过审核应用”，没有跳转到应用页面的链接。

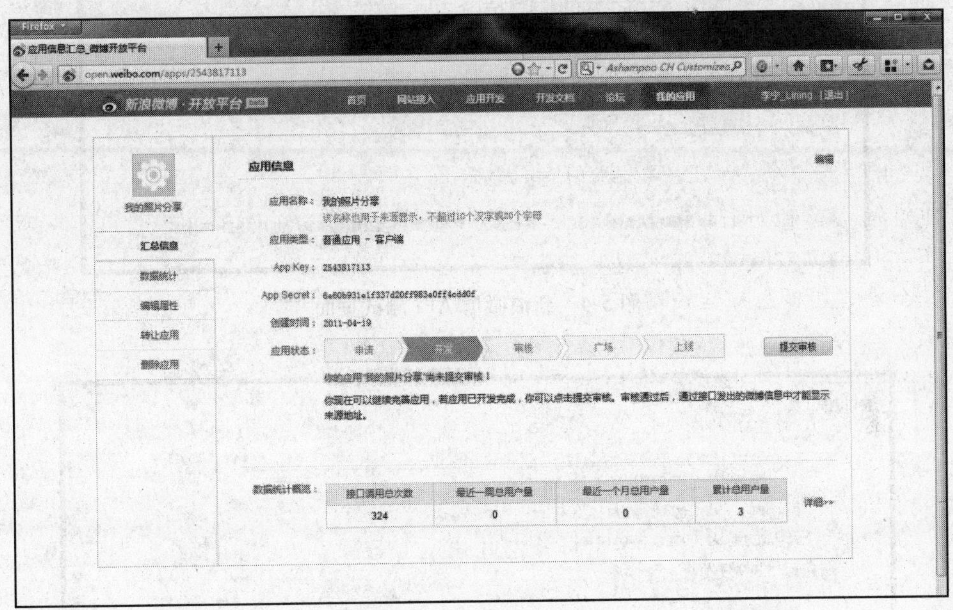

图 5-3　微博应用的主页面

5.2.2　访问和测试 API

访问新浪微博 API 的域名是 api.t.sina.com.cn，所有 API 的 URL 都使用这个域名。读者可以随便查看几个 API 的访问地址。例如，下面的地址用于获取当前登录用户首页的微博信息（包括用户自己发的微博和所关注用户发的微博）：

http://api.t.sina.com.cn/statuses/friends_timeline.(json|xml)

URL 后面的“(json|xml)”表示该 URL 既可以使用 JSON（friends_timeline.json）格式，也可以使用 XML（friends_timeline.xml）格式。使用 API 不一定要编写程序，新浪官方提供了一个在线测试 API 的平台，地址如下：

http://open.t.sina.com.cn/tools/console

进入 API 测试页面，会显示如图 5-4 所示的页面。

可以在图 5-4 所示页面的文本框中输入 API 的 URL。例如，我们可以输入如下的 URL 来获取公共微博信息：

http://api.t.sina.com.cn/statuses/public_timeline.json

注意，只输入 URL 还不行，必须要加一个 source 参数。该参数的值就是 App Key 的值，否则，服务端就会返回如图 5-5 所示的错误信息。

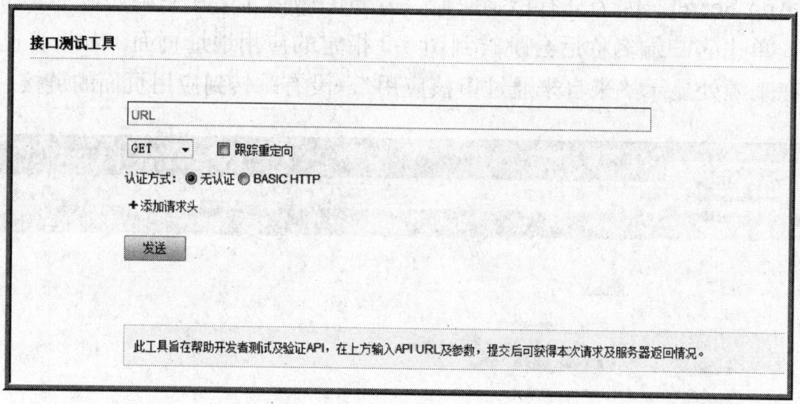

接口测试工具

URL

GET 跟踪重定向

认证方式：无认证 BASIC HTTP

+添加请求头

发送

此工具旨在帮助开发者测试及验证API，在上方输入API URL及参数，提交后可获得本次请求及服务器返回情况。

图 5-4 新浪微博 API 测试页面

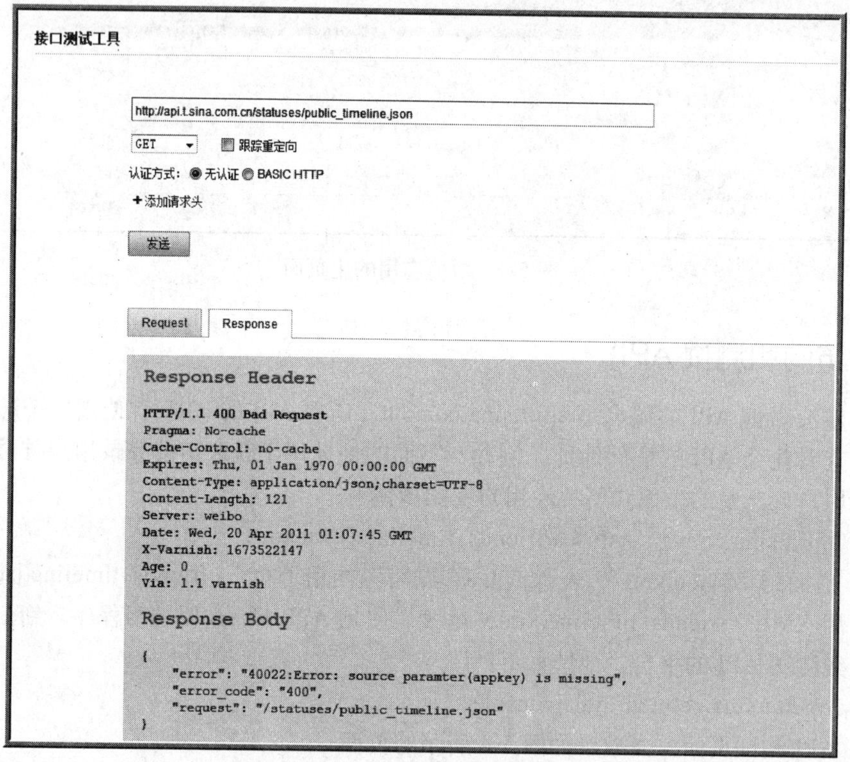

接口测试工具

http://api.t.sina.com.cn/statuses/public_timeline.json

GET 跟踪重定向

认证方式：无认证 BASIC HTTP

+添加请求头

发送

Request Response

```
Response Header

HTTP/1.1 400 Bad Request
Pragma: No-cache
Cache-Control: no-cache
Expires: Thu, 01 Jan 1970 00:00:00 GMT
Content-Type: application/json;charset=UTF-8
Content-Length: 121
Server: weibo
Date: Wed, 20 Apr 2011 01:07:45 GMT
X-Varnish: 1673522147
Age: 0
Via: 1.1 varnish

Response Body

{
    "error": "40022:Error: source paramter(appkey) is missing",
    "error_code": "400",
    "request": "/statuses/public_timeline.json"
}
```

图 5-5 未加 source 参数产生的错误信息

现在重新输入如下的 URL 来访问公共微博信息：

http://api.t.sina.com.cn/statuses/public_timeline.json?source= 2543817113

读者需要把 source 参数值换成自己的 App Key，这里的 App Key 为 2543817113。输入上面的 URL 后，单击“发送”按钮，就会在按钮下方输出如图 5-6 所示的微博信息（JSON 格式）；如果使用 public_timeline.xml 访问 API，会输出 XML 格式的微博信息。

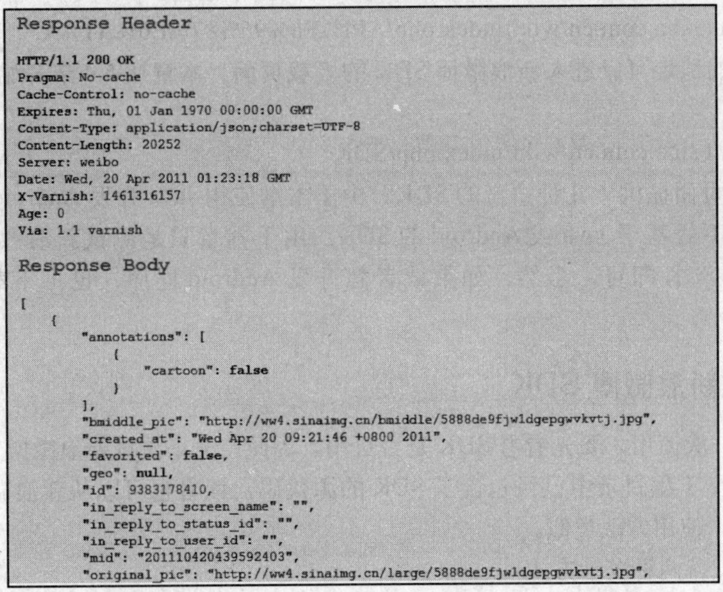
Response Header
HTTP/1.1 200 OK
Pragma: No-cache
Cache-Control: no-cache
Expires: Thu, 01 Jan 1970 00:00:00 GMT
Content-Type: application/json;charset=UTF-8
Content-Length: 20252
Server: weibo
Date: Wed, 20 Apr 2011 01:23:18 GMT
X-Varnish: 1461316157
Age: 0
Via: 1.1 varnish
Response Body
[
{
"annotations": [
{
"cartoon": false
}
],
"bmiddle_pic": "http://ww4.sinaimg.cn/bmiddle/5888de9fjwldgepgwvkvtj.jpg",
"created_at": "Wed Apr 20 09:21:46 +0800 2011",
"favorited": false,
"geo": null,
"id": 9383178410,
"in_reply_to_screen_name": "",
"in_reply_to_status_id": "",
"in_reply_to_user_id": "",
"mid": "201110420439592403",
"original_pic": "http://ww4.sinaimg.cn/large/5888de9fjwldgepgwvkvtj.jpg",

图 5-6　JSON 格式的微博信息

前面访问的 API URL 并不需要进行验证，也就是说，不需要用户登录就可以访问。而大多数 API 需要用户登录后才能访问，这时就需要选择图 5-4 所示页面中的“BASIC HTTP”选项，该选项允许使用 Basic 认证方式访问 API。选中该选项后，会显示如图 5-7 所示的页面。

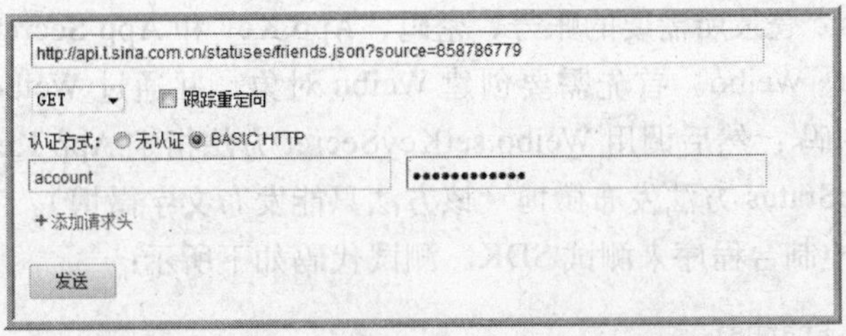
http://api.t.sina.com.cn/statuses/friends.json?source=858786779
GET
跟踪重定向
认证方式：无认证 BASIC HTTP
account
+添加请求头
发送

图 5-7　BASIC HTTP 认证方式

读者需要将“认证方式”下面的两个文本框的内容分别改成新浪微博的账号和密码，并输入如下的 URL（单击“发送”按钮后，会显示当前用户首页的微博信息）：

http://api.t.sina.com.cn/statuses/friends.json?source=858786779

API 测试页面还有很多其他的功能，例如 POST 请求、跟踪重定向、添加请求头等，这些功能会在测试某些 API 时使用。

在开发 SDK 时，会经常使用测试 API 页面来查看服务端返回的微博或其他信息。但在使用成熟的 SDK 时，一般并不需要了解底层传输的数据格式。

如果读者想了解新浪微博 API 的详情，可以访问如下地址：

http://open.t.sina.com.cn/wiki/index.php/API%E6%96%87%E6%A1%A3

通过下面的地址可以进入新浪微博 SDK 的下载页面。本章从 5.4 节开始介绍 SDK 的使用方法：

http://open.t.sina.com.cn/wiki/index.php/SDK

SDK 下载页面提供十几种语言的 SDK。由于本书使用 Java 开发 Android 应用程序，因此，读者可以下载基于 Java 或 Android 的 SDK。由于本章只是测试新浪微博 API，因此，下载 Java 版的 SDK 即可。当然，如果读者想开发 Android 程序，也可下载 Android 版的 SDK。

5.2.3 测试新浪微博 SDK

由于是第一次使用，要先看看 SDK 是否可用，因此，先来测试新浪微博 SDK。

photo_share 工程目录中已经包含了 SDK 的源代码，读者也可以从新浪微博官方网站下载更新的 SDK，使用方法类似。

新浪微博支持两种登录方式：

- ❑ Basic 登录
- ❑ OAuth 登录

本章只使用 Basic 登录方式登录新浪微博，OAuth 登录将在后面的章节介绍。Basic 登录需要新浪微博的账号和密码。除此之外，还需要在申请新浪微博应用程序时生成的 App Key 和 App Secret。通过如下地址可以申请新浪微博应用：

http://open.t.sina.com.cn/apps

现在来准备 Basic 登录所需要的账号、密码、App Key 和 App Secret。

SDK 的核心类是 Weibo。首先需要创建 Weibo 对象，并通过 Weibo 类的构造方法指定新浪微博的账号和密码；然后调用 Weibo.setKeySecret 方法指定 App Key 和 App Secret；最后调用 Weibo.updateStatus 方法发布微博（该方法只能发布文字微博）。

下面使用 Java 控制台程序来测试 SDK。测试代码如下所示：

```
import weibo4j.Status;
import weibo4j.Weibo;

public class TestWeibo
{
    public static void main(String[] args)
    {
        try
        {
            Weibo weibo = new Weibo("account", "password");
```

```
            weibo.setKeySecret("app_key",  "app_secret");
            Status status = weibo.updateStatus("今天天气真好，不出去玩真是可惜啊！");
            System.out.println("微博 ID：" + status.getId());
        }
        catch (Exception e)
        {
            System.out.println(e.getMessage());
        }
    }
}
```

在运行上面代码之前，需要将 account、password、app_key 和 app_secret 分别替换成读者自己的新浪微博账号、密码、App Key 和 App Secret。

由于 SDK 的源代码已经包含于 photo_share 工程中，因此，新建的 Java 控制台工程只需要引用 photo_share 工程即可。方法是在工程属性对话框中选择左侧的“Java Build Path”节点，在右侧的“Projects”页引用“photo_share”工程，如图 5-8 所示。

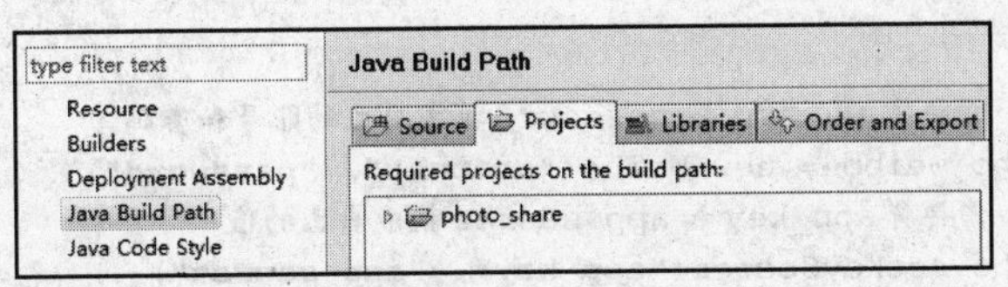

图 5-8　引用 photo_share 工程

运行上面的代码后，如果在 Eclipse 的 Console 视图中输出如下信息，说明已经成功发布了微博：

```
微博 ID：9077882695
```

读者可以打开浏览器查看自己的微博，如果发布成功，显示效果如图 5-9 所示。

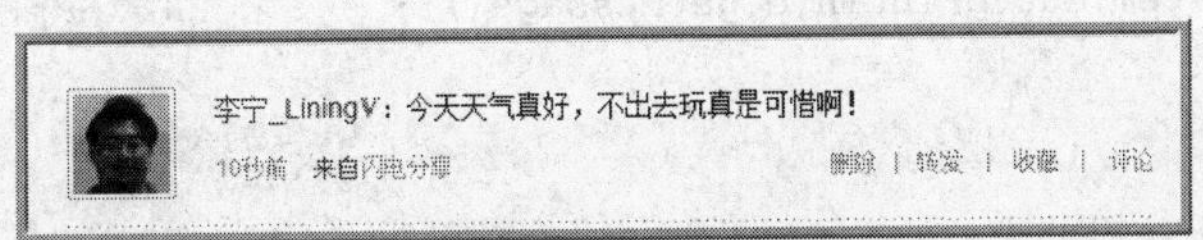

图 5-9　测试后新浪微博的效果

如果想发布带图像的微博，需要调用 Weibo.uploadStatus 方法，代码如下：

```
import java.io.BufferedInputStream;
import java.io.FileInputStream;
import java.io.IOException;
import weibo4j.Status;
import weibo4j.Weibo;
import weibo4j.http.ImageItem;

public class TestWeibo
```

```
{
    //  将图像文件转换成 byte[]
    public static byte[] readFileImage(String filename) throws IOException
    {
        BufferedInputStream bis = new BufferedInputStream(new FileInputStream(filename));
        int len = bis.available();
        byte[] bytes = new byte[len];
        int count = bis.read(bytes);
        if (len != count)
        {
            bytes = null;
            throw new IOException("读取文件不正确");
        }
        bis.close();
        return bytes;
    }
    public static void main(String[] args)
    {
        try
        {
            //  需要将account和passowrd换成自己的账号和密码
            Weibo weibo = new Weibo("account", "password");
            //  需要将app_key和app_secret换成自己的值
            weibo.setKeySecret("app_key", "app_secret");
            //  需要将"D:\\image.jpg"换成自己机器上有效的图像文件名
            byte[] buffer = readFileImage("D:\\image.jpg");
            ImageItem imageItem = new ImageItem("pic", buffer);
            //  发布带图像的微博
            Status status = weibo.uploadStatus("图片分享", imageItem);
            System.out.println("微博 ID: " + status.getId());
        }
        catch (Exception e)
        {
            System.out.println(e.getMessage());
        }
    }
}
```

uploadStatus 方法除了需要一个字符串值以外，还需要一个 ImageItem 对象，该对象封装了要发布的图像文件。ImageItem 类构造方法的第一个参数的值必须是“pic”，该参数值将作为 HTTP 请求中表示图像数据的 key。运行上面的代码，如果发布成功，会看到如图 5-10 所示的效果。

注意 SDK 需要三个 jar 文件：commons-httpclient-3.1.jar、commons-codec.jar 和 commons-logging-1.1.jar。虽然这 3 个 jar 文件在 photo_share 工程中已经引用，但作为引用了 photo_share 工程的 Java 控制台工作，仍然需要再次引用这三个 jar 文件。这些文件在 src\lib 目录下。

图 5-10　带图像微博显示效果

5.3　身份认证

新浪微博 API 支持 Basic HTTP 和 OAuth 认证。Basic HTTP 认证需要新浪微博账号和密码；而 OAuth 认证不需要提供用户名和密码，但需要通过浏览器访问一个页面，并获取相应的登录信息。通过 OAuth 认证可以不在用户端保存账号和密码，是一种较为安全的认证方式。下面分别介绍这两种认证。

5.3.1　Basic 认证

源代码：VerifyAccount.java

如果使用 Basic 认证，客户端在登录时将账号和密码用 Base64 格式编码，并通过 HTTP 请求头将账号和密码发送到服务端进行认证。这种认证方法虽然对账号和密码进行了编码，但 Base64 格式是明文编码，任何人都可以将其还原，因此，这种方法并不安全，但使用起来很方便。在手机等不适合通过 Web 进行 OAuth 认证的地方可以采用这种认证方法。

使用 Basic 认证时需要指定账号和密码。虽然可以使用 SDK 中的任何一个需要认证的 API 来校验账号和密码是否有效，但这些方法往往都需要返回大量的信息。SDK 中提供一个专门用来校验账号和密码是否有效的 Weibo.verifyCredentials 方法，代码如下：

```
//  需要把 account 和 password 换成读者自己的账号和密码
Weibo weibo = new Weibo("account", "password");
//  校验账号和密码
User user = weibo.verifyCredentials();
//  如果账号和密码通过校验，输出返回的用户 ID
System.out.println("User ID: " + user.getId());
```

运行上面的代码，如果通过校验，会输出以下信息：

```
User ID：1718507300
```

如果账号和密码通过校验，verifyCredentials 方法会返回 User 对象。该对象保存了与当前登录用户相关的信息，例如用户 ID、用户名等。

注意 本章的例子使用了基于 Java 的 SDK，在编写代码之前，需要将 SDK 中的源代码复制到 Java 工程的 src 目录，并将 SDK 中的几个 jar 文件复制到 Java 工程的 lib 目录（如果没有该目录，建立一个即可），最后引用这几个 jar 文件。

为了测试方便，本章的例子都使用 Java 控制台程序来编写，读者可以很容易将其改成 Android 程序。本书编写的所有示例程序都基于 Android。另外，在使用 Basic 认证时，需要修改 Weibo.java 中的 CONSUMER_KEY 和 CONSUMER_SECRET 两个变量，将这两个变量改成自己的 App Key 和 App Secret。

5.3.2 OAuth 认证

源代码：VerifyOAuthAccount.java

OAuth 认证的步骤比 Basic 认证复杂。可以按如下步骤进行 OAuth 认证。

步骤 1 使用 Weibo.getOAuthRequestToken 方法返回一个 RequestToken 对象，该对象用于获取授权页面的 URL。getOAuthRequestToken 方法需要指定一个参数，该参数表示通过授权后浏览器跳转到的页面。

步骤 2 通过 RequestToken.getAuthorizationURL 方法可以获取一个授权页面的 URL，在浏览器中访问这个页面，单击“授权”按钮授予应用程序访问权限，然后浏览器会跳到 getOAuthRequestToken 方法指定的 URL 中，并会带一个 oauth_verifier 请求参数。

步骤 3 调用 Weibo.getOAuthAccessToken 方法返回一个 AccessToken 对象，该方法需要用到在第一步中返回的 RequestToken 对象。AccessToken 对象中包含了用于登录的信息。

步骤 4 使用 Weibo.setToken 方法指定通过 AccessToken. getToken 和 AccessToken. getTokenSecret 方法获取的信息。

经过上面 4 步后，就可以像 Basic 认证一样使用 Weibo 对象中的相关方法并访问微博 API 了。下面来具体操作这 4 步。

步骤 1 使用下面的代码获取 RequestToken 对象。

```
//  设置 App Key
System.setProperty("weibo4j.oauth.consumerKey", Weibo.CONSUMER_KEY);
//  设置 App Secret
System.setProperty("weibo4j.oauth.consumerSecret", Weibo.CONSUMER_SECRET);
Weibo weibo = new Weibo();
//  获取 RequestToken 对象
RequestToken requestToken = weibo.getOAuthRequestToken("http://www.csdn.net");
System.out.println("Request token: " + requestToken.getToken());
```

```
System.out.println("Request token secret: " + requestToken.getTokenSecret());
//  输出授权页面的URL
System.out.println(requestToken.getAuthorizationURL());
//  读入授权页面返回的验证码
String verifier = readLine();
```

步骤 2　在测试时，getOAuthRequestToken 方法的参数可以指定任意一个 URL。对于微博 Web 客户端就简单得多。获取授权页面的 URL 时，可以直接跳到该页面，用户授权后，就会返回当前的页面。而对于不方便访问 Web 页面的程序，可以显示这个 URL，由用户自己找适当的浏览器访问；但当前浏览器必须已经使用某个新浪微博账号进行了登录，而且要通过 Cookie 保存登录信息（Cookie 功能必须打开），否则授权页面仍然会要求用户输入账号和密码。从这一点可以看出，OAuth 认证方法实际上就是利用浏览器来实现账号安全性的。执行上面的代码后，会输出如图 5-11 所示的信息。

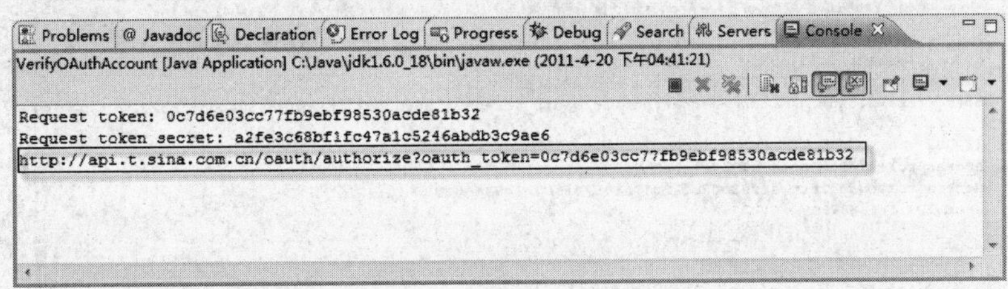

图 5-11　获取授权页面的 URL

步骤 3　复制图 5-11 所示黑框中的 URL，并在浏览器中访问该 URL，如果当前浏览器使用某个账号登录了新浪微博，会显示如图 5-12 所示的页面。

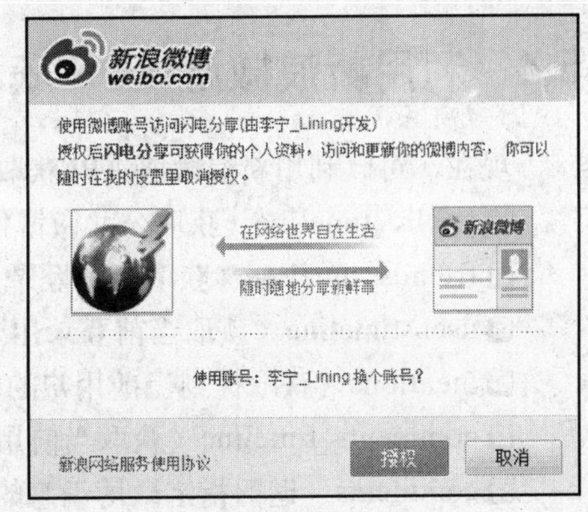

图 5-12　登录授权页面

如果读者申请的应用程序设置了图像，会在图 5-12 所示的页面中显示应用程序的图像。单击“授权”按钮，会返回 http://www.csdn.net 页面，并且在 URL 后加上如下所示的请求参数：

http://www.csdn.net/**?oauth_token=0c7d6e03cc77fb9ebf98530acde81b32&oauth_verifier=137031**

其中，oauth_verifier 请求参数非常重要。首先复制该参数的值，并使用如下的代码获取 AccessToken 对象：

```
//  获取了AccessToken对象
AccessToken accessToken = weibo.getOAuthAccessToken(
    requestToken.getToken(), requestToken.getTokenSecret(), verifier);
System.out.println("access token: " + accessToken.getToken());
System.out.println("access token secret: " + accessToken.getTokenSecret());
```

其中，verifier 变量的值通过 readLine 方法从控制台读入，该变量的值就是 oauth_verifier 请求参数的值。

步骤 4 最后，使用下面的代码设置授权信息，以及使用 verifyCredentials 方法获取当前登录用户的 User 对象。

```
// 设置授权信息
weibo.setToken(accessToken.getToken(), accessToken.getTokenSecret());
// 获取 User 对象
User user = weibo.verifyCredentials();
// 输出用户 ID
System.out.println("User ID: " + user.getId());
```

运行本例的代码，完整的输入 / 输出过程如图 5-13 所示。

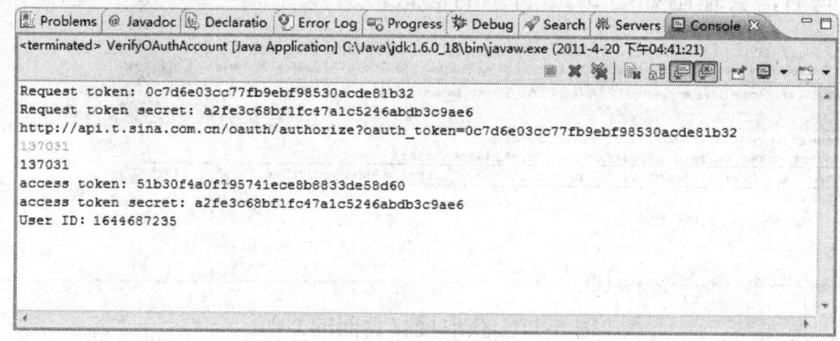

图 5-13 OAuth 认证的完整过程

5.4 利用新浪微博 SDK 获取微博消息

现在，可以利用新浪微博 API 获取多种微博消息。例如：

- ❑ public_timeline（获取公共微博信息）
- ❑ friends_timeline（获取当前登录用户及其所关注用户的最新微博消息）
- ❑ user_timeline（获取当前登录用户发布的微博消息列表）
- ❑ mentions（获取提到当前用户的微博列表（包含“@ 当前用户”的微博列表））
- ❑ comments_timeline（获取当前用户发送及收到的评论列表）
- ❑ comments（返回指定微博消息的评论列表）
- ❑ counts（批量获取一组微博的评论数及转发数）

本节详细介绍如何使用这些 API 获取各种微博消息。

5.4.1 获取公共微博消息

源代码：PublicTimeline.java

使用 Weibo.getPublicTimeline 方法可以获取公共微博消息，该方法将访问 public_

timeline.json。获取公共微博消息并不需要账号和密码，但 getPublicTimeline 方法要求指定账号和密码。如果不想设置这些信息，需要修改 getPublicTimeline 方法的代码。

现在，打开 Weibo.java 文件，找到 getPublicTimeline 方法，将 get 方法的第二个参数值改成 false，代码如下：

```
public List<Status> getPublicTimeline() throws WeiboException
{
    //  get 方法的第二个参数值为 true，必须在创建 Weibo 对象的过程中
    //  指定账号和密码。如果该参数值为 false，并且当前访问的 API 不要求
    //  账号和密码，无需指定这些信息
    return Status.constructStatuses(get(getBaseURL()
            + "statuses/public_timeline.json", false));
}
```

如果按照上面的代码修改了 getPublicTimeline 方法，可以用如下的代码来获取公共微博消息：

```
//  如果修改了 getPublicTimeline 方法，不需要通过 Weibo 类的构造方法
//  指定账号和密码，否则，需要使用下面的代码来创建 Weibo 对象
//  Weibo weibo = new Weibo("account", "password");
Weibo weibo = new Weibo();
//  获得最新的公共微博消息，默认返回 20 条微博消息
List<Status> statuses = weibo.getPublicTimeline();
//  输出获取的公共微博消息数
System.out.println("获取公共微博数：" + statuses.size());
for(Status status: statuses)
{
    //  输出发布当前微博用户的用户名（在微博上显示的名称）
    System.out.println("用户名：" + status.getUser().getName());
    //  输出发布当前微博用户的博客地址，如果未设置博客地址，输出 null
    System.out.println("用户博客地址：" + status.getUser().getURL());
    //  输出当前微博的 ID
    System.out.println("微博 ID：" + status.getId());
    //  输出当前微博的内容
    System.out.println("微博内容：" + status.getText());
}
```

运行上面的代码，会输出如图 5-14 所示的信息。

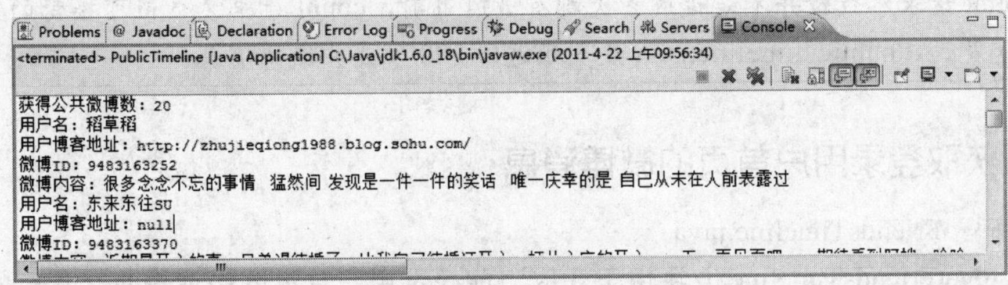

图 5-14 输出公共微博消息

public_timeline.json 默认返回 20 条公共微博消息。通过设置 public_timeline.json 的 count 请求参数，可以改变默认的返回数；但目前还无法通过 getPublicTimeline 方法设置 count 请求参数，因此，使用标准的 SDK 只能返回 20 条公共微博消息。不过天无绝人之路，可以给 getPublicTimeline 方法增加一个重载形式来设置 count 请求参数。

虽然新浪提供了许多 SDK，但这些 SDK 并没有完全支持新浪微博 API 的功能，要想充分利用新浪微博 API，除了等待新版 SDK 发布外，只能自己修改 SDK 的代码。本书后面的章节会经常修改 SDK 的代码，以使 SDK 拥有更强大的功能。

从 getPublicTimeline 方法的代码可以看出，发送 HTTP 请求是由 get 方法完成的（发送 HTTP GET 请求）。该方法有一种重载形式可以指定一个 HTTP 请求参数，代码如下：

```
protected Response get(String url, String name1, String value1,
      String name2, String value2, boolean authenticate)
      throws WeiboException
```

其中，name1 和 value1 表示要设置的请求参数名和请求参数值。可以为 getPublicTimeline 方法加一个 int 类型的参数，用它来设置 count 请求参数的值。SDK 提供了一个用于设置与返回结果相关信息的 Paging 类，为了与 SDK 的其他方法保持一致，建议尽量使用 Paging 对象来设置 count 请求参数的值。可以设置返回公共微博消息数的 getPublicTimeline 方法如下：

```
public List<Status> getPublicTimeline(Paging paging) throws WeiboException
{
    return Status.constructStatuses(get(getBaseURL()
          + "statuses/public_timeline.json", "count",
            String.valueOf(paging.getCount()), false));
}
```

可以使用新编写的 getPublicTimeline 方法返回 2 条公共微博消息，代码如下：

```
Weibo weibo = new Weibo();
Paging paging = new Paging();
//  设置返回公共微博消息数
paging.setCount(2);
List<Status> statuses = weibo.getPublicTimeline(paging);
System.out.println("获取公共微博数: " + statuses.size());
```

注意 count 请求参数值并不是设成多大都有效。目前，count 请求参数值可接受的最大值是 200，也就是说，public_timeline.json 最多可返回 200 条公共微博消息。

5.4.2 获取登录用户首页的微博消息

源代码：FriendsTimeline.java

Weibo.getFriendsTimeline 方法用于获取当前登录用户首页的微博消息（首页的微博包括用户自己发布的微博和关注用户发布的微博），该方法通过 HTTP GET 请求访问 friends_ timeline.json。

在调用 getFriendsTimeline 方法之前需要指定账号和密码。使用下面的代码可以获取首页的微博消息：

```
//  请将 account 和 password 替换成读者自己的账号和密码
Weibo weibo = new Weibo("account", "password");
//  获取登录用户首页的微博信息
List<Status> statuses = weibo.getFriendsTimeline();
//  输出获取的首页微博数
System.out.println("首页微博数：" + statuses.size());
for (Status status : statuses)
{
    System.out.println("用户名：" + status.getUser().getName());
    System.out.println("用户博客地址：" + status.getUser().getURL());
    System.out.println("微博 ID：" + status.getId());
    System.out.println("微博内容：" + status.getText());
}
```

虽然 getFriendsTimeline 和 getPublicTimeline 返回的微博内容不同，但都是微博消息，因此，每一条微博都用 Status 对象表示。如果返回多条微博消息，一般用 List<Status> 对象保存这些微博消息。除了这两个方法外，其他一些返回微博信息的方法也返回了 List<Status> 对象。

friends_timeline.json 与 public_timeline.json 一样，也可以设置 count 请求参数来限制返回的微博条数（默认值是 20，最大值是 200，其他 API 的 count 参数值也是一样），代码如下：

```
Weibo weibo = new Weibo("account", "password");
Paging paging = new Paging();
paging.setCount(2);
// 返回首页最新发布的 2 条微博消息
List<Status> statuses = weibo.getFriendsTimeline(paging);
System.out.println("首页微博数：" + statuses.size());
```

friends_timeline.json 不仅提供了 count 请求参数，还提供了其他更丰富的请求参数。例如，max_id 和 since_id 就是两个常用的请求参数。这两个请求参数的值都是微博 ID，也就是 Status.getId 方法返回的值。其中，max_id 表示返回的微博消息的 ID 值都小于 max_id 指定的值（不包括 max_id 本身）；since_id 表示返回的微博消息的 ID 值都大于 since_id 指定的值（不包括 since_id 本身）。这两个参数都返回了离现在最近的微博消息。也就是说，如果设置了 max_id，会返回微博 ID 值紧挨着 max_id 指定值的微博；而设置了 since_id，返回的微博消息并不一定会紧挨着 since_id 指定的值。例如，since_id 指定的微博 ID 前面还有 20 条微博，但我们只想返回 5 条微博，这时 friends_timeline.json 会返回发布时间离现在最近的微博，而不会返回离 since_id 指定的微博最近的 5 条微博。下面的代码分别设置了 max_id 和 since_id 参数。

```
Paging paging = new Paging();
//  设置max_id请求参数
paging.setMaxId(9485767581L);
//  返回微博ID比9485767581小的最新微博消息
List<Status> statuses = weibo.getFriendsTimeline(paging);
paging = new Paging();
//  设置since_id请求参数
paging.setSinceId(9486437313L);
paging.setCount(2);
//  返回微博ID比9486437313大的最新微博消息
statuses = weibo.getFriendsTimeline(paging);
```

由于微博 ID 是 long 类型，因此，设置 max_id 和 since_id 参数时要在 ID 后面加“L”，表示这数字是 long 类型的值。

注意 有很多获取微博消息的 API 都支持 count、max_id 和 since_id 请求参数。读者可以查阅官方文档以确定正在使用的 API 是否支持这些请求参数。

5.4.3 获取当前用户发布的微博消息

源代码：UserTimeline.java

Weibo.getUserTimeline 方法可以返回当前用户发布的微博。该方法与 Weibo.getFriendsTimeline 方法的区别是，getFriendsTimeline 不仅可以返回当前用户发布的微博，还能返回所有关注用户发布的微博，这两种微博消息会按照发布时间顺序混合排列。getUserTimeline 方法只能返回当前用户发布的微博消息。下面的代码返回当前用户最近发布的 10 条微博消息。

```
Weibo weibo = new Weibo("account", "password");
Paging paging = new Paging();
paging.setCount(10);
//  返回当前用户最近发布的10条微博消息
List<Status> statuses = weibo.getUserTimeline(paging);
```

5.4.4 获取 @ 提到我的微博消息

源代码：Mentions.java

Weibo.getMentions 方法可以获取提到我的微博消息，也就是微博内容中包含“@ 用户名”的信息。在发布微博时，只要微博内容中包含“@ 用户名”，就会在当前登录用户的微博页面右上角提示：有人发微博提到我了。可以通过微博页面右侧的“@ 提到我的”链接查看所有提到我的微博消息。下面的代码调用 Weibo.getMentions 方法来获取最近 5 条提到我的微博消息。

```
Weibo weibo = new Weibo("account", "password");
Paging paging = new Paging();
paging.setCount(5);
```

```
//  获取所有@提到我的微博消息
List<Status> statuses = weibo.getMentions(paging);
System.out.println("首页微博数：" + statuses.size());
for (Status status : statuses)
{
    System.out.println("用户名：" + status.getUser().getName());
    System.out.println("用户博客地址：" + status.getUser().getURL());
    System.out.println("微博 ID：" + status.getId());
    System.out.println("微博内容：" + status.getText());
}
```

运行上面的代码会输出如图 5-15 所示的信息。请注意黑框中的内容。

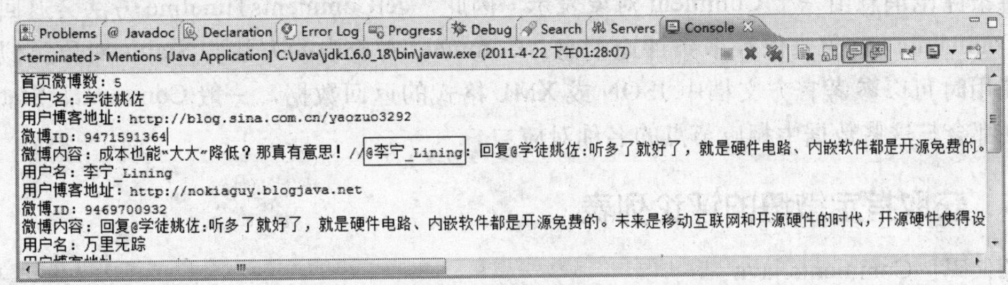

图 5-15　输出"@ 提到我的"微博消息

5.4.5　获取当前用户的评论列表

源代码：CommentsTimeline.java

Weibo.getCommentsTimeline 方法用于获取当前登录用户发出和接收的评论列表。虽然 comments_timeline.json 支持 count、max_id 和 since_id 请求参数，但 getCommentsTimeline 方法目前还无法设置这些请求参数。可以按照 5.4.1 节的方法，在 Weibo.java 文件中为 getCommentsTimeline 方法添加一个重载形式，但这种方法需要逐个设置请求参数。Weibo 类中还提供了另外一个 get 方法的重载形式，可以直接通过 paging 对象设置请求参数。重载形式的定义如下：

```
protected Response get(String url, PostParameter[] params, Paging paging, boolean
authenticate) throws WeiboException
```

对于 get 方法，第二个参数值设为 null 即可。支持设置请求参数的 getCommentsTimeline 方法的代码如下：

```
public List<Comment> getCommentsTimeline(Paging paging) throws WeiboException
{
    return Comment.constructComments(get(getBaseURL()
       + "statuses/comments_timeline.json",null, paging, true));
}
```

下面的代码输出最近 10 条评论消息：

```
Weibo weibo = new Weibo("account", "password");
Paging paging = new Paging();
paging.setCount(10);
List<Comment> comments = weibo.getCommentsTimeline(paging);
System.out.println("返回评论数: " + comments.size());
for(Comment comment: comments)
{
    System.out.println("发布评论的用户名: " + comment.getUser().getName());
    System.out.println("评论 ID: " + comment.getId());
    System.out.println("评论内容: " + comment.getText());
}
```

每条评论消息由一个 Comment 对象表示，因此，getCommentsTimeline 方法会返回一个 List<Comments> 对象来保存多条评论消息。Comment 对象中的方法与 Status 对象类似，读者在使用时可以参考官方文档中 JSON 或 XML 格式的返回数据，一般 Comment、Status 中的方法都会与这些数据中相应节点的名称对应。

5.4.6 获取指定微博的评论列表

源代码：Comments.java

Weibo.getComments 方法可以获取指定微博的评论列表。每一条微博都有一个 ID，调用 getComments 方法需要指定这个 ID。getComments 方法对应的微博 API 是 comments.json。虽然 comments.json 支持 count 请求参数（并不支持 max_id 和 since_id），但 getComments 方法并不支持设置 count 参数。为了返回自定义数量的评论消息，可以在 Weibo.java 文件中编写一个 getComments 方法的重载形式，代码如下：

```
public List<Comment> getComments(String id, Paging paging)
       throws WeiboException
{
    return Comment.constructComments(get(getBaseURL()
           + "statuses/comments.json?id=" + id, null, paging, true));
}
```

下面的代码返回一条微博中最新发布的 5 条评论，并输出相应的评论消息：

```
Weibo weibo = new Weibo("account", "password");
Paging paging = new Paging();
paging.setCount(5);
//  返回 ID 为 9540434410 的微博最近发布的 5 条评论
List<Comment> comments = weibo.getComments("9540434410", paging);
System.out.println("返回评论数: " + comments.size());
//  输出返回评论的相应消息
for (Comment comment : comments)
{
    System.out.println("发布评论的用户名: " + comment.getUser().getName());
    System.out.println("评论 ID: " + comment.getId());
    System.out.println("评论内容: " + comment.getText());
}
```

5.4.7　获取微博的评论数和转发数

源代码：Counts.java

从新浪微博主页可以看到，每一条微博都会有评论数和转发数；而获取的描述微博的 Status 对象并没有返回评论数和转发数的方法，官方文档中也未找到返回这两个数的相应标签。查阅官方文档可知，评论数和转发数并不会随着微博消息一起返回，而是通过 counts.json 单独返回的。Weibo.getCounts 方法用于返回一条或多条微博的评论数和转发数。getCounts 方法只有一个参数，表示一个或多个微博 ID；如果指定了多个 ID，中间用逗号（,）分隔。

counts.json 除了可以返回评论数和转发数外，还可以返回与这两个数对应的微博 ID（因为返回顺序并不一定与指定微博 ID 的顺序一致，所以每条返回消息都会带一个微博 ID），但保存评论数和转发数的 Count 对象并没有获取微博 ID 的方法。实际上，微博 ID 已经在客户端获取了，只是没有在 Count 类中添加 getId 方法。现在打开 Count.java 文件，在 Count 类中加一个 getId 方法即可，代码如下：

```
public long getId()
{
    return id;
}
```

下面的代码通过 getCount 方法获取两条微博的评论数和转发数：

```
Weibo weibo = new Weibo("account", "password");
//  获取两条微博的评论数和转发数
List<Count> counts = weibo.getCounts("9540434410,9540619520");
for (Count count: counts)
{
    System.out.println("Status ID: " + count.getId());
    System.out.println(" 评论数 " + count.getComments());
    System.out.println(" 转发数: " + count.getRt());
}
```

5.4.8　获取用户相关消息

新浪微博 API 支持获取与用户相关的信息，例如用户注册时的资料、用户关注和粉丝列表。本节介绍这些 API 的使用方法。

1. 获取用户资料

源代码：ShowUser.java

Weibo.showUser 方法可以获取指定用户的注册信息，这些信息都封装在 User 对象中。虽然 verifyCredentials 方法也能返回 User 对象，但 verifyCredentials 方法只返回当前登录用户的 User 对象，而 showUser 方法可以返回任何用户的 User 对象。下面的代码返回一个用户的 User 对象，并输出相应的信息：

```
Weibo weibo = new Weibo("account", "password");
// 返回指定用户的User对象
User user = weibo.showUser("1718507300");
System.out.println("Screen Name: " + user.getScreenName());
System.out.println("Location: " + user.getLocation());
System.out.println("发布的最后一条微博: " + user.getStatusText());
```

2. 获取用户关注列表

源代码：FriendsStatuses.java

Weibo.getFriendsStatuses 方法可以获取当前登录用户的关注列表，代码如下：

```
Weibo weibo = new Weibo("account", "password");
//  获取当前登录用户的关注列表，每个被关注者是一个User对象
List<User> users = weibo.getFriendsStatuses();
```

3. 获取用户粉丝列表

源代码：FriendsStatuses.java

用户粉丝与关注用户类似，只是粉丝是关注当前用户的用户，而关注列表中的用户是当前用户关注的用户。

Weibo.getFollowersStatuses 方法用于获取当前登录用户的粉丝列表，代码如下：

```
Weibo weibo = new Weibo("account", "password");
//  获取当前登录用户粉丝列表
List<User> users = weibo.getFollowersStatuses();
```

5.5 更新微博及其相关内容

新浪微博 API 支持发布文字和图像微博、评论微博、回复评论、转发微博等功能。本节详细介绍这些 API 的使用方法。

5.5.1 发布文字微博

源代码：UpdateStatus.java

微博又称为网络短信。与手机短信类似，每条微博只能包含有限的文字（一般为 140 个字，相当于两条手机短信的内容）。SDK 中发布微博的方法原来是 Weibo.update，后来改为 Weibo.updateStatus。如果 updateStatus 方法成功发布微博，会返回表示该条微博的 Status 对象。下面的代码发布一条微博，并输出新发布微博的 ID 和内容：

```
Weibo weibo = new Weibo("account", "password");
//  发布文字微博
Status status = weibo.updateStatus("我的第一条微博");
//  输出微博ID
System.out.println("Status ID: " + status.getId());
```

```
// 输出微博内容
System.out.println("Status Text: " + status.getText());
```

在发布微博时应注意如下两点。

1）微博与短信不同。手机短信如果字数过多，一般会被拆成多条短信发送，而微博的内容如果超过 140 个字，会抛出异常。因此，读者在使用 updateStatus 方法发布微博时要首先检测微博的字数。

2）为了防止重复提交，当前发布的微博内容不能与上一条微博内容相同（仅限同一账号），否则会抛出异常。例如，上面的代码在第一次执行完，立刻执行第二遍，程序就会抛出异常。

5.5.2 发布图像微博

源代码：UploadStatus.java

带图像的手机短信叫彩信，带图像的微博叫图像微博。与彩信一样，图像微博只能发一个图像，图像大小应在 1MB 以内。Weibo.uploadStatus 方法用于发布图像微博，代码如下：

```
Weibo weibo = new Weibo("account", "password");
// 如果微博内容中包含中文，需要对微博内容进行编码
String msg = URLEncoder.encode("我的第一条图像微博", "UTF-8");
// 发布图像微博，读者需要将图像文件路径改成自己机器上的某个图像的路径
Status status = weibo.uploadStatus(msg, new File(
        "e:\\pictures\\974126_1290857480.jpg"));
System.out.println("Status ID: " + status.getId());
System.out.println("Status Text: " + status.getText());
```

uploadStatus 方法本身并未处理微博内容中的中文字符（或其他非 ASCII 字符），因此在调用 uploadStatus 方法之前先对包含中文字符的微博内容进行编码。

为了方便，也可以修改 uploadStatus 方法，将编码的步骤加到 uploadStatus 方法中，代码如下：

```
public Status uploadStatus(String status, File file) throws WeiboException
{
    try
    {
        // 对微博内容进行编码
        status = URLEncoder.encode(status, "UTF-8");
    }
    catch (Exception e)
    {
    }
    return new Status(http.multPartURL("pic", getBaseURL()
            + "statuses/upload.json", new PostParameter[]
    { new PostParameter("status", status),
            new PostParameter("source", source) }, file, true));
}
```

注意 如果使用修改后的uploadStatus方法，在发布包含中文内容的图像微博时就不需要事先对微博内容进行编码了。

5.5.3 评论微博

源代码：CommentStatus.java

Weibo.updateComment方法可以评论指定的微博，评论的内容可以在微博页面的评论列表中显示。评论微博时需要指定微博的ID，一般在实现微博客户端时，会先将获取的微博ID保存起来，如果想获取某条微博的评论列表，会将当前微博的ID传入updateComment方法。下面的代码评论一条微博，并输出返回的评论ID和评论内容：

```
Weibo weibo = new Weibo("account", "password");
//  评论ID为9553694175的微博
Comment comment =  weibo.updateComment("第一条评论", "9553694175", null);
//  输出评论ID
System.out.println("Comment ID: " + comment.getId());
//  输出评论内容
System.out.println("Comment Text: " + comment.getText());
```

updateComment方法共有3个参数，其中前两个参数分别表示评论内容和要评论微博的ID，最后一个参数表示一个评论的ID。如果指定该参数，表示回复该微博下的某条评论。这个参数将在下一节详细介绍。

5.5.4 回复评论

源代码：ReplyComment.java

回复评论实际上也是评论微博，只是在评论微博时默认在评论内容前加一个“回复@用户名”。如果想回复某条评论，除了要指定该评论所在微博的ID外，还要指定评论的ID，例如，下面的代码回复某条评论：

```
Weibo weibo = new Weibo("account", "password");
//  回复评论，9553694175是微博ID，10391993995是要回复的评论ID
Comment comment =  weibo.updateComment("回复评论", "9553694175", "10391993995");
System.out.println("Comment ID: " + comment.getId());
System.out.println("Comment Text: " + comment.getText());
```

执行上面的代码后，会在微博页面中看到如图5-16所示的评论，在评论前面会添加“回复@用户名”。

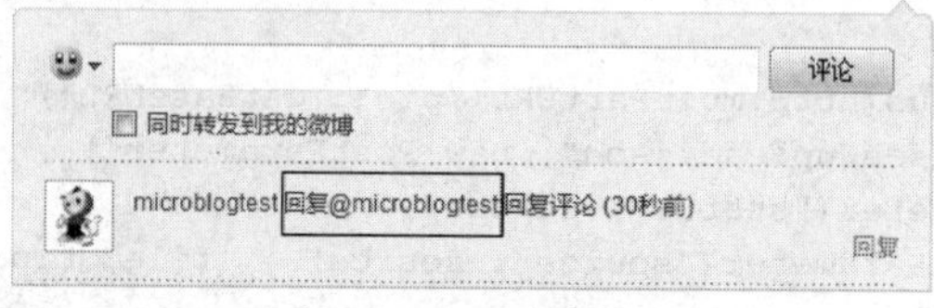

图5-16 回复评论

comment.json 是评论微博和回复评论的底层 API，comment.json 还支持一个 without_mention 请求参数。如果该参数值为 0（默认值），表示在回复评论时在评论内容前加“回复@用户名”；如果该参数值为 1，效果与将评论 ID 设为 null 一样，也就是不会自动加“回复@用户名”。不过 updateComment 方法并非不支持设置 without_mention 参数，虽然该参数的作用不大，但本节仍然会向读者演示如何为 updateComment 方法添加设置 without_mention 参数的功能。读者可以利用本节的知识，让暂时还不支持某些请求参数的 SDK API 支持这些请求参数，方法如下。

打开 Weibo.java 文件，找到 updateComment 方法，并按照如下代码修改 updateComment 方法：

```
public Comment updateComment(String comment, String id, String cid,
      int withoutMention) throws WeiboException
{
   PostParameter[] params = null;
   if (cid == null)
   {
      params = new PostParameter[]
      { new PostParameter("comment", comment),
            new PostParameter("id", id) };
   }
   else
   {
      params = new PostParameter[]
      { new PostParameter("comment", comment),
            new PostParameter("cid", cid), new PostParameter("id", id),
            new PostParameter("without_mention", withoutMention) };
   }
   return new Comment(http.post(getBaseURL() + "statuses/comment.json",
         params, true));
}
```

updateComment 方法的改动很小，只添加一个 withoutMention 参数，并在 else 子句中为 PostParameter 数组添加一个 POST 请求参数（without_mention）。读者要牢记，如果想添加一个 POST 请求参数，只需创建一个 PostParameter 对象即可。PostParameter 类构造方法的第一个参数表示请求参数名，第二个参数表示请求参数值。为了保证 SDK 中其他类不会抛出异常，需要再建立一个没有 withoutMention 参数的方法（因为 SDK 中其他使用 updateComment 方法的类都没设置 without_mention 参数），代码如下：

```
public Comment updateComment(String comment, String id, String cid)
      throws WeiboException
{
   // 默认将 without_mention 参数值设为 0
   return updateComment(comment, id, cid, 0);
}
```

5.5.5 转发微博

源代码：RepostStatus.java

转发微博从本质上讲也是发布微博，但与发布微博略有不同，转发微博在发布微博时会带上被转发的微博，如图 5-17 所示就是一个被转发的微博。

图 5-17 被转发的微博

Weibo.repost 方法可以转发一条微博，转发时需要指定微博 ID 和要发布的文本（注意，转发不能加图像），代码如下：

```
Weibo weibo = new Weibo("account", "password");
//  转发 ID 为 9553694175 的微博
Status status = weibo.repost("9553694175", " 第一个转发的微博 ");
System.out.println(" 成功转发 .");
```

如果 repost 方法的第二个参数值为空串（注意，不能为 null，否则抛出异常），会自动将转发文本设为“转发微博”。

在转发微博的同时可以用转发内容评论当前微博和原微博。向微博添加评论需要设置 is_comment 请求参数。is_comment 参数的默认值是 0，表示不发表评论，1 表示评论当前微博，2 表示评论原微博，3 表示同时向当前微博和原微博发表评论。

小知识 如果转发的微博已经有人转发过，被包含在微博中的微博就是原微博，例如，图 5-17 所示的“@ 史上第一最最搞”发的微博就是原微博。

虽然 repost.json 支持 is_comment 参数，但 repost 方法还不能设置 is_comment 参数，因

此，可以采用前几节用的办法，即修改 repost 方法的代码。在 Weibo.java 文件中找到 repost 方法，按如下代码修改 repost 方法：

```
public Status repost(String sid, String status, int isComment)
        throws WeiboException
{
    return new Status(http.post(getBaseURL() + "statuses/repost.json",
            new PostParameter[]
            { new PostParameter("id", sid),
                    new PostParameter("status", status),
                    new PostParameter("is_comment", isComment) }, true));
}
```

现在可以用下面的代码在转发微博的同时评论当前微博了：

```
Weibo weibo = new Weibo("account", "password");
//  转发微博的同时评论该微博
Status status = weibo.repost("9553694175","传发微博，并且在评论当前微博", 1);
```

5.6　新浪微博 API 的搜索功能

搜索功能在微博客户端中会经常用到。当需要寻找某个感兴趣的用户或微博内容时，搜索是最佳的选择。新浪微博 API 支持搜索用户和搜索微博。

5.6.1　搜索用户

源代码：SearchUser.java

Weibo.searchUser 方法用于搜索用户。searchUser 只有一个参数，表示搜索关键字。如果参数值包含中文，需要对其进行编码。例如，下面的代码搜索用户名中包含“李”的用户，并输出搜索到的每一个用户的名称：

```
Weibo weibo = new Weibo("account", "password");
//  搜索用户名中包含“李”的用户
List<User> users = weibo.searchUser(URLEncoder.encode("李", "utf-8"));
for(User user: users)
{
    //  输出用户名称
    System.out.println(user.getName());
}
```

5.6.2　搜索微博

源代码：SearchStatus.java

Weibo.search 方法可以搜索包含指定关键字的微博。如果关键字中包含中文，也同样需要对其进行编码。下面的代码搜索包含“超人”的微博，并输出微博内容：

```
Weibo weibo = new Weibo("account", "password");
//  搜索包含“超人”的微博
List<Status> statuses = weibo.search(URLEncoder.encode("超人", "utf-8"));
for(Status status: statuses)
{
    //  输出微博内容
    System.out.println(status.getText());
}
```

5.7 小结

本章介绍了新浪微博的常用 API 及 SDK 的使用方法。SDK 中的核心类是 Weibo，几乎所有访问微博的方法都在 Weibo 类中。虽然新浪官方提供了 SDK，但 SDK 并没有完全支持微博 API；因此，如果想使用某些未被支持的功能，就只能自己修改 SDK 源代码了。本章已多次修改 SDK 的源代码（主要修改 Weibo 类），后面的章节还会大量修改 SDK 的源代码以适应我们特殊的需求。

第 6 章　用户登录与用户注册

用户登录是使用新浪微博 Android 客户端时接触到的第一个功能。用户必须使用正确的新浪微博账号和密码进行登录，才能使用客户端的其他功能。本客户端还提供了一个注册用户的功能，使用户可以直接在手机上注册新浪微博用户。

6.1 设计登录界面

本节介绍用户登录界面的布局。虽然登录界面的布局并不复杂，但仍然使用了一些布局技巧，如果是初次接触到布局或对布局不熟悉的读者，建议认真学习本节的内容，为以后接触更复杂的布局打下基础。

装载布局文件非常简单，本书实现的 Android 客户端采用了与主界面共用一个 Activity 的方式来显示用户登录界面和主界面。读者将在 6.1.2 节看到具体的实现过程。

6.1.1 登录界面的布局

从图 4-12 已经清楚地知道登录界面的样式。登录界面的布局并不复杂：屏幕中心包含了两个 EditText 控件以及相应的 TextView 控件；EditText 控件的右下方是“登录”和“注册”按钮；按钮的左下方是一个 CheckBox 控件，用于设置是否关注作者微博；最后需要准备一个背景图像。建议图像的分辨率为 320*480 或类似的比例，如 480 * 800，这样，当背景图像充满整个屏幕时不至于明显变型。

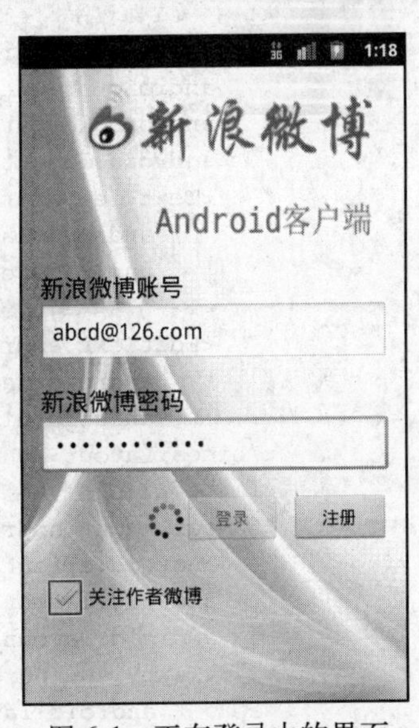

图 6-1　正在登录中的界面

登录界面除了包含上述控件外，“登录”按钮的左侧还有一个隐藏的 ProgressBar 控件，用于显示登录过程中的进度动画。输入账号和密码后，单击“登录”按钮，会在“登录”按钮左侧显示一个不断旋转的彩色小圆圈，如图 6-1 所示。

在给出用户登录界面的完整布局之前，先来分析界面的布局结构。直观上看，这几个控件可分为如下 4 组：

- 输入新浪微博账号的 EditText 控件和相应的 TextView 控件
- 输入密码的 EditText 控件和相应的 TextView 控件
- “登录”和“注册”按钮以及左侧的 ProgressBar 控件
- 设置是否关注作者微博的 CheckBox 控件

很明显，这 4 组控件按垂直方向排列，因此，很自然会想到用垂直线性布局，也就是使用 <LinearLayout> 标签，并

将 <LinearLayout> 标签的 android:orientation 属性值设为 vertical。然而，这几个控件在水平排列上又有所区别。前两组控件的 EditText 控件都是在水平方向充满整个屏幕，但 EditText 控件的两侧会距屏幕的两侧边缘有一定的距离。这个距离可以使用 <EditText> 标签的 android:layout_marginLeft 和 android:layout_marginRight 属性设置。

第 3 组的两个按钮和 ProgressBar 控件都在屏幕的右侧。"注册" 按钮与两个 EditText 控件水平右对齐，并且这 3 个控件水平排列，显然不能使用垂直线性布局，因此，需要将这两个控件放在水平线性布局中，并且水平线性布局中的控件要求显示在右面（android:gravity="right"）。

由于最上层的垂直线性布局已经将 android:gravity 属性设为 center，因此，最后一组的 CheckBox 控件只能水平居中显示。为了使 CheckBox 控件与 EditText 控件水平左对齐显示，需要将 CheckBox 控件包含在一个水平线性布局中，而且这个水平线性布局要与 EditText 控件的宽度和距离屏幕左右边距相等。

为了更容易控制，可以考虑将这 4 组控件分别放在 4 个 <LinearLayout> 标签中，并且将设置 <EditText> 等标签的 android:layout_marginLeft、android:layout_marginRight 等属性值改成设置 <LinearLayout> 标签的相应属性值。也就是说，最顶层的 <LinearLayout> 标签包含了 4 个 <LinearLayout> 子标签，这 4 个子标签中分别包含了上述 4 组控件。下面是完整的布局代码：

login.xml

```
<?xml version="1.0" encoding="utf-8"?>
<LinearLayout xmlns:android="http://schemas.android.com/apk/res/android"
    android:orientation="vertical" android:layout_width="fill_parent"
    android:layout_height="fill_parent" android:background="@drawable/main_background"
    android:gravity="center">
    <!-- 第 1 组控件 -->
    <LinearLayout android:id="@+id/llAccount"
        android:orientation="vertical" android:layout_width="fill_parent"
        android:layout_height="wrap_content" android:layout_marginLeft="15dp"
        android:layout_marginRight="15dp" android:layout_marginTop="100dp">
        <TextView android:layout_width="wrap_content"
            android:layout_height="wrap_content" android:text="新浪微博账号"
            android:textSize="20sp" android:textColor="#000" />
        <!-- 输入新浪微博账号的 EditText 控件 -->
        <EditText android:id="@+id/etAccount" android:layout_width="fill_parent"
            android:layout_height="wrap_content" android:singleLine="true"
            android:hint="从文本框弹出菜单中选择账号" />
    </LinearLayout>
    <!-- 第 2 组控件 -->
    <LinearLayout android:id="@+id/llPassword"
        android:orientation="vertical" android:layout_width="fill_parent"
        android:layout_height="wrap_content" android:layout_marginTop="15dp"
        android:layout_marginLeft="15dp" android:layout_marginRight="15dp">
        <TextView android:layout_width="wrap_content"
            android:layout_height="wrap_content" android:text="新浪微博密码"
            android:textSize="20sp" android:textColor="#000" />
```

```
        <!--  输入密码的 EditText 控件 -->
        <EditText android:id="@+id/etPassword" android:layout_width="fill_parent"
            android:layout_height="wrap_content" android:password="true"
            android:singleLine="true" />
    </LinearLayout>
    <!- 第 3 组控件  -->
    <LinearLayout android:id="@+id/llButtons"
        android:orientation="horizontal" android:layout_width="fill_parent"
        android:layout_height="wrap_content" android:layout_marginTop="15dp"
        android:layout_marginLeft="15dp" android:layout_marginRight="15dp"
        android:gravity="right">
        <!--  显示登录进度的 ProgressBar 控件  -->
        <ProgressBar android:id="@+id/pbLogin"
            android:layout_width="30dp" android:layout_height="30dp"
            style="@style/MyProgressBar" android:visibility="gone" />
        <!--  "登录"按钮控件  -->
        <Button android:id="@+id/btnLogin" android:layout_width="80dp"
            android:layout_height="40dp" android:text="@string/login"
            android:layout_marginRight="10dp" />
        <!--  "注册"按钮控件  -->
        <Button android:id="@+id/btnRegister" android:layout_width="80dp"
            android:layout_height="40dp" android:text="@string/register" />
    <!--  第 4 组控件   -->
    </LinearLayout>
    <LinearLayout android:id="@+id/llCheckBox"
        android:orientation="horizontal" android:layout_width="fill_parent"
        android:layout_height="wrap_content" android:layout_marginTop="15dp"
        android:layout_marginLeft="15dp" android:layout_marginRight="15dp">
      <!--  设置是否关注作者微博的 CheckBox 控件  -->
        <CheckBox android:id="@+id/cbCreateFriendShip"
            android:layout_width="wrap_content" android:layout_height="wrap_content"
            android:text=" 关注作者微博 " android:layout_marginRight="10dp"
            android:textColor="#000" android:checked="true"
        />
    </LinearLayout>
</LinearLayout>
```

6.1.2 登录界面的装载模式

WeiboMain 是 Android 客户端的主类。在 WeiboMain.onCreate 方法中，根据系统是否已成功登录来决定是装载 login.xml 文件，还是装载 weibo_main.xml（主界面的布局文件）。以下是 WeiboMain.onCreate 方法中与布局装载相关的代码：

```
//  获得当前的账号别名
mainAlias = happyBlogConfig.getString(Values.MAIN_ALIAS, "");
//  验证用户是否已成功登录
if (Values.ignoreLogin(mainAlias,
        happyBlogConfig.getInt(Values.DATA_TYPE)))
    loadMainLayout = true;
```

```
// loadMainLayout 为 true，表示用户已登录，需要装载 weibo_main.xml
// 否则需要装载 login.xml
if (!loadMainLayout)
{
    // 装载登录界面布局（login.xml）
    mView = loadLoginLayout();
}
else
{
    // 装载主界面布局（weibo_main.xml）
    mView = loadMainLayout();
}
```

上面代码中的 ignoreLogin 方法用于判断当前用户是否成功登录。当用户成功登录后，会将微博数据保存在 SD 卡上。ignoreLogin 方法用于判断这个保存微博数据的文件是否存在，如果存在，说明当前用户已经成功登录；否则，会显示登录界面要求用户输入账号和密码。ignoreLogin 方法的代码如下：

```
public static boolean ignoreLogin(String account, int dataType)
{
    // 生成保存微博数据的文件名
    // 为了防止账号中包含特殊字符，将文件名进行加密处理
    String name = EncryptDecrypt
            .encrypt(account + String.valueOf(dataType));
    // 如果文件存在，返回 true
    if (new File(getCachePath() + name).exists())
        return true;
    else
        return false;
}
```

从上面的代码可以看出，保存微博数据的文件名是由当前登录账号和数据类型组成的，这里的数据类型就是微博的类型。例如，当前显示的微博是“我的微博”，dataType 参数的值就会是 DATA_TYPE_USER_TIMELINE（该常量在 microblog.commons.Const 接口中定义）。由于在创建账号时需要设置账号的别名（因为账号可能过长，不适合显示在列表中），因此，本系统使用了账号别名（mainAlias）来代替账号作为文件名的前一部分。

注意 由于新浪微博 Android 客户端可能使用多个账号登录，因此，保存微博数据的文件名必须包含账号信息（如本系统的账号别名），否则，用不同账号登录时，只会显示第一个账号成功登录时的微博信息。

6.2 事件处理机制

为了避免因代码过多而造成 WeiboMain 类过大，本书实现的新浪微博 Android 客户端将

大多数界面的事件处理代码单独封装在相应的类中，这样更有利于维护系统的代码。本节将详细介绍本系统所使用的事件处理机制。

6.2.1 编写事件处理类

所有处理登录和注册的代码都在 sina.weibo.process.LoginProcess 类中，包括“登录”和“注册”两个按钮的单击事件。以下是 LoginProcess 类的框架代码。这些框架代码并不包含实际的实现代码，但通过这些代码可以基本了解 LoginProcess 类的工作原理，以及要完成什么工作。其中具体的实现将在本章后面部分详细讲解。

```
package sina.weibo.process;
import java.util.HashMap;
... ...
public class LoginProcess implements OnClickListener
{
    ... ...
    //  处理登录成功或失败的事件
    class MyMicroBlogListenerImpl extends MicroBlogListenerImpl
    {
        @Override
        public void onLoginException(final String msg)
        {
            ... ...
        }
        @Override
        public void onLoginSuccess(final String msg, final User user)
        {
            ... ...
        }
    }
    //  构造方法 1
    public LoginProcess(View view, WeiboMain happyBlogAndroid)
    {
        ... ...
    }
    //  构造方法 2
    public LoginProcess(WeiboMain happyBlogAndroid)
    {
        ... ...
    }
    //  用于登录的方法
    public void login(String account, String password)
    {
        ... ...
    }
    @Override
    public void onClick(View view)
    {
```

```
        switch (view.getId())
        {
            case R.id.btnLogin:
                //  "登录"按钮的单击事件处理代码
                ... ...
            case R.id.btnRegister:
                //  "注册"按钮的单击事件处理代码
                ... ...
        }
    }
    public void stop()
    {
      ... ...
    }
}
```

从 LoginProcess 类的代码可以看出，该类主要完成如下两个工作：

- 处理按钮单击事件（需要实现 OnClickListener 接口）
- 处理登录成功或失败的事件（需要一个继承自 MicroBlogListenerImpl 的类）

其中，MicroBlogListenerImpl 是本系统的核心事件类，在下一节将详细介绍这个类的实现原理和使用方法。

6.2.2 扩展微博事件处理

我们在 2.5.2 节已经接触到了一个 MicroBlogListener 接口，该接口封装了处理异步访问新浪微博的事件方法。在该接口中，通过定义 onEnd 和 onException 方法来处理所有访问微博操作的成功与失败事件。由于这种方法是通过一个方法处理各种访问操作的事件，因此，需要在这两个方法中通过 type 参数判断是哪种类型的操作。为了更方便，可以编写一个默认的 MicroBlogListener 接口的实现类，用来事先判断操作的类型，并在 MicroBlogListener 接口中定义 onLoginSuccess 和 onLoginException 方法专门处理成功登录和登录失败的事件，如下所示。

```
package microblog;

import java.util.List;
import microblog.commons.Const;
import weibo4j.Count;
import weibo4j.WeiboResponse;
import weibo4j.User;

//  MicroBlogListenerImpl 为抽象类，不能创建该类的对象
//  本类中使用的所有常量都是在 Const 接口中定义的
public abstract class MicroBlogListenerImpl implements MicroBlogListener,
    CountListener, Const
{
    @Override
```

```
public void onEnd(String msg, Object obj, int type)
{
    switch (type)
    {
        case OPERATION_TYPE_LOGIN_SUCCESS:
            // 处理成功登录事件
            onLoginSuccess(msg, (User) obj);
            break;
        case OPERATION_TYPE_HOME_TIMELINE_SUCCESS:
        case OPERATION_TYPE_PUBLIC_TIMELINE_SUCCESS:
        case OPERATION_TYPE_USER_TIMELINE_SUCCESS:
        case OPERATION_TYPE_MENTIONS_SUCCESS:
        case OPERATION_TYPE_COMMENT_SUCCESS:
        case OPERATION_TYPE_COMMENTS_TIMELINE_SUCCESS:
        case OPERATION_TYPE_COMMENT_BY_ME_SUCCESS:
        case OPERATION_TYPE_FAVORITES_SUCCESS:
        case OPERATION_TYPE_DIRECT_MESSAGE_SUCCESS:
        case OPERATION_TYPE_DIRECT_MESSAGE_ME_SUCCESS:
        case OPERATION_TYPE_SEARCH_MBLOG_SUCCESS:
        case OPERATION_TYPE_SEARCH_USER_SUCCESS:
            // 处理成功获得各种微博数据的事件
            onTimelineSuccess(msg, (List<WeiboResponse>) obj);
            break;
        case OPERATION_TYPE_COUNT_SUCCESS:
            // 处理成功获得评论和转发数的事件
            onGetCountSuccess((Count) obj);
            break;
        default:
            break;
    }
}
@Override
public void onException(String msg, int type)
{
    switch (type)
    {
        case OPERATION_TYPE_LOGIN_EXCEPTION:
            // 处理登录失败事件
            onLoginException(msg);
            break;
        case OPERATION_TYPE_HOME_TIMELINE_EXCEPTION:
        case OPERATION_TYPE_PUBLIC_TIMELINE_EXCEPTION:
        case OPERATION_TYPE_USER_TIMELINE_EXCEPTION:
        case OPERATION_TYPE_MENTIONS_EXCEPTION:
        case OPERATION_TYPE_COMMENT_EXCEPTION:
        case OPERATION_TYPE_COMMENTS_TIMELINE_EXCEPTION:
        case OPERATION_TYPE_COMMENT_BY_ME_EXCEPTION:
        case OPERATION_TYPE_FAVORITES_EXCEPTION:
        case OPERATION_TYPE_DIRECT_MESSAGE_EXCEPTION:
        case OPERATION_TYPE_DIRECT_MESSAGE_ME_EXCEPTION:
```

```
            case OPERATION_TYPE_SEARCH_MBLOG_EXCEPTION:
            case OPERATION_TYPE_SEARCH_USER_EXCEPTION:
                //  处理获得各种微博数据失败的事件
                onTimelineException(msg);
                break;
            case OPERATION_TYPE_COUNT_EXCEPTION:
                //  处理获得评论和转发数失败的事件
                onGetCountException();
                break;
            default:
                break;
        }
    }
    @Override
    public void onLoginException(String msg)
    {
    }
    @Override
    public boolean onWait(String msg, int type)
    {
        return true;
    }
    @Override
    public void onTimelineException(String msg)
    {
    }
    @Override
    public void onTimelineSuccess(String msg,
            List<WeiboResponse> twitterResponses)
    {
    }
    @Override
    public void onLoginSuccess(String msg, User user)
    {
    }
    @Override
    public void onGetCountException()
    {
    }
    @Override
    public void onGetCountSuccess(Count count)
    {
    }
}
```

除了获得评论、转发数以及用户登录，其他获得微博数据的方法返回的数据类似。封装这些数据的类都有一个共同的基类：WeiboResponse。因此，只需要编写通用的处理成功与失败的事件方法即可，这两个方法是 onTimelineSuccess 和 onTimelineException。这两个方法会在后面的章节中多次用到。

6.3　用户登录

本节介绍用户登录的事件处理，其中包括“登录”按钮单击事件处理，以及登录成功和失败的事件处理。

6.3.1　响应用户登录事件

用户登录成功与失败的处理只需要覆盖 MicroBlogListenerImpl 类的 onLoginSuccess 和 onLoginException 方法即可。下面是“登录”按钮的单击事件代码：

```
//  调用用于登录的方法
login(metAccount.getText().toString(), metPassword.getText()
        .toString());
//  将“登录”按钮设为不可操作
mbtnLogin.setEnabled(false);
//  显示“登录”按钮左侧的进度动画
mpbLogin.setVisibility(View.VISIBLE);
```

其中，login 方法用于验证账号和密码是否输入，并调用 loginAsync 方法进行异步登录，代码如下：

```
public void login(String account, String password)
{
    mAccount = account;
    mPassword = password;
    //  判断用户是否输入账号
    if ("".equals(mAccount.trim()))
    {
        Message.showMsg(mHappyBlogAndroid, "请输入账号.");
        return;
    }
    //  判断用户是否输入密码
    if ("".equals(mPassword.trim()))
    {
        Message.showMsg(mHappyBlogAndroid, "请输入密码.");
        return;
    }

    if (mMyMicroBlogAsync == null)
    {
        mMyMicroBlogAsync = new MyMicroBlogAsync( mAccount, mPassword);
    }
    else
    {
        //  设置账号和密码
        mMyMicroBlogAsync.setAccount(mAccount);
        mMyMicroBlogAsync.setPassword(mPassword);
    }
```

```
    //  调用 loginAsync 方法进行异步登录
    mThread = mMyMicroBlogAsync.loginAsync(new MyMicroBlogListenerImpl());
}
```

6.3.2 用户登录成功

如果用户成功登录，需要在 onLoginSuccess 方法中完成处理工作。在 onLoginSuccess 方法中主要处理如下工作：

1）调用 loadMainLayout 方法装载主界面。

2）调用 onCreateOptionsMenu 方法切换主界面的选项菜单。

3）如果账号是新的，需要将该账号添加到数据库中。

4）将 User 对象封装的 XML 数据保存到文件中，以便下次启动客户端时直接从这些数据恢复 User 对象。

5）其他一些设置工作。

以下是 onLoginSuccess 方法中的核心处理代码：

```
mHappyBlogAndroid.loadMainLayout = true;
//  装载主界面的选项菜单
if (mHappyBlogAndroid.mOptionsMenu != null)
    mHappyBlogAndroid
            .onCreateOptionsMenu(mHappyBlogAndroid.mOptionsMenu);

if (AndroidUtil.getSystemDBService(mHappyBlogAndroid) == null)
    AndroidUtil.setSystemDBService(mHappyBlogAndroid,
            new SystemDBService(new DatabaseOperatorImpl(
                    new MySQLiteOpenHelper(
                            new ChangeDatabasePath()))));
if (WeiboMain.happyBlogConfig == null)
    WeiboMain.happyBlogConfig = new HappyBlogConfig(
            mHappyBlogAndroid);
try
{
    // 如果账号是新的，向数据库中添加账号
        AndroidUtil.getSystemDBService(mHappyBlogAndroid).saveMicroBlogAccount(
            WeiboMain.happyBlogAccount, "sina",
            mAccount, EncryptDecrypt.encrypt(mPassword),
            mAccount);

    // 保存 User 中的 xml 数据，待以后恢复

}
catch (Exception e)
{
    Log.e("exception_LoginProcess_onLoginSuccess", e
            .getMessage());
}
```

```
try
{
    //  保存User对象封装的XML数据
    Cache.save(mAccount, user);
}
catch (Exception e)
{
}
WeiboMain.mainAlias = mAccount;
//  保存当前登录用户的别名（在这里就是账号）
WeiboMain.happyBlogConfig.setValue(
    Values.MAIN_ALIAS, WeiboMain.mainAlias);
MyMicroBlogAsync myMicroBlog = new MyMicroBlogAsync(
    mAccount, mPassword, new MyKeySecret());
if (AndroidUtil.getMyMicroBlogs(mHappyBlogAndroid) == null)
    AndroidUtil.setMyMicroBlogs(mHappyBlogAndroid,
            new HashMap<String, MyMicroBlogAsync>());
//  将与当前用户对应的MyMicroBlogAsync对象保存起来，以便随时使用该对象
AndroidUtil.getMyMicroBlogs(mHappyBlogAndroid).put(mAccount, myMicroBlog);
myMicroBlog.setAlias(mAccount);
if (mbtnLogin != null)
{
    mbtnLogin.setEnabled(true);
    mpbLogin.setVisibility(View.GONE);
}
//  隐藏标题栏右侧的旋转动画
mHappyBlogAndroid.setProgressBarIndeterminateVisibility(false);
//  装载主界面的布局
mHappyBlogAndroid.loadMainLayout();
```

6.3.3　用户登录失败

用户登录失败的处理需要在 onLoginException 方法中完成。首先恢复“登录”按钮的默认状态，并隐藏“登录”按钮左侧以及标题栏右侧的进度动画，最后显示一个 Toast 信息框，提示用户此次登录失败。处理登录失败的代码如下：

```
if (mbtnLogin != null)
{
    //  恢复“登录”按钮的默认状态
    mbtnLogin.setEnabled(true);
    //  隐藏“登录”按钮左侧的进度动画
    mpbLogin.setVisibility(View.GONE);
}
//  隐藏标题栏右侧的进度动画
mHappyBlogAndroid.setProgressBarIndeterminateVisibility(false);
//  显示Toast信息框
sina.weibo.commons.Message.showMsg(mHappyBlogAndroid, msg);
```

6.4 用户注册

虽然系统未提供注册用户的 API，可以通过一个 Web 页来注册新浪微博用户。使用下面的代码调用 Android 中的浏览器来访问用户注册页面：

```
Intent webIntent = new Intent(
     Intent.ACTION_VIEW,
     Uri
          .parse("http://3g.sina.com.cn/prog/wapsite/sso/register.php?vt=
               3&revalid=2&ns=1&type=m&fw=1&UA=Mozilla&m=mJ402p4K6x89&mCnt=2"));
mHappyBlogAndroid.startActivity(webIntent);
```

执行上面的代码，会在浏览中显示如图 6-2 所示的页面，读者可以按照提示注册新浪微博用户。

6.5 关注作者微博

关注某个用户的微博需要这个用户的 ID（通过 User.getId 方法获得），并访问如下 API 关注指定的用户：

http://api.t.sina.com.cn/friendships/create.(json|xml)

本系统使用了异步方式关注用户，对应的方法是 MyMicroBlogAsync.createFriendshipAsync。该方法的实现与 loginAsync 方法类似，读者可以查看随书代码以获得更详细的实现过程。

我们需要将关注用户的代码放在 onLoginSuccess 方法中，当用户成功登录后，如果选中登录页面的“关注作者微博”复选框，就会调用 createFriendsshipAsync 方法关注用户。关注用户的代码如下：

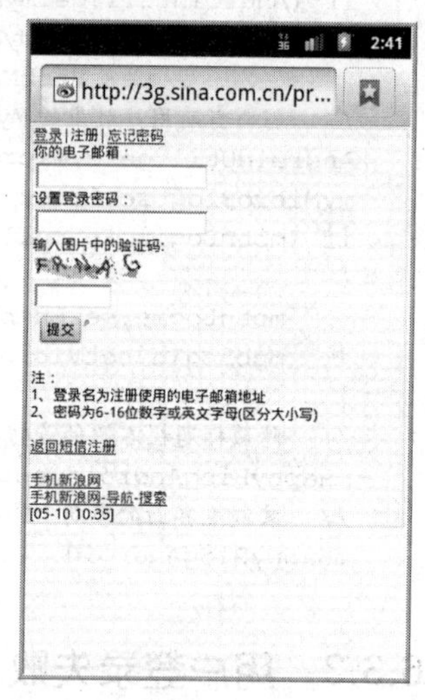

图 6-2 新浪微博用户注册界面

```
mMyMicroBlogAsync.createFriendshipAsync(ConstExt.MY_USER_ID_LIST);
```

其中，ConstExt.MY_USER_ID_LIST 是一个 List<String> 变量，用于保存一个或多个用户 ID。也可以加入更多的用户 ID，这样当成功登录后，系统就会关注这些 ID 对应的用户。

6.6 小结

本章详细讲解了实现用户登录和用户注册的过程。本系统为访问微博 API 单独设计了事件响应机制。通过 MicroBlogListenerImpl 类可以处理 3 类事件：登录成功与失败事件、获得微博数据成功与失败事件，以及获得评论、转发数成功与失败事件。本系统的其他部分会经常使用 MicroBlogListenerImpl 类处理各种微博事件，读者一定要认真阅读本章以便充分理解 MicroBlogListenerImpl 类的使用方法。

第 7 章　首页微博列表

当用户成功登录后，默认会在主界面显示当前账号首页微博的列表。显示的主要内容包括发布当前微博的用户的头像、发布微博的用户名、微博的内容（包括被转发微博的内容）、发布微博的时间、微博来源。这些内容可以通过多个新浪微博 API 获得。本节将详细介绍如何使用这些 API 获得相应的数据，并将其显示在主界面中。

7.1　主界面设计

我们可以从图 4-14 看到主界面的样式。主界面包括屏幕上、下两个工具条，以及中间的一个 ListView 控件，这 3 个控件属于主界面布局。ListView 控件的每一个列表项也有一个布局，称为列表项布局。因此，主界面需要包含两种布局：主界面布局和微博列表项布局。本节详细介绍如何设计这两种布局。

7.1.1　主界面布局

布局文件：layout\weibo_main.xml

主界面布局在垂直方向分为如下 3 个部分：

- ❑ 屏幕顶端的状态栏
- ❑ 显示微博列表的 ListView 控件
- ❑ 屏幕下方的功能按钮栏

根据各部分的划分情况很容易确定要使用一个垂直线性布局，并在该垂直线性布局中包含 3 个容器布局。下面来分析如何设计这 3 个容器布局。

首先回顾主界面的样式，如图 7-1 所示。屏幕上端的状态栏包括 3 种信息：当前登录用户的显示名（李宁 _Lining）、当前登录用户的头像，以及当前显示的微博类别（首页）。

图 7-1　显示首页微博列表

状态栏的布局很明显使用了两个 TextView 控件和一个 ImageView 控件。两个 TextView 控件分别位于屏幕的左侧和右侧，ImageView 控件位于屏幕的中心位置。这个布局可以采用水平线性布局，两个 <TextView> 标签都将 android:layout_weight 属性设为同样的值，使两个 TextView 控件有相等的宽度，同时将 ImageView 控件夹在中间。这样，两个 TextView 控件就会在分配完 ImageView 控件的空间后，各自占用 ImageView 控件左右两侧相等的空间；同时，将右侧 TextView 控件中显示的文本右对齐。完整的布局代码如下：

```
<LinearLayout android:orientation="horizontal"
    android:layout_width="fill_parent" android:layout_height="40dp"
        android:background="#22225588">
    <!--  显示当前登录用户的显示名  -->
    <TextView android:id="@+id/tvName" android:layout_width="fill_parent"
        android:layout_height="40dp" android:gravity="left|center_vertical"
        android:textColor="#000" android:textSize="15sp"
        android:layout_weight="1" android:paddingBottom="2dp"
        android:paddingLeft="3dp" />
    <!--  显示当前登录用户的头像  -->
    <ImageView android:id="@+id/ivProfileImage"
        android:layout_width="32dp" android:layout_height="32dp"
        android:background="@drawable/profile_background" android:padding="1dp"
        android:layout_gravity="center_vertical" android:layout_marginBottom="1dp" />
    <!--  显示当前显示的微博类别   -->
    <TextView android:id="@+id/tvStatus" android:layout_width="fill_parent"
        android:layout_height="40dp" android:textColor="#000"
        android:textSize="15sp" android:layout_weight="1"
            android:gravity="right|center_vertical"
        android:paddingBottom="2dp" android:paddingRight="3dp" />
</LinearLayout>
```

主界面中间 ListView 控件的布局相对简单，但由于本系统可以显示多种微博列表（首页微博、我的微博等），因此，为每一种微博列表使用一个 ListView 控件。这样，在切换显示内容时可以直接控制 ListView 控件的隐藏和显示。设计列表布局时应注意如下两点：

- 每一个 ListView 控件需要叠加放在一起。
- ListView 控件需要充满除两个状态栏以外的整个屏幕。

能够产生叠加效果的布局是 <FrameLayout>。如果包含在 <FrameLayout> 中的控件都像 PhotoShop 的图层一样叠加在一起，通过设置控件的 android:visibility 属性可以控制控件的隐藏和显示，从而实现只显示一类微博列表的效果。

如果只简单地将 <FrameLayout> 标签的 android:layout_height 属性设为"fill_parent"，<FrameLayout> 控件就会充满整个屏幕，但不会覆盖屏幕上方的状态栏，可是会将屏幕下方的按钮栏挤没。为了显示屏幕下方的按钮栏，需要设置 <FrameLayout> 标签的 android:layout_weight 属性，该属性值可以设置成任意大于 0 的整数。本系统中将该属性值设成 1，如果 android:layout_weight 属性的值大于 0，就会先安排其他没有设置 android:layout_weight 属性的控件，再将 <FrameLayout> 充满剩余的空间。以下是主界面中间的微博列表的布局代码：

```
<FrameLayout android:layout_width="fill_parent"
    android:layout_height="fill_parent" android:layout_weight="1">
    <!--  显示首页微博列表  -->
```

```
<ListView android:id="@+id/lvHomeTimeline"
    android:layout_width="fill_parent" android:layout_height="fill_parent"
    android:cacheColorHint="#00000000" android:divider=
        "@android:color/transparent" />
<!--  显示公共微博列表，默认隐藏 -->
<ListView android:id="@+id/lvPublicTimeline"
    android:layout_width="fill_parent" android:layout_height="fill_parent"
    android:cacheColorHint="#00000000" android:divider=
        "@android:color/transparent"
    android:visibility="gone" />
<!--  显示其他微博列表的 ListView 控件 -->
... ...
<!--  显示正在装载数据的状态动画  -->
<LinearLayout android:id="@+id/loading"
    android:layout_width="fill_parent" android:layout_height="fill_parent"
    android:gravity="center" android:visibility="gone"
    android:orientation="horizontal">
    <LinearLayout android:layout_width="wrap_content"
        android:layout_height="wrap_content" android:gravity="center">
        <ProgressBar android="@+id/pbLoadStatuses"
            android:layout_width="wrap_content"
            android:layout_height="wrap_content"
            style="@style/MyProgressBar" />
        <TextView android:id="@+id/tvWaitMsg"
            android:layout_width="fill_parent"
            android:layout_height="wrap_content" android:text="正在处理"
            android:layout_marginLeft="10dp" android:textSize="15sp"
            android:textColor="#000" />

    </LinearLayout>
  </LinearLayout>
</FrameLayout>
```

在装载微博列表数据时，会显示装载状态动画以及状态文字，如图 7-2 所示。

图 7-2　正在装载微博列表数据

屏幕最下方按钮栏的布局非常简单，使用一个水平线性布局，并在该布局中包含 4 个垂直线性布局，用于显示每个按钮图像和下方的文字。这 4 个垂直线性布局都需要设置 android:layout_weight 属性，而且该属性值必须相等，使这 4 个按钮可以占相同的显示空间，完整的布局代码如下：

```
<LinearLayout android:orientation="horizontal"
    android:layout_width="fill_parent"
    android:layout_height="60dp">
    <!-- "刷新"按钮  -->
    <LinearLayout android:id="@+id/llRefresh"
```

```
        android:orientation="vertical" android:layout_width="60dp"
        android:layout_height="60dp" android:gravity="center_horizontal"
        android:layout_marginLeft="10dp" android:layout_weight="1">
        <!--  正在刷新的进度动画   -->
        <ProgressBar android:id="@+id/pbRefresh"
            android:layout_width="40dp" android:layout_height="40dp"
            style="@style/ProgressBarRefresh" android:visibility="gone" />
        <ImageView android:id="@+id/ivRefresh"
            android:layout_width="40dp" android:layout_height="40dp"
            android:src="@drawable/refresh" />

        <TextView android:id="@+id/tvRefresh" android:layout_width="wrap_content"
            android:layout_height="wrap_content" android:text="刷新"
            android:textColor="#000" android:textSize="12sp" />
    </LinearLayout>
    <!-- “撰写”按钮   -->
    <LinearLayout android:id="@+id/llWrite"
        android:orientation="vertical" android:layout_width="60dp"
        android:layout_height="60dp" android:gravity="center_horizontal"
        android:layout_weight="1">
        <ImageView android:id="@+id/ivWrite" android:layout_width="40dp"
            android:layout_height="40dp" android:src="@drawable/write" />
        <TextView android:id="@+id/tvWrite" android:layout_width="wrap_content"
            android:layout_height="wrap_content" android:text="撰写"
            android:textColor="#000" android:textSize="12sp" />
    </LinearLayout>
    <!-- “首页”按钮    -->
    <LinearLayout android:id="@+id/llHome"
        android:orientation="vertical" android:layout_width="60dp"
        android:layout_height="60dp" android:gravity="center_horizontal"
        android:layout_weight="1">
        <ImageView android:id="@+id/ivHome" android:layout_width="40dp"
            android:layout_height="40dp" android:src="@drawable/home" />
        <TextView android:id="@+id/tvHome" android:layout_width="wrap_content"
            android:layout_height="wrap_content" android:text="首页"
            android:textColor="#000" android:textSize="12sp" />
    </LinearLayout>
    <!-- “更多”按钮    -->
    <LinearLayout android:id="@+id/llMore"
        android:orientation="vertical" android:layout_width="60dp"
        android:layout_height="60dp" android:gravity="center_horizontal"
        android:layout_weight="1" android:layout_marginRight="10dp">
        <ImageView android:id="@+id/ivMore" android:layout_width="40dp"
            android:layout_height="40dp" android:src="@drawable/more" />
        <TextView android:id="@+id/tvMore" android:layout_width="wrap_content"
            android:layout_height="wrap_content" android:text="更多"
            android:textColor="#000" android:textSize="12sp" />
    </LinearLayout>
</LinearLayout>
```

7.1.2 微博列表项布局

布局文件：microblog_content_item.xml

微博列表项布局是指 ListView 控件中显示的每一条微博的布局。一个完整的微博列表项布局样式如图 7-3 所示。

如图 7-3 所示，布局分为左右两部分。左面是微博发布者的头像，右侧的内容较复杂。一般较复杂的布局可以根据实际情况使用 <LinearLayout> 或 <RelativeLayout>。本系统使用了 <RelativeLayout> 标签来设计右侧的布局。在这个布局中显示的内容有：当前微博的用户名（李开复）、发布时间（17 分钟前）、微博内容（转发微博）和微博来源（IPad 客户端），以及被转发的微博内容和微博发布者的头像（如果不是转发的微博，则没有这部分内容）。这部分的布局代码较多，本节省略了具体的布局代码，读者可以查看 microblog_content_item.xml 文件。

图 7-3 完整的微博列表项布局

由于微博过多，不可能同时都下载到客户端来显示，因此，每次只从服务端获取 20 条微博的内容。如果将 ListView 控件的垂直滚动条移到最下面，会看到如图 7-4 所示的“获得更多的微博”列表项。这是一个特殊的列表项，也属于 ListView。默认这个列表项是隐藏的，只是在 ListView 滚动到最后时才会显示。单击这个列表项，会从服务端下载接下来的 20 条微博内容，此时，列表项中也会显示一个进度动画（和登录时一样），如图 7-5 所示。当 ListView 继续拖动时，会逐渐显示这 20 条新下载的微博。

图 7-4 显示更多的微博

图 7-5 正在获得更多的微博

这个特殊的列表项布局也在 microblog_content_item.xml 文件中。由于这个布局还会在评论、私信列表中使用，因此，可以将特殊列表项的布局单独放在一个布局文件中（more.xml），并在 microblog_content_item.xml 中使用 <include> 标签引用 more.xml 文件。

more.xml 文件的布局代码如下：

```
<?xml version="1.0" encoding="utf-8"?>
<FrameLayout android:id="@+id/flMore"
    xmlns:android="http://schemas.android.com/apk/res/android"
    android:orientation="vertical" android:layout_width="fill_parent"
    android:layout_height="60dp" android:background="#22225588" >
    <!--  默认显示的文字  -->
    <TextView android:id="@+id/tvMore" android:layout_width="fill_parent"
        android:layout_height="60dp" android:gravity="center"
        android:textColor="#000" android:textSize="15sp" android:padding="8dp"
        android:text="获得更多的微博信息" />
    <!--  当单击列表项时，会显示进度动画，并且变化显示的文字  -->
    <LinearLayout android:id="@+id/llMoreProgress"
        android:layout_width="wrap_content" android:layout_height="60dp"
        android:layout_gravity="center" android:visibility="gone">
        <ProgressBar android="@+id/pbLoadMoreStatuses"
            android:layout_width="40dp" android:layout_height="40dp"
            style="@style/MyProgressBar" android:layout_gravity="center_vertical" />
        <TextView android:id="@+id/tvWaitMsg" android:layout_width="fill_parent"
            android:layout_height="wrap_content"
            android:text="正在获得更多的微博信息..."
            android:layout_marginLeft="10dp" android:textSize="15sp"
            android:textColor="#000" android:layout_marginTop="10dp"
            android:layout_marginBottom="10dp"
            android:layout_gravity="center_vertical" />
    </LinearLayout>
</FrameLayout>
```

从 more.xml 文件的内容可以看出，特殊列表项的布局实际上就是 <TextView> 和 <LinearLayout> 的叠加。默认 <LinearLayout> 是隐藏的，单击特殊列表项后，<TextView> 会隐藏，而 <LinearLayout> 会显示。下载完微博数据后，会恢复到默认状态。接下来可以在 microblog_content_item.xml 文件中使用下面的代码引用 more.xml：

```
<include layout="@layout/more" />
```

7.1.3 装载主界面

我们从 6.1.2 节知道，登录界面和主界面共用一个 Activity。成功登录后，系统会调用 loadMainLayout 方法装载主界面的布局，也就是 weibo_main.xml 文件。在 loadMainLayout 方法中主要使用下面的代码来显示主界面：

```
//  装载主界面的布局
if (mView == null)
```

```
    mView = getLayoutInflater().inflate(R.layout.weibo_main, null);
//  为当前的Activity设置主界面的View对象
setContentView(mView);
```

loadMainLayout 方法中调用一个核心方法 init 来完成一些初始化工作。在该方法中会启动一些监视线程，创建一些系统，以获得各种数据需要访问的对象。下面来看 init 方法的完整代码。其中涉及一些陌生的类，这些类的实现将在 7.2 节详细讲解。

```
public static void init(Context context)
{
    try
    {
        if (mNotificationProcess == null)
        {
            //  创建用于显示和管理通知（在手机屏幕上方显示）的对象
            mNotificationProcess = new NotificationProcess(context);
            new Thread(mNotificationProcess).start();
        }
        if (AndroidUtil.getSystemDBService(context) == null)
            //  创建访问数据库的对象
            AndroidUtil.setSystemDBService(context,
                new SystemDBService(new DatabaseOperatorImpl(
                new MySQLiteOpenHelper(new ChangeDatabasePath()))));
        if (happyBlogConfig == null)
            //  创建读写配置文件的对象
            happyBlogConfig = new HappyBlogConfig(context);
        //  下面的代码会为每一个用户账号创建一个MyMicroBlogAsync对象
        //  并使用账号的别名（alias）作为key。当用户切换账号时，会利用这个
        //  别名来获得相应的MyMicroBlogAsync对象。该对象可以访问新浪微博API
        if (AndroidUtil.getMyMicroBlogs(context) == null)
        {
            AndroidUtil.setMyMicroBlogs(context,
                    new HashMap<String, MyMicroBlogAsync>());
            SqliteCursor sqliteCursor = AndroidUtil.getSystemDBService(
                    context).getMicroBlogAccounts(happyBlogAccount);
            if (AndroidUtil.getMyMicroBlogs(context).size() == 0)
            {
                //  从数据库中扫描每一个账号
                while (sqliteCursor.moveToNext())
                {
                    //  为每一个账号创建一个MyMicroBlogAsync对象
                    MyMicroBlogAsync myMicroBlog = new MyMicroBlogAsync(
                            sqliteCursor.getString("microblog_account"),
                            EncryptDecrypt.decrypt(
                                sqliteCursor.getString("password")),
                            new MyKeySecret());
                    //  将MyMicroBlogAsync对象保存在Map对象中，以便随时取用
                    AndroidUtil.getMyMicroBlogs(context).put(
                            sqliteCursor.getString("alias"), myMicroBlog);
                    myMicroBlog.myLog = new AndroidLog();
```

```
myMicroBlog.setAlias(sqliteCursor.getString("alias"));
                }
            }
        }
        if (mainAlias == null)
            mainAlias = happyBlogConfig.getString(Values.MAIN_ALIAS, "");
        if (context instanceof WeiboMain)
        {
            WeiboMain weiboMain = (WeiboMain) context;
            TimelineOperationProcess mainTimelineOperationProcess =
                    AndroidUtil.getMainTimelineOperationProcess(context);
            if (mainTimelineOperationProcess != null)
            {
                mainTimelineOperationProcess.mActivity = (Activity) context;
                weiboMain.mMainButtonProcess = new MainButtonProcess(weiboMain);
                mainTimelineOperationProcess.loadStatuses();

            }
            else
            {
                AndroidUtil.setHomeTimelineOperationProcess(context,
                        new TimelineOperationProcess((WeiboMain) context));
                TimelineOperationProcess hometTimelineOperationProcess =
                        AndroidUtil.getHomeTimelineOperationProcess(context);
                hometTimelineOperationProcess.mInitData = true;
                MyMicroBlogAsync myMicroBlogAsync =
                        AndroidUtil.getMyMicroBlogs(context).get(mainAlias);
                myMicroBlogAsync.getHomeTimelineAsync(
                        hometTimelineOperationProcess);
                AndroidUtil.setMainTimelineOperationProcess(context,
                        hometTimelineOperationProcess);
                // 不能用静态的
                weiboMain.mMainButtonProcess = new MainButtonProcess(
                        (WeiboMain) context);
                weiboMain.setTitle(R.string.main_title);
            }
        }
        if (mProcessTasks == null)
        {
            // 创建处理各种微博任务的对象
            mProcessTasks = new ProcessTasks(
                    AndroidUtil.getMyMicroBlogs(context));
            Thread thread = new Thread(mProcessTasks);
            thread.start();
        }
        // 装载当前用户的头像
        AndroidUtil.loadProfileImage(context);
        // 启动系统服务
        AndroidUtil.startService(context);
    }
```

```
    catch (Exception e)
    {
    }
}
```

7.2　实现系统工具类

系统中编写了一些处理各种任何的类，主要包括处理通知列表的 NotificationProcess 类、操作数据库的 SystemDBSercice 类、读写配置文件的 HappyBlogConfig 类、处理返回数据的 ProcessTasks 类。本节介绍这些类的实现原理和实现方法。

7.2.1　NotificationProcess 类（处理通知列表）

本系统采用了通知的方式显示当前访问新浪微博 API 的状态，但如果连续向 Android 发送通知，会无法在屏幕上方正常显示所有的通知。因此，本系统采用了队列的方式处理连续发送通知的情况。当异步操作新浪微博 API 时，系统会将要发布的通知保存在通知队列中，并通过监视线程每隔一定时间显示一个通知，直到所有的通知显示完毕为止，显示通知如图 7-6 所示。

正在发布新浪微博(别名：abcd@126.com).

图 7-6　系统的通知提示

系统每发送一个通知，都会将通知消息保存在 List<NotificationParams> 对象中，每一个通知消息用一个 NotificationParams 对象保存。NotificationParams 类的代码如下：

```
package sina.weibo.process;

import android.content.Intent;

public class NotificationParams
{
    //  下面的变量保存了 Notification 需要的信息
    //  Notification 的 ID
    public int id;
    //  Notificiation 的图像资源 ID
    public int icon;
    //  在标题栏上方显示的文本
    public String tickerText;
    //  Notification 的标题
    public String contentTitle;
    //  Notification 的内容
    public String contentText;
    //  单击 Notification 时执行的动作（一般用于显示一个 Activity）
    public Intent contentIntent;
    //  删除 Notification 时执行的动作（一般用于发送一个广播）
    public Intent deleteIntent;

    public String toString()
```

```
    {
        String s = "id=" + String.valueOf(id) + "  icon="
                + String.valueOf(icon) + "  tickerText=" + tickerText
                + " contentTitle=" + contentTitle + "  contentText="
                + contentText + "  contentIntent=" + contentIntent
                + "  deleteIntent=" + deleteIntent;
        return s;
    }
}
```

NotificationProcess 类通过线程每隔 3 秒扫描一次 List<NotificationParams> 对象中的数据（注意，这个时间也是显示一个 Notification 用的大概时间，读者可以根据实际情况增加或减小这个时间）。如果 List<NotificationParams> 对象有一个或多个 NotificationParams 对象，系统会首先获得 List<NotificationParams> 对象的第一个元素，并处理这个元素；在获得的同时，就会删除这个元素，以避免重复获得它们。下面是每隔 3 秒扫描一次 List<NotificationParams> 对象的 run 方法的代码。

```
public void run()
{
    while (true)
    {
        try
        {
            //  获得 List<NotificationParams> 对象中的第一个
            //  NotificationParams 对象，并删除该对象
            NotificationParams params = getNotification();
            //  由于在线程中无法处理 Notification，因此，这里使用
            //  Handler 来处理 Notification
            if (params != null)
            {
                android.os.Message message = new android.os.Message();
                message.obj = params;
                handler.sendMessage(message);
            }
            else
            {
                //  退出扫描线程，程序结束
                if (finishFlag)
                {
                    break;
                }
            }
            //  每隔 3 秒扫描一次
            Thread.sleep(3000);
        }
        catch (Exception e)
        {
        }
```

```
    }
}
```

其中，getNotification 方法用于获得 List<NotificationParams> 对象的第一个元素，并删除这个元素，代码如下：

```
public synchronized static NotificationParams getNotification()
{
    if (taskList.size() == 0)
        return null;
    //  获得 List<NotificationParams> 对象的第一个元素
    NotificationParams params = taskList.get(0);
    //  删除 List<NotificationParams> 对象的第一个元素
    taskList.remove(0);
    return params;
}
```

在处理完 List<NotificationParams> 对象后，会通过 Handler 显示 Notification，代码如下：

```
private Handler handler = new Handler()
{
    @Override
    public void handleMessage(android.os.Message msg)
    {
        NotificationParams params = (NotificationParams) msg.obj;
        //  显示 Notification
        showNotification(params);
        super.handleMessage(msg);
    }
};
```

其中，showNotification 方法用于显示 Notification，代码如下：

```
public void showNotification(NotificationParams params)
{
    try
    {
        //  显示 Notification
        message.showNotification(params.id, params.icon, params.tickerText,
                params.contentTitle, params.contentText,
                params.contentIntent, params.deleteIntent);
    }
    catch (Exception e)
    {
    }
}
```

其中，Message.showNotification 是实际用于显示 Notification 的方法。下面是显示 Notification 的步骤。

步骤 1　通过 getSystemService 方法获得一个 NotificationManager 对象。

步骤 2 创建一个 Notification 对象，每一个 Notification 对应一个 Notification 对象。在这一步需要设置显示在屏幕上方状态栏的通知消息、通知消息前方的图像资源 ID 和发出通知的时间（一般为当前时间）。

步骤 3 由于 Notification 可以与应用程序脱离，也就是说，即使应用程序被关闭，Notification 仍然会显示在状态栏中；当应用程序再次启动后，又可以重新控制这些 Notification，如清除或替换它们。因此，需要创建一个 PendingIntent 对象，该对象由 Android 系统负责维护，在应用程序关闭后，该对象仍然不会被释放。

步骤 4 使用 Notification 类的 setLatestEventInfo 方法设置 Notification 的详细信息。

步骤 5 使用 NotificationManager 类的 notify 方法显示 Notification 消息。在这一步需要指定标识 Notification 的唯一 ID。这个 ID 必须相对于同一个 NotificationManager 对象是唯一的，否则就会覆盖相同 ID 的 Notificaiton。

下面根据显示 Notification 的 5 步看 showNotification 方法的实现代码。

```
public void showNotification(int id, int icon, String tickerText,
        String contentTitle, String contentText, Intent contentIntent,
            Intent deleteIntent)
{
    //  第 1 步：获得 NotificationManager 对象
    NotificationManager notificationManager = (NotificationManager)
            mContext.getSystemService(Context.NOTIFICATION_SERVICE);
    //  第 2 步：创建一个 Notification 对象
    Notification notification = new Notification(icon, tickerText,
        System.currentTimeMillis());
    PendingIntent pendingIntent = null;
    Intent intent = null;
    if (contentIntent == null)
    {
        intent = new Intent(mContext, NotificationView.class);
        intent.putExtra("content", contentText);
        //  第 3 步：创建一个 PendingIntent 对象
        pendingIntent = PendingIntent.getActivity(mContext, 0, intent,
                PendingIntent.FLAG_UPDATE_CURRENT);
    }
    else
    {
        contentIntent.putExtra("tickerText", tickerText);
        contentIntent.putExtra("title", contentTitle);
        contentIntent.putExtra("message", contentText);
        //  第 3 步：创建一个 PendingIntent 对象
        pendingIntent = PendingIntent.getActivity(mContext, 0,
                contentIntent, PendingIntent.FLAG_UPDATE_CURRENT);
    }
    // 第 4 步：设置 Notification 的详细信息
    notification.setLatestEventInfo(mContext, contentTitle,
        contentText, pendingIntent);
    //  如果 deleteIntent 参数为 null，创建一个可发送广播的 PendingIntent 对象
```

```
    if (deleteIntent == null && icon == R.drawable.update)
    {
        intent = new Intent(Values.DELETE_NOTIFICATION_BROADCAST_ACTION);
        notification.deleteIntent = PendingIntent.getBroadcast(mContext, 0,
                intent, PendingIntent.FLAG_UPDATE_CURRENT);
    }
    else if(deleteIntent != null)
    {
        //  设置 FLAG_UPDATE_CURRENT 标志表示一但有相同的 Notification
        //  会替换原来的 Notification
        notification.deleteIntent = PendingIntent.getBroadcast(mContext, 0,
                deleteIntent, PendingIntent.FLAG_UPDATE_CURRENT);
    }
    //  第 5 步：使用 notify 方法显示 Notification
    notificationManager.notify(id, notification);
}
```

7.2.2　SystemDBService 类（操作数据库）

本系统涉及 3 个表：t_accounts、t_notification_list 和 t_notification_task_list，分别保存账号、通知消息和任务列表。这 3 个表的数据结构如图 7-7、图 7-8 和图 7-9 所示。

Name	Declared Type	Type	Size	Precision	Not Null	Not Null On Conflict	Default Value	Collate
happyblog_account	VARCHAR(50)	VARCHAR	50	0	☑	ROLLBACK		
microblog	VARCHAR(20)	VARCHAR	20	0	☑	ROLLBACK		
microblog_account	VARCHAR(200)	VARCHAR	200	0	☑	ROLLBACK		
password	VARCHAR(60)	VARCHAR	60	0	☑	ROLLBACK		
alias	VARCHAR(20)	VARCHAR	20	0	☑	ROLLBACK		
add_account_time	DATETIME	DATETIME	0	0	☑	ROLLBACK		
sync	BOOLEAN	BOOLEAN	0	0	☑	ROLLBACK	false	

图 7-7　t_accounts 表

Name	Declared Type	Type	Size	Precision	Not Null	Not Null On Conflict	Default Value	Collate
id	AUTOINC	AUTOINC	0	0	☑	ROLLBACK		
title	VARCHAR(50)	VARCHAR	50	0	☑			
notification_time	DATETIME	DATETIME	0	0	☑	ROLLBACK		
state	VARCHAR(10)	VARCHAR	10	0	☑			
microblog	VARCHAR(20)	VARCHAR	20	0	☑			
alias	VARCHAR(50)	VARCHAR	50	0	☑			

图 7-8　t_notification_list 表

Name	Declared Type	Type	Size	Precision	Not Null	Not Null On Conflict	Default Value	Collate
id	AUTOINC	AUTOINC	0	0	☑	ROLLBACK		
task_content	TEXT	TEXT	0	0	☑	ROLLBACK		
task_image	BINARY	BINARY	0	0	☐			
task_type	VARCHAR(20)	VARCHAR	20	0	☑	ROLLBACK		

图 7-9　t_notification_task_list 表

这 3 个表都由 SystemDBService 类管理。在创建 SystemDBService 对象时会通过 createTables 方法动态创建这 3 个表，代码如下：

```
public void createTables()
{
    //  判断t_accounts表是否存在
    if (!tableExists("t_accounts"))
    {
        // 创建t_accounts表
        execSQLList(ConstExt.SQL_CREATE_TABLE_ACCOUNTS_LIST);
    }
    //  判断t_notification_list表是否存在
    if (!tableExists("t_notification_list"))
    {
        //  创建t_notification_list表
        mDatabaseOperator
                .execSQL(ConstExt.SQL_CREATE_TABLE_NOTIFICATION_LIST);
    }
    //  判断t_notification_task_list表是否存在
    if (!tableExists("t_notification_task_list"))
    {
        //  创建t_notification_task_list表
        mDatabaseOperator
                .execSQL(ConstExt.SQL_CREATE_TABLE_NOTIFICATION_TASK_LIST);
    }
}
```

createTables方法通过执行3个SQL语句（通过常量定义）来创建上述3个表。mDatabase-Operator是一个DatabaseOperator类型的变量。DatabaseOperator是一个接口，定义数据库的基本操作。之所以定义这个接口，是为了将数据操作与具体的数据库进行分离。如果将来使用其他的数据库，只要修改实现该接口的类即可。DatabaseOperator接口及其使用方法将在7.3.1节介绍。

createTables方法中还使用了一个tableExists方法，用来判断指定表在数据库中是否存在。Sqlite数据库判断表是否存在的常用方法是：直接查询sqlite_master表，通过该表的type和name字段可以确定唯一的表。如果当前记录保存的是表，type字段值是“table”，name字段值是表名。tableExists方法的代码如下：

```
public boolean tableExists(String table)
{
    //  从sqlite_master表中查询指定的表
    SqliteCursor cursor = mDatabaseOperator.query(
            "select type from sqlite_master where type='table' and name=?",
            new String[]{ table });
    //  如果表存在，返回true
    if (cursor.moveToNext())
        return true;
    cursor.close();
    //  表不存在，返回false
    return false;
}
```

SystemDBService 类还有很多其他操作数据库的方法，这些方法将在后面的章节介绍。

7.2.3　HappyBlogConfig 类（读写配置文件）

HappyBlogConfig 类用于读写配置文件。实际上，该类是对 SharedPreferences 类的封装，并且在 HappyBlogConfig 类中定义了要读写的配置文件名。如果在系统中需要读写 key-value 的数据，就可以直接创建 HappyBlogConfig 对象，并调用 HappyBlogConfig 类中的相应方法读写数据。HappyBlogConfig 类的代码如下：

```
package sina.weibo.storage;

import android.content.Context;
import android.content.SharedPreferences;
import android.os.MemoryFile;

public class HappyBlogConfig
{
    //  定义要读写的配置文件名
    private final String CONFIG_NAME = "happyblog.cfg";
    private SharedPreferences mSharedPreferences;
    public HappyBlogConfig(Context context)
    {
        //  创建 SharedPreferences 对象
        mSharedPreferences = context.getSharedPreferences(CONFIG_NAME,
            Context.MODE_PRIVATE);
    }
    //  设置 String 类型的值
    public void setValue(String key, String value)
    {
        mSharedPreferences.edit().putString(key, value).commit();
    }
    //  设置 int 类型的值
    public void setValue(String key, int value)
    {
        mSharedPreferences.edit().putInt(key, value).commit();
    }
    //  获得 String 类型的值（默认返回值为 null）
    public String getString(String key)
    {
        return mSharedPreferences.getString(key, null);
    }
    //  获得 String 类型的值
    public String getString(String key, String defaultValue)
    {
        return mSharedPreferences.getString(key,defaultValue);
    }
    //  获得 int 类型的值（默认返回值为 -1）
    public int getInt(String key)
    {
```

```
        return mSharedPreferences.getInt(key, -1);
    }
    //  获得 int 类型的值
    public int getInt(String key, int defaultValue)
    {
        return mSharedPreferences.getInt(key, defaultValue);
    }
}
```

7.2.4 ProcessTasks 类（处理返回数据）

本系统采用异步访问新浪微博 API 的方式访问新浪微博。例如，系统在进行发布微博、评论微博、转发微博等操作时，会将这些任务先保存在任务队列中，然后通过 ProcessTasks.run 方法监视任务队列，一旦发现队列中有任务，就会将其取出来进行处理，最后从任何队列中删除已处理完的任务。

ProcessTasks 类与 NotificationProcess 类一样，是一个线程类（实现了 Runnable 接口）。在 run 方法中，通过循环每隔一定时间扫描一次任务队列。下面先看 ProcessTasks.run 方法的代码：

```
public void run()
{
    while (true)
    {
        try
        {
            //  获得一个任务
            Task task = StaticResources.getTask();
            //  成功获得了任务
            if (task != null)
            {
                //  获得与当前登录用户对应的 MyMicroBlog 对象，用于操作微博
                MyMicroBlog myMicroBlog = myMicroBlogs.get(task.alias);
                try
                {
                   //  如果设置了任务监听事件，则调用事件方法
                    if (task.taskListener != null)
                    {
                        // 所有的任务开始前都会触发 onStartTask 事件
                        task.taskListener.onStartTask(task);
                    }
                    if (myMicroBlogs != null)
                    {
                        ProcessTasks.TaskResult taskResult = null;
                        int count = 0;
                        //  如果任务执行出错，系统会连续执行 3 遍，
                        //  如果仍然无法正确执行任务，系统会触发 onTaskFailed 事件
                        while (count < 3)
                        {
```

```
                try
                {
                    //  执行当前任务，返回成功处理任务后返回的结果
                    taskResult = processTask(task, myMicroBlog);
                    break;
                }
                catch (Exception e)
                {
                }
                count++;

            }
            if(count == 3)
            {
                if (task.taskListener != null)
                    //  处理任务失败，触发 onTaskFailed 事件
                    task.taskListener.onTaskFailed(task);
            }
            else if (task.taskListener != null)
            {
                //  成功处理了任务，触发 onTaskSuccess 事件
                task.taskListener.onTaskSuccess(task,
                        taskResult.status, taskResult.comment);
            }

        }
        else
        {
            throw new Exception("当前登录用户无效！");
        }

    }
    catch (Exception e)
    {
        if (task.taskListener != null)
            //  处理任务失败，触发 onTaskFailed 事件
            task.taskListener.onTaskFailed(task);
    }
}
try
{
    //  每隔 500 毫秒扫描一次任务队列
    Thread.sleep(500);
}
catch (Exception e)
{
}
}
catch (Exception e)
{
```

```
        }
    }
}
```

其中，processTask 方法会根据 Task.taskType 来确定是哪类任务。例如，Task.taskType 的值为 Const.TASK_TYPE_STATUS，表示需要处理发布微博的任务。关于 processTask 方法的细节将在涉及相关内容时详细介绍。

7.3 系统初始化

在启动主界面时需要进行一些初始化工作（在 WeiboMain.init 方法中完成）。这些工作主要完成一些系统对象的创建和数据的装载。本节详细介绍系统中主要的初始化工作。

7.3.1 初始化 SystemDBService 对象

7.2.2 节实现了 SystemDBService 类，本节介绍如何创建 SystemDBService 对象。先看以下代码：

```
AndroidUtil.setSystemDBService(context, new SystemDBService(
    new DatabaseOperatorImpl(new MySQLiteOpenHelper(new ChangeDatabasePath()))));
```

上面的代码通过调用 AndroidUtil.setSystemDBService 方法设置了 SystemDBService 对象。setSystemDBService 方法的代码如下：

```
public static void setSystemDBService(Context context,
        SystemDBService systemDBService)
{
    //  获得 MyApp 对象
    MyApp myApp = (MyApp) context.getApplicationContext();
    //  设置 SystemDBService 对象
    myApp.setSystemDBService(systemDBService);
}
```

在 setSystemDBService 方法中调用 Context.getApplicationContext 方法获取一个 MyApp 对象。MyApp 对象是在 AndroidManifest.xml 文件中定义的全局对象，该对象的生命周期与系统的生命周期相同，可以在全局访问该对象。MyApp 类需要通过 <application> 标签的 android:name 属性指定，代码如下：

```
<application android:name="sina.weibo.storage.MyApp"
    android:icon="@drawable/icon"
    android:label="@string/app_name">
    ... ...
</application>
```

MyApp 类必须继承自 android.app.Application 类才能被系统创建。在 MyApp 类中定义了很多用于获得全局资源的方法，如 getSystemDBService 和 getSystemDBService 方法用于

获得和设置 SystemDBService 对象。

SystemDBService 类的构造方法需要一个 DatabaseOperator 对象，而 DatabaseOperatorImpl 就是实现了 DatabaseOperator 接口的类，代码如下：

```
package sina.weibo.storage;

import android.database.sqlite.SQLiteDatabase;
import microblog.storage.DatabaseOperator;
import microblog.storage.SqliteCursor;

public class DatabaseOperatorImpl implements DatabaseOperator
{
    private MySQLiteOpenHelper mHelper;
    private SQLiteDatabase mDatabase;
    public DatabaseOperatorImpl(MySQLiteOpenHelper helper)
    {
        mHelper = helper;
    }
    //  创建数据库
    @Override
    public void createDatabase()
    {
        mDatabase = mHelper.getWritableDatabase();
    }
    //  执行 SQL 语句（带参数）
    @Override
    public void execSQL(String sql, Object[] bindArgs)
    {
        mDatabase.execSQL(sql, bindArgs);

    }
    //  执行 SQL 语句
    @Override
    public void execSQL(String sql)
    {
        mDatabase.execSQL(sql);
    }
    //  执行查询语句（带查询参数）
    @Override
    public SqliteCursor query(String sql, String[] selectionArgs)
    {
        return new SqliteCursorImpl(mDatabase.rawQuery(sql, selectionArgs));
    }
    //  执行查询语句
    @Override
    public SqliteCursor query(String sql)
    {
        return new SqliteCursorImpl(mDatabase.rawQuery(sql, new String[]{}));
    }
}
```

在 DatabaseOperatorImpl 类中会看到一些新的面孔，如 MySQLiteOpenHelper、SqliteCursor 和 SqliteCursorImpl，下面来解释这些类和接口。

MySQLiteOpenHelper 类继承自 SQLiteOpenHelper。在 MySQLiteOpenHelper 类中目前并未编写任何实际的代码，只是为了操作数据库，并且为了以后扩展而创建的。

由于本系统通过 DatabaseOperator 抽象了对数据库的操作，因此，对数据集的封装也需要进行抽象。其中，SqliteCursor 接口就是对数据集的抽象。在 SqliteCursor 接口中定义了一些操作数据库的常用方法，读者也可以根据实际需要定义更多操作数据库的方法。SqliteCursor 接口的代码如下：

```
package microblog.storage;

public interface SqliteCursor
{
    //  移动数据指针到下一个位置
    public boolean moveToNext();
    //  移动数据指针到第一个位置
    public boolean moveToFirst();
    //  移动数据指针到指定的位置
    public boolean moveToPosition(int position);
    //  根据字段名获得 String 类型的字段值
    public String getString(String columnName);
    //  根据字段名获得 int 类型的字段值
    public int getInt(String columnName);
    //  根据字段名获得 Boolean 类型的字段值
    public boolean getBoolean(String columnName);
    //  获得记录数
    public int getCount();
    //  关闭记录集
    public void close();
    //  重新查询记录集
    public boolean requery();
}
```

由于本系统目前仍然使用 Cursor 对象来操作数据，因此，SqliteCursorImpl 类的大多数方法仍然调用了 Cursor 对象中的相应方法。但有一些方法对 Cursor 对象进行了扩展，例如，Cursor 对象中并没有通过字段名获得字段值的方法，因此在 SqliteCursor 接口中定义了通过字段名获得字段值的方法。下面的 getString 方法可以通过字段名获得字段值：

```
public String getString(String columnName)
{
    return mCursor.getString(mCursor.getColumnIndex(columnName));
}
```

7.3.2 为每个账号创建 MyMicroBlogAsync 对象

本系统支持多个新浪微博账号，每一个账号都对应一个 MyMicroBlogAsync 对象。这些账号都保存在如图 7-7 所示的 t_accounts 表中。在系统装载时，会从 t_accounts 表中获得这些账号，并为每一个账号创建一个 MyMicroBlogAsync 对象。下面的代码通过 getMicroBlogAccounts 方法获得封装账号信息的 SqliteCursor 对象，并根据保存的账号信息为每一个账号创建一个 MyMicroBlogAsync 对象，最后将 MyMicroBlogAsync 对象保存在一个 Map 对象中，账号别名（Alias）作为 Map 的 key。

```
//  获得封装账号信息的 SqliteCursor 对象
SqliteCursor sqliteCursor = AndroidUtil.getSystemDBService(
        context).getMicroBlogAccounts(happyBlogAccount);
//  getMyMicroBlogs 方法获得了用于保存 MyMicroBlogAsync 对象的 Map 对象
//  如果这个 Map 对象中没有元素，表示还没有根据账号创建 MyMicroBlogAsync 对象
if (AndroidUtil.getMyMicroBlogs(context).size() == 0)
{
    //  开始根据每个账号信息创建 MyMicroBlogAsync 对象
    while (sqliteCursor.moveToNext())
    {
        //  从数据库中获得了账号和密码（需要解密），并创建了 MyMicroBlogAsync 对象
        MyMicroBlogAsync myMicroBlog = new MyMicroBlogAsync(
                sqliteCursor.getString("microblog_account"),
                EncryptDecrypt.decrypt(sqliteCursor.getString("password")),
                new MyKeySecret());
        //  将 MyMicroBlogAsync 对象保存在 Map 对象中
        AndroidUtil.getMyMicroBlogs(context).put(
                sqliteCursor.getString("alias"), myMicroBlog);
        //  设置 MyMicroBlogAsync 对象中的别名
        myMicroBlog.setAlias(sqliteCursor.getString("alias"));
    }
}
```

7.3.3　初始化处理微博列表的对象

本系统默认显示首页的微博列表，也可以显示公共微博列表、我的微博列表等信息。处理显示微博列表的工作是由 TimelineOperationProcess 类完成的。该类可以处理各种微博列表（如首页微博列表、公共微博列表等）。每一种微博列表都对应一个 TimelineOperationProcess 对象，与当前显示的微博列表对应的 TimelineOperationProcess 对象被保存在 MyApp 对象中，通过 AndroidUtil. getMainTimelineOperationProcess 方法可以获得该对象。下面的代码完成了上述工作：

```
//  获得与当前显示的微博列表对应的 TimelineOperationProcess 对象
TimelineOperationProcess mainTimelineOperationProcess =
    AndroidUtil. getMainTimelineOperationProcess(context);
//  成功获得了 TimelineOperationProcess 对象
if (mainTimelineOperationProcess != null)
{
    mainTimelineOperationProcess.mActivity = (Activity) context;
    weiboMain.mMainButtonProcess = new MainButtonProcess(weiboMain);
```

```
    //  装载当前显示的微博列表
    mainTimelineOperationProcess.loadStatuses();
}
else //  当前的TimelineOperationProcess对象还没有创建
{
    //  创建显示首页的TimelineOperationProcess对象
    AndroidUtil.setHomeTimelineOperationProcess(context,
            new TimelineOperationProcess((WeiboMain) context));
    TimelineOperationProcess hometTimelineOperationProcess = AndroidUtil
            .getHomeTimelineOperationProcess(context);
    //  设置是否初始化数据的标志
    hometTimelineOperationProcess.mInitData = true;
    //  获得当前登录账号的MyMicroBlogAsync对象
    MyMicroBlogAsync myMicroBlogAsync = AndroidUtil
            .getMyMicroBlogs(context).get(mainAlias);
    //  通过异步方式获得首页微博列表
    myMicroBlogAsync
            .getHomeTimelineAsync(hometTimelineOperationProcess);
    //  设置当前的TimelineOperationProcess对象
    AndroidUtil.setMainTimelineOperationProcess(context,
            hometTimelineOperationProcess);

    // 不能用静态的TimelineOperationProcess对象
    weiboMain.mMainButtonProcess = new MainButtonProcess(
            (WeiboMain) context);
    weiboMain.setTitle(R.string.main_title);
}
```

上面的代码涉及一些还没有接触到的类，如MainButtonProcess，这些类会在使用到它们时再详细介绍。

7.4 装载首页微博数据

显示微博列表的ListView控件需要从TimelineAdapter对象获得数据。TimelineAdapter类是TimelineOperationProcess的内嵌静态类，用于设置ListView列表项中各个控件要显示的内容。本节将介绍TimelineAdapter类的核心实现部分：设置控件内容以及异步下载头像。

7.4.1 显示微博数据

TimelineAdapter类是BaseAdapter的子类，TimelineAdapter.getView方法是TimelineAdapter类的核心方法。在该方法中主要获得列表项控件的对象，并根据当前显示的微博列表类型决定要装载的数据。下面的代码获得了列表项控件的对象。

```
//  显示头像的ImageView控件
ImageView ivProfileImage = (ImageView) convertView
```

```
        .findViewById(R.id.ivProfileImage);
//  装载头像，如果未成功获得头像，则显示默认的头像
ivProfileImage
        .setImageResource(R.drawable.default_profile_image);
//  显示微博正文的 TextView 对象
TextView tvText = (TextView) convertView
        .findViewById(R.id.tvText);
if (tvText != null)
    //  将微博正文的某些文字设成链接颜色，如“@提到我的”
    tvText.setLinkTextColor(WeiboMain.happyBlogConfig
            .getInt("link_color", Color.BLUE));
//  显示发布当前微博的用户名
TextView tvName = (TextView) convertView
        .findViewById(R.id.tvName);
if (tvName != null)
{
    int nameColor = WeiboMain.happyBlogConfig
            .getInt("name_color", Color.RED);
    //  设置用户名的颜色
    tvName.setTextColor(nameColor);
}
//  显示微博来源的 TextView 控件
TextView tvSource = (TextView) convertView
        .findViewById(R.id.tvSource);
//  显示是否为新浪认证用户的小“V”图像
ImageView ivVerified = (ImageView) convertView
        .findViewById(R.id.ivVerified);
//  默认隐藏“V”图像
ivVerified.setVisibility(View.GONE);
//  显示粉丝数的 TextView 控件
TextView tvFollowerCount = (TextView) convertView
        .findViewById(R.id.tvFollowerCount);
//  显示好友数的 TextView 控件
TextView tvFriendCount = (TextView) convertView
        .findViewById(R.id.tvFriendCount);
```

在 TimelineAdapter 中，通过 TimelineOperationProcess.mType 变量的值来判断要处理的数据是哪种类型。例如，mType 变量的值为 Const.TIMELINE_TYPE_STATUS，表示需要装载 Status 对象中的数据。不管是首页微博信息，还是其他的微博信息，返回的都是 List<Status> 对象，因此，可以放在一起处理。例如，下面的代码设置了 tvText 和 tvSource 控件的内容。

```
tvText.setText(status.getText());
tvSource.setText(status.getSource());
```

除了 Const.TIMELINE_TYPE_STATUS 之外，还有一些其他的数据类型，如 Const. TIMELINE_TYPE_COMMENT，用于处理评论列表（数据类型是 List<Comment>）。这些数据类型的处理将在相关章节详细讲解。

7.4.2 装载头像和微博图像

在显示微博列表时，每条微博最多涉及两个图像，即发布微博的用户头像和微博图像。如果微博不包含图像，则只会有一个用户头像，这两个图像都通过 loadBitmap 方法异步装载。先看看 loadBitmap 方法的代码：

```
public void loadBitmap(String path, ImageView imageView, boolean cache)
{
    Bitmap bitmap = null;
    try
    {
        if (cache)
            //  从缓存获得已经下载的图像
            bitmap = Cache.restoreBitmap(path);
    }
    catch (Exception e)
    {
    }
    if (bitmap != null)
    {
        imageView.setImageBitmap(bitmap);
    }
    else
    {
        //  开始异步下载图像
        mTimelineOperationProcess.mPullFile = new PullFile();
        mTimelineOperationProcess.mPullFile
                .setOnPullListener(new PullProfileImageProcess(this));
        mTimelineOperationProcess.mPullFile.pull(path, imageView);
    }
}
```

loadBitmap 方法首先从缓存中获得已下载的图像，如果当前头像或微博图像曾经下载过，会在缓存中找到。为了避免频繁访问网络，本系统只在第一次下载图像时才从网上获得图像数据，如果再次下载该图像，会直接从缓存中获得。Cache.restoreBitmap 用于从缓存中获得图像数据。restoreBitmap 方法的代码如下：

```
public static Bitmap restoreBitmap(String name) throws Exception
{
    //  根据name参数值（一般为图像的网络路径）装载图像，并返回Bitmap对象
    Bitmap bitmap = Values.getFitBitmap(Values.getBitmapCachePath()
            + EncryptDecrypt.encrypt(name));
    return bitmap;
}
```

其中，Values.getFitBitmap 方法是实际从缓存装载图像的方法，该方法的代码如下：

```
//  通过maxSize参数可以设置缓存中图像的最大尺寸
public static Bitmap getFitBitmap(String path, long maxSize)
```

```
{
    File file = new File(path);
    if (!file.exists())
        return null;
    Bitmap bitmap = null;
    try
    {
        //  如果缓存中图像的尺寸不大于设置的最大尺寸，则正常装载图像
        if (file.length() <= maxSize)
        {
            try
            {
                FileInputStream fis = new FileInputStream(path);
                //  装载缓存中的图像
                bitmap = BitmapFactory.decodeStream(fis);
                fis.close();
            }
            catch (Exception e)
            {
            }
        }
        else  // 缓存中图像的尺寸大于设置的最大尺寸，按比例缩放
        {
            //  按比例缩放图像
            int inSampleSize = (int) (file.length() / maxSize + 1);
            BitmapFactory.Options options = new BitmapFactory.Options();
            options.inSampleSize = inSampleSize;
            try
            {
                FileInputStream fis = new FileInputStream(path);
                //  装载缓存中的图像
                bitmap = BitmapFactory.decodeStream(fis,
                    new Rect(-1, -1, -1, -1), options);
                fis.close();
            }
            catch (Exception e)
            {
            }
        }
    }
    catch (Exception e)
    {
    }
    return bitmap;
}
```

由于手机的内存有限，不能装载过大的图像，因此，getFitBitmap 方法会使用 maxSize 参数来限制被转载图像的最大尺寸。如果图像过大，会使用 Options.inSampleSize 设置缩放比例。

loadBitmap 方法中使用了 PullFile 类来下载图像文件，该类的代码如下：

```
package microblog.net;

import java.io.InputStream;
import java.net.HttpURLConnection;
import java.net.URL;
import java.util.HashMap;
import java.util.List;
import java.util.Map;
import microblog.net.interfaces.PullListener;
import weibo4j.Status;
public class PullFile
{
    public PullListener mPullListener;
    private String mPath;
    public void setOnPullListener(PullListener listener)
    {
        mPullListener = listener;
    }
    //  启动多线程下载文件
    public void pull(String path, Object obj)
    {
        mPath = path;
        Thread thread = new Thread(new PullThread(obj));
        thread.start();
    }
    //  下载文件
    private InputStream pullFile(URL url) throws Exception
    {
        HttpURLConnection httpURLConnection = (HttpURLConnection)
            url.openConnection();
        httpURLConnection.setRequestMethod("GET");
        httpURLConnection.setDoInput(true);
        httpURLConnection.setUseCaches(false);
        return httpURLConnection.getInputStream();
    }
    //  下载文件的线程
    class PullThread implements Runnable
    {
        private Object mObject;
        //  object 参数一般指 ImageView 对象。在下载完图像后，直接显示在 ImageView 控件上
        public PullThread(Object object)
        {
            mObject = object;
        }
        @Override
        public void run()
        {
            try
```

```
            {
                URL url = new URL(mPath);
                InputStream is = pullFile(url);
                if (mPullListener != null)
                    //  将下载输入流与 ImageView 对象传入 onPullFile 方法
                    mPullListener.onPullFile(mPath, is, mObject);
            }
            catch (Exception e)
            {
            }
        }
    }
}
```

在使用 PullFile 对象时，需要设置监听下载事件的 PullProfileImageProcess 对象。PullProfileImageProcess 类的核心方法是 onPullFill，通过传入的网络图像输入流和 ImageView 对象，可以在下载后直接将图像显示在 ImageView 控件中。

7.5　小结

本章主要介绍了显示首页微博列表的实现过程。由于这部分代码非常多，本章只介绍了核心部分的实现。装载微博列表的核心是通过返回的 List<Status> 对象显示图像以外的其他微博信息。图像（包括头像和微博图像）需要通过 loadBitmap 方法异步从网络上下载。为了避免频繁访问网络，第一次成功下载图像后，会将图像以文件形式保存在系统的缓存目录，再显示该图像时，只需要从本地装载即可。

第 8 章　切换微博列表

新浪微博客户端不仅可以显示首页的微博列表，还可以显示公共微博列表、我的微博列表和 @ 提到我的微博列表。本章将详细介绍如何访问这些微博列表的方法。

8.1　显示公共微博列表

单击主界面右下角的“更多”按钮，会弹出一个如图 8-1 所示的菜单。选择“随便看看”菜单项，会显示公共微博列表，如图 8-2 所示。

图 8-1　“更多”菜单

图 8-2　公共微博列表

公共微博列表与首页微博列表的显示风格相同，只是在右上角会显示“随便看看”。再次单击屏幕下方的“首页”按钮，会切换到首页微博列表的界面，这时不会重新装载数据，而是立刻显示最后装载的数据。实际上，其原理只是两个 ListView 控件之间通过显示和隐藏方式进行切换。

所有处理“更多”菜单的代码都被封装在 MainMoreMenuProcess 类中。该类通过实现 OnMenuItemClickListener 接口来处理菜单单击事件，处理菜单单击事件的代码如下：

```
public boolean onMenuItemClick(MenuItem item)
{
    switch (item.getItemId())
```

```
{
    case R.id.mnuPublicTimeline:
        //  公共微博列表
        publicTimeline();
        break;
    case R.id.mnuUserTimeline:
        //  我的微博列表
        userTimeline();
        break;
    case R.id.mnuMentions:
        //  提到我的微博列表
        mentions();
        break;
    case R.id.mnuCommentsTimeline:
        //  全部评论列表
        commentsTimeline();
        break;
    case R.id.mnuCommentByMe:
            //  我发出的评论列表
        commentByMe();
        break;
    case R.id.mnuMyFavorites:
        //  我的收藏列表
        favorites();
        break;
    case R.id.mnuDirectMessages:
        //  私信列表
        directMessage_me();
        break;
}
return false;
}
```

从 onMenuItemClick 方法的代码可知，每一个菜单项都使用了一个方法来处理。例如，公共微博列表由 publicTimeline 方法处理。

处理微博列表时分为如下两种情况：

- 已经装载了微博列表数据
- 第一次显示微博列表

在第 1 种情况下，只需要将显示微博列表的 ListView 控件设为可视状态即可。在第 2 种情况下，除了要将 ListView 控件设为可视状态，还要创建 TimelineOperationProcess 对象来处理当前的微博列表。下面先看 publicTimeline 方法的代码：

```
public void publicTimeline()
{
    //  首先隐藏所有的 ListView 控件
    hideAllWidget();
    //  如果 ListView.getAdapter 方法获得的值是 null，属于第 1 种情况
```

```
    //  也就是说，还没有相应的Adapter对象与ListView控件绑定
    if (mlvPublicTimeline.getAdapter() != null)
    {
        //  将ListView控件设为可视状态
        mlvPublicTimeline.setVisibility(View.VISIBLE);
        //  设置与当前显示的微博列表对应的TimelineOperationProcess对象
        AndroidUtil
            .setMainTimelineOperationProcess(
                mHappyBlogAndroid,
                AndroidUtil
                    .getPublicTimelineOperationProcess(mHappyBlogAndroid));
       //  设置主界面要显示的用户名和微博列表类型
       WeiboMain.mtvName.setText(WeiboMain.mCurrentUser.getName());
       WeiboMain.mtvStatus.setText(AndroidUtil
           .getMainTimelineOperationProcess(mHappyBlogAndroid).getDataTypeTitle());
    }
    else
    {
        //  显示正在装载微博的状态。mLoading是一个LinearLayout对象
        //  包含了ProgressBar和TextView控件。用于显示一个不断旋转的圆圈和状态文本
        mLoading.setVisibility(View.VISIBLE);
        //  创建用于处理公共微博列表的TimelineOperationProcess对象
        //  并设置当前的TimelineOperationProcess对象
        AndroidUtil.setMainTimelineOperationProcess(mHappyBlogAndroid,
            new TimelineOperationProcess(mHappyBlogAndroid,
            Const.TIMELINE_TYPE_STATUS,
            Const.DATA_TYPE_PUBLIC_TIMELINE,
            R.id.lvPublicTimeline));
        //  将TimelineOperationProcess对象保存在MyApp对象中
        AndroidUtil.setPublicTimelineOperationProcess(mHappyBlogAndroid,
            AndroidUtil.getMainTimelineOperationProcess(mHappyBlogAndroid));

        AndroidUtil.getPublicTimelineOperationProcess(
            mHappyBlogAndroid).mInitData = true;

        MyMicroBlogAsync myMicroBlogAsync = AndroidUtil.getMyMicroBlogs(
                mHappyBlogAndroid).get(WeiboMain.mainAlias);
        //  异步获得公共微博列表
        myMicroBlogAsync.getPublicTimelineAsync(
            AndroidUtil.getPublicTimelineOperationProcess(mHappyBlogAndroid));
    }
}
```

在publicTimeline方法中，使用hideAllWidget方法隐藏所有显示微博列表的ListView控件，并根据当前要显示的微博列表显示相应的ListView控件。hideAllWidget方法的代码如下：

```
public void hideAllWidget()
{
    try
```

```
    {
        mlvHomeTimeline.setVisibility(View.GONE);
        mlvPublicTimeline.setVisibility(View.GONE);
        mlvUserTimeline.setVisibility(View.GONE);
        mlvMentions.setVisibility(View.GONE);
        mlvCommentsTimeline.setVisibility(View.GONE);
        mlvCommentByMe.setVisibility(View.GONE);
        mlvFavorites.setVisibility(View.GONE);
        mlvDirectMessage.setVisibility(View.GONE);
        mLoading.setVisibility(View.GONE);
    }
    catch (Exception e)
    {
    }
}
```

在第 1 种情况下，会将当前显示哪种微博列表显示在主界面右上角，这里使用了一个 getDataTypeTitle 方法获得相应的微博列表名称。getDataTypeTitle 方法的代码如下：

```
public String getDataTypeTitle()
{
    switch (mDataType)
    {
        case Const.DATA_TYPE_HOME_TIMELINE:
            return "首页";
        case Const.DATA_TYPE_PUBLIC_TIMELINE:
            return "随便看看";
        case Const.DATA_TYPE_USER_TIMELINE:
            return "我的微博";
        case Const.DATA_TYPE_MENTIONS:
            return "@提到我的";
        case Const.DATA_TYPE_COMMENTS_TIMELINE:
            return "发出和收到的评论";
        case Const.DATA_TYPE_COMMENT_BY_ME:
            return "发出的评论";
        case Const.DATA_TYPE_FAVORITES:
            return "我的收藏";
        case Const.DATA_TYPE_DIRECT_MESSAGE:
        case Const.DATA_TYPE_DIRECT_MESSAGE_SESSION:
        case Const.DATA_TYPE_DIRECT_MESSAGE_ME:
            return "私信";
        case Const.DATA_TYPE_COMMENT:
            return "查看评论";
    }
    return "";
}
```

在第 2 种情况下，系统会在成功获得公共微博的微博信息后，显示相应的 ListView 控件以及设置相应的信息。这些工作都会在 TimelineOperationProcess 类中完成。

8.2 显示我的微博列表

显示“我的微博”列表由 MainMoreMenuProcess.userTimeline 方法完成，实现过程与 publicTimeline 方法类似。userTimeline 方法的代码如下：

```
private void userTimeline()
{
    //  首先隐藏所有的 ListView 控件
    hideAllWidget();
    //  第 1 种情况，直接显示 ListView 控件
    if (mlvUserTimeline.getAdapter() != null)
    {
        mlvUserTimeline.setVisibility(View.VISIBLE);
        //  设置与当前显示的微博列表对应的 TimelineOperationProcess 对象
        AndroidUtil
                .setMainTimelineOperationProcess(
                        mHappyBlogAndroid,
                        AndroidUtil
                                .getUserTimelineOperationProcess(mHappyBlogAndroid));

        WeiboMain.mtvName.setText(WeiboMain.mCurrentUser.getName());
        WeiboMain.mtvStatus.setText(AndroidUtil
                .getMainTimelineOperationProcess(mHappyBlogAndroid)
                .getDataTypeTitle());

    }
    else
    {
        mLoading.setVisibility(View.VISIBLE);
        AndroidUtil
                .setMainTimelineOperationProcess(mHappyBlogAndroid,
                        new TimelineOperationProcess(mHappyBlogAndroid,
                                Const.TIMELINE_TYPE_STATUS,
                                Const.DATA_TYPE_USER_TIMELINE,
                                R.id.lvUserTimeline));
        AndroidUtil
                .setUserTimelineOperationProcess(
                        mHappyBlogAndroid,
                        AndroidUtil
                                .getMainTimelineOperationProcess(mHappyBlogAndroid));
        AndroidUtil.getUserTimelineOperationProcess(mHappyBlogAndroid)
                .mInitData = true;

        MyMicroBlogAsync myMicroBlogAsync = AndroidUtil.getMyMicroBlogs(
                mHappyBlogAndroid).get(WeiboMain.mainAlias);
        //  异步获得用户微博列表
        myMicroBlogAsync.getUserTimelineAsync(AndroidUtil
```

```
            .getUserTimelineOperationProcess(mHappyBlogAndroid));
    }
}
```

“我的微博”列表显示效果如图 8-3 所示。

图 8-3 “我的微博”列表界面

8.3 显示 @ 提到我的微博列表

使用 mentions 方法可以获得“@ 提到我的”微博列表，该方法的代码如下：

```
private void mentions()
{
    //  隐藏所有的ListView控件
    hideAllWidget();
    if (mlvMentions.getAdapter() != null)
    {
        //  显示@提到我的微博列表的ListView控件
        mlvMentions.setVisibility(View.VISIBLE);
        AndroidUtil.setMainTimelineOperationProcess(
            mHappyBlogAndroid,
                AndroidUtil.getMentionsOperationProcess(mHappyBlogAndroid));
        WeiboMain.mtvName.setText(WeiboMain.mCurrentUser.getName());
        WeiboMain.mtvStatus.setText(AndroidUtil
                .getMainTimelineOperationProcess(mHappyBlogAndroid)
                .getDataTypeTitle());
    }
    else
    {
        mLoading.setVisibility(View.VISIBLE);
        AndroidUtil.setMainTimelineOperationProcess(mHappyBlogAndroid,
                new TimelineOperationProcess(mHappyBlogAndroid,
                        Const.TIMELINE_TYPE_STATUS,
                        Const.DATA_TYPE_MENTIONS, R.id.lvMentions));
        AndroidUtil
                .setMentionsOperationProcess(mHappyBlogAndroid, AndroidUtil
                        .getMainTimelineOperationProcess(mHappyBlogAndroid));
        AndroidUtil.getMentionsOperationProcess(mHappyBlogAndroid).mInitData = true;

        MyMicroBlogAsync myMicroBlogAsync = AndroidUtil.getMyMicroBlogs(
                mHappyBlogAndroid).get(WeiboMain.mainAlias);
        //  异步获得@提到我的微博列表
        myMicroBlogAsync.getMentionsAsync(AndroidUtil
                .getMentionsOperationProcess(mHappyBlogAndroid));
    }
}
```

“@提到我的”微博列表如图8-4所示。

8.4 刷新当前的微博列表

单击主界面左下角的“刷新”按钮，可以刷新当前的微博列表。主界面下方4个按钮的单击事件都在MainButtonProcess类中处理。单击“刷新”按钮时，会根据当前显示的微博列表种类进行刷新，通过mDataType可以判断当前显示折微博列表种类，代码如下：

图8-4 “@提到我的”微博列表界面

```
switch (AndroidUtil
        .getMainTimelineOperationProcess(
            mHappyBlogAndroid).mDataType)
{
    //  刷新首页微博列表
    case Const.DATA_TYPE_HOME_TIMELINE:
        AndroidUtil
            .getMainTimelineOperationProcess(mHappyBlogAndroid).mInitData = false;
        //  重新获得首页微博列表
        myMicroBlogAsync
                .getHomeTimelineAsync(AndroidUtil
                        .getHomeTimelineOperationProcess(mHappyBlogAndroid));
        break;
    //  刷新公共微博列表
    case Const.DATA_TYPE_PUBLIC_TIMELINE:
        AndroidUtil
            .getPublicTimelineOperationProcess(mHappyBlogAndroid).mInitData = false;
        //  重新获得公共微博列表
        myMicroBlogAsync
                .getPublicTimelineAsync(AndroidUtil
                        .getPublicTimelineOperationProcess(mHappyBlogAndroid));
        break;
        ... ...
        //  此处省略了刷新其他微博列表的代码
}
```

8.5 小结

本章介绍了如何获得公共微博列表、我的微博列表和@提到我的微博列表。这些微博列表和获得首页微博列表的方法类似，处理返回数据的方法也类似（都是处理返回的List<Status>对象）。当第一次获得微博列表后，再次切换到该微博列表时，会直接显示相应的ListView控件，而不会再次从缓存或网络装载数据。

第 9 章　显示其他列表信息

新浪微博 SDK 共有三种封装返回信息的数据结构。除了前面经常使用的 Status，还有另外两种：Comment（封装评论消息）和 DirectMessage（封装私信消息）。本节将继续介绍如何获取 4 种消息：我的所有评论、我发出的评论、我的收藏和私信，这 4 种消息分别使用 Comment（用于前两种消息）、Status 和 DirectMessage 进行封装。

9.1　显示我的所有评论列表

每一条微博都可以被评论（除非关闭评论功能），可以通过调用新浪微博 API 来获取各种评论信息。本节要讨论的是获取由当前登录用户发出的和收到的（其他用户评论当前登录用户发布的微博）所有评论消息。

通过 Weibo. getCommentsTimeline 方法可以获取所有的评论消息。该方法返回一个 List<Comment> 对象，用于封装返回的评论消息。每一个 Comment 对象表示一条评论消息。Comment 与 Status 在属性上大同小异，它们之间最大的不同是 Comment 类并不包含图像链接，这是由于微博的评论并不允许发布图像。

如果看过第 8 章就会知道，所有处理“更多”菜单的代码都在 MainMoreMenuProcess 类中。commentsTimeline 方法用于异步获取所有的评论消息。该方法的代码如下：

```
private void commentsTimeline()
{
    // 隐藏所有的 ListView 控件
    hideAllWidget();
    //  如果评论列表已装载，直接显示相应的 ListView 控件即可
    if (mlvCommentsTimeline.getAdapter() != null)
    {
        //  显示 ListView 控件
        mlvCommentsTimeline.setVisibility(View.VISIBLE);
        //  设置当前的 TimelineOperationProcess 对象
        //  该对象在系统中随时会调用，主要用于对当前列表进行处理
        AndroidUtil
            .setMainTimelineOperationProcess(
                mHappyBlogAndroid,
                AndroidUtil
                    .getCommentsTimelineOperationProcess(mHappyBlogAndroid));
//  设置主界面标题栏的内容
WeiboMain.mtvName.setText(WeiboMain.mCurrentUser.getName());
        WeiboMain.mtvStatus.setText(AndroidUtil
            .getMainTimelineOperationProcess(mHappyBlogAndroid)
```

```
                .getDataTypeTitle());

    }
    else
    {
        //  显示装载进度
        mLoading.setVisibility(View.VISIBLE);
        //  创建用于处理所有评论的TimelineOperationProcess对象
        //  并设置当前的TimelineOperationProcess对象
AndroidUtil.setMainTimelineOperationProcess(mHappyBlogAndroid,
                new TimelineOperationProcess(mHappyBlogAndroid,
                        Const.TIMELINE_TYPE_COMMENT,
                        Const.DATA_TYPE_COMMENTS_TIMELINE,
                        R.id.lvCommentsTimeline));
        //  第一次创建用于处理所有评论的TimelineOperationProcess对象
        //  需要用TimelineOperationProcess对象设置MyApp类中相应的属性
        AndroidUtil
                .setCommentsTimelineOperationProcess(
                        mHappyBlogAndroid,
                        AndroidUtil
                                .getMainTimelineOperationProcess(mHappyBlogAndroid));
        AndroidUtil.getCommentsTimelineOperationProcess(mHappyBlogAndroid)
                .mInitData = true;

        MyMicroBlogAsync myMicroBlogAsync = AndroidUtil.getMyMicroBlogs(
                mHappyBlogAndroid).get(WeiboMain.mainAlias);
        //  异步获取所有评论消息
        myMicroBlogAsync.getCommentsTimelineAsync(AndroidUtil
                .getCommentsTimelineOperationProcess(mHappyBlogAndroid));
    }
}
```

在TimelineAdapter.getView方法中需要使用另外的代码处理返回的评论消息。评论消息的类型是Const.TIMELINE_TYPE_COMMENT。下面的代码将返回的WeiboResponse对象转换成Comment对象（Comment类是WeiboResponse的子类），并从Comment对象中获取相应的评论消息来更新列表项中的控件内容。

```
else if (Const.TIMELINE_TYPE_COMMENT
        .equals(mTimelineOperationProcess.mType))
{
    comment = (Comment) mTimelineOperationProcess.mWeiboResponses
            .get(position);
    //  获取发表评论的User对象
    user = comment.getUser();
    //  获取评论来源
    source = comment.getSource();
    //  获取发布评论的时间
    createdAt = comment.getCreatedAt();
    //  获取评论内容
```

```
    text = comment.getText();
    ... ...
    //  更新列表项中的控件内容
}
```

显示所有评论的效果如图 9-1 所示。

图 9-1 显示所有评论的界面

9.2 显示我发出的评论列表

如果只想查看由当前登录用户发出的评论消息，可以使用 Weibo.getCommentsByMe 方法。该方法的参数和返回值类型与 Weibo.getCommentsTimeline 方法完全相同，只是返回的评论消息不同，因此，在 TimelineAdapter.getView 方法中可以使用同一段代码处理。在 MainMoreMenuProcess 类中，通过 commentByMe 方法处理由当前用户发布的评论，该方法的代码如下：

```
private void commentByMe()
{
    //  隐藏所有的 ListView 控件
    hideAllWidget();
    //  如果已装载了数据，则直接显示 ListView 控件即可
    if (mlvCommentByMe.getAdapter() != null)
    {
        mlvCommentByMe.setVisibility(View.VISIBLE);
        //   设置当前的 TimelineOperationProcess 对象
        AndroidUtil.setMainTimelineOperationProcess(mHappyBlogAndroid,
                AndroidUtil
                        .getCommentByMeOperationProcess(mHappyBlogAndroid));
        //  设置主界面标题栏显示的内容
        WeiboMain.mtvName.setText(WeiboMain.mCurrentUser.getName());
        WeiboMain.mtvStatus.setText(AndroidUtil
                .getMainTimelineOperationProcess(mHappyBlogAndroid)
                 .getDataTypeTitle());

    }
    else
    {
        //  显示装载数据的进度
        mLoading.setVisibility(View.VISIBLE);
        // 创建处理我发出评论的 TimelineOperationProcess 对象，并设置
        //  当前的 TimelineOperationProcess 对象
AndroidUtil.setMainTimelineOperationProcess(mHappyBlogAndroid,
                new TimelineOperationProcess(mHappyBlogAndroid,
                        Const.TIMELINE_TYPE_COMMENT,
                        Const.DATA_TYPE_COMMENT_BY_ME, R.id.lvCommentByMe));
```

```
        AndroidUtil
                .setCommentByMeOperationProcess(
                        mHappyBlogAndroid,
                        AndroidUtil
                                .getMainTimelineOperationProcess(mHappyBlogAndroid));
        AndroidUtil.getCommentByMeOperationProcess(mHappyBlogAndroid)
            .mInitData = true;

        MyMicroBlogAsync myMicroBlogAsync = AndroidUtil.getMyMicroBlogs(
                mHappyBlogAndroid).get(WeiboMain.mainAlias);
        //  异步获取我发出的评论消息
        myMicroBlogAsync.getCommentsByMeAsync(AndroidUtil
              .getCommentByMeOperationProcess(mHappyBlogAndroid));
    }
}
```

我发出的评论列表的显示效果如图 9-2 所示。

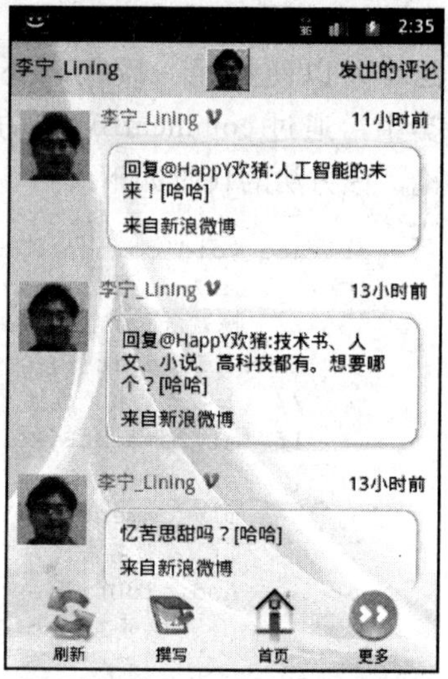

图 9-2 显示我发出的评论界面

9.3 显示我的收藏列表

收藏列表实际上也是微博列表，因此，处理方式与第 8 章介绍的处理首页、公共微博列表的方式相同。Weibo.getFavorites 用于获取我的收藏列表，使用 List<Status> 对象封装。

MainMoreMenuProcess.favorities 方法用于处理我的收藏列表，代码如下：

```
private void favorites()
{
    //  隐藏所有的控件
    hideAllWidget();
    //  如果已装载过我的收藏数据，直接显示 ListView 控件即可
    if (mlvFavorites.getAdapter() != null)
    {
        //  显示 ListView 控件
        mlvFavorites.setVisibility(View.VISIBLE);
        //  设置当前的 TimelineOperationProcess 对象
        AndroidUtil
                .setMainTimelineOperationProcess(
                        mHappyBlogAndroid,
                        AndroidUtil
                                .getFavoritesOperationProcess(mHappyBlogAndroid));
        //  设置主界面标题栏显示的内容
        WeiboMain.mtvName.setText(WeiboMain.mCurrentUser.getName());
        WeiboMain.mtvStatus.setText(AndroidUtil
              .getMainTimelineOperationProcess(mHappyBlogAndroid)
               .getDataTypeTitle());
```

```
    }
    else
    {
        mLoading.setVisibility(View.VISIBLE);
        AndroidUtil.setMainTimelineOperationProcess(mHappyBlogAndroid,
                new TimelineOperationProcess(mHappyBlogAndroid,
                        Const.TIMELINE_TYPE_STATUS,
                        Const.DATA_TYPE_FAVORITES, R.id.lvFavorites));

        AndroidUtil
                .setFavoritesOperationProcess(
                        mHappyBlogAndroid,
                        AndroidUtil
                                .getMainTimelineOperationProcess(mHappyBlogAndroid));
        AndroidUtil.getFavoritesOperationProcess(mHappyBlogAndroid).mInitData = true;

        MyMicroBlogAsync myMicroBlogAsync = AndroidUtil.getMyMicroBlogs(
                mHappyBlogAndroid).get(WeiboMain.mainAlias);
       //  异步获取我的收藏消息
        myMicroBlogAsync.getFavoritesAsync(AndroidUtil
                .getFavoritesOperationProcess(mHappyBlogAndroid));
    }
}
```

显示我的收藏列表的效果如图 9-3 所示。

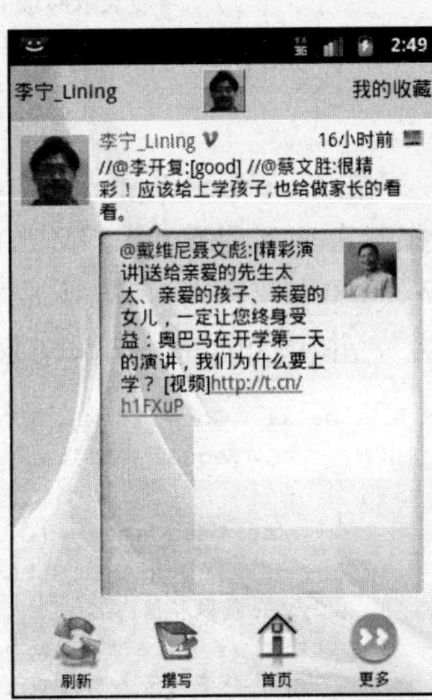

图 9-3　显示我的收藏界面

9.4　显示私信列表

私信通过 DirectMessage 对象进行封装。可以调用 Weibo.getDirectMessages 方法获取私信列表，返回值的数据类型是 List<DirectMessage>。

MainMoreMenuProcess.directMessage 方法用于处理私信列表。该方法的代码如下：

```
private void directMessage()
{
    //  隐藏所有的 ListView 控件
    hideAllWidget();
    if (mlvDirectMessage.getAdapter() != null)
    {
        //  显示私信列表 ListView 控件
        mlvDirectMessage.setVisibility(View.VISIBLE);
        AndroidUtil.setMainTimelineOperationProcess(mHappyBlogAndroid,
            AndroidUtil.getDirectMessageProcess(mHappyBlogAndroid));
        WeiboMain.mtvName.setText(WeiboMain.mCurrentUser.getName());
        WeiboMain.mtvStatus.setText(AndroidUtil
            .getMainTimelineOperationProcess(mHappyBlogAndroid)
```

```
                .getDataTypeTitle());
    }
    else
    {
        mLoading.setVisibility(View.VISIBLE);
        AndroidUtil.setMainTimelineOperationProcess(mHappyBlogAndroid,
            new TimelineOperationProcess(mHappyBlogAndroid,
            Const.TIMELINE_TYPE_DIRECT_MESSAGE_ME,
            Const.DATA_TYPE_DIRECT_MESSAGE_ME,
            R.id.lvDirectMessage));
        AndroidUtil.setDirectMessageProcess(mHappyBlogAndroid, AndroidUtil
            .getMainTimelineOperationProcess(mHappyBlogAndroid));
        AndroidUtil.getDirectMessageProcess(mHappyBlogAndroid).mInitData = true;

        AndroidUtil
            .getMainTimelineOperationProcess(mHappyBlogAndroid)
            .getListView()
            .setOnItemClickListener(
            AndroidUtil.getMainTimelineOperationProcess(mHappyBlogAndroid));
        MyMicroBlogAsync myMicroBlogAsync = AndroidUtil.getMyMicroBlogs(
            mHappyBlogAndroid).get(WeiboMain.mainAlias);
        myMicroBlogAsync.getDirectMessagesAsync(
        //  异步获取私信消息
        AndroidUtil.getDirectMessageProcess(mHappyBlogAndroid), new Paging());
    }
}
```

在TimelineAdapter.getView方法中，需要使用另外的代码处理返回的私信消息。私信消息的类型是Const.TIMELINE_TYPE_DIRECT_MESSAGE_ME。下面的代码将返回的WeiboResponse对象转换成DirectMessage对象（DirectMessage类是WeiboResponse的子类），并从DirectMessage对象中获取相应的私信消息来更新列表项中的控件内容。

```
else if (Const.TIMELINE_TYPE_DIRECT_MESSAGE_ME
        .equals(mTimelineOperationProcess.mType))
{
    directMessage = (DirectMessage) mTimelineOperationProcess.mWeiboResponses
            .get(position);
    //  获取私信内容
    text = directMessage.getText();
    //  隐藏显示来源的TextView控件
    tvSource.setVisibility(View.GONE);
    //  判断私信是由当前用户发出的，还是当前用户接收到的

    //  当前用户接收到的私信
    if (!directMessage
            .getSender()
            .getName()
            .equals(WeiboMain.mCurrentUser.getName()))
    {
```

```
        //  设置私信来源，如“用户 1  To 我”
        tvName.setText(Html.fromHtml(directMessage
                .getSender().getName()
                + " "
                + AndroidUtil.setTextColor("To", "blue")
                + " 我"));
    }
    else  //  当前用户发出的私信
    {
        //  设置私信去向，如“我  To  用户 1”
        tvName.setText(Html.fromHtml("我    "
                + AndroidUtil.setTextColor("To", "blue")
                + directMessage.getRecipient().getName()));
    }
    //  获取私信的发布时间
    createdAt = directMessage.getCreatedAt();
}
```

显示私信列表的效果如图 9-4 所示。

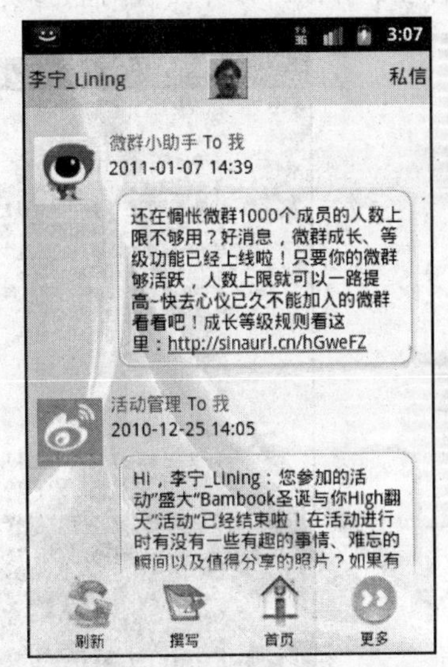

图 9-4　显示私信界面

9.5　小结

本章介绍了 4 种消息列表的获取方法。这 4 种消息列表分别由微博 SDK 的 3 种数据结构封装：Status、Comment 和 DirectMessage，分别用来封装微博消息、评论消息和私信消息。其中 Status 最复杂，不仅包含了基本的文本微博消息，还包含了微博图像、用户头像的 URL。而 Comment 和 DirectMessage 要简单一些，它们只包含了基本的文本信息以及创建时间、发布来源等。本章获取的 4 种消息列表和第 8 章获取的 3 种消息列表都通过 MainMoreMenuProcess 类完成，该类负责处理“更多”菜单项的单击动作。

第 10 章 账 号 管 理

本书实现的新浪微博客户端支持多个新浪微博账号，需要有一个管理微博账号的功能模块，可以添加和删除新浪微博账号，以及设置要同步的账号；在登录时也可以选择已经存在的账号，而无需重新输入账号。

10.1 账号管理主界面

在系统主界面选项菜单中（如图 10-1 所示），选择“账号管理”菜单项，会弹出“账号管理”界面。该界面有两个选项菜单：“添加账号”和“同步账号”，如图 10-2 所示。

图 10-1 “账号管理”选项菜单

图 10-2 “账号管理”主界面

图 10-2 所示的界面显示时，会装载已经添加的新浪微博账号。账号数据需要存取图 7.7 所示的 t_accounts 表。“账号管理”界面对应的类是 AccountManager，在该类中通过 AccountManagerAdapter 对象装载账号数据。AccountManagerAdapter 是 AccountManager 的内嵌类。下面来看 AccountManagerAdapter.getView 方法，该方法从 t_accounts 表中获得相应的账号数据，并显示在对应的控件中。

```
//  AccountManagerAdapter 类可以是 CursorAdapter 的子类，也可以是 BaseAdapter 的子类
//  本例使用了 BaseAdapter 类，读者也可将其改成 CursorAdapter 类，效果是一样的
public View getView(int position, View convertView, ViewGroup parent)
```

```
{
    //  convertView表示曾经创建的列表项视图。如果convertView为null
    //  表示当前列表项视图仍然需要创建，否则，可以利用曾经创建的列表项视图
    if (convertView == null)
        convertView = mLayoutInflater.inflate(R.layout.account_item, null);
    try
    {
        //  如果不使用CursorAdapter类，需要自己控制记录集的指针
        mSqliteCursor.moveToPosition(position);

        //  开始创建列表项控件
        //  用于显示账号Logo的ImageView控件
        ImageView ivMicroBlogLogo = (ImageView) convertView
                .findViewById(R.id.ivMicroBlogLogo);
        //  用于显示主账号标识的ImageView控件
        ImageView ivHome = (ImageView) convertView
                .findViewById(R.id.ivHome);
        //  用于显示同步图像表示的ImageView控件
        ImageView ivSync = (ImageView) convertView
                .findViewById(R.id.ivSync);
        //  用于同步的CheckBox控件
        CheckBox cbSync = (CheckBox) convertView
                .findViewById(R.id.cbSync);
        //  用于显示微博种类（本系统只支持新浪微博）的TextView控件
        TextView tvMicroBlog = (TextView) convertView
                .findViewById(R.id.tvMicroBlog);
        //  用于显示账号的TextView控件
        TextView tvAlias = (TextView) convertView
                .findViewById(R.id.tvAlias);
        //  Values.BLOG_NAME_ID_MAP是一个Map类型的常量，保存微博与
        //  Logo的对应关系，可以利用这一点扩展成支持多种微博（如Twitter、腾讯等）
        ivMicroBlogLogo.setImageResource(Values.BLOG_NAME_ID_MAP
                .get(mSqliteCursor.getString("microblog")));
        //  获得当前账号是否需要同步的标志
        boolean sync = mSqliteCursor.getBoolean("sync");
        //  如果当前账号允许同步，则在账号右侧显示同步标志（一个图像）
        if (mSqliteCursor.getString("alias").equals(mCurrentAlias))
        {
            ivHome.setVisibility(View.VISIBLE);
            ivSync.setVisibility(View.GONE);
            cbSync.setVisibility(View.GONE);
        }
        else
        {
            ivHome.setVisibility(View.GONE);
            //  如果当前是同步模式，则在每个账号（除了主账号）右侧显示一个CheckBox控件
            //  因为主账号一定会被处理，所以也就无所谓同步的
            if (mSyncAccount)
            {
                cbSync.setVisibility(View.VISIBLE);
```

```
                ivSync.setVisibility(View.GONE);
                cbSync.setChecked(sync);
            }
            else
            {
                cbSync.setVisibility(View.GONE);
                if (sync)
                    ivSync.setVisibility(View.VISIBLE);
                else
                    ivSync.setVisibility(View.GONE);
            }
        }
        //  显示微博种类，本系统只支持新浪微博
        tvMicroBlog.setText(mMicroBlogMap.get(mSqliteCursor
                .getString("microblog")));
        //  显示账号别名（默认别名和账号是一样的）
        tvAlias.setText(mSqliteCursor.getString("alias"));
        //  保存用于表示是否同步的CheckBox对象
        mSyncMap.put(mSqliteCursor.getString("alias"), cbSync);
    }
    catch (Exception e)
    {
    }
    return convertView;
}
```

在 getView 方法中涉及微博同步、主微博的一些概念，这些内容将在本章的后面详细介绍。

10.2 添加账号

单击“账号管理”主界面的“添加账号”选项，会显示“添加账号”界面，如图 10-3 所示。

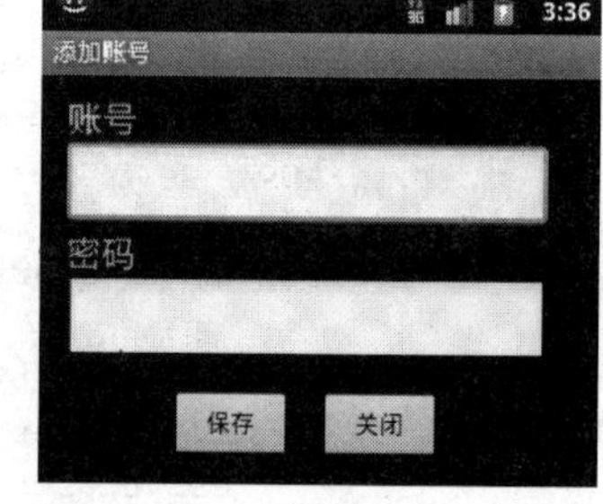

图 10-3 “添加账号”界面

在上图所示的界面中输入账号和密码，单击“保存”按钮，会执行下面的代码，以验证输入的账号和密码是否正确。如果输入了有效的账号和密码，系统会将账号和密码保存在 t_accounts 表中。

```
//  要求必须输入账号
if ("".equals(metAccount.getText().toString()))
{
    Message.showMsg(this,
            "请输入" + mBlogListAdapter.getMBName(mMicroBlogIndex) + "账号.");
    return;
}
//  要求必须输入密码
if ("".equals(metPassword.getText().toString()))
```

```
{
    Message.showMsg(this, "请输入密码.");
    return;
}
//  创建 MyMicroBlogAsync 对象，利用 MyMicroBlogAsync.loginAsync
//  方法验证账号和密码是否有效
MyMicroBlogAsync myMicroBlog = new MyMicroBlogAsync(metAccount
        .getText().toString(),
        metPassword.getText().toString(), new MyKeySecret());

//  调用 loginAsync 方法进行登录，如果成功登录，说明账号和密码有效
myMicroBlog.loginAsync(new AddAccountOperationProcess(this,
        WeiboMain.happyBlogAccount, "sina",
        metAccount.getText().toString(), EncryptDecrypt
                .encrypt(metPassword.getText().toString()),
        metAlias.getText().toString(), myMicroBlog));
```

读者可能会感到奇怪，上面的代码只验证了账号和密码，并没有保存账号和密码。实际上，保存账号和密码的工作是由AddAccountOperationProcess类完成的，该类实现了MicroBlogListener接口。因此，可以处理登录成功（onLoginSuccess）和失败（onLoginException）的事件。

下面来看AddAccountOperationProcess类：

```
//  登录成功，会保存账号和密码
public void onLoginSuccess(String msg, User user)
{
    super.onLoginSuccess(msg, user);
    try
    {
        //  保存账号和密码
        AndroidUtil.getSystemDBService(mContext).saveMicroBlogAccount(
                mHappyBlogAccount, mMicroBlog, mMicroBlogAccount,
                mPassword, mAlias);
        AndroidUtil.getMyMicroBlogs(mContext).put(mAlias, mMyMicroBlog);
        Intent intent = new Intent();
        intent.putExtra("alias", mAlias);
        //  设置了 Values.RESULT_CODE_ADD_ACCOUNT 的返回结果
        ((Activity) mContext).setResult(Values.RESULT_CODE_ADD_ACCOUNT, intent);
        ((Activity) mContext).finish();
    }
    catch (final Exception e)
    {
        //  由于 onLoginSuccess 方法是在另一个线程中被调用的
        //  因此，需要显示 Toast 信息框需要使用 Handler
        myHandler.run(new HandlerRun()
        {
            @Override
            public void invoke()
            {
```

```
                mMessage.showMsg(mContext.getResources().getString(
                        R.string.add_acount_exception));
            }
        });
    }
}
```

10.3 删除账号

长按账号列表，会弹出一个上下文菜单，单击“删除账号”，可以删除当前选择的新浪微博账号。删除账号的代码如下：

```
try
{
    // 删除指定的账号
    mAccountManagerAdapter.delete(mCurrentPosition);
    mSqliteCursor.requery();
    mAccountManagerAdapter.notifyDataSetChanged();
    Message.showMsg(this, "成功删除账号.");
}
catch (Exception e)
{
    Message.showMsg(this, "删除账号失败.");
}
```

其中，AccountManagerAdapter.delete 方法用于删除账号，该方法的代码如下：

```
public void delete(int position) throws Exception
{
    // 获得账号（别名）
    String alias = getAlias(position);
    // 从t_accounts表中删除指定账号
    AndroidUtil.getSystemDBService(AccountManager.this)
            .deleteAccountSync(alias);
}
```

10.4 设置主账号

微博客户端每次启动时，都会在主界面显示某个账号的微博列表。这个账号称为主账号，也就是当前显示微博列表的账号。主账号只能同时有一个，如果某个账号被设为主账号，会在账号的右侧显示一个小房子的图像，如图 10-2 所示。

在账号列表的上下文菜单中单击“主账号”菜单项，会将当前账号设为主账号，代码如下：

```
// 将记录指针移动到当前位置
```

```
mSqliteCursor.moveToPosition(mCurrentPosition);
//  设置当前账号
mCurrentAlias = mSqliteCursor.getString("alias");
mAccountManagerAdapter.notifyDataSetChanged();
//  下面的代码将 alias 和 password 保存在了 Intent 对象中
//  当"账号管理"关闭时，系统会将主账号标志保存在数据库中，并更新微博列表
intent = new Intent();
intent.putExtra("alias", mCurrentAlias);
intent.putExtra("password", EncryptDecrypt
        .decrypt(mSqliteCursor.getString("password")));
setResult(Values.RESULT_CODE_ACCOUNT_MANAGER, intent);
```

10.5　同步账号

单击如图 10-2 所示"同步账号"菜单项，会切换到同步账号模式，如图 10-4 所示。

除了主账号外，其他的账号右侧都会显示一个 CheckBox 控件。如果选中，在发布微博时会同时发到被选择的账号中。单击"确定"按钮会保存设置，代码如下：

```
public void save()
{
    mSqliteCursor.moveToFirst();
    //  扫描所有的账号，并按照是否同步标志更新数据库
    do
    {
        //  获得当前扫描到的账号
        String alias = mSqliteCursor.getString("alias");
        CheckBox cbSync = mSyncMap.get(alias);
        if (cbSync != null)
        {
            //  根据当前的账号是否同步来更新数据库中的相应字段
            AndroidUtil.getSystemDBService(AccountManager.this)
                    .updateAccountSync(alias, cbSync.isChecked());
        }

    }
    while (mSqliteCursor.moveToNext());
    mSqliteCursor.requery();
}
```

10.6　注销

单击主界面选项菜单中的"注销"菜单项，会弹出如图 10-5 所示的提示对话框。单击"确定"按钮，系统会恢复到未登录之前的状态，并显示登录界面，也就是注销新浪微博客户端。

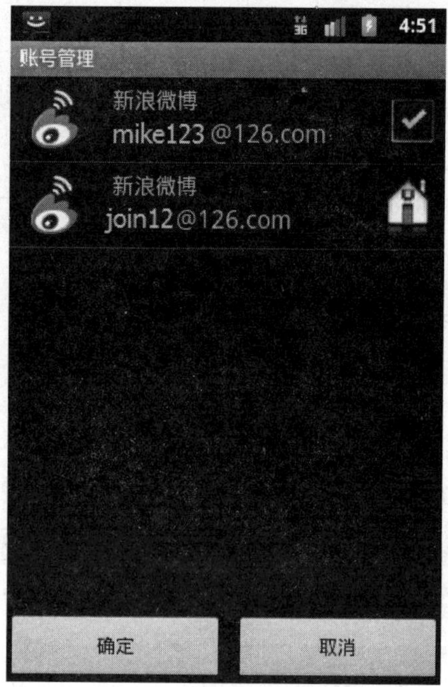

图 10-4 同步账号界面

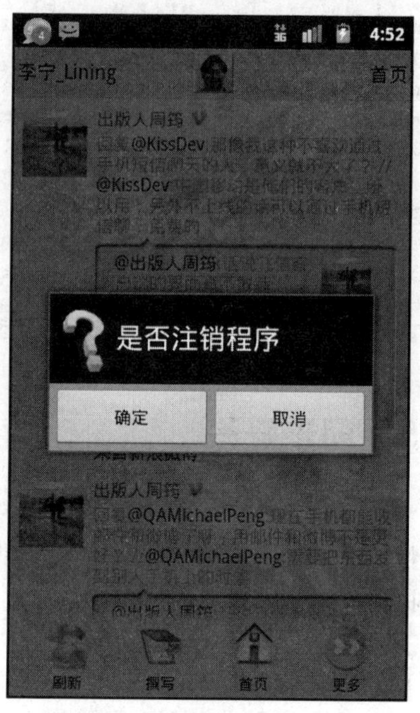

图 10-5 注销新浪微博客户端

单击“注销”菜单项将执行下面的代码来显示图 10-5 所示的对话框：

```
new AlertDialog.Builder(mHappyBlogAndroid).setIcon(
      R.drawable.question).setTitle("是否注销程序")
      .setPositiveButton("确定",
            new DialogInterface.OnClickListener()
            {
                public void onClick(DialogInterface dialog,
                       int whichButton)
                {
                      //  下面的代码用于恢复登录前的状态
                      mHappyBlogAndroid.loadMainLayout = false;

                      mHappyBlogAndroid
                            .onCreateOptionsMenu(mHappyBlogAndroid.mOptionsMenu);
                      mHappyBlogAndroid.loginProcess = null;
                      mHappyBlogAndroid.mainAlias = null;
                      mHappyBlogAndroid.happyBlogConfig
                            .setValue(Values.MAIN_ALIAS, "");

                      mHappyBlogAndroid.mMainOptionsMenuProcess = null;
                      AndroidUtil
                            .getMainTimelineOperationProcess(mHappyBlogAndroid)
                            .clear();
                      AndroidUtil
```

```
                .setMainTimelineOperationProcess(
                    mHappyBlogAndroid, null);
        AndroidUtil
                .setHomeTimelineOperationProcess(
                    mHappyBlogAndroid, null);
        try
        {
            new File(
                Values
                        .getCacheFilename(
                            WeiboMain.mainAlias,
                            AndroidUtil
                                .getMainTimelineOperationProcess(
                                    mHappyBlogAndroid)
                                .getDataType()))

                .delete();
        }
        catch (Exception e)
        {
        }
        //  显示登录界面
        mHappyBlogAndroid.loadLoginLayout();
    }
}).setNegativeButton("取消",
new DialogInterface.OnClickListener()
{
    public void onClick(DialogInterface dialog,
        int whichButton)
    {

    }
}).show();
```

10.7 小结

本章详细讲解了如何实现账号管理功能。由于微博客户端需要管理多个新浪微博账号（读者也可以对其进行扩展，使其支持更多的微博），因此，必须依靠这个账号管理。其主要功能包括添加和删除账号、设置主账号和同步账号。

第 11 章　撰写和发布微博

本章介绍如何实现撰写和发布微博的模块。新浪微博可发布纯文字的微博和带一个图像的微博。本系统可以通过两种方式采集照片：拍照和相册。除此之外，还可以通过一些辅助功能提高输入微博的效率。例如，通过语音录入快速输入微博的内容、插入表情符号、插入话题。

11.1　发布文字微博

从图 11-1 可以看出，与发布文字微博相关的部分只有屏幕上半部的一些控件。这些控件包括左上角的输入状态文字、右上角的“发布”按钮，以及按钮下方输入微博内容的 EditText 控件。其中，EditText 控件采用了定制的边框。实现这种效果很简单，只要设置 <EditText> 标签的 android:background 属性即可，代码如下：

```
<EditText android:id="@+id/etMicroBlog" android:layout_width="fill_parent"
    android:layout_height="wrap_content" android:lines="6"
    android:gravity="left|top" android:background="@drawable/edittext_border" />
```

单击“发布”按钮，会将输入的微博内容发布到主微博以及需要同步的微博，代码如下：

```
//  必须输入微博内容
if ("".equals(etMicroBlog.getText().toString()))
{
     //  如果是文字微博，直接退出
    if (mBitmap == null)
    {
        return;
    }
    else   //  如果是带图像的微博，则将微博文本设为“图片分享”
    {
        etMicroBlog.setText(" 图片分享 ");
    }
}
//  下面的代码添加一个异步的任务，用于发布微博
Task task = new Task();
task.alias = WeiboMain.mainAlias;
//  设置任务监听事件
mTaskProcess = new TaskListenerImpl(this);
//  设置微博的内容
task.msg = etMicroBlog.getText().toString();
```

图 11-1　撰写微博界面

```
task.taskListener = mTaskProcess;
//  设置微博图像的字节数据（如果无图像，为 null）
task.image = mBitmapBytes;
//  将任务添加到任务队列
StaticResources.AddTask(task);
// 下面的代码用于同步其他微博
new Thread(new SyncStatus(this, task.msg, mBitmapBytes)).start();
etMicroBlog.setText("");
mBitmap = null;
ivPhoto.setImageBitmap(null);
Message.showTaskQueueMsg("写微博", this);
//  关闭发布微博的界面
finish();
```

发布微博采用任务队列的方式。也就是说，单击“发布”按钮后，只是将微博任务加到了任务队列就关闭当前界面，后面的工作由监视任务队列的程序完成。

上面的代码涉及一个 SyncStatus 类，该类负责在线程中同步其他的账号，SyncStatus.run 是该类的核心方法，代码如下：

```
public void run()
{
    try
    {
        //  获得当前登录账号中添加的所有账号（包括主账号）信息
        SqliteCursor sqliteCursor = AndroidUtil.getSystemDBService(
                mContext).getMicroBlogAccounts(
                WeiboMain.happyBlogAccount);
        //  扫描每一个账号
        while (sqliteCursor.moveToNext())
        {
            //  如果当前账号不要求同步，则继续扫描下一个账号
            if (!sqliteCursor.getBoolean("sync"))
                continue;
            // 如果当前账号是主账号，不进行处理，否则向任务队列添加新的任务
            if (!sqliteCursor.getString("alias").equals(WeiboMain.mainAlias))
            {
                Task task = new Task();
                task.alias = sqliteCursor.getString("alias");
                //  设置微博的内容
                task.msg = mText;
                task.taskListener = mTaskProcess;
                //  如果微博带图像，则处理图像数据
                if (mBitmapInputStream != null
                        && (sqliteCursor.getString("microblog").equals(
                                "sina") || sqliteCursor.getString(
                                "microblog").equals("sohu")))
                {
                    task.image = mBitmapBytes;
                }
```

```
                // 向任务队列添加新的任务
                StaticResources.AddTask(task);
            }
        }
    }
    catch (Exception e)
    {
    }
}
```

处理任务队列由 ProcessTasks.processTask 方法来完成。在该方法中会根据任务的类型（Task. taskType）决定如何处理任务。例如，发布微博的任务类型是 Const.TASK_TYPE_STATUS（默认类型，不需要设置），所以在 processTask 方法中会执行下面的代码：

```
private ProcessTasks.TaskResult processTask(Task task,
        MyMicroBlog myMicroBlog) throws Exception
{
    ProcessTasks.TaskResult taskResult = new ProcessTasks.TaskResult();
    //  处理发布微博的任务
    if (Const.TASK_TYPE_STATUS.equals(task.taskType))
    {
        //  发布文字微博
        if (task.image == null)
            taskResult.status = myMicroBlog.updateStatus(task.msg);
        else    //  发布带图像的微博
            taskResult.status = myMicroBlog.updateStatus(task.msg,task.image);
    }
    //  处理发评论的任务
    else if (Const.TASK_TYPE_COMMENT.equals(task.taskType))
    {
        ... ...
    }
    ... ...
    //  此处省略了处理其他任务的 if else 分支
}
```

由于 ProcessTasks 类实现了 Runnable 接口，在程序启动时会在线程中运行 ProcessTasks. run 方法，run 方法每隔 500 毫秒扫描一次任务队列。如果任务队列存在未处理的任务，系统就会将任务从任务对列中一个个取出并处理。

11.2 发布带图像的微博

每条微博最多只能带一个图像（与彩信类似）。图像采集有多种方法，本系统采用了两种图像采集的方法：手机拍照和选择相册中的图像。当然，如果对图像不满意，还可以删除图像。

11.2.1　手机拍照

本系统的拍照调用了系统的拍照功能，需要创建一个 Intent 对象，并指定如下的 Activity Action。

MediaStore.ACTION_IMAGE_CAPTURE 启动系统拍照程序的完整代码如下：

```
public void onCapture_Click(View view)
{
    Intent intent = new Intent(MediaStore.ACTION_IMAGE_CAPTURE);
    startActivityForResult(intent, Values.REQUEST_CODE_CAPTURE);
}
```

单击如图 11-2 所示的“拍照”按钮，使用手机的摄像头进行拍照。

图 11-2 “拍照”按钮

拍摄完照片后，在 onActivityResult 方法中处理照片，代码如下：

```
mCurrentPhotoFilename = null;
//  获得照片图像数据
mBitmap = (Bitmap) data.getExtras().get("data");
if (mBitmap != null)
{
    //  将照片显示在 ImageView 控件中
    ivPhoto.setImageBitmap(mBitmap);
    if (mBitmap != null)
    {
        ByteArrayOutputStream baos = new ByteArrayOutputStream();
        mBitmap.compress(CompressFormat.PNG, 100, baos);
        //  将照片转换成字节流
        mBitmapBytes = baos.toByteArray();
        mBitmapInputStream = new ByteArrayInputStream(mBitmapBytes);
        try
        {
            //  将照片存成临时文件
            FileOutputStream fos = new FileOutputStream("/sdcard/temp.jpg");
            mCurrentPhotoFilename = "/sdcard/temp.jpg";
            fos.write(mBitmapBytes);
            fos.close();
        }
        catch (Exception e)
        {
        }
    }
}
```

11.2.2　从相册中获得图像

调用系统相册与调用系统的拍照程序类似，也需要创建一个 Intent 对象，并指定 Activity Action 和 type，代码如下：

```
public void onAlbum_Click(View view)
{
    Intent intent = new Intent();
    //  指定获得内容的类型，这里是图像
    intent.setType("image/*");
     //  指定调用获得系统内容的 Activity Action
    intent.setAction(Intent.ACTION_GET_CONTENT);
    //  显示系统相册
    startActivityForResult(intent, Values.REQUEST_CODE_ALBUM);
}
```

如果手机中安装了多个处理图像的软件，执行上面的代码会弹出如图 11-3 所示选择菜单，从中选择要使用的软件。

处理相册图像的方法与处理拍照图像的方法类似，都是在 onActivityResult 方法中先获得图像数据，然后再对图像进行处理。所不同的是，从相册中获得的图像返回的是图像路径，而不是图像本身。处理相册返回图像的代码如下：

图 11-3　选择处理图像的软件界面

```
//  获得 Content Procider Url
Uri uri = data.getData();
try
{
    //  获得封装相册图像的数据
    Cursor cursor = getContentResolver().query(
            uri, null, null, null, null);
    //  将记录指针移动第 1 条的位置
    cursor.moveToFirst();
    //  获得选中相册文件的路径
    String imageFilePath = cursor.getString(1);
    mCurrentPhotoFilename = imageFilePath;
    cursor.close();
    //  装载图像，并返回 Bitmap 对象
    mBitmap = Values.getFitBitmap(imageFilePath);
    if (mBitmap != null)
    {
        //  将图像显示在 ImageView 控件中
        ivPhoto.setImageBitmap(mBitmap);
        ByteArrayOutputStream baos = new ByteArrayOutputStream();
        mBitmap.compress(CompressFormat.PNG, 100, baos);
        mBitmapBytes = baos.toByteArray();
        //  将图像数据封装成 InputStream 对象
```

```
            mBitmapInputStream = new ByteArrayInputStream(mBitmapBytes);
        }
    }
    catch (Exception e)
    {
    }
```

11.2.3　删除图像

如果为微博添加了一个图像后觉得不满意，这时可以长按图像显示一个上下文菜单，选择“删除图像”按钮，将当前图像删除，并恢复到未添加图像的状态，代码如下：

```
//  清空 ImageView 控件中的图像
ivPhoto.setImageBitmap(null);
//  下面的代码用于恢复未添加图像时的状态
mBitmap = null;
mBitmapBytes = null;
mBitmapInputStream = null;
mCurrentPhotoFilename = null;
```

11.2.4　发布图像微博

由于发布图像必须使用字节数据，因此，添加图像后，会将图像转换成字节数组保存在 mBitmapBytes 变量中。无论是向主账号发布微博，还是同步其他的账号，都会将 mBitmapBytes 变量的值赋给 Task.image。当 ProcessTasks 对象扫描到当前任务的 image 变量值不为 null 时，就会发布图像微博，代码如下：

```
if (task.image == null)
    taskResult.status = myMicroBlog.updateStatus(task.msg);
else
    taskResult.status = myMicroBlog.updateStatus(task.msg,
            task.image);
```

发布图像微博时可以不输入微博内容，这时系统会自动将“图片分享”作为微博的内容。

11.3　微博的辅助输入工具

写微博时还可以利用很多辅助功能进行输入。例如，本系统提供了 3 种常用的辅助输入的方法：语音录入、表情和话题。通过这些功能，可以快速地输入一些特定的内容。

11.3.1　语音录入

单击图 11-2 所示界面左侧的“语音”按钮，会显示如图 11-4 所示的声音采集界面，这时就可以说话了。除了可以说中文外，还可以说英文（注意发音要准）。停止说话后，图

11-4 的界面会变成正在处理声音的界面，如图 11-5 所示。

图 11-4 声音采集界面

图 11-5 语音处理界面

调用声音采集界面的代码如下：

```
AndroidUtil.voiceRecognizer(this);
```

voiceRecognizer 是一个通用方法，用于显示声音采集界面，该方法的代码如下：

```
public static void voiceRecognizer(Activity activity)
{
    //  指定显示声音采集界面的Activity Action
    Intent intent = new Intent(RecognizerIntent.ACTION_RECOGNIZE_SPEECH);
    //  设置搜索数据的方法，在这里是通过Web的方式进行搜索
    intent.putExtra(RecognizerIntent.EXTRA_LANGUAGE_MODEL,
            RecognizerIntent.LANGUAGE_MODEL_WEB_SEARCH);
    //  设置声音采集界面的标题
    intent.putExtra(RecognizerIntent.EXTRA_PROMPT, "语音录入");
    //  显示声音采集界面
    activity.startActivityForResult(intent,Values.REQUEST_CODE_VOICE_RECOGNITION);
}
```

语音识别的数据除了可以从 Web 获得外，还可以使用本地的数据，这要将 RecognizerIntent.LANGUAGE_MODEL_WEB_SEARCH 替换成 RecognizerIntent.LANGUAGE_MODEL_FREE_FORM。使用 Web 搜索方式更准确，但语音识别时手机要求可以访问 Internet，而本地搜索方式的准确性稍微差一些，但不需要有 Internet 连接。

处理完声音数据后，图 11-5 所示的界面就会关闭，通过 onActivityResult 方法识别文字，处理代码如下：

```
// 获得所有匹配的文字
ArrayList<String> matches = data
        .getStringArrayListExtra(RecognizerIntent.EXTRA_RESULTS);
if (matches.size() > 0)
{
    sb = new StringBuilder(etMicroBlog.getText().toString());
    start = etMicroBlog.getSelectionStart();
    // 插入第 1 个匹配的文本（这是最匹配的文本）
    sb.insert(start, matches.get(0));
    etMicroBlog.setText(sb.toString());
    etMicroBlog.setSelection(start
            + matches.get(0).length());
}
```

11.3.2 插入表情

单击屏幕下方的“表情”按钮，会显示如图 11-6 所示的表情选择对话框。单击某一个表情后，会将选中表情对应的文本插入 EditText 控件中（用中括号括起来的文本）。

表情选择对话框对应的类是 FaceList。该类中定义了表情图像对应的文本，代码如下：

```
private String[] faceDescription = new String[]
{ "[哈哈]", "[呵呵]", "[泪]", "[汗]", "[爱你]",
"[嘻嘻]", "[哼]", "[心]", "[晕]", "[怒]", "[蛋糕]",
"[花]", "[抓狂]", "[困]", "[干杯]", "[太阳]", "[下雨]",
"[伤心]","[月亮]", "[猪头]" };
```

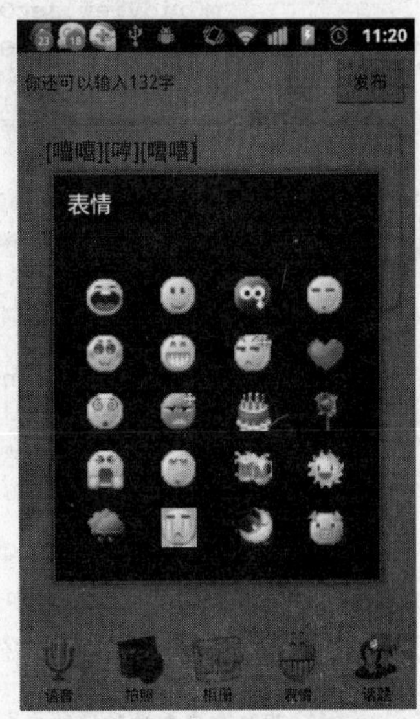

图 11-6 选择表情界面

表情图像文件的命名规则是 face_×××.png，其中 ××× 表示从 1 开始的数字，如 001、002、003 等。××× 的每一个值与 faceDescription 中的相应值对应，如 001 对应“[哈哈]”，002 对应“[呵呵]”。在 FaceList.onCreate 方法中使用 SimpleAdapter 对象显示这些表情图像，代码如下：

```
protected void onCreate(Bundle savedInstanceState)
{
    super.onCreate(savedInstanceState);
    AndroidUtil.setContentView(this, R.layout.facelist);
    try
    {
        // 根据表情图像的命名规则和 Java 反射技术获得每一个图像的资源 ID
        for (int i = 1; i <= 20; i++)
        {
            Field field = R.drawable.class.getField("face_"
                    + AndroidUtil.fillZero(i, 3));
            // 将图像资源添加到 resIds 对象中（List<Integer> 对象）
            resIds.add(field.getInt(null));
```

```
            }
            List<Map<String, Object>> cells = new ArrayList<Map<String, Object>>();
            //  填充用于显示表情图像的数据（图像的资源ID）
            for (int i = 0; i < resIds.size(); i++)
            {
                Map<String, Object> cell = new HashMap<String, Object>();
                cell.put("ivFace", resIds.get(i));
                cells.add(cell);
            }
            //  创建SimpleAdapter对象
            SimpleAdapter simpleAdapter = new SimpleAdapter(this, cells,
                    R.layout.face, new String[]
                    { "ivFace" }, new int[]
                    { R.id.ivFace });
            mGridView = (GridView) findViewById(R.id.gvFaceList);
            mGridView.setAdapter(simpleAdapter);
            mGridView.setOnItemClickListener(this);
            mGridView.setOnItemSelectedListener(this);
        }
        catch (Exception e)
        {
        }
    }
```

单击某个表情时，会执行下面的代码返回与表情对应的文本，并关闭当前界面：

```
Intent intent = new Intent();
//  设置与表情对应的文本
intent.putExtra("face", faceDescription[position]);
setResult(Activity.RESULT_OK, intent);
finish();
```

在WriteMicroBlog类中，需要在onActivityResult方法中获取选中表情对应的文本，并将该文本插入到EditText控件中，代码如下：

```
//  获取选中表情对应的文本
String face = data.getStringExtra("face");
StringBuilder sb = new StringBuilder(etMicroBlog.getText().toString());
int start = etMicroBlog.getSelectionStart();
sb.insert(start, face);
//  将表情对应的文本插入EditText控件中
etMicroBlog.setText(sb.toString());
etMicroBlog.setSelection(start + face.length());
```

11.3.3 插入话题

与前面两种工具相比，插入话题要简单得多。在新浪微博中，话题用两个井号（#）括起来。因此，在插入话题时只需要在EditText控件中插入两个#即可，代码如下：

```
StringBuilder sb = new StringBuilder(etMicroBlog.getText().toString());
```

```
int start = etMicroBlog.getSelectionStart();
sb.insert(start, "##");
etMicroBlog.setText(sb.toString());
etMicroBlog.setSelection(start + 1);
```

11.4 小结

本章主要介绍了如何实现撰写微博的功能。微博支持纯文字的微博，以及带图像微博。本系统可以发布这两种微博，并可通过拍照和相册两种方式采集图像。除此之外，还介绍了 3 种辅助输入微博的方法：语音录入、插入表情和插入话题。通过这些辅助录入的功能，可以更快速地输入微博的内容。

第 12 章　处理微博与评论

在微博中可以公开的内容主要是微博和评论，以供其他人浏览，因此用户对微博和评论都会进行一些操作，例如评论、转发、删除、收藏微博、回复评论等。单击某条微博时，会弹出一个界面用于显示微博的详细信息。本章将介绍如何在本系统中实现这些功能。

12.1　与微博相关的操作

长按某条微博时，会弹出如图 12-1 所示的上下文菜单。从该菜单可以看出，本系统支持评论、转发、删除、收藏微博，还支持以大图方式浏览微博图像。本节将详细介绍这些功能的实现。

12.1.1　评论微博

上下文菜单的功能都由 MainContextMenuProcess 类处理。该类实现了 OnMenuItem-ClickListener 接口，因此可以处理每一个菜单项的动作。

如图 12-1 所示，单击“评论”菜单项，会弹出如图 12-2 所示的评论对话框。

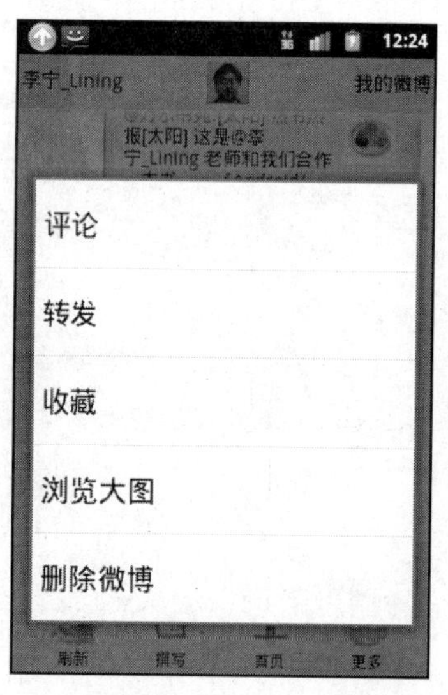

图 12-1　处理微博的上下文菜单界面

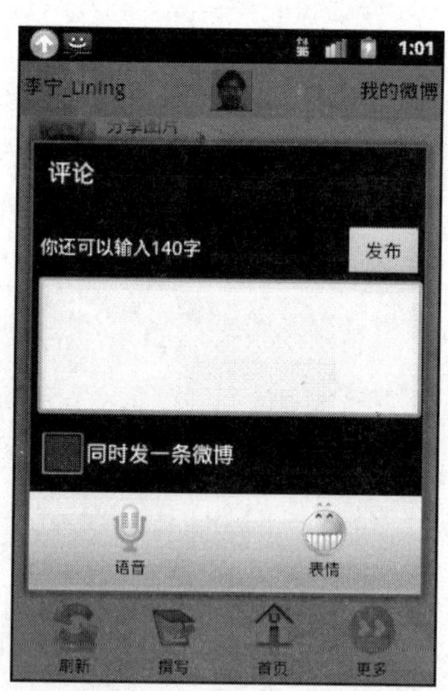

图 12-2　评论微博界面

MainContextMenuProcess.comment 方法负责弹出该对话框，代码如下：

```
public void comment()
```

```
{
    Intent intent = new Intent(mContext, Comment.class);
    //  处理评论微博的情况
    if (Const.TIMELINE_TYPE_STATUS.equals(AndroidUtil
            .getMainTimelineOperationProcess(mContext).getType())
            || Const.TIMELINE_TYPE_SEARCH_MBLOG.equals(AndroidUtil
                    .getMainTimelineOperationProcess(mContext).getType()))
        intent.putExtra("statusId", WeiboMain.mCurrentStatusId);
    //  处理回复评论的情况（设置评论微博的 ID）
    if (Const.TIMELINE_TYPE_COMMENT.equals(AndroidUtil
            .getMainTimelineOperationProcess(mContext).getType()))
        intent.putExtra("statusId", WeiboMain.mCurrentStatusId);

    intent.putExtra("taskType", Const.TASK_TYPE_COMMENT);
    mContext.startActivity(intent);
}
```

comment 方法处理两种情况：评论微博和回复评论。这两个功能都使用了同一个界面，只是内部处理方式不同。关于回复评论的内容将在 12.3 节详细介绍。

从上面的代码可知，与评论微博的界面对应的类是 Comment。在 Comment.onCreate 方法中，通过 updateComment 方法来初始化 EditText 控件上方的当前可输入字数，默认是 140 个字。updateComment 方法的代码如下：

```
private void updateMessage()
{
    //  remainWordCount 表示还可以输入的字数
    int remainWordCount = 140 - etComment.getText().length();
    //  如果 remainWordCount 变量的值大于 0，说明并未超出输入限制
    if (remainWordCount >= 0)
    {
        tvRemainWordCount.setText("你还可以输入"+remainWordCount+"字");
        tvRemainWordCount.setTextColor(Color.WHITE);
    }
    else   //  如果超出了输入限制，将文字颜色变成红色
    {
        remainWordCount = -remainWordCount;
        tvRemainWordCount.setText("已超出" + remainWordCount + "字");
        tvRemainWordCount.setTextColor(Color.RED);
    }
}
```

在 EditText 控件的 onTextChanged 事件方法中，同样调用了 updateMessage 方法实现更新还可以输入的字符数，代码如下：

```
public void onTextChanged(CharSequence s, int start, int before, int count)
{
    updateMessage();
}
```

单击“发布”按钮，会执行 onClick_Post 方法对当前的微博进行评论，代码如下：

```
public void onClick_Post(View view)
{
    //  获得评论文本
    String comment = etComment.getText().toString().trim();
    //  必须输入评论
    if (!"".equals(comment))
    {
        //  下面的代码创建处理评论的任务
        Task task = new Task();
        //  mTaskType 表示当前的任务类型。默认是 Const.TASK_TYPE_COMMENT
        //  如果是回复评论，该变量值会被设为 Const.TASK_TYPE_REPLY_COMMENT
        task.taskType = mTaskType;
        TaskListenerImpl taskListenerImpl = new TaskListenerImpl(this);
        task.taskListener = taskListenerImpl;
        task.msg = comment;
        task.alias = WeiboMain.mainAlias;
        //  处理回复评论的情况
        if (Const.TASK_TYPE_REPLY_COMMENT.equals(mTaskType))
        {
            task.replyStatus = "回复@" + mCommentUserName + ":" + comment;
            //+ "//@" + mCommentUserName + ":" + mCommentText;

            if (WeiboMain.mCurrentStatus != null &&
                WeiboMain.mCurrentStatus.getRetweetDetails() != null)
            {
                task.replyStatus += "//@"
                        + WeiboMain.mCurrentUserName + ":"
                        + WeiboMain.mCurrentStatusText;
            }

        }

        WeiboMain.mProcessTasks.mDataType = Const.DATA_TYPE_SINA_COMMENT;
        //  设置微博 ID
        task.statusId = mStatusId;
        task.commentId = mCommentId;
        //  如果选中 EditText 控件下方的 CheckBox，会同时发一条微博
        task.postStatus = cbPostStatus.isChecked();
        //  添加任务
        StaticResources.AddTask(task);
        if (Const.TASK_TYPE_REPLY_COMMENT.equals(mTaskType))
            Message.showTaskQueueMsg("回复评论", this);
        else
            Message.showTaskQueueMsg("写评论", this);
        finish();
    }
    else
    {
```

```
        if (Const.TASK_TYPE_REPLY_COMMENT.equals(mTaskType))
            message.showMsg("请输入回复.");
        else
            message.showMsg("请输入评论.");
    }
}
```

在 ProcessTasks 类中处理评论微博的任务，代码如下：

```
Result result = myMicroBlog.updateSinaComment(task.msg, task.srcid, task.srcuid);
//  下面的代码使用评论的内容发布一条微博
if (task.postStatus)
{
    taskResult.status = myMicroBlog.updateStatus(task.msg);
}
if (!result.isSuccess || taskResult.status == null)
    throw new Exception("");
```

评论界面也有两个辅助输入的功能：语音录入和插入表情。这两个功能使用了与发布微博类似的方法实现。语音输入调用了 AndroidUtil.voiceRecognizer 方法显示声音处理界面。插入表情使用了 FaceList 显示表情图像。本书凡是涉及这两个功能，它们的实现方法都类似，因此，后面将不再介绍这两个功能的实现。

12.1.2　转发微博

单击图 12-1 所示的“转发”菜单，会显示如图 12-3 所示的转发微博界面。

转发与发布微博类似，只是会在发布的微博下方显示被转发的原微博。如图 12-4 所示就是一个被转发的微博，原微博用带尖角的框括了起来。

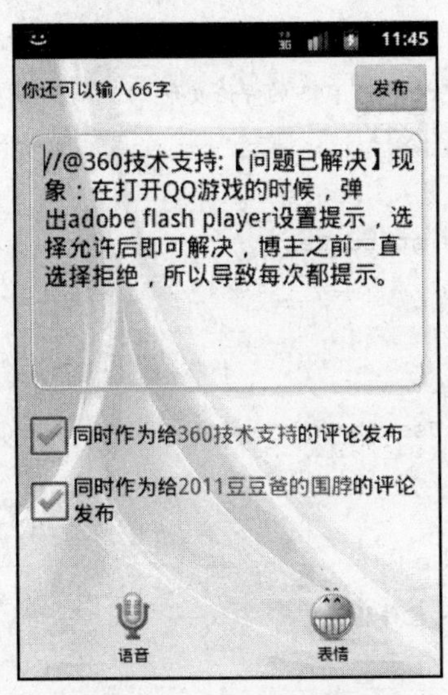

图 12-3　转发微博界面

图 12-4　被转发的微博

与转发微博界面相关的类是 Repost。MainContextMenuProcess.repost 方法负责显示转发微博的界面，代码如下：

```
public void repost()
{
    Intent intent = new Intent(mContext, Repost.class);
    //  设置当前微博是否已经被转发过
    intent.putExtra("hasRetweeting", WeiboMain.mhasRetweeting);
    //  设置待转发微博的内容
    intent.putExtra("statusText", WeiboMain.mCurrentStatusText);
    //  设置当前的用户名
    intent.putExtra("username", WeiboMain.mCurrentUserName);
    //  设置被转发微博的 ID
    intent.putExtra("statusId", WeiboMain.mCurrentStatusId);
    //  设置原微博的 ID
    intent.putExtra("retweetId",WeiboMain.mCurrentRetweetingId);
    //  设置发布原微博的用户名
    intent.putExtra("retweetUsername", WeiboMain.mCurrentRetweetingUserName);
    //  显示转发微博界面
    mContext.startActivity(intent);
}
```

从图 12-3 可以看出，显示转发微博界面后，EditText 控件中已经有一些内容了。实际上，如果原微博已经被转发过（图 12-4），就会将其他人转发微博时输入的内容作为默认值显示在 EditText 控件中，以显示原微博被哪些人转发过。当然，也可以将这些内容去掉，只输入我们自己的内容。在 Repost.onCreate 方法中通过下面的代码设置默认的转发内容：

```
//  获得是否有转发内容的标志
boolean hasRetweeting = getIntent().getBooleanExtra("hasRetweeting",false);
//  设置第一个 CheckBox 控件的用户名
cbComment1.setText(Html.fromHtml("同时作为给"
        + AndroidUtil.setTextColor(username, "red") + "的评论发布"));
if (hasRetweeting)
{
    //  设置转发内容
    etRepost.setText(" //@" + username + ":" + statusText);
    etRepost.setSelection(0, 1);
    etRepost.getText().delete(0, 1);
    //  设置第 2 个 CheckBox 控件中的用户名
    cbComment2.setText(Html.fromHtml("同时作为给"
            + AndroidUtil.setTextColor(retweetUsername, "red")
            + "的评论发布"));
}
else
{
    //  如果被转发的微博就是原微博，将第 2 个 CheckBox 控件隐藏
    cbComment2.setVisibility(View.GONE);
}
```

转发微博界面中有两个 CheckBox 控件。通过设置这两个选项，可以在转发微博的同时，将转发内容作为对被转发微博和原微博的评论发布。上面的代码会根据传过来的用户名设置这两个 CheckBox 控件中的用户名部分。如果被转发的微博就是原微博，那么就只能向原微博发布评论，第二个 CheckBox 控件会被隐藏。

单击“发布”按钮会转发当前的微博，代码如下：

```
public void onClick_Post(View view)
{
    //  获得转发的微博
    String repost = etRepost.getText().toString().trim();
    //  如果未输入任何转发内容，则设置默认的转发内容
    if ("".equals(repost))
    {
        repost = "转发微博。";
    }
    //  创建用于转发微博的任务
    Task task = new Task();
    //  设置任务类型为转发微博
    task.taskType = Const.TASK_TYPE_REPOST;
    TaskListenerImpl taskListenerImpl = new TaskListenerImpl(this);
    task.taskListener = taskListenerImpl;
    task.msg = repost;
    task.alias = WeiboMain.mainAlias;
    task.statusId = mStatusId;
    //  设置是否作为被转发微博的评论发布
    task.comment1 = cbComment1.isChecked();
    //  设置是否作为原微博的评论发布
    task.comment2 = cbComment2.isChecked();
    task.retweetId = mRetweetId;
    StaticResources.AddTask(task);
    finish();
    Message.showTaskQueueMsg("转发微博", this);
}
```

在 ProcessTasks 类中通过下面的代码处理转发微博的任务。

```
//  转发微博
taskResult.status = myMicroBlog.repost(task.statusId, task.msg);
//  将转发内容作为被转发微博的评论发布
if (task.comment1)
    myMicroBlog.updateComment(task.msg, task.statusId);
//  将转发内容作为原微博的评论发布
if (task.comment2)
    myMicroBlog.updateComment(task.msg + " ", task.retweetId);
```

12.1.3　删除微博

删除微博相对简单，界面不复杂，只需要一个确认对话框即可。注意，只能删除当前

用户发布的微博，其他用户发布的微博对应的上下文菜单中是没有“删除”菜单项的。单击“删除”菜单项，会执行下面的代码删除当前用户发布的微博：

```
new AlertDialog.Builder(mContext).setTitle("删除微博")
        .setMessage("是否删除当前的微博？")
        .setPositiveButton("确定", new OnClickListener()
        {
            @Override
            public void onClick(DialogInterface dialog, int which)
            {
                //  创建用于处理删除微博的任务
                Task task = new Task();
                //  设置任务类型为删除微博
                task.taskType = Const.TASK_TYPE_DELETE_STATUS;
                TaskListenerImpl taskListenerImpl = new TaskListenerImpl(mContext);
                task.taskListener = taskListenerImpl;
                task.alias = WeiboMain.mainAlias;
                //  设置待删除微博的 ID
                task.statusId = WeiboMain.mCurrentStatusId;
                //  设置待删除微博的内容
                task.msg = WeiboMain.mCurrentStatusText;
                task.position = WeiboMain.mCurrentPosition;
                StaticResources.AddTask(task);
                Message.showTaskQueueMsg("删除微博", mContext);
            }
        }).setNegativeButton("取消", null).show();
```

在 ProcessTasks 类中执行下面的代码处理删除微博的任务：

```
taskResult.status = myMicroBlog.destroyStatus(task.statusId);
```

12.1.4 收藏微博

单击“收藏”菜单项后，会执行 favorite 方法收藏当前微博。favorite 方法的代码如下：

```
public void favorite()
{
    //  创建用于收藏微博的任务
    Task task = new Task();
    //  设置任务类型为收藏微博
    task.taskType = Const.TASK_TYPE_FAVORITE;
    TaskListenerImpl taskListenerImpl = new TaskListenerImpl(mContext);
    task.taskListener = taskListenerImpl;
    task.alias = WeiboMain.mainAlias;
    //  设置被收藏微博的 ID
    task.statusId = WeiboMain.mCurrentStatusId;
    //  设置被收藏微博的内容
    task.msg = WeiboMain.mCurrentStatusText;
    StaticResources.AddTask(task);
```

```
    Message.showTaskQueueMsg("收藏微博", mContext);
}
```

在 ProcessTasks 类中会执行下面的代码处理收藏微博的任务：

```
taskResult.status = myMicroBlog.createFavorite(task.statusId);
```

12.1.5 以大图方式浏览微博图像

如果当前微博包含图像，在上下文菜单中会显示“浏览大图”菜单项，单击该菜单项，会执行下面的代码：

```
public void viewBigImage()
{
    Intent intent = new Intent(mContext, BigImageViewer.class);
    mContext.startActivity(intent);
}
```

图 12-5 显示的是带图像的微博，如果使用“浏览大图”功能，效果如图 12-6 所示。

图 12-5 带图像的微博

图 12-6 放大显示的图像

BigImageViewer 是显示大图的类，在 BigImageViewer.onCreate 方法中使用 Timeline-OperationProcess.loadBitmap 方法装载大图，通过 Status. getOriginalPic 方法获得原始图像的 URL。关于 loadBitmap 方法的实现详见 7.4.2 节的介绍。

12.1.6 图像另存为与图像分享

长按图 12.6 所示的大图，会弹出如图 12-7 所示的上下文菜单。该菜单包含两个菜单项：

“图像另存为”和“分享图像”。单击“图像另存为”菜单项，会显示一个文件浏览器，如图12-8所示。在下方的EditText控件中输入要保存的文件名（不含扩展名），单击“保存”按钮，可以将大图保存到SD卡的指定目录。

图像另存为

分享图像

图 12-7 浏览大图的上下文菜单

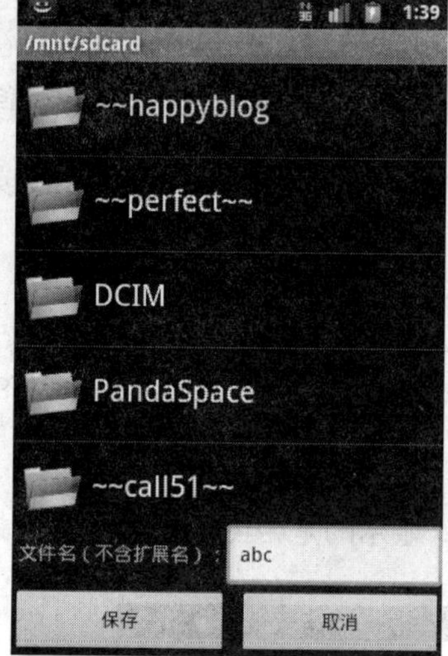

图 12-8 保存文件的界面

图12-8所示的界面实际上包含一个自定义控件，用于浏览SD卡中的目录。该控件对应的类是sina.weibo.widget.FileBrowser。FileBrowser是ListView的子类，在FileBrowser类的构造方法中读取一些属性的值（<sina.weibo.widget.FileBrowser>标签中的属性），并通过一个栈来控制SD卡中的目录。FileBrowser类构造方法的代码如下：

```
public FileBrowser(Context context, AttributeSet attrs)
{
    super(context, attrs);
    //  获取SD卡的根目录
    sdcardDirectory = android.os.Environment.getExternalStorageDirectory()
            .toString();
    setOnItemClickListener(this);
    //  设置背景颜色
    setBackgroundColor(android.graphics.Color.BLACK);
    //  获取文件夹图像资源ID
    folderImageResId = attrs.getAttributeResourceValue(namespace,
        "folderImage", 0);
    //  获取文件图像资源ID
    otherFileImageResId = attrs.getAttributeResourceValue(namespace,
            "otherFileImage", 0);
    //  设置是否只显示文件夹
    onlyFolder = attrs.getAttributeBooleanValue(namespace, "onlyFolder",false);
    int index = 1;
    //  extName和fileImage属性用于指定显示某个扩展名的文件所使用的图像资源ID
```

```
    while (true)
    {
        String extName = attrs.getAttributeValue(namespace, "extName"+ index);
        int fileImageResId = attrs.getAttributeResourceValue(namespace,
                "fileImage" + index, 0);
        if ("".equals(extName) || extName == null || fileImageResId == 0)
        {
            break;
        }
        fileImageResIdMap.put(extName, fileImageResId);
        index++;
    }
    //  将当前目录压栈
    dirStack.push(sdcardDirectory);
    //  将当前目录中的所有文件压入文件栈
    addFiles();
    //  创建Adapter对象用于显示当前目录的文件和目录列表
    fileListAdapter = new FileListAdapter(getContext());
    setAdapter(fileListAdapter);
}
```

从 FileBrowser 类构造方法中的代码可以看出，使用 FileBrowser 控件时需要设置一些属性，其中有两个以数字序号递增的属性：extName 和 fileImage。设置 FileBrowser 控件时可以设置 extName1、fileImage1、extName2、fileImage2 等无穷多个，直到某个序号中断为止。这两个属性分别表示 FileBrowser 控件在显示 extName 属性指定扩展名的文件名时使用的图像资源 ID。也可以通过设置 onlyFolder 属性使 FileBrowser 控件只显示文件夹。

上面代码中还涉及一个 addFiles 方法，该方法用于将当前目录中的所有文件名压到文件栈中，代码如下：

```
private void addFiles()
{
    fileList.clear();
    //  获得当前的完全路径
    String currentPath = getCurrentPath();
    //  列出当前路径所有jpg图像文件，读者也可以使其显示更多的文件
    File[] files = new File(currentPath).listFiles(new FileFilter()
    {
        @Override
        public boolean accept(File pathname)
        {
            return pathname.isDirectory()
                    || pathname.getName().endsWith(".jpg");
        }
    });
    //  如果当前目录不是SD卡根目录，会在文件栈（List对象）中的第一个位置添加一个null
    //  表示两个点（..），单击这项，会返回上一级目录
    if (dirStack.size() > 1)
        fileList.add(null);
```

```
    //  根据onlyFolder属性将当前目录中的子目录名和文件名添加到List对象中
    for (File file : files)
    {
        if (onlyFolder)
        {
            if (file.isDirectory())
                fileList.add(file);
        }
        else
        {
            fileList.add(file);
        }
    }
}
```

最后看FileBrowser类中的onItemClick事件方法。单击FileBrowser控件中的某个列表项可分为如下3种情况。

1）单击第一个列表项（包含两个点的列表项），会返回到上一级目录，并触发目录单击事件。

2）单击目录，会进入下一级子目录，并触发目录单击事件。

3）单击文件，会触发文件单击事件。

onItemClick方法的代码如下：

```
public void onItemClick(AdapterView<?> parent, View view, int position, long id)
{
    //  单击返回上一级目录的列表项（包含两个点的列表项）
    if (fileList.get(position) == null)
    {
        //  当前目录出栈，这时栈顶是上一级目录
        dirStack.pop();
        //  将上一级目录中的目录和文件添加到List对象中
        addFiles();
        //  刷新列表
        fileListAdapter.notifyDataSetChanged();
        if (onFileBrowserListener != null)
        {
          //  触发目录单击事件
          onFileBrowserListener.onDirItemClick(getCurrentPath());
        }
    }
    //  单击的目录
    else if (fileList.get(position).isDirectory())
    {
        //  将单击的目录压栈
        dirStack.push(fileList.get(position).getName());
        //  将单击目录中的所有文件和目录名加到List对象中
        addFiles();
        fileListAdapter.notifyDataSetChanged();
```

```
        if (onFileBrowserListener != null)
        {
            //  触发目录单击事件
            onFileBrowserListener.onDirItemClick(getCurrentPath());
        }
    }
    else  //  单击的是文件
    {
        if (onFileBrowserListener != null)
        {
            String filename = getCurrentPath() + "/"
                    + fileList.get(position).getName();
            //  触发文件单击事件
            onFileBrowserListener.onFileItemClick(filename);
        }
    }
}
```

下面来看 FileBrowser 控件的用法，代码如下：

```
<sina.weibo.widget.FileBrowser
    android:id="@+id/filebrowser" android:layout_width="fill_parent"
    android:layout_height="fill_parent" mobile:folderImage="@drawable/folder"
    mobile:extName1="jpg" mobile:fileImage1="@drawable/jpg"
    mobile:otherFileImage="@drawable/other" android:layout_weight="1" />
```

从上面的代码可以看出，通过 extName1 和 fileImage2 两个属性设置了显示以 jpg 为扩展名的文件时使用的图像资源 ID。

与浏览 SD 卡文件和目录界面对应的类是 SaveAsImage 类，在该类中处理“保存”按钮的单击事件。当单击“保存”按钮时，会从 FileBrowser 控件获得当前的目录，并根据在 EditText 控件中输入的文件名组合成要保存的图像文件名，最后将该图像保存在当前目录中。

保存图像的代码如下：

```
//  从 EditText 控件中获得文件名
final String filename = metFilename.getText().toString() +  ".jpg";
//  必须输入一个文件名
if (".jpg".equals(filename))
{
    Message.showMsg(this, "请输入要保存的文件名（不含扩展名）.");
    return;
}
else
{
    //  如果当前目录已经存在同名的文件，提示是否覆盖这个文件
    if (new File(mPath + "/" + filename).exists())
    {
        try
        {
            new AlertDialog.Builder(this)
```

```
                    .setIcon(R.drawable.question)
                    .setTitle(" 文件名重复，是否覆盖？ ")
                    .setPositiveButton(
                        " 确定 ",
                        new DialogInterface.OnClickListener()
                        {
                            public void onClick(
                                    DialogInterface dialog,
                                    int whichButton)
                            {
                                //  下面的代码将文件名通过 Intent 传
                                //  回调用 SaveAsImage 的 Activity
                                //  这里是 BigImageViewer 类
                                Intent intent = new Intent();
                                intent.putExtra("path",
                                    mPath + "/"+ filename);
                                setResult(
                                    Values.RESULT_CODE_SAVE_AS_IMAGE,intent);
                                finish();
                            }
                        })
                    .setNegativeButton(
                        " 取消 ",
                        new DialogInterface.OnClickListener()
                        {
                            public void onClick(
                                    DialogInterface dialog,
                                    int whichButton)
                            {
                            }
                        }).show();
        }
        catch (Exception e)
        {
        }
    }
    else  //  如果文件不存在，直接将文件名返回
    {

        Intent intent = new Intent();
        intent.putExtra("path", mPath + "/" + filename);
        setResult(Values.RESULT_CODE_SAVE_AS_IMAGE, intent);
        finish();
    }
}
```

上面的代码并没有直接保存图像，而是将要保存图像的文件名返回到上一个 Activity（BigImageViewer），这也是 Android 中的一种重要的设计模式。在实现通用程序时，尽量不要在通用程序中处理业务逻辑，否则会使程序无法通用。例如，在本例中，将保存图像的工

作留给了 BigImageViewer，而不是 SaveAsImage。这样，SaveAsImage 仍可使用在其他的程序中，否则，SaveAsImage 就只能由 BigImageViewer 使用。下面来看 BigImageViewer 类中保存图像文件的代码：

```
// 获得图像要保存的路径
String path = data.getStringExtra("path");
try
{
    Bitmap bitmap = null;
    // 从缓存中获取大图的 Bitmap 对象
    bitmap = Cache
            .restoreBitmap(WeiboMain.mCurrentStatus
                    .getOriginalPic());

    if (bitmap == null)
    {
        Message.showMsg(this, "图像保存失败.");
    }
    else
    {
        // 将从缓存中获得的图像保存成 jpg 格式的图像
        AndroidUtil.BitmapSaveAsJPG(bitmap, path);
        Message.showMsg(this, "图像保存成功.");
        AndroidUtil.freeBitmap(bitmap);
    }
}
catch (Exception e)
{
    Message.showMsg(this, "图像保存失败.");
}
```

单击图 12-7 所示“分享图像”菜单项，会将大图作为图像微博进行发布，代码如下：

```
try
{
    // 创建处理发布图像微博的任务
    Task task = new Task();
    task.alias = WeiboMain.mainAlias;
    TaskListenerImpl taskProcess = new TaskListenerImpl(this);
    task.msg = "图片分享.";
    task.taskListener = taskProcess;
    ByteArrayOutputStream baos = new ByteArrayOutputStream();
    Bitmap bitmap = null;
    // 从缓存中重新获得大图的 Bitmap 对象
    bitmap = Cache
            .restoreBitmap(WeiboMain.mCurrentStatus
                    .getOriginalPic());
    bitmap.compress(CompressFormat.JPEG, 100, baos);
    task.image = baos.toByteArray();
    StaticResources.AddTask(task);
```

```
        // 下面用于同步其他微博
        new Thread(new SyncStatus(this, task.msg, task.image))
                .start();
        if (bitmap != null && !bitmap.isRecycled())
            bitmap.recycle();
        bitmap = null;
        finish();
        Message.showTaskQueueMsg("分享图片", this);
    }
    catch (Exception e)
    {
        Message.showMsg(this, "分享图片失败.");
    }
```

12.2 查看微博的详细内容

单击某个微博，就会显示如图 12-9 所示的微博详细信息。这些信息中除了包括微博列表中已经存在的信息外，还包括转发、评论等信息。如果该微博有评论，会在屏幕下方显示一个“显示评论”按钮，单击该按钮可以显示当前微博中的评论信息。

图 12-9 显示微博的详细信息

与显示微博详细内容界面对应的类是 MicroBlogViewer。在 MicroBlogViewer.onCreate 方法中通过下面的代码初始化微博的详细信息：

```
// 设置发布微博的用户名
tvName.setText(WeiboMain.mCurrentUserName);
// 判断当前微博是否带图像，如果不带图像，将显示图像的 ImageView 控件隐藏
if (!"".equals(WeiboMain.mCurrentStatus.getBmiddlePic()))
    ivPicture.setVisibility(View.VISIBLE);
else
    ivPicture.setVisibility(View.GONE);
// 判断发布微博的用户是否为新浪认证用户，如果是新浪认证用户，显示认证标识图像
if (WeiboMain.mCurrentStatus.getUser().isVerified())
{
    ivVerified.setVisibility(View.VISIBLE);
}
// 显示微博的发布时间
tvCreatedAt.setText(MyUtil.getTimeStr(
        WeiboMain.mCurrentStatus.getCreatedAt(), new Date()));
// 获得当前用户的 MyMicroBlogAsync 对象
MyMicroBlogAsync myMicroBlogAsync = AndroidUtil
        .getMyMicroBlogs(this).get(WeiboMain.mainAlias);

if (myMicroBlogAsync != null)
{
```

```
        MyOperationProcess myOperationProcess = new MyOperationProcess(this);
        myMicroBlogAsync.getCount(WeiboMain.mCurrentStatusId,
                    myOperationProcess);
    }
    else
    {
        //  设置评论传发数
        setRepostCommentCount();
        //  如果该微博有评论，则显示“显示评论”按钮
        if (count.getCommentCount() == 0)
        {
            mtvShowComments.setVisibility(View.GONE);
        }
        else
        {
            mtvShowComments.setVisibility(View.VISIBLE);
        }

    }
    mivProfileImage = (ImageView) findViewById(R.id.ivProfileImage);
    AndroidUtil.getMainTimelineOperationProcess(this).loadBitmap(
            WeiboMain.mCurrentProfileImagePath, mivProfileImage);
    tvText.setText(Html.fromHtml(AndroidUtil
            .atBlue(WeiboMain.mCurrentStatus.getText())));
    RetweetDetails retweetDetails = WeiboMain.mCurrentStatus
            .getRetweetDetails();
    LinearLayout linearLayout3 = (LinearLayout) findViewById(R.id.linearlayout3);
    //  如果当前微博是被转发的，显示原微博的内容
    if (retweetDetails != null)
    {

        linearLayout3.setVisibility(View.VISIBLE);
        tvRetweetDetailText.setText(Html.fromHtml(AndroidUtil
                .atBlue("@"
                        + retweetDetails.getRetweetingUser().getName()
                        + ":" + retweetDetails.getText())));
        AndroidUtil.getMainTimelineOperationProcess(this).loadBitmap(
                WeiboMain.mCurrentRetweetDetailProfileImagePath,
                ivRetweetDetailProfileImage);
        ImageView ivStatusImage = (ImageView) findViewById(R.id.ivStatusImage);
        ImageView ivStatusImage1 = (ImageView) findViewById(R.id.ivStatusImage1);
        ivStatusImage.setVisibility(View.VISIBLE);
        ivStatusImage1.setVisibility(View.VISIBLE);
        if (!"".equals(WeiboMain.mCurrentStatus.getThumbnailPic()))
        {
            if (retweetDetails != null)
            {
                //  如果当前微博是被转发的，将微博图像显示在原微博
                AndroidUtil
                        .getMainTimelineOperationProcess(this)
```

```
                    .loadBitmap(
                            WeiboMain.mCurrentStatus
                                    .getThumbnailPic(),
                            ivStatusImage);
            ivStatusImage1.setVisibility(View.GONE);

        }
        else
        {
            //  显示微博图像
            AndroidUtil
                    .getMainTimelineOperationProcess(this)
                    .loadBitmap(
                            WeiboMain.mCurrentStatus
                                    .getThumbnailPic(),
                            ivStatusImage1);
            ivStatusImage.setVisibility(View.GONE);
        }
        View contextView1 = findViewById(R.id.linearlayout4);
        registerForContextMenu(contextView1);
    }
    else
    {
        //  如果没有微博图像，将两个 ImageView 控件隐藏
        //  这两个 ImageView 控件分别显示在当前微博和原微博中
        ivStatusImage.setVisibility(View.GONE);
        ivStatusImage1.setVisibility(View.GONE);
    }
}
TextView tvSource = (TextView) findViewById(R.id.tvSource);
//  设置微博来源
tvSource.setText(Html.fromHtml("来自"
        + AndroidUtil.setTextColor(
              WeiboMain.mCurrentStatus.getSource(), "blue")));
```

如图 12-9 所示，界面最下方有三个按钮："转发"、"评论"和"收藏"。这三个按钮的功能与 12.1.1 节、12.1.2 节和 12.1.4 节的实现方法和效果完全一样，本节不再详细讲解。

12.3 显示与回复评论

单击图 12-9 所示的"显示评论"按钮，会显示如图 12-10 所示的评论列表。

与显示评论界面对应的类是 CommentViewer。TimelineOperationProcess 类不仅可以处理微博列表（List<Status>），还能处理评论列表（List<Comment>），因此，在 CommentViewer.onCreate 方法中创建了 TimelineOperationProcess 对象来显示图 12-10 所示的评论列表。

长按某条评论，会弹出一个上下文菜单，单击"回复评论"菜单项，将显示如图 12-11

所示的“回复评论”界面。

图 12-10 显示评论列表

图 12-11 回复评论界面

回复评论与评论类似，同样使用 Comment 类，只是默认会使用下面的代码在回复内容前加“回复 @ 用户名”，代码如下：

```
task.replyStatus = "回复@" + mCommentUserName + ":" + comment;
        //+ "//@" + mCommentUserName + ":" + mCommentText;
if (WeiboMain.mCurrentStatus != null &&
        WeiboMain.mCurrentStatus.getRetweetDetails() != null)
{
    task.replyStatus += "//@"
          + WeiboMain.mCurrentUserName + ":"
          + WeiboMain.mCurrentStatusText;
}
```

12.4 小结

本章详细讲解了本系统对微博和评论的一些处理。新浪微博的每一条微博都可以被转发、评论、收藏和删除。我们还可以查看微博的详细信息，以及浏览当前微博中的评论和回复评论。本系统还能以大图方式浏览微博图像，并将微博大图保存到 SD 卡的指定目录，或直接将大图作为图像微博进行发布。

第13章　图像特效

发布微博时，可以通过特效编辑器为微博图像生成特效。例如，将图像变成灰度效果、将图像的某一部分变成马赛克、截图，或者将图像旋转任意角度等。本章将详细介绍这些特效的实现。

13.1　图像特效主界面

进入写微博的界面，首先通过相机拍一张照片，或者从相册中选择一个微博图像，长按该图像，会弹出如图 13-1 所示的菜单。选择“编辑图像”菜单项，会显示如图 13-2 所示的图像特效主界面。主界面对应的类是 PhotoViewer。

单击图 13-2 所示界面左下角的“效果”按钮，会弹出如图 13-3 所示的特效菜单。单击某个菜单项，就可以用某种特效处理当前的图像。

图 13-1　微博图像的上下文菜单

图 13-2　图像特效主界面

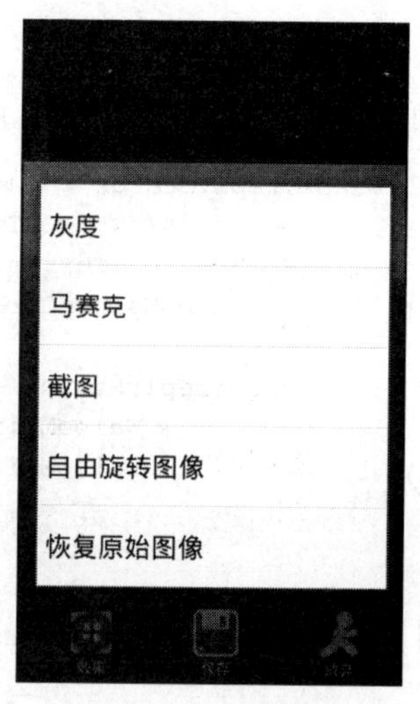

图 13-3　特效菜单

当完成特效处理后，单击“保存”按钮会将处理结果保存在一个临时文件中，然后由写微博界面获得这个图像，并重新进行加载。如果想放弃图像特效，可以单击“放弃”按钮。

13.2　特效处理框架

本系统处理图像特效采用了多线程方式。也就是说，图像处理会在另外一个线程中完成，而处理的过程中程序始终是可以操作的。这样可以更有效地提升用户体验。除此之外，还提供了一些特效处理接口，以便使程序的结构变得更加紧凑。

13.2.1 处理图像的接口

每一个图像特效都由一个单独的类完成，如灰度特效由 GrayProcess 类完成。这些图像特效类都必须实现 PhotoProcess 接口。该接口的代码如下：

```
package sina.weibo.photo;
public interface PhotoProcess
{
    //  处理图像特效
    public void work();
}
```

PhotoProcess 接口只有一个 work 方法，表示处理图像特效。当在线程中调用图像特效处理类的 work 方法时，会执行不同的特效处理。因此，处理特效的线程可以直接用 PhotoProcess 接口作为处理特效对象的数据类型。

当特效处理完成时，需要通知程序做进一步处理。这时需要一个 AllThreadEnd 接口，代码如下：

```
package sina.weibo.photo;
public interface AllThreadEnd
{
    public void onFinish();
}
```

AllThreadEnd 接口只有一个 onFinish 方法，当线程结束时被调用。

13.2.2 如何处理图像

图像特效处理由 ProcessBitmapRegions 类开始。该类通过构造方法传入 PhotoProcess 对象，并通过 ProcessBitmapRegions.work 方法启动处理图像特效的线程。ProcessBitmapRegions 类的代码如下：

```
package sina.weibo.photo;
import android.graphics.Color;
public class ProcessBitmapRegions
{
    public static final String PROCESS_TYPE_GRAY = "gray";
    public static final String PROCESS_TYPE_MOSAIC = "mosaic";
    public static final String PROCESS_TYPE_CROP = "crop";
    public static final String PROCESS_TYPE_ROTATE = "rotate";
    //  处理的特效类型
    public static String processType;
    //  获得图像子区域的边框线宽度（未获得焦点）
    public static final int RECT_LINE_WIDTH_NORMAL = 1;
```

```
    //  获得图像子区域的边框线宽度（已获得焦点）
    public static final int RECT_LINE_WIDTH_FOCUSED = 2;
    //  获得图像子区域的边框线颜色（未获得焦点）
    public static final int RECT_LINE_COLOR_NORMAL = Color.WHITE;
    //  获得图像子区域的边框线颜色（已获得焦点）
    public static final int RECT_LINE_COLOR_FOCUSED = Color.BLUE;
    //  可获得的最小图像子区域宽度和高度
    public static final int MIN_MOVE_REGION_SIZE = 70;
    //  图像子区域四边的拖动块区域
    public static final int RESIZE_REGION_SIZE = 30;
    //  处理马赛克特效时每一个小块的大小
    public static final int MOSAIC_SINGLE_REGION_SIZE = 15;
    public static boolean isWorking = false;
    private PhotoProcess mPhotoProcess;
    public static AllThreadEnd mAllThreadEnd;
    public ProcessBitmapRegions(PhotoProcess photoProcess)
    {
        mPhotoProcess = photoProcess;
    }
    //  启动处理图像特效的线程
    public void work()
    {
        Thread thread = new Thread(new PhotoThread(mPhotoProcess));
        thread.start();
    }
}
```

在 ProcessBitmapRegions 类中定义了一些常量，这些常量的使用方法会在后面详细介绍。在启动处理图像特效的线程时需要一个 PhotoThread 对象。PhotoThread 类是一个线程类，负责调用 PhotoProcess.work 方法处理具体的图像特效，然后会调用 AllThreadEnd.onFinish 方法结束图像特效处理。PhotoThread 类的代码如下：

```
package sina.weibo.photo;
import android.graphics.Bitmap;
import android.graphics.Rect;
public class PhotoThread implements Runnable
{
    //  mBitmap 变量中保存了待处理的图像
    private Bitmap mBitmap;
    //  图像的处理区域
    private Rect mRect;
    private PhotoProcess mPhotoProcess;
    public PhotoThread(PhotoProcess photoProcess)
    {
        mPhotoProcess = photoProcess;
    }
    @Override
    public void run()
    {
```

```
            //  处理图像特效
            mPhotoProcess.work();
            //  调用onFinish方法结束图像处理，可以在该方法中做一些收尾工作
            ProcessBitmapRegions.mAllThreadEnd.onFinish();
        }
    }
```

13.3 选择图像区域

选择“马赛克”和“截图”两个菜单项时，会在图像区域显示一个如图13-4所示的矩形区域，用于指定要处理的特效区域。通过拖动区域的4个角，可以放大或缩小区域范围。例如，按照图13-4选择的特效区域，马赛克处理效果如图13-5所示。

图13-4 指定特效区域

图13-5 马赛克处理效果

实际上，这个特效区域是一个自定义的布局，该布局对应的类是FrameLayoutExt。FrameLayoutExt是FrameLayout的子类，在该类中通过相应的值在onDraw方法中绘制出特效区域的连框线以及4个角的拖动块。下面先看FrameLayoutExt类的代码：

```
package sina.weibo.photo;

import sina.weibo.R;
import android.content.Context;
import android.graphics.Bitmap;
import android.graphics.BitmapFactory;
import android.graphics.Canvas;
import android.graphics.Color;
import android.graphics.Paint;
```

```
import android.graphics.Paint.Style;
import android.graphics.Rect;
import android.util.AttributeSet;
import android.widget.FrameLayout;
import android.widget.ImageView;

public class FrameLayoutExt extends FrameLayout
{
    public Bitmap mBitmap;
    //  装载图像的ImageView控件
    public ImageView mivDrawing;
    public float mScale;
    //  图像区域距画布上边缘的距离
    public int mRegionTop;
    //  图像区域距画布下边缘的距离
    public int mRegionBottom;
    //  图像区域距画布左边缘的距离
    public int mRegionLeft;
    //  图像区域距画布右边缘的距离
    public int mRegionRight;
    //  特效区域边框线的宽度
    public int mRectLineWidth = 1;
    //  特效区域边框线的默认颜色
    public int mRectLineColor = Color.WHITE;
    //  特效区域四角的拖动块的大小
    private int mResizeLength = 40;
    //  左上角拖动块图像
    private Bitmap mLeftTopRegion;
    //  左下角拖动块图像
    private Bitmap mLeftBottomRegion;
    //  右上角拖动块图像
    private Bitmap mRightTopRegion;
    //  右下角拖动块图像
    private Bitmap mRightBottomRegion;
    //  左上角拖动块图像的资源ID
    public int mLeftTopRegionResourceId = R.drawable.left_top_normal;
    //  左下角拖动块图像的资源ID
    public int mLeftBottomRegionResourceId = R.drawable.left_bottom_normal;
    //  右上角拖动块图像的资源ID
    public int mRightTopRegionResourceId = R.drawable.right_top_normal;
    //  右下角拖动块图像的资源ID
    public int mRightBottomRegionResourceId = R.drawable.right_bottom_normal;
    private int mWidth;
    private int mHeight;
    private Context mContext;
    public FrameLayoutExt(Context context, AttributeSet attrs)
    {
        super(context, attrs);
        mContext = context;
    }
```

```
// 初始化变量的值
public void init()
{
    //  获得画布的宽度
    int screenWidth = mivDrawing.getWidth();
    //  获得画布的高度
    int screenHeight = mivDrawing.getHeight();
    //  获得微博图像的宽度
    int sourceWidth = mBitmap.getWidth();
    //  获得微博图像的高度
    int sourceHeight = mBitmap.getHeight();
    //  微博图像的宽度/高度比大于画布的宽度/高度比
    if (sourceWidth * screenHeight > sourceHeight * screenWidth)
    {
        //  设置图像的高度
        int insideHeight = sourceHeight * screenWidth / sourceWidth;
        //  设置图像上边缘距离画布上边缘的距离
        mRegionTop = (screenHeight - insideHeight) / 2;
        //  设置图像左边缘距离画布左边缘的距离
        mRegionLeft = 0;
        //  设置图像右边缘距离画布右边缘的距离
        mRegionRight = mivDrawing.getMeasuredWidth();
        //  设置图像下边缘距离画布下边缘的距离
        mRegionBottom = mRegionTop + insideHeight + 1;
        //  计算出原图像与显示在屏幕上的图像的缩放比
        mScale = (float) sourceWidth / (float) screenWidth;
    }
    //  微博图像的宽度/高度比小于画布的宽度/高度比
    else
    {
        int insideWidth = sourceWidth * screenHeight / sourceHeight;
        mRegionLeft = (screenWidth - insideWidth) / 2;
        mRegionTop = 0;

        mRegionRight = mRegionLeft + insideWidth + 1;
        mRegionBottom = mivDrawing.getMeasuredHeight();
        mScale = (float) sourceHeight / (float) screenHeight;
    }
    //  装载特效区域左上角拖动块图像
    mLeftTopRegion = BitmapFactory.decodeResource(mContext.getResources(),
            mLeftTopRegionResourceId);
    //  装载特效区域左下角拖动块图像
    mLeftBottomRegion = BitmapFactory.decodeResource(mContext
            .getResources(), mLeftBottomRegionResourceId);
    //  装载特效区域右上角拖动块图像
    mRightTopRegion = BitmapFactory.decodeResource(mContext.getResources(),
            mRightTopRegionResourceId);
    //  装载特效区域右下角拖动块图像
    mRightBottomRegion = BitmapFactory.decodeResource(mContext
            .getResources(), mRightBottomRegionResourceId);
```

```
    }
    //  绘制特效区域的图像
    @Override
    protected void onDraw(Canvas canvas)
    {
        super.onDraw(canvas);
        init();
        //  将原图像的特效区域复制到屏幕显示的特效区域中
        //  为了使特效区域明显，在非特效区域的图像变得半透明
        //  而特效区域需要显示原始的图像
        canvas.drawBitmap(mBitmap, new Rect(
                (int) ((getLeft() - mRegionLeft) * mScale),
                (int) ((getTop() - mRegionTop) * mScale)+2,
                (int) ((getRight() - mRegionLeft) * mScale),
                (int) ((getBottom() - mRegionTop) * mScale)), new Rect(0, 0,
                mWidth, mHeight), null);
        Paint paint = new Paint();
        paint.setColor(mRectLineColor);
        paint.setStrokeWidth(mRectLineWidth);
        paint.setStyle(Style.STROKE);
        //  绘制特效区域的边框线
        canvas.drawRect(new Rect(1, 1, mWidth - 2, mHeight - 2), paint);
        //  绘制图像特效区域左上角的拖动块图像
        canvas.drawBitmap(mLeftTopRegion, null, new Rect(0, 0,
            mLeftTopRegion.getWidth(), mLeftTopRegion.getHeight()), null);
        //  绘制图像特效区域左下角的拖动块图像
        canvas.drawBitmap(mLeftBottomRegion, null, new Rect(0,
            mHeight - mLeftBottomRegion.getHeight(),
            mLeftBottomRegion.getWidth(),mHeight), null);
        //  绘制图像特效区域右上角的拖动块图像
        canvas.drawBitmap(mRightTopRegion, null, new Rect(
            mWidth - mLeftBottomRegion.getWidth(), 0, mWidth,
            mRightTopRegion.getHeight()), null);
        //  绘制图像特效区域右下角的拖动块图像
        canvas.drawBitmap(mRightBottomRegion, null,
            new Rect(mWidth - mRightBottomRegion.getWidth(),
            mHeight - mRightBottomRegion.getHeight(),
            mWidth, mHeight), null);
    }
    //  当画布的大小变化时，重新设置画布的宽度和高度
    @Override
    protected void onSizeChanged(int w, int h, int oldw, int oldh)
    {
        mWidth = w;
        mHeight = h;
        super.onSizeChanged(w, h, oldw, oldh);
    }
}
```

FrameLayoutExt 类的基本思想就是根据相应的宽度、高度、特效区域位置绘制特效区域

的连框线，以及特效区域4个角的拖动块图像。

下面回到PhotoViewer类中来处理拖动和缩放特效区域。这些功能将在FrameLayoutExt类的onTouch方法中完成，代码如下：

```
public boolean onTouch(View view, MotionEvent event)
{
    Drawable drawable = null;
    switch (event.getAction())
    {
        //  当鼠标或手指按下时的动作
        case MotionEvent.ACTION_DOWN:
            //  如果成功装载了原图像，则设置 FrameLayoutExt 中保存原图像的变量(mBitmap)
            if (mEffectBitmap != null)
                mflMoveRegion.mBitmap = mEffectBitmap;
            //  按在了特效区域左上角的拖动块上，可以从左上角开始缩放图像
            if (event.getX() <= ProcessBitmapRegions.RESIZE_REGION_SIZE
                    && event.getY() <= ProcessBitmapRegions.RESIZE_REGION_SIZE)
            {
                mLeftTopResize = true;
                //  设置左上角拖动块获得焦点状态的图像资源 ID
                mflMoveRegion.mLeftTopRegionResourceId =
                    R.drawable.left_top_focused;
            }
            //  按在了特效区域左下角的拖动块上，可以从左下角开始缩放图像
            else if (event.getX() <= ProcessBitmapRegions.RESIZE_REGION_SIZE
                    && event.getY() >= view.getHeight()
                    - ProcessBitmapRegions.RESIZE_REGION_SIZE)
            {
                mLeftBottomResize = true;
                //  设置左下角拖动块获得焦点状态的图像资源 ID
                mflMoveRegion.mLeftBottomRegionResourceId =
                    R.drawable.left_bottom_focused;
            }
            //  按在了特效区域右上角的拖动块上，可以从右上角开始缩放图像
            else if (event.getX() >= view.getWidth()
                    - ProcessBitmapRegions.RESIZE_REGION_SIZE
                    && event.getY() <= ProcessBitmapRegions.RESIZE_REGION_SIZE)
            {
                mRightTopResize = true;
                //  设置右上角拖动块获得焦点状态的图像资源 ID
                mflMoveRegion.mRightTopRegionResourceId =
                    R.drawable.right_top_focused;
            }
            //  按在了特效区域右下角的拖动块上，可以从右下角开始缩放图像
            else if (event.getX() >= view.getWidth()
                    - ProcessBitmapRegions.RESIZE_REGION_SIZE
                    && event.getY() >= view.getHeight()
                    - ProcessBitmapRegions.RESIZE_REGION_SIZE)
            {
                mRightBottomResize = true;
```

```
        //  设置右下角拖动块获得焦点状态的图像资源 ID
        mflMoveRegion.mRightBottomRegionResourceId =
            R.drawable.right_bottom_focused;
    }
    //  按在了特效区域的中心，改变特效区域边框线的颜色
    //  表示特效区域被选中，可以拖动该区域了
    else
    {
        mflMoveRegion.mRectLineColor =
            ProcessBitmapRegions.RECT_LINE_COLOR_FOCUSED;
        mflMoveRegion.mRectLineWidth =
            ProcessBitmapRegions.RECT_LINE_WIDTH_FOCUSED;
    }
//  保存将当前位置 X 坐标
mOldX = event.getRawX();
//  保存将当前位置 Y 坐标
mOldY = event.getRawY();
mflMoveRegion.invalidate();
break;
//  当鼠标或手指在特效区域移动时的动作
case MotionEvent.ACTION_MOVE:
//  计算出特效区域左上角新的横坐标
int left = view.getLeft() + (int) (event.getRawX() - mOldX);
//  计算出特效区域左上角新的纵坐标
int top = view.getTop() + (int) (event.getRawY() - mOldY);
//  计算出特效区域右下角新的横坐标
int right = view.getRight() + (int) (event.getRawX() - mOldX);
//  计算出特效区域右下角新的纵坐标
int bottom = view.getBottom() + (int) (event.getRawY() - mOldY);
//  如果左上角新的横坐标超过边界，重新设置该坐标
if (left < mflMoveRegion.mRegionLeft)
{
    left = mflMoveRegion.mRegionLeft;
    right = left + view.getWidth();
}

//  如果右下角新的横坐标超过边界，重新设置该坐标
if (right > mflMoveRegion.mRegionRight)
{
    right = mflMoveRegion.mRegionRight;
    left = right - view.getWidth();
}
//  如果左上角新的纵坐标超过边界，重新设置该坐标
if (top < mflMoveRegion.mRegionTop)
{
    top = mflMoveRegion.mRegionTop;
    bottom = top + view.getHeight();
}
//  如果右下角新的纵坐标超过边界，重新设置该坐标
if (bottom > mflMoveRegion.mRegionBottom)
```

```
{
    bottom = mflMoveRegion.mRegionBottom;
    top = bottom - view.getHeight();
}
//  拖动特效区域左上角改变特效区域的大小
if (mLeftTopResize)
{
    if (view.getRight() - left <
        ProcessBitmapRegions.MIN_MOVE_REGION_SIZE)
        left = view.getLeft();
    if (view.getBottom() - top <
        ProcessBitmapRegions.MIN_MOVE_REGION_SIZE)
        top = view.getTop();
    //  重新设置特效区域的大小
    view.layout(left, top, view.getRight(), view.getBottom());
}
//  拖动特效区域左下角改变特效区域的大小
else if (mLeftBottomResize)
{
    if (view.getRight() - left <
        ProcessBitmapRegions.MIN_MOVE_REGION_SIZE)
        left = view.getLeft();
    if (bottom - view.getTop() <
        ProcessBitmapRegions.MIN_MOVE_REGION_SIZE)
        bottom = view.getBottom();
    //  重新设置特效区域的大小
    view.layout(left, view.getTop(), view.getRight(), bottom);
}
//  拖动特效区域右上角改变特效区域的大小
else if (mRightTopResize)
{
    if (view.getBottom() - top <
        ProcessBitmapRegions.MIN_MOVE_REGION_SIZE)
        top = view.getTop();
    if (right - view.getLeft() <
        ProcessBitmapRegions.MIN_MOVE_REGION_SIZE)
        right = view.getRight();
    //  重新设置特效区域的大小
    view.layout(view.getLeft(), top, right, view.getBottom());
}
//  拖动特效区域右下角改变特效区域的大小
else if (mRightBottomResize)
{
    if (right - view.getLeft() <
        ProcessBitmapRegions.MIN_MOVE_REGION_SIZE)
        right = view.getRight();
    if (bottom - view.getTop() <
        ProcessBitmapRegions.MIN_MOVE_REGION_SIZE)
        bottom = view.getBottom();
    //  重新设置特效区域的大小
```

```
                view.layout(view.getLeft(), view.getTop(), right, bottom);
            }
            else
            {
                // 判断移动框是否越界
                view.layout(left, top, right, bottom);
                view.postInvalidate();
            }
            mOldX = event.getRawX();
            mOldY = event.getRawY();
            break;
            //  当鼠标或手指在特效区域抬起时的动作
            case MotionEvent.ACTION_UP:
            //  恢复特效区域边框线默认的颜色
            mflMoveRegion.mRectLineColor =
                ProcessBitmapRegions.RECT_LINE_COLOR_NORMAL;
            mflMoveRegion.mRectLineWidth =
                ProcessBitmapRegions.RECT_LINE_WIDTH_NORMAL;
            //  恢复特效区域左上角默认的拖动块图像资源 ID
            mflMoveRegion.mLeftTopRegionResourceId = R.drawable.left_top_normal;
            //  恢复特效区域左下角默认的拖动块图像资源 ID
            mflMoveRegion.mLeftBottomRegionResourceId =
                R.drawable.left_bottom_normal;
            //  恢复特效区域右上角默认的拖动块图像资源 ID
            mflMoveRegion.mRightTopRegionResourceId = R.drawable.right_top_normal;
            //  恢复特效区域右下角默认的拖动块图像资源 ID
            mflMoveRegion.mRightBottomRegionResourceId =
                R.drawable.right_bottom_normal;
            //  重绘特效区域
            mflMoveRegion.invalidate();
            mLeftTopResize = false;
            mLeftBottomResize = false;
            mRightTopResize = false;
            mRightBottomResize = false;
            break;
        }
        // 一定要返回true，否则Move动作不会发生
        return true;
    }
```

13.4 图像特效详解

本节介绍系统中提供的图像特效，包括灰度、马赛克、截图、自由旋转，并且通过“恢复原始图像”功能将图像恢复到装载之初的状态。

13.4.1 灰度

灰度是将原图像的三原色（红、绿、蓝）利用算法变成相等的值，也就是 R = G = B。

灰度可表示为256个色阶（0～255），这也是彩色图像中三原色的取值范围，只不过在灰度图像中三原色是等值的。例如（R = 30，G = 30，B = 30）、（R = 65，G = 65，B = 65），这些都是灰度颜色。

将彩色图像变成灰度图像的算法也很简单。首先需要计算出与某一个像素点三原色对应的灰度值，然后使用这个灰度值替换三原色。灰度算法如下：

$$灰度值 = 红 * 0.3 + 绿 * 0.59 + 蓝 * 0.11$$

下面来看灰度算法的具体实现，代码如下：

```
package sina.weibo.photo;

import android.graphics.Bitmap;
import android.graphics.Color;
    //  处理图像灰度的类
public class GrayProcess extends PhotoProcessImpl
{
    public GrayProcess(Bitmap bitmap)
    {
        super(bitmap);
    }
    //  对图像进行灰度处理
    @Override
    public void work()
    {
        //  使用两个for循环扫描图像中每一个像素点
        for (int i = 0; i < mBitmap.getWidth(); i++)
        {
            for (int j = 0; j < mBitmap.getHeight(); j++)
            {
                //  获得当前像素点的红色
                int red = Color.red(mBitmap.getPixel(i, j));
                //  获得当前像素点的绿色
                int green = Color.green(mBitmap.getPixel(i, j));
                //  获得当前像素点的蓝色
                int blue = Color.blue(mBitmap.getPixel(i, j));

                //  利用灰度算法计算灰度值
                int gray = (int) ((red & 0xff) * 0.3);
                gray += (int) ((green & 0xff) * 0.59);
                gray += (int) ((blue & 0xff) * 0.11);

                // 使用灰度值替换三原色，其中（255 << 24）表示颜色的透明度
                mBitmap.setPixel(i, j,
                    (255 << 24) | (gray << 16) | (gray << 8)| gray);
            }
            mHandler.sendEmptyMessage(i);
        }
    }
}
```

从 GrayProcess.work 方法中可以很清楚地看到，首先使用两个 for 扫描图像的所有像素点；然后获得这个像素点的红、绿、蓝颜色值，并利用算法计算出灰度值；最后，使用 Bitmap.setPixel 方法重新将三原色设置成灰度值，但透明度仍然是 255（不透明）。

GrayProcess 是 PhotoProcessImpl 的子类，而 PhotoProcessImpl 实现了 PhotoProcess 接口。在 PhotoProcessImpl 类中定义了一些特效处理要使用的变量，所有的特效处理类都需要从 PhotoProcessImpl 类继承。PhotoProcessImpl 类的代码如下：

```
package sina.weibo.photo;

import sina.weibo.PhotoViewer;
import android.graphics.Bitmap;
import android.graphics.Rect;
import android.os.Handler;
import android.os.Message;

public abstract class PhotoProcessImpl implements PhotoProcess
{
    protected Bitmap mBitmap;
    protected Rect mRect;
    protected int mWidth;
    protected int mHeight;
    //  更新特效处理进度
    protected Handler mHandler = new Handler()
    {
        @Override
        public void handleMessage(Message msg)
        {
            PhotoViewer.mpbPhotoProcess.setProgress(msg.what);
            super.handleMessage(msg);
        }
    };
    public PhotoProcessImpl(Bitmap bitmap)
    {
        mBitmap = bitmap;
    }
    public PhotoProcessImpl(Bitmap bitmap, Rect rect)
    {
        mBitmap = bitmap;
        mRect = rect;
    }
}
```

由于在线程中不能直接操作控件，因此，在 GrayProcess.work 方法的最后，通过 sendEmptyMessage 方法将当前处理进度发给 Handler，并在 handleMessage 方法中设置当前处理的进度（更新 ProgressBar 控件的进度值）。

现在回到 PhotoViewer 类，在 PhotoViewer 类中通过下面的代码将当前的图像变成灰度：

```
//  设置当前正在处理特效
ProcessBitmapRegions.isWorking = true;
//  显示进度条控件
mpbPhotoProcess.setVisibility(View.VISIBLE);
//  设置进度条的最大值
mpbPhotoProcess.setMax(mEffectBitmap.getWidth() - 1);
//  将进度条的初始进度设为 0
mpbPhotoProcess.setProgress(0);
//  mEffectBitmap 表示处理后的特效图像，如果 mEffectBitmap 为 null
//  表示还没有对图像进行特效处理。灰度是我们第一个使用的特效
//  这时需要对原图像进行处理
if (mEffectBitmap == null)
{
    mEffectBitmap = Bitmap.createBitmap(
            mSourceBitmap.getWidth(),
            mSourceBitmap.getHeight(), Config.ARGB_8888);
    Canvas canvas = new Canvas(mEffectBitmap);
    canvas.drawBitmap(mSourceBitmap, 0, 0, null);
}
mflMoveRegion.mBitmap = mEffectBitmap;
//  创建 ProcessBitmapRegions 对象
ProcessBitmapRegions processBitmapRegions = new
    ProcessBitmapRegions(new GrayProcess(mEffectBitmap));
// 启动处理特效的线程，在该线程中调用了 GrayProcess.work 方法进行灰度处理
processBitmapRegions.work();
//  隐藏用于控制图像旋转的滑杆控件
msbRotate.setVisibility(View.GONE);
//  设置当前处理的特效类型
ProcessBitmapRegions.processType = ProcessBitmapRegions.PROCESS_TYPE_GRAY;
```

特效处理完毕，调用 AllThreadEnd.onFinish 方法做一些后续处理工作，代码如下：

```
public void onFinish()
{
    try
    {
        mHandler.sendEmptyMessage(0);
    }
    catch (Exception e)
    {
    }
    ProcessBitmapRegions.isWorking = false;
}
```

其中，mHandler.sendEmptyMessage(0) 用于恢复特效处理前的状态。Handler.handleMessage 方法的代码如下：

```
private Handler mHandler = new Handler()
{
    @Override
```

```
        public void handleMessage(Message msg)
        {
            try
            {
                //  显示处理后的特效图像
                mivDrawing.setImageBitmap(mEffectBitmap);
                //  将特效区域设为最后一次处理的特效图像
                mflMoveRegion.mBitmap = mEffectBitmap;
                //  隐藏特效区域
                mflMoveRegion.setVisibility(View.GONE);
                //  隐藏进度条
                mpbPhotoProcess.setVisibility(View.GONE);
                //  隐藏朦胧层（覆盖在图像上的半透明 TextView 控件）
                mtvUnCleanLayer.setVisibility(View.GONE);
               //  重新显示主界面按钮
                mMainButton.setVisibility(View.VISIBLE);
                //  隐藏马赛克按钮
                mMosaicButton.setVisibility(View.GONE);
            }
            catch (Exception e)
            {
            }
            super.handleMessage(msg);
        }
    };
```

下面来试一下我们的成果。在写微博界面加入一个图像，单击“编辑图像”菜单项，会显示如图 13-6 所示的界面。单击“效果”菜单中的“灰度”菜单项，会显示如图 13-7 所示的处理进度条。处理后的效果如图 13-8 所示。

图 13-6 灰度处理前的效果

图 13-7 正在进行灰度处理

图 13-8 处理后的灰度效果

13.4.2 马赛克

马赛克的原理也很简单。如果将某个图像区域变成马赛克，只需要将这个区域分成若干个更新的区域（一般这些区域的大小是相等的），然后将这些小区域的颜色用同一种颜色替换即可，也就是每一个小区域使用同一种颜色。这个颜色值可以取小区域左上角像素的颜色，也可以取小区域中其他像素点的颜色，例如，本系统使用了小区域中心点的像素颜色。MosaicProcess 类负责处理马赛克特效，代码如下：

```
package sina.weibo.photo;

import java.util.ArrayList;
import java.util.List;
import sina.weibo.PhotoViewer;
import android.graphics.Bitmap;
import android.graphics.Rect;
import android.os.Handler;
import android.os.Message;
//  处理马赛克特效的类
public class MosaicProcess extends PhotoProcessImpl
{
    //  保存马赛克区域中更小的区域块
    protected List<Rect> mRegions = new ArrayList<Rect>();
    //  特效区域被分成的更小区域的宽度
    protected int mRegionWidth;
    //  特效区域被分成的更小区域的高度
    protected int mRegionHeight;
    public MosaicProcess(Bitmap bitmap, Rect rect)
    {
        super(bitmap, rect);
    }
    private Handler mhandler = new Handler()
    {
        //  马赛克处理的进度
        @Override
        public void handleMessage(Message msg)
        {
            PhotoViewer.mpbPhotoProcess.setProgress(msg.arg1);
            PhotoViewer.mpbPhotoProcess.setMax(msg.arg2);
            super.handleMessage(msg);
        }
    };
    //  将特效区域分成更小的区域
    private void splitRegions()
    {
        Rect rect = null;

        int left = 0, top = 0;
```

```
        mRegions.clear();
        do
        {
            do
            {
                //  特效区域被分成的更小区域
                rect = new Rect();
                //  确定小区域左上角的横坐标
                rect.left = left;
                //  确定小区域右下角的横坐标
                rect.right = rect.left + mRegionWidth;
                if (rect.right >= mWidth)
                    rect.right = mWidth - 1;
                //  确定小区域左上角的纵坐标
                rect.top = top;
                //  确定小区域右下角的纵坐标
                rect.bottom = rect.top + mRegionHeight;
                if (rect.bottom >= mHeight)
                    rect.bottom = mHeight - 1;
                left = rect.right;
                if(mRect != null)
                {
                    rect.left = rect.left + mRect.left;
                    rect.top = rect.top + mRect.top;
                    rect.right = rect.right + mRect.left;
                    rect.bottom = rect.bottom + mRect.top;
                }
                //  将小区域添加到List<Rect>对象中
                mRegions.add(rect);
            }
            while (left < mWidth - 1);
            left = 0;
            top = top + mRegionHeight;
        }
        while (top < mHeight);
    }
    //  处理马赛克特效
    @Override
    public void work()
    {
        mWidth = mRect.right - mRect.left + 1;
        mHeight = mRect.bottom - mRect.top + 1;
        mRegionWidth = ProcessBitmapRegions.MOSAIC_SINGLE_REGION_SIZE;
        mRegionHeight = ProcessBitmapRegions.MOSAIC_SINGLE_REGION_SIZE;
        //  将特效区域分成更小的区域
        splitRegions();
        //  处理所有小区域的颜色
        for (int k = 0; k < mRegions.size(); k++)
        {
```

```
                //  获取当前的小区域
                Rect rect = mRegions.get(k);
                //  获取当前小区域要设置的颜色值（取小区域中心像素点的颜色值）
                int color = mBitmap.getPixel((rect.left + rect.right) / 2,
                    (rect.top + rect.bottom) / 2);
                //  扫描小区域中所有的像素点
                for (int i = rect.left; i <= rect.right; i++)
                {
                    for (int j = rect.top; j <= rect.bottom; j++)
                    {
                        if (i < mBitmap.getWidth() && j < mBitmap.getHeight())
                            //  设置小区域的颜色
                            mBitmap.setPixel(i, j, color);
                    }
                }
                Message message = new Message();
                message.arg2 = mRegions.size();
                message.arg1 = k + 1;
                //  更新处理进度
                mhandler.sendMessage(message);
            }
        }
    }
```

在 PhotoViewer 类中使用下面的代码处理马赛克特效：

```
//  设置特效类型
ProcessBitmapRegions.processType = ProcessBitmapRegions.PROCESS_TYPE_MOSAIC;
//  隐藏主界面按钮
mMainButton.setVisibility(View.GONE);
//  显示马赛克界面的按钮
mMosaicButton.setVisibility(View.VISIBLE);
//  显示特效区域选择框
mflMoveRegion.setVisibility(View.VISIBLE);
mtvStart.setText("马赛克");
mtvUnCleanLayer.setVisibility(View.VISIBLE);
mtvUnCleanLayer.getLayoutParams().width = regionRight - regionLeft;
mtvUnCleanLayer.getLayoutParams().height = regionBottom - regionTop;
mtvUnCleanLayer.requestLayout();
msbRotate.setVisibility(View.GONE);
```

以上代码中并没有立刻产生马赛克效果，而是显示了处理马赛克特效的按钮。单击“马赛克”按钮后，会执行下面的代码进行马赛克处理：

```
ProcessBitmapRegions.isWorking = true;
mpbPhotoProcess.setVisibility(View.VISIBLE);
mpbPhotoProcess.setProgress(0);
mflMoveRegion.setVisibility(View.GONE);
```

```
//  创建 ProcessBitmapRegions 对象
ProcessBitmapRegions processBitmapRegions = new
    ProcessBitmapRegions(new MosaicProcess(mEffectBitmap, rect));
//  调用 work 方法在线程中处理马赛克特效
processBitmapRegions.work();
```

单击“效果”菜单中的“马赛克”菜单项，会显示如图 13-9 所示的特效框，在选择特效区域后，单击“马赛克”按钮，会将特效区域处理成如图 13-10 所示的效果。

图 13-9 选择要处理的区域

图 13-10 马赛克的处理效果

13.4.3 截图

截图与马赛克类似，都需要选择一个矩形区域。只是截图会将这个区域进行截取，而不会处理这个区域。单击“效果”菜单的“截图”菜单项，会显示如图 13-11 所示的特效区域，将特效区域设置为自己想要的大小和位置后，单击“截图”按钮，就会截取特效区域中的图像，效果如图 13-12 所示。

单击“截图”按钮后会执行下面的代码截取图像：

```
//  根据截图区域复制图像
mEffectBitmap = Bitmap.createBitmap(mEffectBitmap,
        rect.left, rect.top, rect.right - rect.left,
        rect.bottom - rect.top);
//  获得特效处理的初始状态
mHandler.sendEmptyMessage(0);
```

图 13-11　选择截图的区域

图 13-12　截图的效果

13.4.4　自由旋转

自由旋转图像实际上是通过 Matrix 对象设置旋转的角度，然后通过 Bitmap.createBitmap 方法生成旋转后的图像效果。单击“效果”菜单的“自由旋转图像”菜单项，会显示如图 13-13 所示的 SeekBar 控件，通过拖动该控件的滑动杆，会生成图 13-14 所示的效果。

图 13-13　旋转前的效果

图 13-14　旋转后的效果

旋转图像的动作是在 SeekBar.onProgressChanged 方法中完成的，代码如下：

```
public void onProgressChanged(SeekBar seekBar, int progress,
        boolean fromUser)
{
    Matrix matrix = new Matrix();
    //  设置图像旋转的角度
    matrix.setRotate(progress);
    //  根据旋转角度重新生成旋转效果的图像
    mEffectBitmap = Bitmap.createBitmap(mOldEffectBitmap, 0, 0,
            mOldEffectBitmap.getWidth(), mOldEffectBitmap.getHeight(),
            matrix, true);
    mflMoveRegion.mBitmap = mEffectBitmap;
    mHandler.sendEmptyMessage(0);
}
```

13.4.5 恢复原始图像

单击“效果”菜单中的“恢复原始图像”菜单项，可以恢复图像的最初效果。也就是显示图像编辑界面时图像的效果，代码如下：

```
msbRotate.setVisibility(View.GONE);
//  从原图像取消特效处理效果
copyBitmap();
mHandler.sendEmptyMessage(0);
```

其中，copyBitmap 方法负责从原图像（mSourceBitmap）还原到效果图像（mEffectBitmap），代码如下：

```
private void copyBitmap()
{
    mEffectBitmap = Bitmap.createBitmap(mSourceBitmap.getWidth(),
            mSourceBitmap.getHeight(), Config.ARGB_4444);
    Canvas canvas = new Canvas(mEffectBitmap);
    canvas.drawBitmap(mSourceBitmap, 0, 0, null);
}
```

13.5 发布经过特效处理的图像微博

经过一次或多次特效处理后，单击“保存”按钮，会执行下面的代码将处理后的图像保存在一个临时文件中，然后关闭图像编辑界面：

```
try
{
    FileOutputStream fos = new FileOutputStream(
            Values.getEffectTempImageFilename());
    //  以 JPEG 格式保存处理后的图像
```

```
        mEffectBitmap.compress(CompressFormat.JPEG, 100, fos);
        setResult(Values.RESULT_CODE_SAVE);
        fos.close();
        //  关闭图像编辑界面
        finish();
    }
    catch (Exception e)
    {
    }
```

在 WriteMicroBlog.onActivityResult 方法中接收来自 PhotoViewer 的处理结果。由于特效文件已经被保存在 SD 卡上了，因此，只需要重新装载该文件到 ImageView 控件即可。并且需要重新获得图像的 byte[] 数据，以便作为图像微博进行发布。处理 PhotoViewer 的编辑结果的代码如下：

```
mCurrentPhotoFilename = Values.getEffectTempImageFilename();
//  获得处理后的图像的 Bitmap 对象
mBitmap = BitmapFactory.decodeFile(mCurrentPhotoFilename);
if (mBitmap != null)
{
    //  装载处理后的图像
    ivPhoto.setImageBitmap(mBitmap);
    try
    {
        ByteArrayOutputStream baos = new ByteArrayOutputStream();
        mBitmap.compress(CompressFormat.JPEG, 100, baos);
        //  获得图像的 byte[] 数据
        mBitmapBytes = baos.toByteArray();
        baos.close();
    }
    catch (Exception e)
    {
    }
}
```

写微博界面显示处理后图像的效果如图 13-15 所示。单击“发布”按钮，系统就会将处理完的图像发布到微博上，效果如图 13-16 所示。

13.6 小结

本章详细介绍了图像特效处理的实现过程。本系统支持的特效有 4 种：灰度、马赛克、截图和自由旋转。这 4 种特效的处理都是在线程中完成的，因此，在处理的过程中不会影响当前程序响应用户的操作。如果想取消特效，可以单击“效果”菜单的“恢复原始图像”菜单项。在这 4 种特效中，恢复和自由旋转是对整个图像而言的，而马赛克和截图需要使用特效区域框选择一个特效区域，才能对该区域进行特效处理。

图 13-15 显示经过特效处理的图像

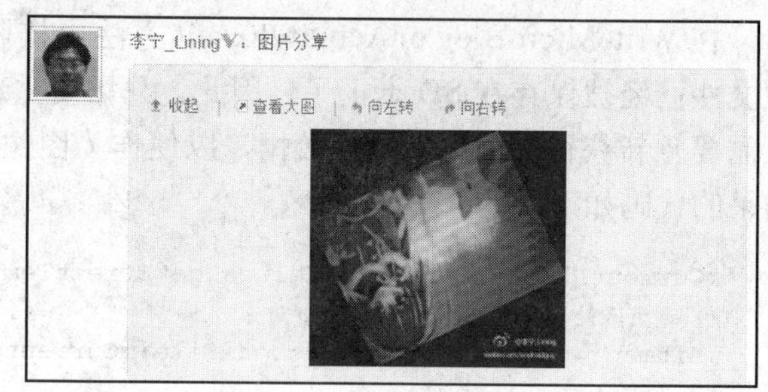

图 13-16 成功发布经过特效处理的图像界面

第 14 章　搜索微博与搜索用户

搜索功能是新浪微博客户端中比较常用的功能。本系统提供了通过关键字查询用户和微博信息的功能，并且可以查看微博和用户的详细信息。除此之外，还包括评论、转发搜索到的微博，关注搜索到的用户等功能。

14.1　搜索界面布局

单击新浪微博客户端主界面的“搜索”菜单项，会显示搜索界面。搜索界面由 3 部分组成：最上面的搜索输入框及右侧的两个按钮、中间的两个 RadioButton 控件，以及下方的 ListView 控件（用于显示搜索结果），效果如图 14-1 所示。

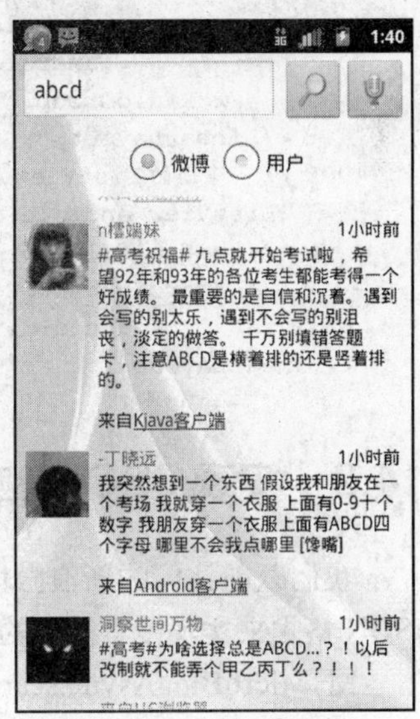

图 14-1　搜索界面

很明显，图 14-1 所示界面的布局属于垂直线性布局。下面来看该界面的布局代码（search.xml）：

```
<?xml version="1.0" encoding="utf-8"?>
<LinearLayout xmlns:android=
    "http://schemas.android.com/apk/res/android"
    android:orientation="vertical"
        android:layout_width="fill_parent"
    android:layout_height="fill_parent"
        android:background="#CFFF">
    //  最上面的搜索文本框和两个按钮
    <LinearLayout android:orientation="horizontal"
        android:layout_width="fill_parent"
            android:layout_height="wrap_content"
        android:padding="5dp">
        <EditText android:id="@+id/etKeyword" android:layout_width="fill_parent"
            android:layout_height="wrap_content" android:layout_weight="1"
            android:textColor="#000" android:singleLine="true" />
        <ImageButton android:id="@+id/ibSearch"
            android:layout_width="50dp" android:layout_height="50dp"
                android:src="@drawable/search"
            android:scaleType="fitCenter" android:layout_marginLeft="5dp" />
        <ImageButton android:id="@+id/ibVoice"
            android:layout_width="50dp" android:layout_height="50dp"
            android:src="@drawable/microphone" android:scaleType="fitCenter"
            android:onClick="onClick_Voice" />
    </LinearLayout>
    //  中间的两个 RadioButton 控件
```

```
    <LinearLayout android:orientation="vertical"
        android:layout_width="fill_parent" android:layout_height="wrap_content"
        android:gravity="center_horizontal">
        <RadioGroup android:orientation="horizontal"
            android:layout_width="wrap_content"
                android:layout_height="wrap_content"
            android:gravity="center_horizontal">
            <RadioButton android:id="@+id/rbSearchMBlog"
                android:layout_width="wrap_content"
                    android:layout_height="wrap_content"
                android:textColor="#000" android:text=" 微博 "
                    android:checked="true" />
            <RadioButton android:id="@+id/rbSearchUser"
                android:layout_width="wrap_content"
                    android:layout_height="wrap_content"
                android:textColor="#000" android:text=" 用户 "
                android:layout_marginLeft="5dp" />
        </RadioGroup>
    </LinearLayout>
    //  下面的ListView控件
    <ListView android:id="@+id/lvSearchResult"
        android:layout_width="fill_parent" android:layout_height="fill_parent"
        android:cacheColorHint="#00000000"
            android:divider="@android:color/transparent" />
</LinearLayout>
```

14.2 实现 JSON 格式的搜索 API

我们以前访问的新浪微博 API 都是使用 XML 格式。本节介绍如何使用新浪微博 API 的 JSON 格式来实现搜索微博的功能，并解析 JSON 格式的数据。

MyMicroBlogAsync.searchMicroBlogAsync 方法负责异步搜索微博，代码如下：

```
public void searchMicroBlogAsync(MicroBlogListener microBlogListener,
    final Paging paging) throws Exception
{
    //  创建线程，并在线程中执行同步搜索用户的方法
    ExecuteThread executeThread = new ExecuteThread(new AsyncTask(
            microBlogListener, OPERATION_TYPE_SEARCH_MBLOG,
            MESSAGE_SEARCH_MBLOG, mLanguage)
    {
        @Override
        public Object invoke() throws Exception
        {
            //  同步搜索微博，并返回搜索结果
            Object obj = searchMicroBlog(paging);
            return obj;
        }
    });
```

```
    executeThread.execute();
}
```

下面来看同步搜索方法 searchMicroBlog 的代码。

```
public List<Status> searchMicroBlog(Paging paging) throws Exception
{
    return mWeibo.searchMicroBlog(paging);
}
```

从上面的代码可以看出，searchMicroBlog 方法中调用了 Weibo.searchMicroBlog 方法来搜索微博，该方法的代码如下：

```
public List<Status> searchMicroBlog(Paging paging) throws Exception
{
    return Status.constructStatuses(get(getBaseURL()
            + "/statuses/search.json?source=" + Const.KDWB_SOURCE + "&q="
            + URLEncoder.encode(paging.getKeyword(), "UTF-8") + "&page="
            + paging.getPage() + "&count=" + paging.getCount(), false));
}
```

从 Weibo.searchMicroBlog 方法的代码可以看出，使用 Status.constructStatuses 方法分析服务端返回的数据，而 get 方法负责向服务端发送请求，并返回数据。如果使用 JSON 格式的数据，只需要直接使用 JSON 格式的 URL 即可，如 search.json。后面需要根据不同的 API 加一些请求参数，如搜索 API 需要使用请求参数 q 指定搜索关键字。任何需要身份校验的 API 都要指定 source 请求参数，source 的值就是 App Key。

constructStatuses 方法会根据 JSON 格式的数据将其按每一个 Status 对象进行分解，并在 Status 类的构造方法中分析每一条微博的数据。constructStatuses 方法的代码如下：

```
static List<Status> constructStatuses(Response res) throws Exception
{
    try
    {
        //  按 JSON 格式的数据按 Status 进行分解
        JSONArray list = res.asJSONArray();
        //  获得返回的微博数
        int size = list.length();
        //  所有由 JSON 格式数据转换成的 Status 对象都保存在 statuses 对象中
        List<Status> statuses = new ArrayList<Status>(size);
        for (int i = 0; i < size; i++)
        {
            //  在 Status 类的构造方法中设置 Status 对象的相应属性，并将
            //  Status 对象添加到 statuses 对象中
            statuses.add(new Status(list.getJSONObject(i)));
        }
        return statuses;
```

```
    }
    catch (WeiboException te)
    {
        throw te;
    }
}
```

在 constructStatuses 方法中，Status 类的构造方法是关键。下面来看 Status 类的构造方法：

```
public Status(JSONObject json) throws Exception
{
    //  获得微博 ID
    id = json.getString("id");
    //  获得微博内容
    text = json.getString("text");
    //  获得微博来源
    source = json.getString("source");
    //  获得微博的发布时间
    createdAt = parseDate(json.getString("created_at"),
            "EEE MMM dd HH:mm:ss z yyyy");

    isFavorited = getBoolean("favorited", json);
    isTruncated = getBoolean("truncated", json);

    inReplyToStatusId = getString("in_reply_to_status_id", json, false);

    inReplyToUserId = getInt("in_reply_to_user_id", json);

    inReplyToScreenName = json.getString("in_reply_to_screen_name");

    thumbnailPic = getString("thumbnail_pic", json, false);
    bmiddlePic = getString("bmiddle_pic", json, false);
    //  获得原始微博图像的 URL
    originalPic = getString("original_pic", json, false);
    //  获得发布微博的 User 对象
    user = new User(json.getJSONObject("user"));
}
```

在 Status 类的构造方法中，使用了 getXxx 方法获得相应的 JSON 属性值，其中 Xxx 表示 Int、String、Boolean、JSONObject 等。getXxx 方法的第 1 个参数表示 JSON 数据格式中的 Key。读者可以访问下面的页面来对照 JSON 格式数据中的 Key：

http://open.weibo.com/tools/console

例如，下面的数据就是 search.json 返回的微博搜索结果的部分片段。读者会从中找到与 getXxx 方法第 1 个参数对应的 Key：

```
[
    {
```

```
        "created_at": "Tue Jun 07 10:46:01 +0800 2011",
        "favorited": false,
        "geo": null,
        "id": 11883147528,
        "in_reply_to_screen_name": "",
        "in_reply_to_status_id": "",
        "in_reply_to_user_id": "",
        "source": "<a href=\"http://weibo.com\"
            rel=\"nofollow\">\u65b0\u6d6a\u5fae\u535a</a>",
        "text": "\u8fd9\u662f\u5728\u8003\u573a\uff1f\u4e0b\u6b21\u95ee\
            u95ee\u9898\u80fd\u4e0d\u80fd\u628a\u9898\u9762\u53d1\u51fa\u6765\
            uff1f\u53cd\u6b63ABCD\u6709\u4e00\u4e2a\u3002",
        "truncated": false,
        "user": {
            "allow_all_act_msg": true,
            "city": "9",
            "created_at": "Tue Feb 02 00:00:00 +0800 2010",
            ... ...
        }
    },
    {
        "created_at": "Tue Jun 07 10:30:07 +0800 2011",
        "favorited": false,
        "geo": null,
        "id": 11882297712,
    } ,...,]
```

如果读者想用 SDK 其他访问新浪微博 API 的方法处理 JSON 格式的数据，可以采用类似本节的方法。首先将 XML URL 改成 JSON URL（例如由 search.xml 改成 search.json）；然后，根据要返回的数据类型（如 Status、Comment 等）创建相应的对象，并通过 JSONObject 来解析 JSON 格式的数据。

14.3　搜索微博

如果选中图 14-1 所示的“微博”选项按钮，在搜索文本框中输入要搜索的内容，单击搜索文本框右侧的查询按钮，就会显示如图 14-1 所示的微博搜索结果。这个搜索结果与首页中显示的微博列表类似。单击某个微博，会显示如图 14-2 所示的微博详细信息。这个界面与主页显示的微博列表的详细信息类似。

长按某条微博，会弹出如图 14-3 所示的上下文菜单。其中“评论”、“转发”和“收藏”菜单项与主页显示的微博列表中相应的菜单项的功能相同。在这个上下文菜单中多了一个“关注”菜单项，单击该菜单项后，会关注当前搜索到的微博。

可以使用 MyMicroBlogAsync.createFriendshipAsync 方法关注某个用户。该方法需要一个用户 ID。

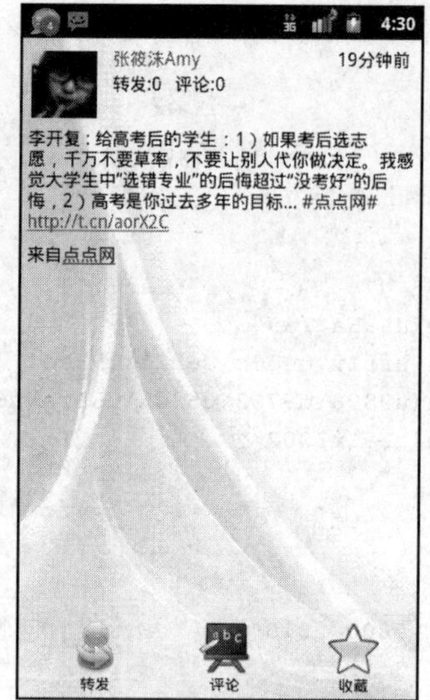

图 14-2 显示搜索到的微博的详细信息

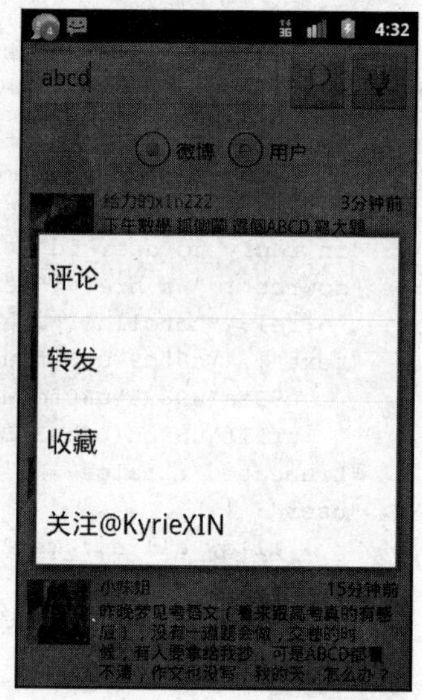

图 14-3 微博搜索结果的上下文菜单

14.4 搜索用户

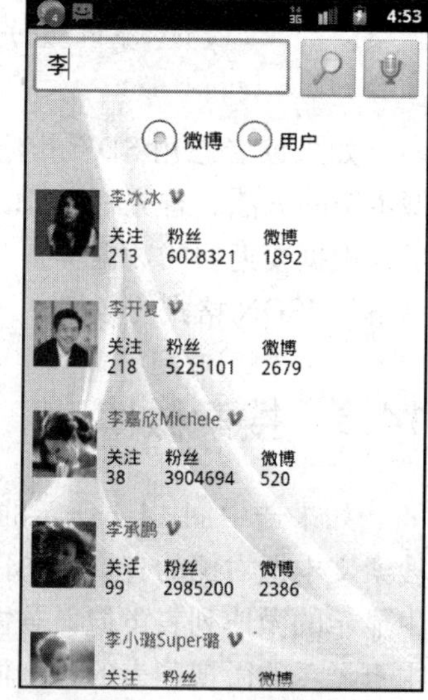

图 14-4 搜索用户

选择“用户”选项，单击“搜索”按钮后，会根据关键字搜索用户，效果如图 14-4 所示。

用户列表和微博列表使用的是同一个 ListView 控件，但其列表项的布局不同。用户列表项使用了一个新的布局（userinfo_content_item.xml）。从图 14.4 所示的用户列表中可以看出，用户信息除了显示头像、用户名、是否为新浪认证用户外，还显示了 3 个数字：关注数、粉丝数和微博数。下面来看 userinfo_content_item.xml 文件的内容：

```
<?xml version="1.0" encoding="utf-8"?>
<LinearLayout xmlns:android=
    "http://schemas.android.com/apk/res/android"
    android:orientation="horizontal"
    android:layout_width="fill_parent"
    android:layout_height="wrap_content"
    android:gravity="top">
    <include layout="@layout/more" />
    <LinearLayout android:id="@+id/llContent" android:orientation="horizontal"
        android:layout_width="fill_parent" android:layout_height="wrap_content"
        android:gravity="top" android:layout_marginBottom="5dp"
        android:layout_marginTop="5dp">
        <FrameLayout android:layout_width="wrap_content"
            android:layout_height="wrap_content">
```

```
        <LinearLayout android:orientation="vertical"
            android:layout_width="wrap_content"
            android:layout_height="wrap_content"
            android:gravity="top">
            <ImageView android:id="@+id/ivProfileImage"
                android:layout_width="61dp" android:layout_height="61dp"
                android:paddingLeft="5dp" android:paddingTop="10dp"
                android:src="@drawable/default_profile_image" />
        </LinearLayout>
    </FrameLayout>
    <RelativeLayout android:layout_width="fill_parent"
        android:layout_height="wrap_content" android:padding="5dp">
        <LinearLayout android:id="@+id/linearlayout1"
            android:orientation="horizontal"
            android:layout_width="wrap_content"
            android:layout_height="wrap_content" android:gravity="top">

            <TextView android:id="@+id/tvName"
                android:layout_width="wrap_content"
                android:layout_height="wrap_content" android:textSize="14sp"
                android:textColor="#F00" />
            <ImageView android:id="@+id/ivVerified"
                android:layout_width="12dp" android:layout_height="12dp"
                android:src="@drawable/v" android:layout_marginLeft="6dp"
                android:layout_marginTop="3dp"
                android:visibility="invisible" />
        </LinearLayout>
        <!--  显示关注数、粉丝数和微博数   -->
        <LinearLayout android:id="@+id/linearlayout3"
            android:orientation="horizontal" android:layout_width="fill_parent"
            android:layout_height="wrap_content"
            android:layout_marginRight="5dp"
            android:layout_below="@id/linearlayout1"
            android:layout_marginTop="10dp">
            <TextView android:id="@+id/tvFriendCount"
                android:layout_width="wrap_content"
                android:layout_height="wrap_content"
                android:textSize="14sp" android:textColor="#000"
                android:linksClickable="false" />
            <TextView android:id="@+id/tvFollowerCount"
                android:layout_width="wrap_content"
                android:layout_height="wrap_content"
                android:textSize="14sp" android:textColor="#000"
                android:linksClickable="false"
                android:layout_marginLeft="10dp" />

            <TextView android:id="@+id/tvStatusCount"
                android:layout_width="wrap_content"
                android:layout_height="wrap_content"
                android:textSize="14sp" android:textColor="#000"
```

```
                android:linksClickable="false"
                android:layout_marginLeft="20dp" />
        </LinearLayout>
    </RelativeLayout>
  </LinearLayout>
</LinearLayout>
```

单击某一个用户，会弹出如图 14-5 所示的界面显示用户详细信息。该界面对应的类是 UserViewer 类。

在图 14-5 所示的界面中，除了显示用户列表中的相应信息外，还包括了“发私信”和“加关注 / 取消关注”。如果当前用户已经被关注，则界面上方的按钮会显示为“取消关注”，否则，会显示“加关注”。单击“发私信”按钮，会显示如图 14-6 所示的私信撰写界面（SendDirectMessage）。

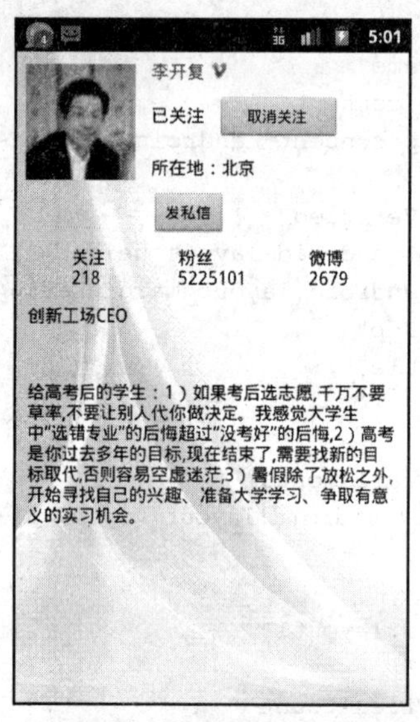

图 14-5 显示用户详细信息

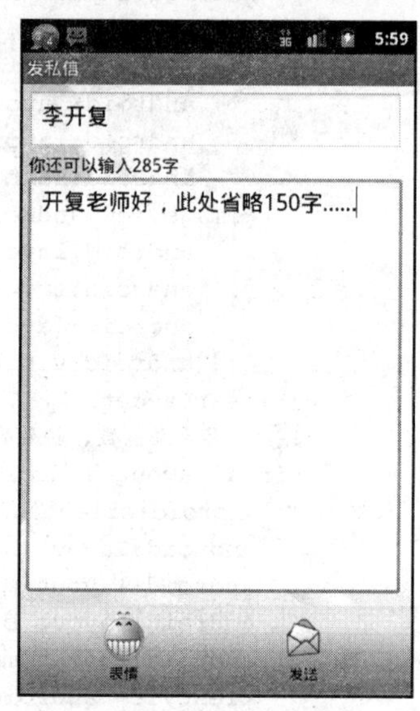

图 14-6 发私信界面

发私信之前，在图 14-6 所示界面的两个文本框中分别输入用户名（不包括 @）和私信内容（最多 300 字），然后单击“发送”按钮发布私信。发布私信的代码如下：

```
String directMessage = etDirectMessage.getText().toString().trim();
//  必须输入用户名
if ("".equals(etNick.getText().toString()))
{
    message.showMsg(" 您要把私信发给谁呢？ ");
    return;
}
//  必须输入私信的内容
if ("".equals(etDirectMessage.getText().toString()))
{
```

```
        message.showMsg("请输入私信内容.");
        return;
    }
    if (!"".equals(directMessage))
    {
        //  创建处理私信的任务
        Task task = new Task();
        task.taskType = mTaskType;
        TaskListenerImpl taskListenerImpl = new TaskListenerImpl(this);
        task.taskListener = taskListenerImpl;
        //  设置私信内容
        task.msg = directMessage;
        task.alias = WeiboMain.mainAlias;
        task.nick = etNick.getText().toString();
        StaticResources.AddTask(task);
        //  关闭当前的界面
        finish();
    }
```

在 ProcessTasks 类中使用下面的代码发送私信：

```
taskResult.directMessage = myMicroBlog.sendDirectMessage(task.nick,task.msg);
```

14.5　小结

本章主要介绍如何搜索用户和微博。本系统使用 JSON 格式的 API 来搜索用户和微博。实际上，也可以很容易将其改成 XML 格式的数据格式。而更换数据格式的核心在 Status、Comment 等实体类中，在这些类中都可以通过 Response 对象的相应方法，将 XML 或 JSON 格式的数据转换成 Java 对象。详细的实现过程见 14.2 节。

显示搜索微博信息与首页显示的微博列表非常类似，单击微博也可以显示微博的详细信息。而显示搜索到的用户列表使用了一个新的布局。单击某一个用户，可以显示该用户的详细信息，并可以在该界面中发私信，以及添加和取消关注。

第 15 章　个性化设置

新浪微博客户端提供了一些有趣的个性化功能。例如，可以下载不同的主题来丰富系统的界面，可以设置各种类型文字的颜色以及背景的透明度等。本章详细介绍如何实现这些功能。

15.1　设置主题

单击主界面选项菜单中的“设置”菜单，可以对系统中的某些特性进行设置。单击如15.1 所示的“设置主题”项，会显示设置主题界面。用户可以从中选择自己喜欢的主题。本节介绍如何显示和应用这些主题。

15.1.1　主题目录列表

进入设置主界面后，会看到如图 15-2 所示的主题目录列表。

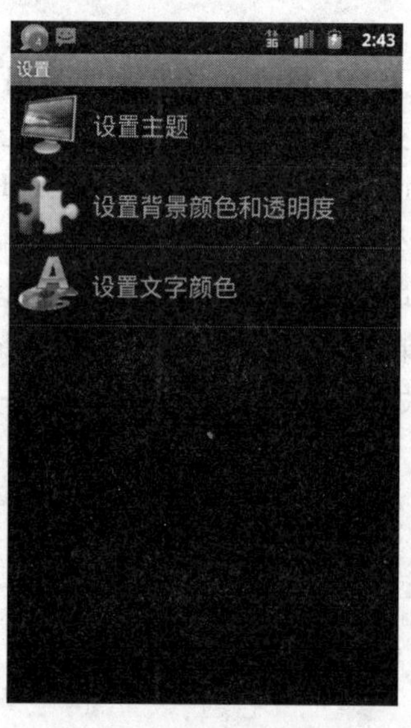

图 15-1　设置主界面

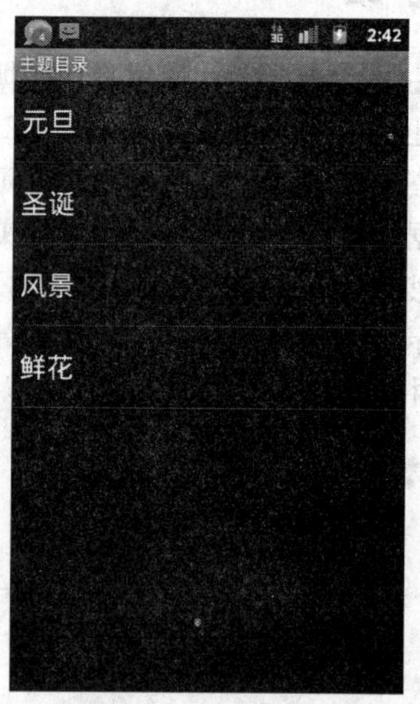

图 15-2　主题目录列表

注意，图 15-2 所示的主题列表数据来自 Internet，因此，打开设置界面之前要确保手机或模拟器有稳定的 Internet 连接。

主题设置界面对应的类是 ThemeCatalogs。下面先看 ThemeCatalogs 类的代码：

```
package sina.weibo;

import java.util.ArrayList;
import java.util.List;
import microblog.commons.Const;
import microblog.net.DataTransfer;
import weibo4j.org.json.JSONArray;
import weibo4j.org.json.JSONObject;
import android.app.ListActivity;
import android.content.Intent;
import android.os.Bundle;
import android.os.Handler;
import android.view.View;
import android.widget.ArrayAdapter;
import android.widget.ListView;

public class ThemeCatalogs extends ListActivity implements Runnable
{
    // 保存所有的主题目录名称
    private List<String> mThemeCatalogs = new ArrayList<String>();
    // 主题目录的 ID 列表
    private List<Integer> mThemeCatalogIDs = new ArrayList<Integer>();
    private Handler mHandler = new Handler()
    {
        // 将主题目录显示在 ListView 控件中
        @Override
        public void handleMessage(android.os.Message msg)
        {
            super.handleMessage(msg);
            // 创建用于保存主题目录的 String 数组
            String[] themeCatalogs = new String[mThemeCatalogs.size()];
            // 创建一个操作主题目录数据的 ArrayAdapter 对象
            ArrayAdapter<String> aaAdapter = new ArrayAdapter<String>(
                ThemeCatalogs.this, android.R.layout.simple_list_item_1,
                    android.R.id.text1,
                    mThemeCatalogs.<String>toArray(themeCatalogs));
            // 在 ListView 控件中显示主题目录列表
            ThemeCatalogs.this.setListAdapter(aaAdapter);
        }
    };
    // 单击某个主题目录时，会进入显示主题图像的界面
    @Override
    protected void onListItemClick(ListView l, View v, int position, long id)
    {
        super.onListItemClick(l, v, position, id);
        Intent intent = new Intent(this, Themes.class);
        intent.putExtra("theme_catalog_id", mThemeCatalogIDs.get(position));
        // 显示主题目录列表
        startActivity(intent);
    }
```

```
    // 以异步方式获得主题目录列表
    @Override
    public void run()
    {
        try
        {
            // 向服务端发送请求，以获取主题目录列表数据（JSON 格式）
            String result = DataTransfer.sendData("",
                    Const.URL_HAPPYBLOG_THEME_CATALOGS);
            // 使用 JSONArray 对象分析从服务端获取的 JSON 格式数据
            JSONArray jsonArray = new JSONArray(result);
            for (int i = 0; i < jsonArray.length(); i++)
            {
                // 每一个主题目录就是一个 JSONObject 对象
                JSONObject jsonObject = new
                    JSONObject(jsonArray.get(i).toString());
                // 添加每一个主题目录的 ID
                mThemeCatalogIDs.add(jsonObject.getInt("id"));
                // 添加每一个主题目录的名称
                mThemeCatalogs.add(jsonObject.getString("theme_catalog_name"));
            }
            // 通过 Handler 将所有的主题目录名称显示在 ListView 控件中
            mHandler.sendEmptyMessage(0);
        }
        catch (Exception e)
        {
        }
    }
    @Override
    protected void onCreate(Bundle savedInstanceState)
    {
        super.onCreate(savedInstanceState);
        Thread thread = new Thread(this);
        thread.start();
    }
}
```

ThemeCatalogs.run 方法中使用 DataTransfer.sendData 方法向服务端发送请求，并返回 String 类型的数据（JSON 格式的主题目录列表）。DataTransfer 类包含一些与服务端进行数据交互的方法，sendData 方法就是其中之一。此外，还有一个 sendDataAsync 方法用于异步向服务端发送和获得数据。以下是 DataTransfer 类的代码：

```
package microblog.net;

import java.io.BufferedReader;
import java.io.InputStream;
import java.io.InputStreamReader;
import java.io.OutputStream;
import java.net.HttpURLConnection;
```

```
import java.net.URL;
import microblog.commons.EncryptDecrypt;
import microblog.net.interfaces.DataTransferListener;
//  将字符串加密发送到服务端，并从服务端获得相应的数据
public class DataTransfer implements Runnable
{
    //  发送加密后的字符串到服务端，然后接收服务端返回的字符串（一般为 JSON 格式的数据）
    public static String sendData(String s, String urlStr)
    {
        try
        {
            //  根据服务端程序的地址创建 URL 对象
            URL url = new URL(urlStr);
            //  打开与服务端的 HTTP 连接
            HttpURLConnection http = (HttpURLConnection) url.openConnection();
            //  允许从服务端读数据
            http.setDoInput(true);
            //  允许向服务端写数据
            http.setDoOutput(true);
            //  关闭客户端缓存
            http.setDefaultUseCaches(false);
            //  设置为 POST 请求
            http.setRequestMethod("POST");
            //  对要发送的字符串进行加密
            String data = EncryptDecrypt.simpleEncrypt(s);
            //  向服务端发送的数据以"data"作为 key
            //  以便服务端可以通过"data"获取客户端发送的字符串
            data = "data=" + data;
            // 获得服务端的 OutputStream 对象，通过该对象可以向服务端发送数据
            OutputStream os = http.getOutputStream();
            //  向服务端发送数据
            os.write(data.getBytes());
            //  将缓冲区中的数据发送到服务端
            os.flush();
            //  创建可以从服务端读取数据的 InputStream 对象
            InputStream is = http.getInputStream();
            //  由于服务端返回的数据是 utf-8 格式，因此，需要用
            //  InputStreamReader 对象按照 utf-8 格式对数据进行编码
            InputStreamReader isr = new InputStreamReader(is, "utf-8");
            BufferedReader br = new BufferedReader(isr);
            //  服务端只会返回一行数据，因此，只需要读第一行即可
            String result = br.readLine();
            //  截取返回字符串的前后空格，并返回该字符串
            return result.trim();
        }
        catch (Exception e)
        {
            return e.getMessage();
        }
    }
```

```
    private String mData;
    private String mUrlStr;
    private DataTransferListener mListener;
    public DataTransfer(String data, String urlStr,
            DataTransferListener listener)
    {
        mData = data;
        mUrlStr = urlStr;
        mListener = listener;
    }
    public void run()
    {
        String result = DataTransfer.sendData(mData, mUrlStr);
        if (mListener != null)
            mListener.onResult(result);
    }
    //  异步与服务端进行交互
    public static void sendDataAsync(String s, String urlStr,
            DataTransferListener listener)
    {
        Thread thread = new Thread(new DataTransfer(s, urlStr, listener));
        //  启动异步与服务端进行数据交互的线程
        thread.start();
    }
}
```

DataTransfer 类的核心方法是 sendData。在该方法中使用 HttpURLConnection 对象与服务端进行交互。注意，服务端可以使用任何语言来编写（如 Java、C#、PHP 等），但要求返回只有一行的 JSON 格式的数据（不带 \r\n，或只带一组 \r\n）。例如，从服务端获得的主题目录列表数据如下：


```
[{"id":"2","theme_catalog_name":"\u5143\u65e6"},
 {"id":"1","theme_catalog_name":"\u5723\u8bde"},
 {"id":"3","theme_catalog_name":"\u98ce\u666f"},
 {"id":"4","theme_catalog_name":"\u9c9c\u82b1"}]
```


上面的数据很明显是 JSON 格式的。对于 JSON 格式的数据，中括号（[ ]）内的是数组，花括号（{}）内的是对象。从上面的数据可以看出，这是一个包含 4 个对象的数组。因此，首先需要用 JSONArray 对象获得数组的个数，再用 JSONObject 对象解析数组中的每一个对象。

15.1.2 主题图像

单击图 15-2 所示界面中某个主题目录时，会显示该目录中的主题图像，如图 15-3 所示。每页显示 20 个图像，如果超过一页，可以使用界面下方的“上一页”和“下一页”按钮进行切换。

注意，图 15-3 所示界面中的图像也是从 Internet 下载的，因此，在显示该界面之前，也需要手机或模拟器有稳定的 Internet 连接。

显示主题图像界面对应的类是 Themes（该类实现了 Runnable 接口）。在 Themes.onCreate 方法中启动一个线程，异步从服务端获取主题图像列表。Themes.run 方法的代码如下：

图 15-3　显示主题图像界面

```
public void run()
{
    try
    {
        //  RequestTheme 对象封装了向服务端发送的请求
        RequestTheme requestTheme = new RequestTheme();
        //  设置当前主题目录的 ID
        requestTheme.setTheme_catalog_id(mThemeCatalogId);
        //  设置主题目录中图像表明表的当前页
        requestTheme.setPage(mPage);
        //  设置每页显示的图像数
        requestTheme.setCount(COUNT);
        //  使用 JSONObject 对象将 RequestTheme 对象转换成
        //  JSON 格式的字符串
        JSONObject jsonObject = new JSONObject(requestTheme);
        //  向服务端发送请求消息，并返回目录中图像列表信息
        String result = DataTransfer.sendData(jsonObject.toString(),
                Const.URL_HAPPYBLOG_THEMES);
        //  分析服务端返回的数据
        JSONArray jsonArray = new JSONArray(result);
        // 处理只有一页的情况
        if (mPage == 1 && jsonArray.length() < 20)
        {
            mHandler.sendEmptyMessage(2);
        }
        // 处理显示中间某页的情况
        else if (mPage > 1 && jsonArray.length() == 20)
        {
            mHandler.sendEmptyMessage(5);
        }
        // 处理显示最后一页的情况
        else if (mPage > 1 && jsonArray.length() < 20)
        {
            mHandler.sendEmptyMessage(3);
        }
        // 处理显示第一页的情况
        else if (mPage == 1)
        {
            mHandler.sendEmptyMessage(4);
        }
        mResultThemes.clear();
```

```
        for (int i = 0; i < jsonArray.length(); i++)
        {
            jsonObject = new JSONObject(jsonArray.get(i).toString());
            //  ResultTheme 对象用于保存每一个主题图像的信息
            ResultTheme resultTheme = new ResultTheme();
            //  设置主题图像的 ID
            resultTheme.setId(jsonObject.getInt("id"));
            //  设置主题图像文件名在服务端的相对位置
            resultTheme.setFilenamePrefix(jsonObject.getString("filename_prefix"));
            //  设置主题名
resultTheme.setThemeName(jsonObject.getString("theme_name"));
            mResultThemes.add(resultTheme);
        }
        //  创建 ThemeAdapter 对象，并将主题图像显示在 GridView 控件中
        mHandler.sendEmptyMessage(0);
    }
    catch (Exception e)
    {
    }
}
```

从服务端返回的主题图像数据与主题目录数据类似，也采用 JSON 格式。例如，下面的内容是其中一个主题目录中图像列表的 JSON 格式数据：


```
[{"id":"55","theme_name":null,"filename_prefix":"1\/flower1"},
 {"id":"56","theme_name":null,"filename_prefix":"2\/flower2"},
 {"id":"57","theme_name":null,"filename_prefix":"3\/flower3"},
 {"id":"58","theme_name":null,"filename_prefix":"4\/flower4"},
 {"id":"59","theme_name":null,"filename_prefix":"5\/flower5"},
 {"id":"60","theme_name":null,"filename_prefix":"6\/flower6"},
 {"id":"61","theme_name":null,"filename_prefix":"7\/flower7"},
 {"id":"62","theme_name":null,"filename_prefix":"8\/flower8"},
 {"id":"63","theme_name":null,"filename_prefix":"9\/flower9"},
 {"id":"64","theme_name":null,"filename_prefix":"10\/flower10"}]
```


在 Themes.run 方法中使用 Handler 对象处理不同的情况，下面看 Handler. handleMessage 方法的代码：

```
private Handler mHandler = new Handler()
{
    @Override
    public void handleMessage(Message msg)
    {
        super.handleMessage(msg);
        switch (msg.what)
        {
            //  将主题图像显示在 GridView 控件中
            case 0:
                mThemeAdapter = new ThemeAdapter(Themes.this);
                mGridView.setAdapter(mThemeAdapter);
```

```
            break;
        // 下载完主题大图，关闭界面
        case 1:
            WeiboMain happyBlogAndroid = (WeiboMain) AndroidUtil
                .getMainTimelineOperationProcess(Themes.this).mActivity;
            AndroidUtil.changeBackground(happyBlogAndroid.getWindow());
            finish();
            break;
        // 处理只有一页的情况
        case 2:
            mbtnPrev.setEnabled(false);
            mbtnNext.setEnabled(false);
            mPage = 1;
            break;
        // 处理显示最后一页的情况
        case 3:
            mbtnNext.setEnabled(false);
            mbtnPrev.setEnabled(true);
            break;
        //  处理显示第一页的情况
        case 4:
            mbtnPrev.setEnabled(false);
            mbtnNext.setEnabled(true);
            mPage = 1;
            break;
        // 处理显示中间某页的情况
        case 5:
            mbtnPrev.setEnabled(true);
            mbtnNext.setEnabled(true);
            break;
        default:
            break;
    }
  }
};
```

当 msg.what 的值为 0 时，会创建一个 ThemeAdapter 对象用来处理主题图像。在 ThemeAdapter 类中，根据主题图像位于服务端的路径下载主题图像，并将其保存在缓存中，在第二次访问该图像时就会直接从缓存中读取。ThemeAdapter 类的代码如下：

```
class ThemeAdapter extends BaseAdapter implements Runnable
{
    private LayoutInflater mLayoutInflater;

    public ThemeAdapter(Context context)
    {
        mLayoutInflater = (LayoutInflater) context
            .getSystemService(Context.LAYOUT_INFLATER_SERVICE);
        Thread thread = new Thread(this);
        //  启动一个下载所有主题图像的线程
```

```
        thread.start();
    }
    @Override
    public int getCount()
    {
        return mResultThemes.size();
    }
    @Override
    public Object getItem(int position)
    {
        return null;
    }
    @Override
    public long getItemId(int position)
    {
        return 0;
    }
    private Bitmap getThemeBitmap(int position)
    {
        //  获得指定主题的小图像在缓存中的文件名
        //  每一个主题包含两个图像，一个是用于显示图像列表的小图，另一个是用于设置背景的大图
        String filename = Const.URL_HAPPYBLOG_THEMES_ROOT + mThemeCatalogId + "/" +
            mResultThemes.get(position).getFilenamePrefix() + "_small.jpg";
        //  缓存中的文件都是将实际文件名进行Hash编码后保存的，因此，需要对文件名进行Hash编码
        int filenameHashCode = filename.hashCode();
        //  生成最后的缓存文件名
        filename = Values.getThemeImagePath() + filenameHashCode;
        //  如果缓存文件存在，则装载该文件
        if (new File(filename).exists())
        {
            return BitmapFactory.decodeFile(filename);
        }
        return null;
    }
    //  从服务端下载指定的图像
    public void download(String filename)
    {
        try
        {
            //  确定需要保存在本地缓存中文件名
            String localFilename = Values.getThemeImagePath()
                    + filename.hashCode();
            //  如果缓存中已经存在该文件了，则不需要下载，直接返回
            if (new File(localFilename).exists())
                return;
            //  下面的代码使用HttpURLConnection对象从服务端下载图像
            URL url = new URL(filename);
            HttpURLConnection httpURLConnection =
                (HttpURLConnection) url.openConnection();
            httpURLConnection.setRequestMethod("GET");
```

```
            httpURLConnection.setDoInput(true);
            InputStream is = httpURLConnection.getInputStream();
            FileOutputStream fis = new FileOutputStream(localFilename);
            byte[] buffer = new byte[8192];
            int count = 0;
            //  将图像数据流写入缓存文件的输出流，每次写 8KB
            while ((count = is.read(buffer)) >= 0)
            {
                fis.write(buffer, 0, count);
            }
            fis.close();
            is.close();

        }
        catch (Exception e)
        {
        }
    }
    private Handler mHandler = new Handler()
    {

        @Override
        public void handleMessage(Message msg)
        {
            super.handleMessage(msg);
            //  下载完一个图像文件后通知 Adapter 刷新列表，调用 getView 方法
            ThemeAdapter.this.notifyDataSetChanged();
        }
    };
    @Override
    public void run()
    {
        try
        {
            //  下载所有的主题图像
            for (int i = 0; i < mResultThemes.size(); i++)
            {
                String filename = Const.URL_HAPPYBLOG_THEMES_ROOT
                        + mThemeCatalogId + "/"
                        + mResultThemes.get(i).getFilenamePrefix()
                        + "_small.jpg";
                //  下载当前的主题图像
                download(filename);
                //  显示当前的主题图像
                mHandler.sendEmptyMessage(0);
            }
        }
        catch (Exception e)
        {
        }
```

```
    }
    @Override
    public View getView(int position, View convertView, ViewGroup parent)
    {
        if (convertView == null)
            convertView = mLayoutInflater
                    .inflate(R.layout.theme_item, null);

        ImageView ivThemeImage = (ImageView) convertView
                .findViewById(R.id.ivThemeImage);
        //  获取当前的主题图像
        Bitmap bitmap = getThemeBitmap(position);
        //  显示当前的主题图像
        ivThemeImage.setImageBitmap(bitmap);
        return convertView;
    }
}
```

15.1.3 设置主题背景图

单击某个主题图像，会弹出如图 15-4 所示的对话框。单击“确定”按钮，设置当前的主题。

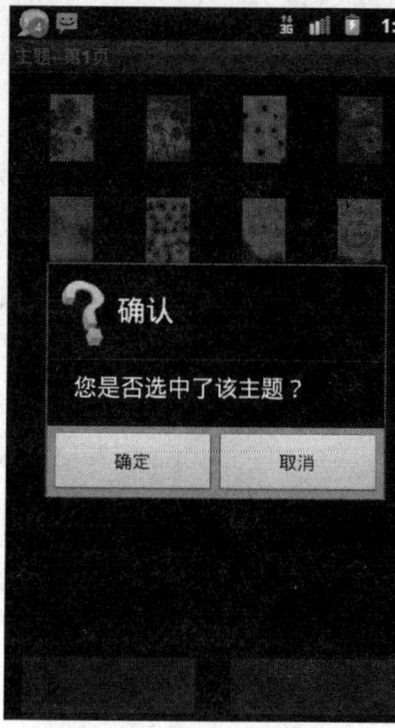

单击主题图像时，系统调用 GridView.onItemClick 方法来显示图 15-4 所示的对话框。单击“确定”按钮，会在线程中调用 Download 方法下载所选的主题。onItemClick 方法的代码如下：

图 15-4 设置主题界面

```
public void onItemClick(AdapterView<?> arg0,
    View view, final int position, long id)
{
    new AlertDialog.Builder(this).setMessage("您是否选中了该主题？").setTitle("确认")
            .setIcon(R.drawable.question)
            .setPositiveButton("确定", new OnClickListener()
            {
                @Override
                public void onClick(DialogInterface dialog, int which)
                {
                    //  获取保存在本地缓存中的主题文件名
                    String filename = Const.URL_HAPPYBLOG_THEMES_ROOT
                            + mThemeCatalogId
                            + "/"
                            + mResultThemes.get(position)
                                    .getFilenamePrefix() + ".jpg";

                    Thread thread = new Thread(new Download(filename));
                    //  在多线程中下载主题
                    thread.start();
                }
```

```
        }).setNegativeButton("取消", null).show();

}
```

在 onItemClick 方法中使用了一个 Download 对象下载主题。Download 类的代码如下：

```
class Download implements Runnable
{
    private String mFilename;

    public Download(String filename)
    {
        mFilename = filename;
    }
    @Override
    public void run()
    {
        //  调用 ThemeAdapter.download 方法下载主题
        mThemeAdapter.download(mFilename);
        //  保存当前的主题设置
        mHappyBlogConfig.setValue("theme_filename", mFilename.hashCode());
        //  在 Handler.handleMessage 方法中设置界面的背景色
        mHandler.sendEmptyMessage(1);
    }
}
```

在 Handler.handleMessage 方法中调用 AndroidUtil.changeBackground 方法设置指定窗口的背景图（当前主题的大图）。changeBackground 方法的代码如下：

```
public static void changeBackground(Window window)
{
    int hashcode = WeiboMain.happyBlogConfig.getInt(
          "theme_filename", -1);
    if (hashcode != -1)
    {
        String filename = Values.getThemeImagePath() + hashcode;
        //  设置主题背景图
        window.setBackgroundDrawable(Drawable.createFromPath(filename));
    }
    else
    {
        //  如果主题不存在，则设置默认的背景图
        window.setBackgroundDrawableResource(R.drawable.background);
    }
}
```

在 Download.run 方法中只设置了主界面的背景图。如果想设置其他界面的背景图，只需要在 onCreate 方法中执行如下代码即可：

```
AndroidUtil.changeBackground(getWindow());
```

图 15-5 和图 15-6 是设置新主题的主界面和撰写微博的界面。

图 15-5 设置新主题的主界面

图 15-6 设置新主题的撰写微博界面

15.2 设置背景颜色和透明度

单击图 15-1 所示界面的“设置颜色和透明度”列表项，会弹出如图 15-7 所示的设置界面。在该界面中可以调整主题的背景色和主题透明度。实际上，这个界面只是调整了颜色值。由于颜色值由 4 个分量（A：透明度，R：红，G：绿，B：蓝）组成，因此，在该界面中需要 4 个 SeekBar 控件设置这 4 个分量值。设置后的效果如图 15-8 所示。

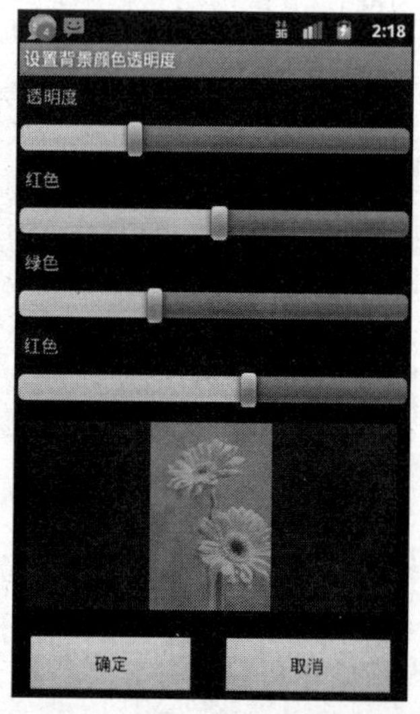

图 15-7 设置背景颜色和透明度

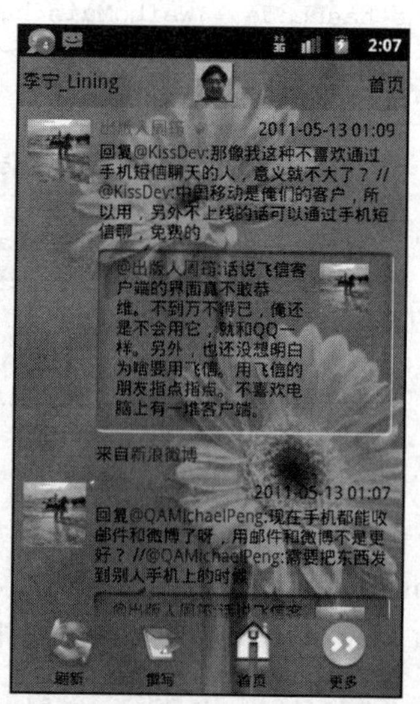

图 15-8 改变背景颜色和透明度的效果

图 15-7 所示界面设置的颜色值实际上是设置一个覆盖在背景图之上的 View 的背景色。通过 AndroidUtil. changeColorTransparency 方法来设置 View 的背景色，代码如下：

```
public static void changeColorTransparency(View view)
{
    if (view != null)
    {
        //  从配置文件中获取透明度（默认是170）
        int transparency = WeiboMain.happyBlogConfig.getInt(
                "background_transparency", 170);
        //  从配置文件中获取红色值（默认是255）
        int red = WeiboMain.happyBlogConfig.getInt(
                "background_red", 255);
        //  从配置文件中获取绿色值（默认是255）
        int green = WeiboMain.happyBlogConfig.getInt(
                "background_green", 255);
        //  从配置文件中获取蓝色值（默认是255）
        int blue = WeiboMain.happyBlogConfig.getInt(
                "background_blue", 255);
        //  设置View的背景色
        view.setBackgroundColor(Color.parseColor("#"
                + AndroidUtil.toHexString(transparency)
                + AndroidUtil.toHexString(red)
                + AndroidUtil.toHexString(green)
                + AndroidUtil.toHexString(blue)));
    }
}
```

所有需要设置背景色和透明度的窗口，都要在 onCreate 方法中执行下面的代码：

```
AndroidUtil.changeColorTransparency(view);
```

下面看图 15-7 所示的界面是如何设置颜色和透明度，并实现预览功能的。该界面对应的类是 SettingColorTransparency，代码如下：

```
package sina.weibo;

import sina.weibo.commons.AndroidUtil;
import sina.weibo.commons.Values;
import android.app.Activity;
import android.graphics.BitmapFactory;
import android.graphics.Color;
import android.os.Bundle;
import android.view.View;
import android.view.View.OnClickListener;
import android.widget.Button;
import android.widget.ImageView;
import android.widget.SeekBar;
import android.widget.SeekBar.OnSeekBarChangeListener;
```

```
public class SettingColorTransparency extends Activity implements
        OnSeekBarChangeListener, OnClickListener
{
    private int mTransparency;
    private int mRed;
    private int mGreen;
    private int mBlue;
    private SeekBar msbTransparency;
    private SeekBar msbRed;
    private SeekBar msbGreen;
    private SeekBar msbBlue;
    private ImageView mivBackground;
    private ImageView mivTransparency;

    @Override
    protected void onCreate(Bundle savedInstanceState)
    {
        super.onCreate(savedInstanceState);
        setContentView(R.layout.setting_color_transparency);
        //  从配置文件中读取当前的透明度(默认是170)
        mTransparency = WeiboMain.happyBlogConfig.getInt(
                "background_transparency", 170);
        //  从配置文件中读取当前的红色值(默认是255)
        mRed = WeiboMain.happyBlogConfig.getInt("background_red", 255);
        //  从配置文件中读取当前的绿色值(默认是255)
        mGreen = WeiboMain.happyBlogConfig.getInt("background_green",255);
        //  从配置文件中读取当前的蓝色值(默认是255)
        mBlue = WeiboMain.happyBlogConfig.getInt("background_blue", 255);
        msbTransparency = (SeekBar) findViewById(R.id.sbTransparency);
        msbRed = (SeekBar) findViewById(R.id.sbRed);
        msbGreen = (SeekBar) findViewById(R.id.sbGreen);
        msbBlue = (SeekBar) findViewById(R.id.sbBlue);
        msbTransparency.setOnSeekBarChangeListener(this);
        msbRed.setOnSeekBarChangeListener(this);
        msbGreen.setOnSeekBarChangeListener(this);
        msbBlue.setOnSeekBarChangeListener(this);
        mivBackground = (ImageView) findViewById(R.id.ivBackground);
        mivTransparency = (ImageView) findViewById(R.id.ivTransparency);
        Button btnOK = (Button) findViewById(R.id.btnOK);
        Button btnCancel = (Button) findViewById(R.id.btnCancel);
        btnOK.setOnClickListener(this);
        btnCancel.setOnClickListener(this);
        //  设置SeekBar控件的值为当前的透明度
        msbTransparency.setProgress(mTransparency);
        //  设置SeekBar控件的值为当前的红色
        msbRed.setProgress(mRed);
        //  设置SeekBar控件的值为当前的绿色
        msbGreen.setProgress(mGreen);
```

```
        //  设置 SeekBar 控件的值为当前的蓝色
        msbBlue.setProgress(mBlue);
        int hashcode = WeiboMain.happyBlogConfig.getInt(
                "theme_filename", -1);
        if (hashcode != -1)
        {
            //  获取当前主题图像文件名
            String filename = Values.getThemeImagePath() + hashcode;
            mivBackground.setImageBitmap(BitmapFactory.decodeFile(filename));
        }
        //  设置预览视图的背景色
        mivTransparency.setBackgroundColor(Color.parseColor("#"
                + AndroidUtil.toHexString(mTransparency)
                + AndroidUtil.toHexString(mRed)
                + AndroidUtil.toHexString(mGreen)
                + AndroidUtil.toHexString(mBlue)));

    }
    //  处理 4 个 SeekBar 控件的进度变化
    @Override
    public void onProgressChanged(SeekBar seekBar, int progress,
            boolean fromUser)
    {
        switch (seekBar.getId())
        {
            case R.id.sbTransparency:
                //  调整透明度时，设置当前的透明度
                mTransparency = seekBar.getProgress();
                break;
            case R.id.sbRed:
                //  调整红色时，设置当前的红色值
                mRed = seekBar.getProgress();
                break;
            case R.id.sbGreen:
                //  调整绿色时，设置当前的绿色值
                mGreen = seekBar.getProgress();
                break;
            case R.id.sbBlue:
                //  调整蓝色时，设置当前的蓝色值
                mBlue = seekBar.getProgress();
                break;
        }
        //  设置用于预览的视图的背景色
        mivTransparency.setBackgroundColor(Color.parseColor("#"
                + AndroidUtil.toHexString(mTransparency)
                + AndroidUtil.toHexString(mRed)
                + AndroidUtil.toHexString(mGreen)
                + AndroidUtil.toHexString(mBlue)));
```

```
    }

    @Override
    public void onStartTrackingTouch(SeekBar seekBar)
    {
    }
    @Override
    public void onStopTrackingTouch(SeekBar seekBar)
    {
    }
    @Override
    public void onClick(View view)
    {
        switch (view.getId())
        {
            case R.id.btnOK:
                //  单击"确定"按钮，将颜色值保存到配置文件中
                WeiboMain.happyBlogConfig.setValue("background_transparency",
                        mTransparency);
                WeiboMain.happyBlogConfig.setValue("background_red",
                        mRed);
                WeiboMain.happyBlogConfig.setValue("background_green",
                        mGreen);
                WeiboMain.happyBlogConfig.setValue("background_blue",
                        mBlue);
               //  设置主界面的背景色和透明度
               AndroidUtil.changeColorTransparency(WeiboMain.mView);
                //  关闭设置页面
                finish();
                break;
            case R.id.btnCancel:
                finish();
                break;
        }
    }
}
```

15.3 设置文字颜色

单击图 15-1 所示界面的“设置文字颜色”列表项，会弹出如图 15-9 所示的设置文字颜色的界面。该界面可以设置 6 种文字颜色。单击左侧 6 个按钮，会弹出如图 15-10 所示的颜色设置对话框。在外环中选中想要的颜色，里面的小圆就会变成选中的颜色，单击小圆，就会将相应的文字颜色设置成所选的颜色。在按钮右侧会显示当前设置的文字颜色，如图 15-11 所示。设置完成，单击“确定”按钮，会设置微博中各种文字的颜色，效果如图 15-12 所示。

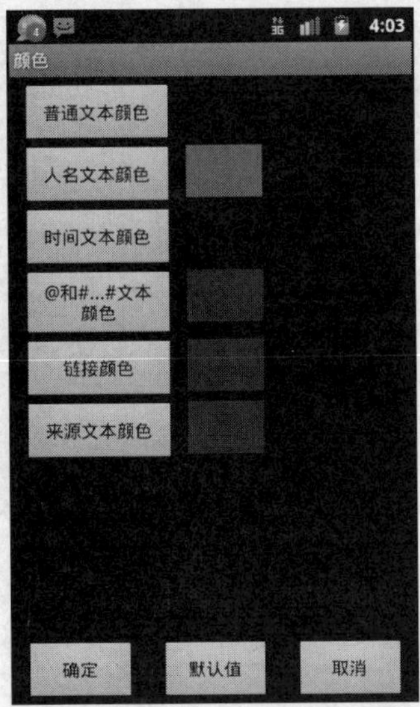

图 15-9　设置文字颜色

图 15-10　设置颜色对话框

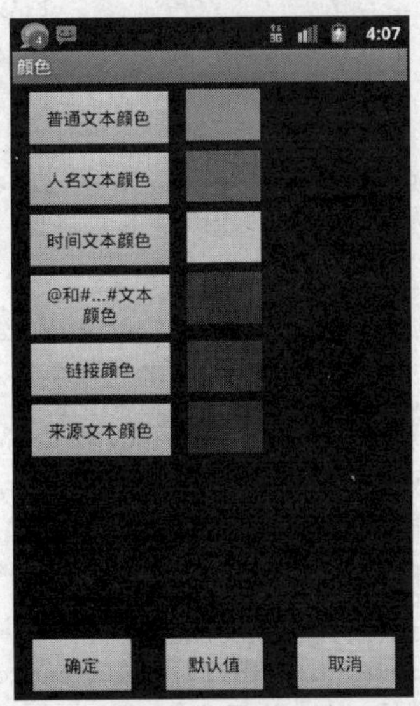

图 15-11　显示当前的设置颜色

图 15-12　设置文字颜色后的效果

设置文字颜色界面对应的类是 TextColorSetting，以下是该类的代码：

```
package sina.weibo;

import sina.weibo.ColorPickerDialog.OnColorChangedListener;
import sina.weibo.commons.AndroidUtil;
import android.app.Activity;
```

```
import android.graphics.Color;
import android.os.Bundle;
import android.view.View;
import android.view.View.OnClickListener;
import android.widget.Button;
import android.widget.ImageView;

public class TextColorSetting extends Activity implements OnClickListener,
    OnColorChangedListener
{
    private ImageView mivCommonTextColor;
    private ImageView mivNameColor;
    private ImageView mivTimeColor;
    private ImageView mivSourceColor;
    private ImageView mivSignColor;
    private ImageView mivLinkColor;
    private int mCurrentCommonTextColor;
    private int mCurrentNameColor;
    private int mCurrentTimeColor;
    private int mCurrentSourceColor;
    private int mCurrentSignColor;
    private int mCurrentLinkColor;
    private int mCurrentResultId;

    @Override
    protected void onCreate(Bundle savedInstanceState)
    {
        super.onCreate(savedInstanceState);
        setContentView(R.layout.text_color_setting);
        Button btnCommonTextColor = (Button) findViewById(R.id.btnCommonTextColor);
        Button btnNameColor = (Button) findViewById(R.id.btnNameColor);
        Button btnTimeColor = (Button) findViewById(R.id.btnTimeColor);
        Button btnSourceColor = (Button) findViewById(R.id.btnSourceColor);
        Button btnSignColor = (Button) findViewById(R.id.btnSignColor);
        Button btnLinkColor = (Button)findViewById(R.id.btnLinkColor);
        Button btnOK = (Button)findViewById(R.id.btnOK);
        Button btnCancel = (Button)findViewById(R.id.btnCancel);
        Button btnDefault = (Button)findViewById(R.id.btnDefault);
        mivCommonTextColor = (ImageView) findViewById(R.id.ivCommonTextColor);
        mivNameColor = (ImageView) findViewById(R.id.ivNameColor);
        mivTimeColor = (ImageView) findViewById(R.id.ivTimeColor);
        mivSourceColor = (ImageView) findViewById(R.id.ivSourceColor);
        mivSignColor = (ImageView) findViewById(R.id.ivSignColor);
        mivLinkColor = (ImageView)findViewById(R.id.ivLinkColor);
        btnCommonTextColor.setOnClickListener(this);
        btnNameColor.setOnClickListener(this);
        btnTimeColor.setOnClickListener(this);
        btnSourceColor.setOnClickListener(this);
        btnSignColor.setOnClickListener(this);
```

```
    btnLinkColor.setOnClickListener(this);
    btnOK.setOnClickListener(this);
    btnCancel.setOnClickListener(this);
    btnDefault.setOnClickListener(this);
    // 从配置文件中获取普通文本颜色，默认是黑色
    mCurrentCommonTextColor = WeiboMain.happyBlogConfig.getInt(
            "common_text_color", 0);
    // 从配置文件中获取人名文本颜色，默认是红色
    mCurrentNameColor = WeiboMain.happyBlogConfig.getInt(
            "name_color", Color.RED);
    // 从配置文件中获取时间文本颜色，默认是黑色
    mCurrentTimeColor = WeiboMain.happyBlogConfig.getInt(
            "time_color", 0);
    // 从配置文件中获取微博来源文本颜色，默认是蓝色
    mCurrentSourceColor = WeiboMain.happyBlogConfig.getInt(
            "source_color", Color.BLUE);
    // 从配置文件中获取@...和#...#中的文本颜色，默认是蓝色
    mCurrentSignColor = WeiboMain.happyBlogConfig.getInt(
            "sign_color", Color.BLUE);
    // 从配置文件中获取链接文本颜色，默认是蓝色
    mCurrentLinkColor = WeiboMain.happyBlogConfig.getInt(
            "link_color", Color.BLUE);
    // 下面的几行代码分别根据6种文字颜色设置了预览视图的背景色
    mivCommonTextColor.setBackgroundColor(mCurrentCommonTextColor);
    mivNameColor.setBackgroundColor(mCurrentNameColor);
    mivTimeColor.setBackgroundColor(mCurrentTimeColor);
    mivSourceColor.setBackgroundColor(mCurrentSourceColor);
    mivSignColor.setBackgroundColor(mCurrentSignColor);
    mivLinkColor.setBackgroundColor(mCurrentLinkColor);
}
// 设置每一种文字颜色时被调用
@Override
public void colorChanged(int color)
{
    switch (mCurrentResultId)
    {
        // 设置普通文字颜色
        case R.id.ivCommonTextColor:
            mivCommonTextColor.setBackgroundColor(color);
            mCurrentCommonTextColor = color;
            break;
        // 设置人名文字颜色
        case R.id.ivNameColor:
            mivNameColor.setBackgroundColor(color);
            mCurrentNameColor = color;
            break;
        // 设置时间文字颜色
        case R.id.ivTimeColor:
            mivTimeColor.setBackgroundColor(color);
```

```
                mCurrentTimeColor = color;
                break;
            //  设置微博文字来源颜色
            case R.id.ivSourceColor:
                mivSourceColor.setBackgroundColor(color);
                mCurrentSourceColor = color;
                break;
            //  设置@...和#...#中的文字颜色
            case R.id.ivSignColor:
                mivSignColor.setBackgroundColor(color);
                mCurrentSignColor = color;
                break;
            //  设置链接颜色
            case R.id.ivLinkColor:
                mivLinkColor.setBackgroundColor(color);
                mCurrentLinkColor = color;
                break;
            default:
                break;
        }
    }
    //  界面中所有按钮使用的单击事件
    //  其中ColorPickerDialog类用于显示设置颜色的对话框
    @Override
    public void onClick(View view)
    {
        int color = 0;
        switch (view.getId())
        {
            case R.id.btnCommonTextColor:
                mCurrentResultId = R.id.ivCommonTextColor;
                new ColorPickerDialog(this, this, mCurrentCommonTextColor).show();
                break;
            case R.id.btnNameColor:
                mCurrentResultId = R.id.ivNameColor;
                new ColorPickerDialog(this, this, mCurrentNameColor).show();
                break;
            case R.id.btnTimeColor:
                mCurrentResultId = R.id.ivTimeColor;
                new ColorPickerDialog(this, this, mCurrentTimeColor).show();
                break;
            case R.id.btnSourceColor:
                mCurrentResultId = R.id.ivSourceColor;
                new ColorPickerDialog(this, this, mCurrentSourceColor).show();
                break;
            case R.id.btnSignColor:
                mCurrentResultId = R.id.ivSignColor;
                new ColorPickerDialog(this, this, mCurrentSignColor).show();
                break;
```

```
        case R.id.btnLinkColor:
            mCurrentResultId = R.id.ivLinkColor;
            new ColorPickerDialog(this, this, mCurrentLinkColor).show();
            break;
        //  单击“确定”按钮，会将颜色值保存在配置文件中
        //  然后通知主界面的Adapter对象刷新微博列表，以显示最新的文字颜色
        case R.id.btnOK:
            WeiboMain.happyBlogConfig.setValue("common_text_color",
                mCurrentCommonTextColor);
            WeiboMain.happyBlogConfig.setValue("name_color", mCurrentNameColor);
            WeiboMain.happyBlogConfig.setValue("time_color", mCurrentTimeColor);
            WeiboMain.happyBlogConfig.setValue("source_color", mCurrentSourceColor);
            WeiboMain.happyBlogConfig.setValue("sign_color", mCurrentSignColor);
            WeiboMain.happyBlogConfig.setValue("link_color", mCurrentLinkColor);
        //  刷新主界面的微博列表
        AndroidUtil.getMainTimelineOperationProcess(this).mWeakReferenceAdapter
            .get().notifyDataSetChanged();
        //  关闭当前的设置界面
        finish();
        break;
        //  单击“默认值”按钮，首先会恢复默认的文字颜色，然后重新设置文字颜色
        case R.id.btnDefault:
            WeiboMain.happyBlogConfig.setValue("common_text_color", Color.BLACK);
            WeiboMain.happyBlogConfig.setValue("name_color", Color.RED);
            WeiboMain.happyBlogConfig.setValue("time_color", Color.BLACK);
            WeiboMain.happyBlogConfig.setValue("source_color",Color.BLUE);
            WeiboMain.happyBlogConfig.setValue("sign_color", Color.BLUE);
            WeiboMain.happyBlogConfig.setValue("link_color", Color.BLUE);
            AndroidUtil.getMainTimelineOperationProcess(this)
                .mWeakReferenceAdapter.get().notifyDataSetChanged();
            finish();

            break;
        //  单击“取消”按钮会直接关闭当前的设置页面
        case R.id.btnCancel:
            finish();
            break;
        default:
            break;
    }
  }
}
```

在 TextColorSetting 类中使用一个 ColorPickerDialog 对象显示设置颜色的界面。ColorPickerDialog 类是一个设置颜色的控件。ColorPickerDialog 类的构造方法如下：

```
public ColorPickerDialog(Context context, OnColorChangedListener listener,
    int initialColor)
```

其中，listener参数用于监听颜色的变化，单击设置颜色界面中心的小圆时，OnColor-ChangedListener. colorChanged方法被调用。initialColor参数表示初始的颜色值，显示设置颜色对话框时只需要调用ColorPickerDialog.show方法即可。

15.4 小结

本章主要介绍新浪微博客户端的一些个性化功能。这些功能包括主题设置、设置背景颜色和透明度、设置文字颜色等。尤其需要要注意的是主题设置，该功能在使用时要求手机可以访问Internet，因为其中的所有主题和相关图像都是从Internet下载的。

第 16 章　签名和发布微博客户端

虽然 Android 应用程序可以直接通过 Eclipse ADT 插件在模拟器或手机中运行，但使用的是用于调试（debug）的签名。使用这个签名无法直接安装 apk 程序，只能通过调试模式将程序安装在手机或模拟器上。为了使任何人都可以安装 apk 程序，必须对 apk 文件进行签名。本章介绍如何通过命令行和 ADT 方式对 apk 文件进行签名，以及如何发布 Android 应用程序。

16.1　签名应用程序

可以使用两种方式对 apk 程序进行签名：命令行方式和 ADT 方式。如果自己的机器上没安装 ADT 插件，可以采用命令行方式进行签名。如果安装了 ADT 插件，建议使用 ADT 方式对 apk 文件进行签名。

16.1.1　使用命令行方式进行签名

使用命令行方式进行签名需要 JDK 中的两个命令行工具：keytool.exe 和 jarsigner.exe。可按如下两步对 apk 文件进行签名：

步骤 1　使用 keytool 生成专用密钥（Private Key）文件。

步骤 2　使用 jarsigner 根据 keytool 生成的专用密钥对 apk 文件进行签名。

生成专用密钥的命令如下：

```
keytool -genkey -v -keystore androidguy-release.keystore -alias androidguy -keyalg
    RSA -validity 30000
```

其中，androidguy-release.keystore 表示要生成的密钥文件名，可以是任意合法的文件名；androidguy 表示密钥的别名，后面对 apk 文件签名时需要用到；RSA 表示密钥算法；30000 表示签名的有效天数。

执行上面的命令后，需要输入一系列的信息。这些信息可以任意输入，但是要有意义。下面是作者输入的信息：

```
输入 keystore 密码:
再次输入新密码：
您的名字与姓氏是什么?
    [Unknown]:  lining
您的组织单位名称是什么?
    [Unknown]:  nokiaguy.blogjava.net
您的组织名称是什么?
```

```
    [Unknown]:  nokiaguy
您所在的城市或区域名称是什么？
    [Unknown]:  shenyang
您所在的州或省份名称是什么？
    [Unknown]:  liaoning
该单位的两个字母国家代码是什么？
    [Unknown]:  CN
CN=lining, OU=nokiaguy.blogjava.net, O=nokiaguy, L=shenyang, ST=liaoning,
    C=CN 正确吗？
    [否]:  Y
正在为以下对象生成 1024 位 RSA 密钥对和自签名证书 (SHA1withRSA)（有效期为 30000 天）：
    CN=lining, OU=nokiaguy.blogjava.net, O=nokiaguy, L=shenyang, ST=liaoning, C=CN
输入 <androidguy> 的主密码
    （如果和 keystore 密码相同，按回车）：
[正在存储 androidguy-release.keystore]
```

输入完上面的信息后，在当前目录下会生成一个 androidguy-release.keystore 文件。这个文件就是专用密钥文件。

下面使用 jarsigner 命令对 apk 文件进行签名。首先在 sina_weibo 目录中找到 sina_weibo.apk 文件，在 Windows 控制台进入该目录，并将刚才生成的 androidguy-release.keystore 文件复制到该目录中，最后执行如下命令：

```
jarsigner -verbose -keystore androidguy-release.keystore sina_weibo.apk androidguy
```

其中，androidguy 表示使用 keytool 命令指定的专用密钥文件的别名，必须指定。在执行上面的命令后，需要输入使用 keytool 命令设置的 keystore 密码和 <androidguy> 的主密码。如果这两个密码相同，在输入第二个密码时只需按回车键即可（注意，输入的密码是不回显的）。如果密码输入正确，jarsigner 命令会成功对 apk 文件进行签名。签名之后会发现，sina_weibo.apk 文件的尺寸比未签名时大了一些。

16.1.2 使用 ADT 插件进行签名

如果想在 Eclipse 中直接对 apk 文件进行签名，可以使用 ADT 插件附带的功能。在工程右键菜单中单击“Android Tools”>“Export Signed Application Package...”菜单项，打开“Export Android Application”对话框，并在第一页输入要导出的工程名，如图 16-1 所示。

进入下一个设置页，输入密钥文件的路径（“Location”文本框）和密码，如图 16-2 所示。

在接下来的两个设置界面中分别输入签名信息和要生成的 apk 文件名，如图 16-3 和图 16-4 所示。

在完成上面的设置后，单击“Finish”按钮生成被签名的 apk 文件。查看生成的文件后会发现，除了生成 sina_weibo.apk 文件外，还生成了一个 weibo 文件。该文件就是密钥文件，下次再签名时可以直接选择该文件。

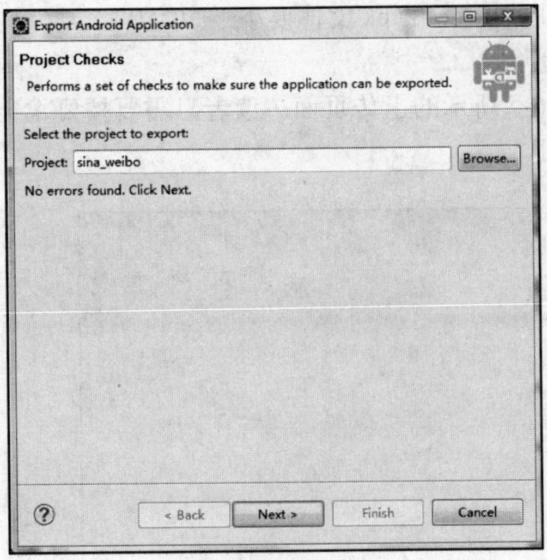

图 16-1　指定要导出的工程

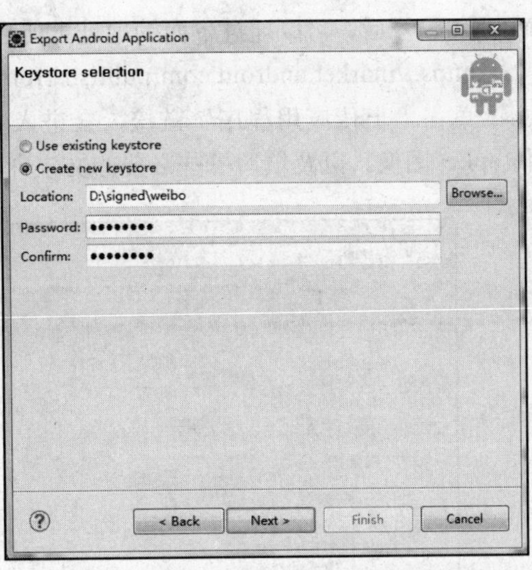

图 16-2　指定密钥文件的路径和密码

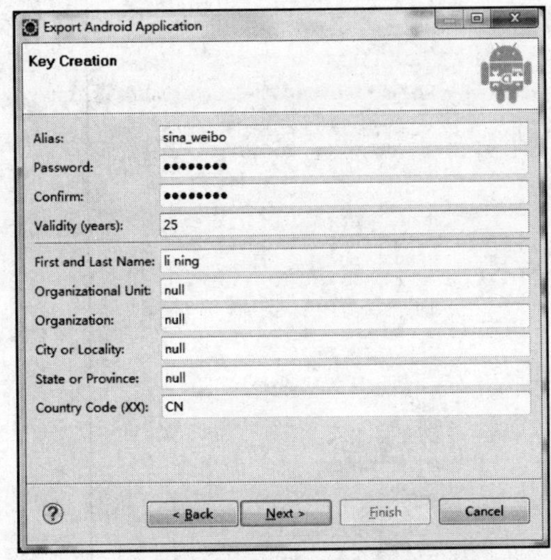

图 16-3　输入签名信息

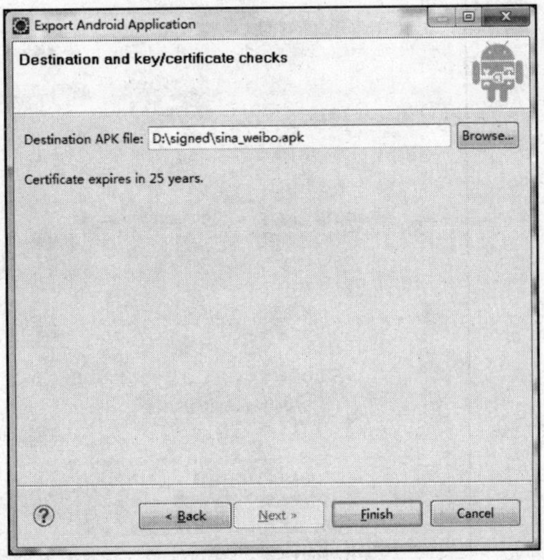

图 16-4　输入要生成的 apk 文件名

16.2　发布微博客户端

在对 apk 文件签完名后，可以直接将 apk 文件复制给要使用软件的用户或发布到 Android Market，以及中国移动的 Mobile Market 上。要注意的是，Android Market 不允许上传未签名的 apk 文件，因此，必须对 apk 文件进行签名才能上传到 Android Market 上。

将 apk 文件上传到 Android Market 之前，需要先注册一个 Gmail 账号。一个 Android Market 账号需要 25 美元，读者可以到各大银行办理带 Visa 标志的信用卡。开通 Android

Market 账号后，可以通过下面的地址上传自己的应用程序（apk 文件要小于 50MB）。

https://market.android.com/publish/Home

单击“上传应用程序”链接，会进入如图 16-5 所示的上传页面。读者只需要按要求上传 apk、图像，以及填写一些必要的文字介绍即可。

图 16-5　Android Market 的程序上传页面

16.3　小结

本章主要介绍如何对 Android 程序（apk 文件）进行签名。签名可以采用命令行和 ADT 插件两种方式来完成。建议使用 ADT 插件中的可视化方式进行快速签名。签名之后的 apk 文件可以上传到国内外的 Android 应用程序市场，例如 Android Market。

第三部分　高级篇

Android SDK 高级技术

第 17 章　Android 资源详解

在程序中会经常使用图像、音频、视频、动画等多媒体内容，这些多媒体内容实际上就是 Android 中的资源。这些资源一般可以通过 3 种方式获取：apk 文件、SD 卡（或手机内存）、Internet。其中后两种方式类似，都是从应用程序外部获取资源。

本章要讨论的是第一种获取资源的方式。这种方式的主要特征是将资源封装在 apk 文件中，并与 apk 文件一起发布。这样做的好处是，用户在获得 apk 文件后，手机无需再连接 Internet 获得数据，也不需要再次从 SD 卡（或手机内存）中装载数据。

17.1　创建资源

Android 应用程序中的资源都保存在工程目录的 res 子目录中。资源目录结构如图 17-1 所示。

从图 17-1 可以看出，res 目录中包含若干个子目录（drawable、layout 和 values），不同类型的资源文件需要放在相应的子目录中。

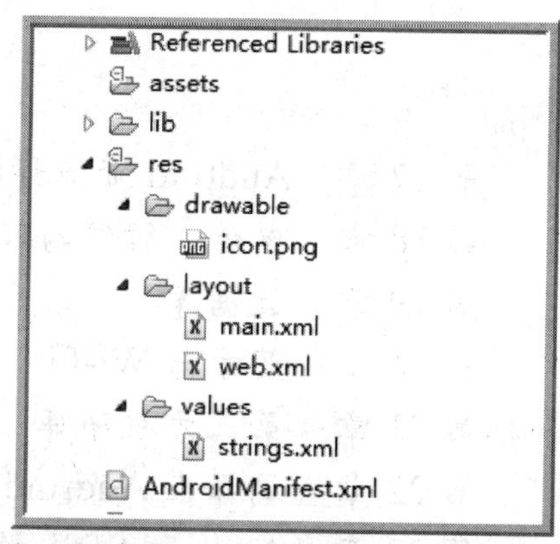

图 17-1　资源目录的结构

注意　资源文件一定不能放在 res 目录中，否则在编译 Android 应用程序时会导致编译错误。

除了图 17-1 所示的 3 个资源目录外，Android 还支持在 res 目录中建立更多的资源目录。表 17-1 描述了所有在 res 目录中可以建立的资源目录，以及目录中可以存放的资源。

表 17-1　res 目录中可以建立的资源目录以及目录中可以存放的资源

资源目录	资 源 类 型
animator	用于定义属性动画的 XML 文件。只支持 Android 3.0 及以上版本（详见 17.5.5 节）
anim	用于定义补间动画的 XML 文件。虽然定义属性动画的 XML 文件也可以放在 anim 目录中，但官方推荐将其放在 animator 目录中，以便和补间动画文件区分开（详见 17.5.5 节）
color	用于定义颜色状态列表的 XML 文件

（续）

资源目录	资 源 类 型
drawable	用于保存图像文件（png、9.png、jpg、gif）或以下内容的 XML 文件（详见 17.5.3 节）： • XML 格式的图像文件 • XML 格式的 9-Patch 图像文件 • 状态列表（State List）文件 • Shape 文件 • 动画文件 • 其他与图像相关的文件
layout	用于定义界面布局的 XML 文件（详见 17.5.2 节）
menu	用于定义应用程序菜单（例如选项菜单、上下文菜单或子菜单）的 XML 文件（详见 17.5.4 节）
raw	可以保存任何形式的文件。raw 目录中的文件不会被编译，因此，从该目录中获取的资源与该资源放入 raw 目录之前完全一样。可以使用 Resources.openRawResource 方法获得 raw 目录中资源的 InputStream 对象。openRawResource 方法需要一个 raw 资源 ID（R.raw 类中的一个静态变量的值） 如果想直接通过文件名来访问资源文件，可以考虑使用 assets 目录来代替 raw 目录。可以通过 AssetManager.open 方法获得 assets 资源，open 方法需要一个 assets 资源的文件名。注意，assets 和 res 是平级的，如图 17-1 所示
values	用于定义简单值（如字符串、整数、颜色值等）的 XML 文件 values 资源与其他资源不同，其他的资源（如 raw、menu、layout 等）在 R 类中都会为每一个资源文件生成一个唯一的索引；而 values 资源在 R 中对应的唯一 ID 与 values 资源文件无关，只与 <resources> 标签中定义的子标签的 name 属性值有关。也就是在 R 类的子类中唯一索引名就是 name 属性的值。例如，<string name="app_name"> 完美通信 </string> 就会在 R.string 类中生成一个名为 app_name 的静态变量作为字符串资源的唯一索引 虽然 values 资源存放的 XML 文件可以任意命名，但为了更容易区分和查找各种资源，建议将不同的 values 资源存放在有特定意义的 XML 文件中。例如，下面是几种常用的 values 资源存放的文件： • arrays.xml ：存放数组资源 • colors.xml ：存放颜色资源 • dimens.xml ：存放维度资源 • strings.xml ：存放字符串资源 • styles.xml ：存放类型资源
xml	任何 XML 文件。可以使用 Resources.getXML 方法读取这些 XML 文件，xml 资源经常用于保存程序中的某些配置。由于 xml 资源是只读的，因此，这些配置都是永久的配置或设置中的初始值

17.2　访问资源

17.1 节介绍了 Android 支持的资源，这些资源需要在 Android 程序中使用。Android 系统采用 key-value 的形式引用这些资源。也就是说，每一个资源（文件）都会对应一个 key，而 value 就是资源（文件）本身。那么，这个 key 是什么样的呢？如何确定这个 key 呢？17.2.1 节介绍的资源类文件（R.java）会给出答案。

访问资源可以使用两种方法：从代码中访问资源和从 XML 文件中访问资源。17.2.2 节和 17.2.3 节将详细讨论如何用这两种方法访问资源。

17.2.1 生成资源类文件

就像 Map 一样，任何资源都需要通过一个简单的值（key）来获得，而这个 key 就存在于本节要介绍的 R 类中。

R 类（位于 R.java 文件中）是一个普通的 Java 类，R.java 是由系统自动生成的（在 Android 工程的 gen 目录中），不需要由开发人员维护。当 res 目录中的资源发生变化时（可能是添加新的资源，也可能是修改了某些资源的名字），ADT 会使用 res 目录中的资源来同步 R 类。在解释 R 类之前，先来看一个简单 R 类，代码如下。

```
package mobile.android.first;
public final class R {
    //  数组资源
    public static final class array {
        public static final int incall_refuse_mode_entries=0x7f090001;
        public static final int incall_refuse_mode_entry_values=0x7f090002;
    }
    //  颜色资源
    public static final class color {
        public static final int divider=0x7f060000;
        public static final int translucent_background=0x7f060001;
    }
    //  图像资源
    public static final class drawable {
        public static final int about=0x7f020000;
        public static final int face=0x7f020078;
    }
    //  定义控件、菜单时指定的 ID
    public static final class id {
        public static final int body_linearlayout=0x7f0b004e;
        public static final int btnCancel=0x7f0b0007;
        public static final int btnChat=0x7f0b0075;
    }
    //  布局资源
    public static final class layout {
        public static final int about=0x7f030000;
        public static final int add_black_list=0x7f030001;
        public static final int add_email=0x7f030002;
    }
    //  字符串资源
    public static final class string {
        public static final int app_name=0x7f070001;
        public static final int busy_sound=0x7f070018;
    }
}
```

从上面的代码可以看出，R 类中包含几个内嵌类，而且这几个内嵌类的类名我们似曾相识。根据这几个类可以得出一个结论：所有资源对应的索引（key）都被封装在 R 类的内嵌类中。而且大多数资源（除了 values 资源和 id 资源）对应的内嵌类都是以资源目录名作为类名的，如 drawable、layout。

再看 R 类中的每一个内嵌类。在这些类中都定义了若干个 int 类型的常量（Java 中没有常量的概念，但声明成 final 的变量可以认为是常量）。实际上，这里的每一个 int 类型的常量都对应一个资源。也就是说，这些常量就相当于前面所描述的与资源对应的 key。在编译 Android 程序时，系统会自动将这些常量与相应的资源一一对应。因此，可以直接使用这些常量来引用资源。

也许看到这里，读者会提出一些更深入的问题：这些 int 类型的变量以及变量值是怎么来的呢？这些变量值是按照某些规则指定的，还是随便定义的？

首先强调一点，这些 int 类型的变量是由系统自动生成的，这是毋庸置疑的。理论上，这些变量可以是任何 int 类型的值，但变量值必须对于当前的应用程序是唯一的。也就是说，当前变量的值不能与其他变量的值，以及系统资源对应的变量的值重复。不过我们通常并不需要知道这些变量是如何取值的，只需要了解如何使用它们即可。

从表面上看，ADT 是根据 res 目录中的资源自动生成 R.java 文件；但实际上，ADT 是通过 aapt（Android Asset Packaging Tool）命令来生成 R.java 文件。aapt.exe 文件位于 <Android SDK 安装目录>\platform-tools 目录中。如果想手工生成 R.java 文件，可以在 Windows 控制台中输入如下的命令：

```
aapt package -f -m -J d:\ -S res -I D:\sdk\android-sdk-windows_new\platforms\
    android-12\android.jar -M AndroidManifest.xml
```

对于 aapt 命令至少应了解如下几点：

1）如果用 aapt 完成与 Android 应用程序（apk 文件）相关的功能，需要在 aapt 后面加 package 或 p。

2）-f 命令行参数表示如果 R.java 文件已存在，会使用新的 R.java 文件覆盖旧的 R.java 文件。

3）-m 命令行参数表示会在 -J 命令行参数指定的路径中生成由 AndroidManifest.xml 文件指定的包目录，而这个 AndroidManifest.xml 文件由 -M 命令行参数指定。

4）在执行上面的命令之前，要确保当前目录有包含资源的 res 目录。读者可以将 Android 工程目录中的 res 目录单独复制到其他任何目录下，然后在 res 所在的目录执行上面的命令即可。

5）aapt 命令需要使用 Android SDK 中的 android.jar 文件。因此，要使用 -I 命令行参数指定 android.jar 文件的具体位置。android.jar 文件在 Android SDK 中可能存在多个，读者可以选择相应 Android 版本的 android.jar 文件。

6）如果只是生成 R.java 文件，AndroidManifest.xml 文件包含顶层标签 <manifest> 以及

相应的属性即可。aapt 会获取 <manifest> 标签的 package 属性值作为要生成的包目录的目录名。如 package 属性值为 a.b，那么执行上面的命令行，会在当前目录生成一个 a 目录，在 a 目录中包含一个 b 目录，在 b 目录中包含生成的 R.java 文件。

注意 R 类中的 int 类型常量可以有多种称谓，例如资源 ID、资源索引、key 等，为了统一，本书中将这些常量统称为资源 ID。

17.2.2 从代码中访问资源

可以通过 R 类中的资源 ID 直接在代码中引用资源。假设在 res\drawable 目录中有一个名为 face.png 的图像文件，R.drawable 类中会有一个 face 变量与该图像资源对应。如果想在 ImageView 控件（id 为 myimageview，在 R.id 类中会有一个对应的 myimageview 变量）中显示这个图像，可以使用下面的代码：

```
ImageView imageView = (ImageView) findViewById(R.id.myimageview);
imageView.setImageResource(R.drawable.face);
```

res 目录中的所有资源都不能直接通过原始的文件名访问。要想通过原始的文件名访问资源，只能将资源文件放在 assets 目录中，并使用下面的代码获得资源文件的 InputStream 对象：

```
InputStream is = getResources().getAssets().open("face.png");
```

与 assets 目录类似的还有 res\raw 目录。在这两个资源目录中保存的资源文件都会按原样被封装在 apk 文件中。它们的唯一区别是，raw 目录中的所有资源文件都会在 R.raw 类中生成资源 ID，而 assets 目录中的资源文件不会在 R 类中生成任何形式的资源 ID，因此，只能通过文件名引用 assets 目录中的资源文件。

从前面的描述可知，在代码中引用资源实际上就是引用 R 类中的某个 int 类型的常量。除了在当前应用程序中生成的 R 类外，系统还预定义了一个 R 类，在系统的 R 类中定义了很多系统资源对应的资源 ID。我们也可以像引用当前工程的 R 类一样引用系统的 R 类。由于系统在 R 类的 android 包中，因此，可以用下面的代码来使用系统的资源。

```
TextView textview = (TextView)findViewById(R.id.textview);
textview.setText(android.R.string.copy);
```

17.2.3 从 XML 文件中访问资源

可以在 XML 资源文件（布局资源、菜单资源等）的某个标签的属性中引用资源。例如，下面代码定义了一个按钮控件，其中 android:text 属性引用了一个字符串资源：

```
<Button
    android:layout_width="fill_parent"
```

```
    android:layout_height="wrap_content"
    android:text="@string/ok" />
```

Syntax

在属性中引用资源的语法如下：

```
@[<package_name>:]<resource_type>/<resource_name>
```

其中，<package_name>、<resource_type> 和 <resource_name> 的解释如下：

（1）<package_name>

R 类的 package。如果 R 类的 package 与 AndroidManifest.xml 文件中定义的 package 相同，可以不指定 package。但如果引用系统资源，就需要使用 package，例如 @android:string/copy。

（2）<resource_type>

R 类的子类名称。如 drawable、string、id 等。

（3）<resource_name>

资源文件名（不包含扩展名）或 XML 资源文件中标签的 android:name 属性值，也就是 R 类中相应子类的变量名。

某些属性（如 android:src）必须引用资源 ID 才可以使用，但大多数属性可以使用属性值或资源 ID。以下是在 res\values\strings.xml 文件中定义的资源：

```
<?xml version="1.0" encoding="utf-8"?>
<resources>
    <color name="opaque_red">#f00</color>
    <string name="hello">Hello!</string>
</resources>
```

可以使用以下代码引用 color 和 string 资源：

```
<?xml version="1.0" encoding="utf-8"?>
<EditText xmlns:android="http://schemas.android.com/apk/res/android"
    android:layout_width="fill_parent"
    android:layout_height="fill_parent"
    android:textColor="@color/opaque_red"
    android:text="@string/hello" />
```

在这种情况下，不需要指定 package，但如果引用系统的资源，就需要指定 package，代码如下：

```
<?xml version="1.0" encoding="utf-8"?>
<EditText xmlns:android="http://schemas.android.com/apk/res/android"
    android:layout_width="fill_parent"
    android:layout_height="fill_parent"
    android:textColor="@android:color/secondary_text_dark"
    android:text="@string/hello" />
```

如果 Android 应用程序需要进行本地化，建议属性值应尽可能使用资源 ID，至少字符串资源要这样做。如果不使用资源 ID 引用资源，就需要为每个布局资源文件、菜单资源文件建立本地化的资源目录，而这些资源文件的区别仅仅是显示的字符串、图像不同。如果使用资源 ID 引用资源，就只需要对所引用的资源进行本地化即可，而各个国家、语言所使用的布局资源文件、菜单资源文件可以共享，这样更有利于程序的维护。关于本地化的内容参见 17.4 节。

17.3 在代码中存取资源

由于很多资源都是在代码中动态产生的，这就需要在程序退出之前用代码来保存资源，在程序重新启动时恢复资源。虽然可以自己来做这些工作，但 Android SDK 为我们提供了更好的方法来存取资源。本节将详细介绍如何存取简单资源和对象资源。

17.3.1 存取简单资源

工程目录：src\ch17\simple_resource

我们经常会在代码中使用 Bundle 对象在不同 Android 组件之间传递数据。实际上，Bundle 相当于一个 Map 对象，可以存取 key-value 类型的值。其中 value 是简单类型的数据或可序列化的对象。

注意 Intent.putExtra 方法实际上在 Intent 类的内部也是使用 Bundle 对象来存取数据的。

Activity 在释放和装载过程中也会利用 Bundle 对象来存取一些值，以便可以恢复 Activity 变化之前的状态。当 Activity 对象被释放时，系统会调用 Activity. onSaveInstanceState 方法保存释放之前的状态（主要是一些变量的值）。onSaveInstanceState 方法的定义如下：

```
protected void onSaveInstanceState(Bundle outState)
```

onSaveInstanceState 方法只有一个 Bundle 类型的参数，可以利用该参数保存变量的值。恢复变量的值可以在 Activity.onCreate 方法或 Activity. onRestoreInstanceState 中完成。系统会先调用 onCreate 方法，再调用 onRestoreInstanceState 方法。这两个方法的定义如下：

```
public void onCreate(Bundle savedInstanceState)
protected void onRestoreInstanceState(Bundle savedInstanceState)
```

这两个方法都有一个 Bundle 类型的参数，可以使用该参数恢复变量的值。但要注意，如果没有保存任何值，这两个方法的参数值为 null，因此，在恢复变量值时，应先判断方法的 savedInstanceState 参数值是否为 null。下面来看一个例子：

```
package mobile.android.jx.simple_resource;

import android.app.Activity;
import android.content.Intent;
```

```
import android.os.Bundle;
import android.util.Log;
import android.view.View;
import android.widget.Toast;

public class SimpleResource extends Activity
{
    private int intValue;

    @Override
    public void onCreate(Bundle savedInstanceState)
    {
        super.onCreate(savedInstanceState);
        setContentView(R.layout.main);
        if (savedInstanceState != null)
        {
            // 恢复变量值
            intValue = savedInstanceState.getInt("int_value");
        }
        Log.d("method", "onCreate");
    }
    @Override
    protected void onSaveInstanceState(Bundle outState)
    {
        Log.d("method", "onSaveInstanceState");
        // 保存一个String类型的值
        outState.putString("name", "李宁");
        // 保存int类型变量的值
        outState.putInt("int_value", intValue);
        super.onSaveInstanceState(outState);
    }
    @Override
    protected void onRestoreInstanceState(Bundle savedInstanceState)
    {
        Log.d("method", "onRestoreInstanceState");
        if (savedInstanceState != null)
            // 获取name的值，并用name值设置当前Activity的标题
            setTitle(savedInstanceState.getString("name"));
            super.onRestoreInstanceState(savedInstanceState);
    }
    public void onClick_ShowActivity(View view)
    {
        Intent intent = new Intent(this, MyActivity.class);
        // 显示另一个Activity
        startActivity(intent);
    }
    public void onClick_SetValue(View view)
    {
        // 设置int类型变量的值
        intValue = 100;
```

```
    }
    public void onClick_ShowValue(View view)
    {
        //  显示 int 类型变量的值
        Toast.makeText(this, String.valueOf(intValue), Toast.LENGTH_LONG).show();
    }
}
```

运行程序，再关闭程序，会发现只执行了 onCreate 方法，而 onSaveInstanceState 和 onRestoreInstanceState 方法并未被调用。可能初学者会感到迷惑，从字面上理解，onSaveInstanceState 方法用于在程序退出时保存状态，而 onRestoreInstanceState 方法在进入程序时恢复状态，但这两个方法都没执行，难道是我们理解错了？

onSaveInstanceState 和 onRestoreInstanceState 分别用来保存和恢复状态（主要是变量的值）这一点并没有错，但它们并不会因为当前的 Activity 状态的主动变化而被调用，只会在当前 Activity 受到外力使状态改变的情况下才会被调用。也就是说，我们主动去关闭 Activity 时系统并不会调用这两个方法，而在来电、按 Home 键回到桌面等情况下是由于其他的操作使 Activity 的状态发生改变，系统才会调用这两个方法。

从前面的描述可知，调用 onSaveInstanceState 和 onRestoreInstanceState 方法需要如下两个条件：

- ❑ Activity 类中定义的变量值被释放。
- ❑ Activity 状态的改变是由于被动因素引起的，如来电、按 Home 键、长按 Home 键、横竖屏切换、按电源键关闭屏幕、显示另外一个 Activity 等。

现在重新运行程序，然后进行横竖屏切换（如果使用模拟器，按 Ctrl+F11 键进行横竖屏切换），会发现在切换屏幕方向后，标题变成了“李宁”，这说明系统调用了 onSaveInstanceState 和 onRestoreInstanceState 方法。单击“设置值”按钮，再进行屏幕方向切换，然后单击“显示值”按钮，仍然会显示“100”，当来电时也会有类似的效果。

现在重新启动程序，单击“显示新窗口”按钮，再关闭新显示的窗口，会发现标题并没有变化。查看 LogCat 视图会发现，onSaveInstanceState 方法被调用了，但 onRestoreInstanceState 和 onCreate 方法都没有被调用，这就涉及另外一个需要注意的地方。onSaveInstanceState 和 onRestoreInstanceState 方法并不一定成对被调用，系统会在需要时调用它们。例如，在显示新窗口时，由于系统可能会释放 Activity 对象中的变量值，因此会调用 onSaveInstanceState 方法保存这些变量值，但只是将新窗口关闭并不会使 Activity 对象中的变量值释放，因此就没有必要调用 onRestoreInstanceState 方法恢复变量值了（恢复变量值只是其中一个主要的功能，也可以在获得被保存值后做一些其他的工作）。读者可以在 LogCat 视图中观察各种情况下 onCreate、onSaveInstanceState 和 onRestoreInstanceState 方法的调用情况。

注意 获得被保存的值可以使用 onCreate 方法，也可以使用 onRestoreInstanceState 方法。

17.3.2　存取对象资源

工程目录：src\ch17\auto_object_resource

虽然通过 Bundle 可以保存对象，但对象必须是可序列化的。这样的话，如果对象非常大，会大量消耗系统的资源，也会使系统运行效率大大降低，而且并不是每一个对象都可以序列化，因此，用 Bundle 保存对象并不十分理想。

基于上述原因，Android SDK 提供了另一种机制来保存对象，这就是 Activity.onRetainNonConfigurationInstance 方法。该方法的定义如下：

```
public Object onRetainNonConfigurationInstance()
```

onRetainNonConfigurationInstance 方法并没有参数，但需要返回一个 Object 类型的值。该方法的返回值实际上就是要保存的对象，可以通过 getLastNonConfigurationInstance 方法获得被保存的对象。下面看一个例子：

```
package mobile.android.jx.auto.object.resource;

import android.app.Activity;
import android.os.Bundle;
import android.util.Log;
import android.view.View;
import android.widget.Toast;

public class ObjectResource extends Activity
{
    private MyObject myObject;

    @Override
    public void onCreate(Bundle savedInstanceState)
    {
        super.onCreate(savedInstanceState);
        setContentView(R.layout.main);
        //  获取被保存的对象
        myObject = (MyObject) getLastNonConfigurationInstance();
        //  如果未保存对象，则创建一个新的对象
        if (myObject == null)
            myObject = new MyObject();
    }
    @Override
    public Object onRetainNonConfigurationInstance()
    {
        //  在 LogCat 视图中输出信息
        Log.d("method", "onRetainNonConfigurationInstance");
        //  返回要保存的对象
        return myObject;
    }
    //  设置对象属性值的按钮单击事件
```

```
    public void onClick_SetObjectValue(View view)
    {
        myObject.id = 1;
        myObject.name = " 李宁 ";
    }
    // 显示对象属性值的按钮单击事件
    public void onClick_ShowObjectValue(View view)
    {
        if (myObject != null)
        {
            Toast.makeText(this,
                    "id: " + myObject.id + "\nname:" + myObject.name,
                    Toast.LENGTH_LONG).show();
        }
    }
}
```

ObjectResource 类中使用一个 MyObject 类，该类的代码如下：

```
package mobile.android.jx.auto.object.resource;
public class MyObject
{
    public int id = 20;
    public String name = "John";
}
```

现在运行程序。单击“设置对象属性值”按钮，再单击“显示对象属性值”按钮，会显示图 17-2 所示的 Toast 信息框。

现在使手机或模拟器屏幕方向发生改变，再次单击“显示对象属性值”按钮，仍然会显示图 17-2 所示的信息。如果 onRetainNonConfigurationInstance 方法返回 null，则在屏幕方向变化后，如果不重新设置对象属性值，则会显示如图 17-3 所示的信息。

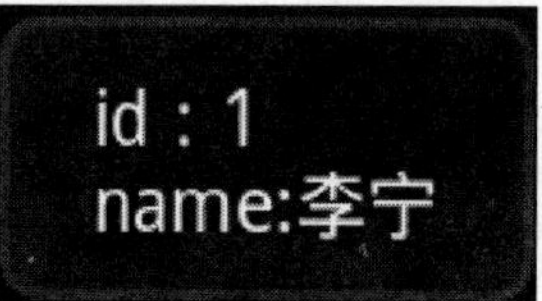

图 17-2 设置对象属性值后的显示信息

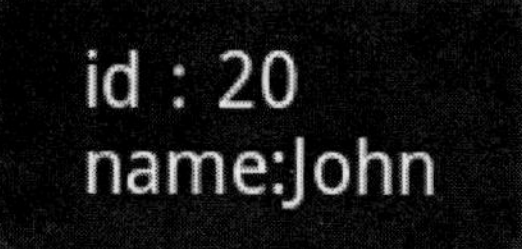

图 17-3 设置对象属性值前的显示信息

注意 onRetainNonConfigurationInstance 方法的调用规则与 onSaveInstanceState 和 onRestoreInstanceState 方法不同。onRetainNonConfigurationInstance 方法只会在配置改变时被调用，这些配置包括屏幕方向、键盘隐藏、屏幕布局等。而像来电、按 Home 键这些操作并不涉及系统配置，因此，onRetainNonConfigurationInstance 方法不会被调用。在存取对象时也要注意，尽量不要存取与 Context 关联的对象，如 Drawable、Adapter 和 View，否则系统会由于 Context 总是被引用而不释放这些对象，造成系统资源的大量消耗。

17.3.3 处理配置变化

工程目录：src\ch17\manual_config_changes

可以通过设置 <activity> 标签的 android:configChanges 属性值来处理配置的变化。例如，下面的代码允许在屏幕方向和键盘隐藏时使用 Activity.onConfigurationChanged 方法代替 Activity.onCreate 方法进行初始化。也就是说，Acivity 在配置变化时不再调用 onCreate 方法，而是调用 onConfigurationChanged 方法。

```
<activity android:name=".ManualConfigChange"
        android:configChanges="orientation|keyboardHidden"
        android:label="@string/app_name">
```

下面的代码在 onConfigurationChanged 方法中处理了相应配置的变化。

```
package mobile.android.jx.manual.config.changes;

import android.app.Activity;
import android.content.res.Configuration;
import android.os.Bundle;
import android.widget.Toast;

public class ManualConfigChange extends Activity
{
    @Override
    public void onCreate(Bundle savedInstanceState)
    {
        super.onCreate(savedInstanceState);
        setContentView(R.layout.main);
        Toast.makeText(this, "onCreate", Toast.LENGTH_SHORT).show();
    }
    @Override
    public void onConfigurationChanged(Configuration newConfig)
    {
        super.onConfigurationChanged(newConfig);
        //  处理屏幕方向变化
        if (newConfig.orientation == Configuration.ORIENTATION_LANDSCAPE)
        {
            Toast.makeText(this, "landscape", Toast.LENGTH_SHORT).show();
        }
        else if (newConfig.orientation == Configuration.ORIENTATION_PORTRAIT)
        {
            Toast.makeText(this, "portrait", Toast.LENGTH_SHORT).show();
        }
        //  处理键盘配置变化
        if (newConfig.hardKeyboardHidden == Configuration.HARDKEYBOARDHIDDEN_NO)
        {
            Toast.makeText(this, "keyboard visible", Toast.LENGTH_SHORT).show();
        }
        else if (newConfig.hardKeyboardHidden == Configuration.HARDKEYBOARDHIDDEN_YES)
```

```
        {
            Toast.makeText(this, "keyboard hidden", Toast.LENGTH_SHORT).show();
        }
    }
}
```

现在运行程序，然后改变手机屏幕方向，会发现 onCreate 不再被调用了，而 onConfigurationChanged 方法会取代 onCreate 方法的位置。

17.4 本地化

如果想让我们的程序被更多的人使用，就需要将程序分发到世界各地。由于世界各地的用户在语言、文化、习惯、宗教等方面都存在很大的差异，这就要求我们的程序可以根据手机上的不同设置调整界面的语言、列表项的显示顺序、图像的显示等。这种根据手机的设置（主要指与地域有关的设置）对程序进行的调整称为**本地化**，也称为**国际化**。本节详细讨论如何通过 res 目录中的资源文件为程序添加本地化的功能。

17.4.1 建立本地化的资源目录

可以设想，有两部不同分辨率的手机（320*480 和 480*800）要使用一些图像资源，为了使图像不失真，就需要为不同分辨率的手机指定不同的图像。为此，可以建立如图 17-4 所示的图像资源目录结构。

我们建立了三个图像资源目录：drawable、drawable-hdpi 和 drawable-mdpi。其中 drawable 为默认的图像资源目录，drawable-hdpi 保存了在高分辨率（指 480*800 或近似的分辨率）情况下使用的图像资源，drawable-mdpi 保存了在中分辨率（指 320*480 或近似的分辨率）情况下使用的图像资源。

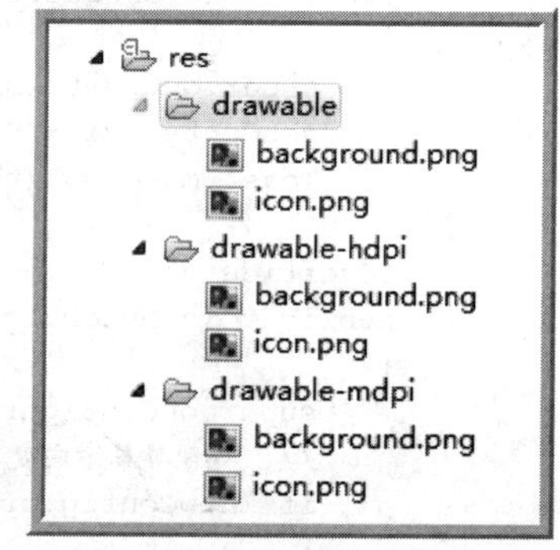

图 17-4 图像资源目录结构

如果当前手机的屏幕分辨率是 480*800，系统会自动到 drawable-hdpi 目录中找相应的图像资源。如果屏幕分辨率恰好是 320*480，就会到 drawable-mdpi 目录中找相应的图像资源。当然，如果是其他的分辨率（一般指低分辨率，240*320），就会到默认的 drawable 目录找相应的图像资源。这 3 个图像资源目录中的图像文件名是完全相同的。除了屏幕分辨率，还可以对屏幕方向、语言、Android SDK 版本等诸多方面进行本地化控制。其中默认资源目录名后面用连字符（-）连接的部分（如 hdpi、mdpi 等）称为**配置标识符**（Configuration Qualifier）。表 17-2 是 Android SDK 支持的配置标识符。

注意 在写作本书时，Android SDK 的最新版本是 4.0。当 Android SDK 推出更新版本时，支持的配置标识符有可能会发生改变。读者可以查看官方文档以获取最新的配置标识符信息。

表 17-2　Android SDK 支持的配置标识符

<table>
<tr><th>配置标识符</th><th>标识符值</th><th>描　述</th></tr>
<tr><td>MCC 和 MNC</td><td>例子：
mcc310
mcc310-mnc004
mcc208-mnc00</td><td>MCC（Mobile Country Code，移动国家代码）和可选的 MNC（Mobile Network Code，移动网络代码）是从 SIM 卡中读出的信息。例如：
mcc310 表示美国的运营商
mcc310-mnc004 表示美国的 Verizon 运营商
mcc208-mnc00 表示法国的 Orange 运营商
如果设备使用无线连接（Radio Connection）（GSM 手机），MCC 会从 SIM 卡读取，同时 MNC 从设备所连接的网络中读取
也可以单独使用 MCC（例如，在应用程序中可以包含特定国家的法律资源）。如果只想指定语言，可以使用语言和地区标识符（后面会讨论）。如果决定使用 MCC 和 MNC 标识符，应该仔细测试它是否可以正常运行</td></tr>
<tr><td>语言（Language）和地区（Region）</td><td>例子：
zh-rCN
en
fr
en-rUS
fr-rFR
fr-rCA</td><td>语言标识符被定义为两个字母的代码，详细定义可查阅 ISO 639-1。区域标识符是可选的，也采用了两个字母的代码（但要在代码前面加一个小写的“r”），详细定义可查阅 ISO 3166-1-alpha-2
语言和地区代码都不区分大小写。“r”前缀用于区分某个地方，不能单独指定一个区域，也就是说，指定区域必须先指定语言
如果用户在系统设置中改变了当前的语言。程序在运行时就会改变自身的语言（选择与当前语言相匹配的资源目录读取资源）</td></tr>
<tr><td rowspan="5">屏幕尺寸（Screen Size）</td><td>small</td><td>使用低密度的 QVGA 屏幕。这种屏幕与 HVGA 的宽度相同，但比 HVGA 的高度小。HVGA 的屏幕比例是 2:3，而 QVGA 是 3:4。QVGA 的最小分辨率约为 320*426，例如，QVGA 低密度和 VGA 高密度屏幕都是这个分辨率</td></tr>
<tr><td>normal</td><td>使用传统的 HVGA 中密度屏幕。这种屏幕的分辨率约为 320*470。例如，WQVGA 低密度、HVGA 中密度和 WVGA 高密度屏幕都接近这个分辨率</td></tr>
<tr><td>large</td><td>使用 VGA 中密度屏幕。这种屏幕的近似分辨率是 480*640。例如，VGA 和 WVGA 的中密度屏幕都接近这个分辨率</td></tr>
<tr><td>xlarge</td><td>基于高密度的屏幕。这种屏幕的分辨率约为 720*960。这种大分辨率要求 API Level 至少为 9，也就是 Android 2.3.1 及以上版本才支持这种大分辨率的屏幕</td></tr>
<tr><td colspan="2">注意：屏幕尺寸标识符要求 API Level 至少为 4，也就是说，这个标识符是在 Android 1.6 才开始支持的</td></tr>
<tr><td rowspan="3">屏幕外观（Screen Aspect）</td><td>long</td><td>看上去较长的屏幕，如 WQVGA、WVGA、FWVGA</td></tr>
<tr><td>notlong</td><td>看上去不长的屏幕，如 QVGA、HVGA、VGA　屏幕外观标识符只是基于屏幕长宽比较的，与屏幕的方向无关</td></tr>
<tr><td colspan="2">API Level 的最小值：4</td></tr>
</table>

（续）

配置标识符	标识符值	描　述
屏幕方向（Screen Orientation）	port	设备垂直方向
	land	设备水平方向
底座模式（Dock Mode）	car	设备放在汽车底座上
	desk	设备放在桌面底座上
	API Level 的最小值：8	
夜间模式（Night Mode）	night	夜间
	notnight	白天
	API Level 的最小值：8	
屏幕像素密度（Screen pixel density [dpi]）	ldpi	低密度屏幕，密度约为 120dpi
	mdpi	中密度 (传统的 HVGA) 屏幕，密度约为 160dpi
	hdpi	高密度屏幕，密度约为 240dpi
	xhdpi	扩展高密度屏幕，密度越为 320dpi。API Level 的最小值：8
	nodpi	应用于不需要根据屏幕密度进行拉伸的位图资源。API Level 最小值：4
触摸屏幕类型（Touchscreen Type）	notouch	设置不支持触摸屏
	stylus	设备支持使用手写笔的触摸屏幕（不支持手指触摸）
	finger	设备支持触摸屏幕（可能只支持手指，也可能手写笔和手指都支持）
可用键盘（Keyboard Availability）	keysexposed	设备的键盘可用（包括软键盘和物理键盘）。设备键盘可分为如下两种情况： • 只有软键盘，没有物理键盘或物理键盘被禁用。该值只用于软键盘 • 只有物理键盘，没有软键盘或软键盘被禁用。该值只用于物理键盘
	keyshidden	设备有一个物理键盘，但该物理键盘被隐藏（未被拉出），并且该设备没有可用的软键盘
	keysoft	设备有一个软键盘，不管这个软键盘是否可用
首选文本输入方式（Primary Text Input Method）	nokeys	设备没有用于文本输入的物理按键
	qwerty	设备有一个物理 querty（与标准计算机键盘相同）键盘，不管这个物理键盘对用户是否可用
	12key	设备有一个 12 键的物理键盘，不管这个物理键盘是否对用户可用
是否有导航键（Navigation key availability）	navexposed	有导航键，并且用户可以使用这个导航键
	navhidden	导航键不可用（例如，翻盖手机没有把盖子打开）

（续）

配置标识符	标识符值	描 述
首选非触摸导航方式（Primary Non-touch Navigation Method）	nonav	设备没有非触摸的导航方式
	dpad	设备通过十字方向键（d-pad）导航
	trackball	设备通过轨迹球导航
	wheel	设备通过滑轮导航（这种方式并不常见）
平台版本（Platform Version [API Level]）	例子： v3 v4 v7	API Level 的最低版本。例如，v1 表示 API Level 1（要求 Android 1.0 及以上版本）；v7 表示 API Level 7（要求 Android 2.1 及以上版本） 注意：虽然平台版本标识符可以匹配等于或大于当前值的 Android 版本，但 Android 1.5（v3）和 Android 1.6（v4）是两个例外。由于在这两个版本中存在 bug，因此，在这两个版本中使用平台版本标识符只能精确地匹配当前的 Android 版本。也就是说，如果值为 v3，那么只有 Android 1.5 会满足这个标识符。这个 bug 在 Android 1.6 以后的版本已被修复

17.4.2 资源目录的命名规则

可以使用多个配置标识符来命名资源目录，但必须遵守如下规则。

1）多个标识符之间用连字符（-）分隔。例如，drawable-en-rUS-land 应用于美国英语地区屏幕在水平方向的设备上。

2）如果在资源目录中包含多个标识符，它们必须按照表 17-2 所示的顺序排列。例如，drawable-hdpi-port 是一个错误的资源目录（hdpi 应排在 port 的后面），而正确的资源目录应为 drawable-port-hdpi。

3）不能使用嵌套的资源目录。例如，res/drawable/drawable-zh 是错误的。

4）资源目录名不区分大小写。资源编译器在处理资源目录之前，为了避免因字母大小写而造成的不必要的麻烦，将所有的资源目录都转换成小写形式。虽然资源目录不区分大小写，但笔者仍然建议资源目录名尽量采用小写形式，配置标识符采用表 17-2 给出的形式。这样做仅仅是为了统一和容易阅读，并不是硬性要求。

5）每一种标识符同时只能支持一个值。例如，如果想让英文和中文环境都使用同样的图像，不能使用这样的资源目录：drawable-en-zh，而应该建立两个资源目录：drawable-en 和 drawable-zh。我们不用在每一个资源目录都复制一份图像，只需要为图像建立别名即可。关于别名资源将在 17.4.3 节详细介绍。

17.4.3 建立别名资源

如果有多个不同配置的设备要使用同样的资源（并不想提供默认的资源），通常的做法是将资源文件复制到每一个带配置标识符的资源目录中。这样做可能会导致 apk 文件过大

（这些资源可能是大的图像、音频、视频文件），但利用别名资源，可以使这些资源文件只保留一份，并且可以在任何其他资源目录中引用。

建立别名资源需要做如下两件事：

- ❑ 在默认的资源目录中复制一份资源文件。
- ❑ 在要引用该资源的资源目录中建立一个 XML 文件，并根据不同资源使用相应的标签来引用默认资源目录中的资源。

下面来看如何建立几种常用资源的别名资源。

1. 图像别名资源

假设 drawable-zh、drawable-en、drawable-fr 三个资源目录都需要使用一个 face.png 图像文件。现在先将 face.png 复制到 drawable 目录（默认的图像资源目录），并将其改名（除了 face.png，叫什么都可以），如 face_alias.png。然后，在 drawable-zh、drawable-en 和 drawable-fr 三个目录中各建立一个 face.xml 文件，并输入以下内容：

```
<?xml version="1.0" encoding="utf-8"?>
<bitmap xmlns:android="http://schemas.android.com/apk/res/android"
    android:src="@drawable/face_alias" />
```

现在改变手机的配置，例如将手机的语言环境改为英文。代码中使用的 R.drawable.face 资源实际上引用了 face_alias.png。

2. 布局别名资源

布局别名资源与图像别名资源建立文件的方法类似，只是 xml 文件的内容不同。假设在 layout 目录中有一个 main_alias.xml 布局文件，如果想在 layout-zh 和 layout-en 两个目录引用 main_alias.xml，可以在这两个目录中分别建立一个 main.xml 文件，并输入以下的内容：

```
<?xml version="1.0" encoding="utf-8"?>
<merge>
    <include layout="@layout/main_alias"/>
</merge>
```

在中文和英文环境中引用 R.layout.main，实际上是使用了 main_alias.xml 文件。

3. 字符串别名资源

字符串别名资源相对简单，只需要在资源文件中使用资源 ID 引用字符串资源文件即可。例如，下面的 hi 字符串资源就是 hello 字符串资源的别名：

```
<?xml version="1.0" encoding="utf-8"?>
<resources>
    <string name="hello">Hello</string>
    <string name="hi">@string/hello</string>
</resources>
```

4. 其他简单值别名资源

其他简单值资源（如颜色、维度等）和字符串资源类似，别名就是引用资源的 ID。例如，颜色别名资源的代码如下：

```
<?xml version="1.0" encoding="utf-8"?>
<resources>
    <color name="yellow">#f00</color>
    <color name="highlight">@color/red</color>
</resources>
```

17.4.4 资源目录的优先级

如果有多个资源目录都符合当前手机的配置环境，那么系统应该做出怎样的选择呢？就像数学运算：1 + 2 × 3，应该等于 9，还是等于 7 呢？当然，这个表达式毫无疑问等于 7，之所以这么肯定，是因为乘法优先于加法计算。这在数学中称为运算符优先级。然而，在资源目录中也有类似的优先级，表 17.2 就是一个优先级列表。例如，第 1 行的 MCC 资源标识符的优先级就大于第 2 行的语言和地区标识符的优先级。现在看看下面的 3 个图像资源目录。

- res/drawable/ （默认的图像资源目录）
- res/drawable-port-hdpi （垂直方向高密度屏幕）
- res/drawable-zh （中文语言环境）

如果当前手机的语言环境是中文，系统会选择 res/drawable-zh 目录中的资源，即使当前手机的屏幕方向是垂直的，并且是高密度屏幕。这是因为屏幕方向标识符和屏幕密度标识符的优先级都低于语言和地区标识符的优先级。

17.5 资源类型

本节详细介绍几种常见的资源类型及使用方法。

17.5.1 字符串（String）资源

字符串资源经常在程序中用到。在 Eclipse 中创建 Android 工程时会默认生成一些字符串资源。除了普通的字符串，还支持字符串数组和复数字符串资源，并且可以利用占位符格式化字符串。字符串资源（包括普通字符串、字符串数组和复数字符串）需要在 res/values 目录中的 xml 文件中定义（任何一个文件都可以）。

1. 普通字符串

普通字符串资源使用 <string> 标签定义，代码如下：

```
<?xml version="1.0" encoding="utf-8"?>
<resources>
    <string name="hello">Hello!</string>
</resources>
```

在布局文件中使用字符串资源的代码如下：

```
<TextView
    android:layout_width="fill_parent"
    android:layout_height="wrap_content"
    android:text="@string/hello" />
```

在代码中使用字符串资源的代码如下：

```
String string = getResources().getString(R.string.hello);
```

2. 字符串数组

字符串数组资源由 <string-array> 标签定义，在 <string-array> 标签中包含若干个 <item> 标签，表示字符串数组元素。例如，下面的代码定义了一个包含 4 个元素的字符串数组。

```
<?xml version="1.0" encoding="utf-8"?>
<resources>
    <string-array name="planets_array">
        <item>Mercury</item>
        <item>Venus</item>
        <item>Earth</item>
        <item>Mars</item>
    </string-array>
</resources>
```

在代码中引用字符串数组的代码如下：

```
Resources res = getResources();
String[] planets = res.getStringArray(R.array.planets_array);
```

3. 复数字符串

在某些自然语言中，不同的数字在使用方法上会有不同。例如，在英文中，如果说一本书，会说 one book，如果说两本书，会说 two books。当数量大于 1 时，会在名词后面加 s，或变成其他复数形式（不可数名词和专属名词除外）。在这种情况下就需要考虑不同数字的字符串资源。

复数字符串资源为这种情况提供了解决方案。首先，用 <plurals> 标签定义复数字符串，并使用 <item> 标签指定具体处理哪一类数字的复数字符串。现在来看一个例子。

```
<?xml version="1.0" encoding="utf-8"?>
<resources>
    <!-  定义复数资源  -->
    <plurals name="numberOfSongsAvailable">
        <item quantity="one">One song found.</item>
        <item quantity="other">%d songs found.</item>
    </plurals>
</resources>
```

其中 quantity 属性的值除了 one 和 other 外，还可以是 zero、two、few 和 many。

引用复数字符串的 Java 代码如下：

```
// 引用数字为 1 的复数字符串
setTitle(getResources().getQuantityString(
    R.plurals.numberOfSongsAvailable, 1));

// 引用数字为其他值的复数字符串
setTitle(getResources().getQuantityString(
    R.plurals.numberOfSongsAvailable, 20, 20));
```

4. 格式化字符串

常用的格式化字符串的方法有 3 种，具体如下。

（1）在字符串中使用引号

字符串中的值虽然可以任意指定，但遇到特殊符号时（如双引号、单引号）时，就需要采取特殊的方法来处理这些符号。

如果是单引号（'），可以使用转义符（\）或用双引号（"）将整个字符串括起来。如果是双引号，可以在双引号前使用转义符（\）。下面的代码演示了如何处理带单引号和双引号的字符串资源。

```
<!-- 输出 This'll work -->
<string name="str1">"This'll work"</string>
<!-- 输出 This 'll also work -->
<string name="str2">This\'ll also work</string>
<!-- 输出 "apple" -->
<string name="str3">\"apple\"</string>
```

（2）用占位符格式化字符串

使用 String.format(String, Object...) 方法可以格式化带占位符的字符串。只要在字符串资源中插入占位符，就可以使用 String.format 方法格式化字符串资源。format 方法要求的占位符用 %1，%2，...，%n 表示，其中第 n 个占位符与 format 方法的 n+1 个参数值对应。

带占位符的字符串资源

```
<!-- $s 表示该占位符要求被字符串替换，$d 表示该占位符要求被整数替换 -->
<string name="welcome_messages">Hello, %1$s! You have %2$d new messages.</string>
```

格式化字符串资源的 Java 代码如下：

```
Resources res = getResources();
String text = String.format(res.getString(R.string.welcome_messages),"lining",18);
```

（3）用 HTML 标签格式化字符串资源

字符串资源支持一些 HTML 标签，因此，可以直接在字符串资源中使用这些 HTML 标签格式化字符串。

用 HTML 标签格式化的字符串资源

```
<?xml version="1.0" encoding="utf-8"?>
```

```
<resources>
    <string name="welcome">Welcome to <b>Android</b>!</string>
</resources>
```

字符串资源支持如下的 HTML 标签。

- ❑ <b>：粗体字
- ❑ <i>：斜体字
- ❑ <u>：带下划线的文字

有时，需要同时使用 HTML 标签和占位符格式化字符串，但如果使用 String.format 方法格式化字符串，会忽略字符串中所有的 HTML 标签。为了使 format 方法可以格式化带 HTML 标签的字符，需要使用 Html.fromHTML 方法先处理一下字符串。下面来看一个完整的例子。

同时包含 HTML 标签和占位符的字符串资源

```
<resources>
    <string name="welcome_messages">Hello,
        %1$s! You have &lt;b>%2$d new messages&lt;/b>.</string>
</resources>
```

注意 由于需要使用 Html.fromHTML 方法处理字符串，因此，HTML 标签中的“<”需要使用“<”表示“>”并不需要处理。

使用字符串资源的 Java 代码如下：

```
Resources res = getResources();
String text = String.format(res.getString(R.string.welcome_messages), "lining", 20);
CharSequence styledText = Html.fromHtml(text);
```

如果 format 的某个参数包含 HTML 的特殊字符，如“<”、“&”，可以使用下面的代码先格式化这个参数值，再使用 format 方法格式化字符串：

```
String escapedUsername = TextUtil.htmlEncode(username);
Resources res = getResources();
String text = String.format(res.getString(R.string.welcome_messages),
    escapedUsername, mailCount);
CharSequence styledText = Html.fromHtml(text);
```

17.5.2 布局（Layout）资源

布局资源文件位于 res/layout 目录中。布局文件必须是 XML 格式，因此，每一个布局文件必须有一个根节点（也称为标签）。根节点可以是一个 View，也可以是一个 ViewGroup。

布局文件中的标签除了 android:id 属性外，还有两个属性必须指定：android:layout_width 和 android:layout_height。这两个属性可取的值如表 17-3 所示。

表 17-3 android:layout_width 和 android:layout_height 属性可取的值

属性值	描述
wrap_content	控件的宽度或高度随着控件中的内容变化，只要能显示控件中的内容即可
fill_parent	控件的宽度或高度尽可能充满父容器的宽度或高度
match_parent	与 fill_parent 的意义完全相同，该值是在 API Level 8（Android 2.2）中新加入的。如果某程序只要求在 Android 2.2 及以上版本中运行，建议使用该值取代 fill_parent。因此，在未来的 Android 版本中，fill_parent 可能被移除

1. 根节点是 View

如果根节点是 View，除了 <requestFocus> 标签外，不能添加任何的子标签。<requestFocus> 标签可以被添加到布局文件的任何 View 中（如 <TextView>、<EditText> 等），表示该标签对应的控件在显示时处于焦点状态。整个布局文件只能有一个 <requestFocus> 标签。

```
<?xml version="1.0" encoding="utf-8"?>
<!-- TextView 类是 View 的子类，因此，整个布局文件只能包含这一个控件 -->
<EditText xmlns:android="http://schemas.android.com/apk/res/android"
    android:layout_width="fill_parent"
    android:layout_height="wrap_content"
    android:text="@string/hello"
    >
    <!--  当前控件处于焦点状态  -->
    </requestFocus>
</TextView>
```

2. 根节点是 ViewGroup

如果根节点包含子节点，则根节点必须是 ViewGroup。在 Android SDK 中，所有可以添加 View 的类都是 ViewGroup 的子类，例如 LinearLayout、FrameLayout 等。

```
<?xml version="1.0" encoding="utf-8"?>
<!-LinearLayout 是一个 ViewGroup，在其中可以加入子节点  -->
<LinearLayout xmlns:android="http://schemas.android.com/apk/res/android"
   android:orientation="vertical" android:layout_width="fill_parent"
   android:layout_height="fill_parent">
   <TextView android:layout_width="fill_parent"
       android:layout_height="wrap_content" android:text="@string/hello" />
</LinearLayout>
```

3. 重用布局文件

如果想重用某个布局文件，可以使用 <include> 标签，代码如下：

```
<include layout="@layout/new_layout " />
```

如果想让一个布局文件被另一个布局文件引用（使用 <include> 标签），可以使用 <merge> 作为被引用布局文件的根节点。由于 <merge> 并不会生成任何标签（在大量引用布局文件时不至于生成大量无用的标签），只是 XML 文件必须要有一个根节点，因此，<merge> 所起的作用就是作为 XML 文件的根节点，以使 XML 文件在编译时不至于出错。我们可以把 <merge> 当成 <FrameLayout> 使用。

17.5.3 图像（Drawable）资源

图像资源文件保存在 res/drawable 目录中。在图像资源目录中不仅可以存储各种格式（jpg、png、gif 等）的图像文件，还可以使用各种 XML 格式的图像资源来控制图像的状态和行为。本节详细介绍普通图像资源和各种 XML 格式的图像资源的使用方法。

1. 普通图像资源

Android 支持 3 种图像格式：png、jpg 和 gif。官方推荐使用 png 格式的图像资源（经常用在透明或半透明效果中），jpg 也可以考虑使用，gif 格式的图像文件并不鼓励使用。由于移动设备性能的限制，目前 Android SDK 并不支持动画 gif，因此，根本没有必要使用 gif 格式的图像资源。

假设有一个 res/drawable/ball.png 图像文件，在布局文件中可以使用如下形式引用这个图像资源。

```
<ImageView
    android:layout_height="wrap_content"
    android:layout_width="wrap_content"
    android:src="@drawable/ball" />
```

使用图像资源的 Java 代码如下：

```
Resources res = getResources();
Drawable drawable = res.getDrawable(R.drawable.ball);
```

2. XML 图像资源

XML 图像资源实际上就是在 XML 文件中指定 drawable 目录中的图像资源。除此之外，还可以额外指定图像的某些属性，例如图像抖动、图像排列方式等。

XML 图像资源通过 <bitmap> 标签定义。例如，下面的代码定义了一个 XML 图像资源。

```
<?xml version="1.0" encoding="utf-8"?>
<bitmap xmlns:android="http://schemas.android.com/apk/res/android"
    android:src="@drawable/icon"
    android:tileMode="repeat" />
```

<bitmap> 标签经常在图层资源或图像状态资源中使用。这部分内容将在后面章节中详细介绍。

3. Nine-Patch 图像资源

Nine-Patch 图像资源与普通图像资源类似，只是 Nine-Patch 图像资源文件必须以 9.png 作为文件扩展名，如 abc.9.png、face.9.png。

Nine-Patch 图像资源的主要作用如下：

- 防止图像的某一部分被拉伸。
- 确定将图像作为背景图的控件中内容显示的位置。

图 17-5 是一个 png 图，在图像的上方有一个突出的尖角。当图像放大或缩小时，要保持这个尖角不变，就要将这个 png 图变成 Nine-Patch 格式的图像。

Android SDK 本身提供了一个 Draw 9-patch 工具用来制作 Nine-Patch 格式的图像。可以运行 <Android SDK 安装目录 >\tools\draw9patch.bat 命令启动这个工具，界面如图 17-6 所示。

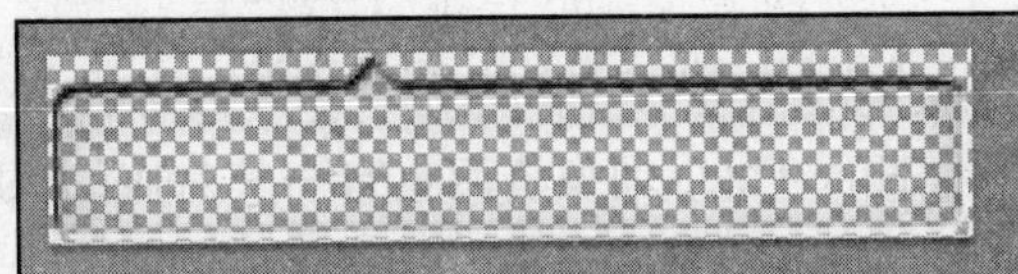

图 17-5　带尖角的 png 图

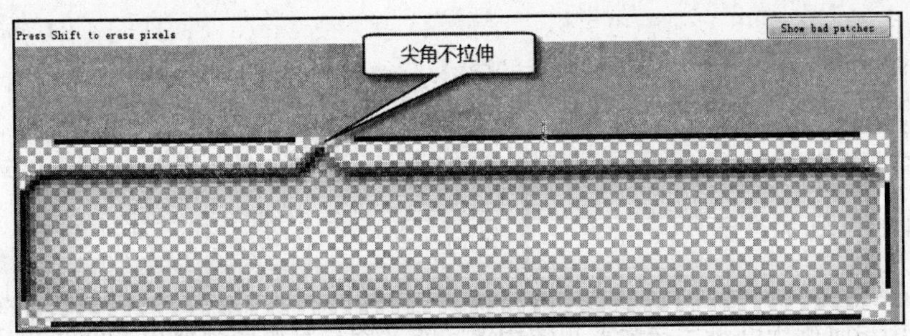

图 17-6　Draw 9-patch 工具主界面

可以通过 Draw 9-patch 工具在 png 图的四周绘制 1 个像素粗的直线，上边缘和左边缘的直线分别表示图像在水平和垂直方向可拉伸的范围。如果水平和垂直方向的某个区域不需要拉伸，可以不绘制相应的直线。如图 17-6 所示，图像上方的小尖角不需要拉伸，因此，小尖角上方没有绘制直线。

Nine-Patch 格式的图像右边缘和下边缘的直线分别表示图像所在控件中内容的显示范围，内容只在右边缘和下边缘绘制直线的区域显示。表示内容显示范围和拉伸范围的两组直线有一个重要区别，就是表示内容显示范围的直线中间不能断开，而表示拉伸范围的直线中间可以断开，如图 17-7 所示。

图 17-7　Nine-Patch 格式图像正确和错误绘制演示

Nine-Patch 图像资源与普通图像资源的使用方法相同，在引用时只写文件名，省略“.9.png”。如下面的例子所示。

假设有一个 Nine-Patch 格式的图像文件 res/drawable/cloud.9.png，可以在布局文件中使用下面代码引用该图像。

```
<Button
    android:layout_height="wrap_content"
    android:layout_width="wrap_content"
    android:background="@drawable/cloud" />
```

4. XML Nine-Patch 图像资源

Nine-Patch 图像资源也有与其对应的 XML 图像资源。这一点与普通图像资源类似，只是使用 <nine-patch> 标签来引用 Nine-Patch 格式的图像，而且属性比 <bitmap> 标签少了很多，只有一个设置抖动的 android:dither 属性。下面是一个定义 XML Nine-Patch 图像资源的例子：

```
<?xml version="1.0" encoding="utf-8"?>
<nine-patch xmlns:android="http://schemas.android.com/apk/res/android"
    android:src="@drawable/cloud"
    android:dither="false" />
```

5. 图层（Layer）资源

图层资源有些类似于 <FrameLayout>，所不同的是 <FrameLayout> 标签中可以包含任意的控件，而图层资源中的每一层只能包含图像。定义图层资源必须使用 <layer-list> 作为资源文件的根节点，<layer-list> 标签中可以包含多个 <item> 标签。每一个 <item> 标签表示一个图像，最后一个 <item> 标签会显示在最顶层（这一点与 <FrameLayout> 标签相同）。下面的代码通过 <item> 指定了一个图像：

```
<item android:drawable="@drawable/image" />
```

默认情况下，图像会尽量充满显示图像的视图，因此，显示的图像可能会被拉伸。为了避免图像拉伸，可以在 <item> 标签中使用 <bitmap> 标签引用图像，代码如下：

```
<item>
  <!--  图像在视图的中心显示  -->
  <bitmap android:src="@drawable/image"
          android:gravity="center" />
</item>
```

注意 为了保证图像不被缩小，视图应比图像尺寸大。

下面看一个完整的图层资源的例子。

定义图层资源（res/drawable/layers.xml）

```
<?xml version="1.0" encoding="utf-8"?>
<!--  每一个图像会和上一个图像错开一定的位置  -->
<layer-list xmlns:android="http://schemas.android.com/apk/res/android">
```

```
    <item>
      <bitmap android:src="@drawable/android_red"
        android:gravity="center" />
    </item>
    <item android:top="10dp" android:left="10dp">
      <bitmap android:src="@drawable/android_green"
        android:gravity="center" />
    </item>
    <item android:top="20dp" android:left="20dp">
      <bitmap android:src="@drawable/android_blue"
        android:gravity="center" />
    </item>
</layer-list>
```

上面的代码涉及 <item> 标签的几个控制偏移量的属性。这类属性一共有 4 个，如表 17-4 所示。

表 17-4　<item> 标签控制偏移量的属性

属　性	描　述
android:top	顶端偏移的像素
android:left	左侧偏移的像素
android:botom	底端偏移的像素
android:right	右侧偏移的像素

下面在 <ImageView> 标签中使用这个图层资源：

```
<ImageView
    android:layout_height="wrap_content"
    android:layout_width="wrap_content"
    android:src="@drawable/layers" />
```

图层的显示效果如图 17-8 所示。

注意　虽然可以使用 <FrameLayout> 或其他方法实现图 17-8 所示的效果，但图层无疑是最简单的方法。如无特殊需要，建议使用图层来实现多个图像重合的效果。

图 17-8　图层的显示效果

6. 图像状态（State）资源

工程目录：src\ch17\state_list

Android SDK 提供的 Button 控件默认样式显得有些单调，而且这种样式与绚丽的界面搭配在一起极不协调。当然，我们可以使用 ImageView 控件配合不同状态的图像做出很酷的按钮，但这需要编写大量的 Java 代码。为此，Android 提供了一种改变 Button 默认样式的方法，这种方法不需要编写 Java 代码。

当按钮处于不同状态（正常、按下、获得焦点等）时会显示不同的样式。这些样式一般使用不同的图像来渲染，这就需要指定不同状态对应的图像，而图像状态资源就是用来指定这些图像的。

图像状态资源是 XML 格式的文件，必须以 <selector> 标签作为根节点。在 <selector> 标签中包含了若干个 <item> 标签，用来指定相应的图像资源。下面看一个修改 Button 样式的例子。

假设有 3 个图像：normal.png、focused.png 和 pressed.png，分别表示按钮默认的样式、获得焦点的样式以及被按下的样式。在 res/drawable 目录中建立一个 button.xml 文件，并输入如下所示的内容：

```
<?xml version="1.0" encoding="utf-8"?>
<selector xmlns:android="http://schemas.android.com/apk/res/android">
    <item android:state_pressed="true"
          android:drawable="@drawable/pressed" /> <!-- pressed -->
    <item android:state_focused="true"
          android:drawable="@drawable/focused" />
    <item android:drawable="@drawable/normal" />
</selector>
```

在 <selector> 标签中有 3 个 <item> 标签。其中，前两个 <item> 标签分别将 android:state_pressed 和 android:state_focused 属性值设为 true，表示当前 <item> 标签的 android:drawable 属性指定的图像是被按下和获得焦点的样式。

下面在布局文件中定义一个 <button> 标签，并用下面的代码设置 <button> 标签的属性值。

```
<Button android:layout_width="wrap_content"
    android:layout_height="wrap_content"
        android:background="@drawable/button" android:text=" 按钮 " />
```

运行程序，会显示如图 17-9 所示的按钮默认样式。按下这个按钮（不要抬起来），显示如图 17-10 所示的按钮按下后的样式。

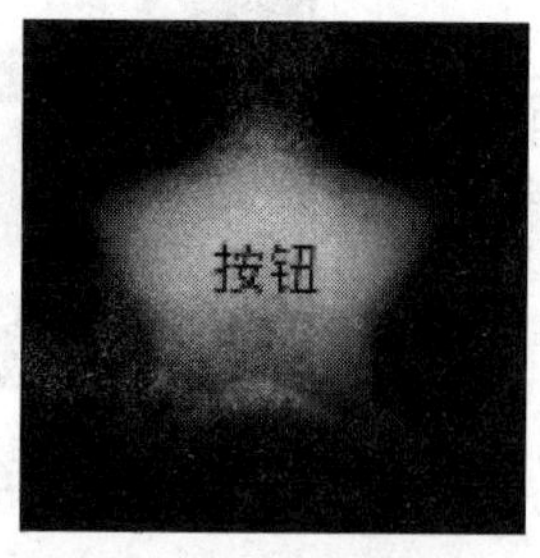

图 17-9 按钮的默认样式

图 17-10 按钮按下后的样式

7. 图像级别（Level）资源

工程目录：src\ch17\level_list

图像状态资源只能定义有限的几种状态，如果需要更多的状态，就要使用图像级别资源。在该资源文件中可以定义任意多个图像级别。每个图像级别是一个整数区间，可以通过 ImageView.setImageLevel 或 Drawable.setLevel 方法切换不同状态的图像。

图像级别资源是 XML 格式的文件，必须将 <level-list> 标签作为 XML 的根节点。<level-list> 标签中可以有任意多个 <item> 标签，每一个 <item> 标签表示一个级别区间。级别区间用 android:minLevel 和 android:maxLevel 属性设置。setImageLevel 或 setLevel 方法设置的级别在某个区间内（android:minLevel <= level <= android:maxLevel），系统就会先用那个区间对应的图像（用 android:drawable 属性设置）。

现在来做个实验。在 res/drawable 目录中放两个图像：lamp_on.png 和 lamp_off.png，然后在 res/drawable 目录建立一个 lamp.xml 文件，并输入如下的内容：

```
<?xml version="1.0" encoding="utf-8"?>
<level-list xmlns:android="http://schemas.android.com/apk/res/android">
    <item android:drawable="@drawable/lamp_off"
        android:minLevel="6" android:maxLevel="10" />
    <item android:drawable="@drawable/lamp_on"
        android:minLevel="12" android:maxLevel="20" />
</level-list>
```

<level-list> 标签中包含两个 <item> 标签，分别指定了两个级别区间（6 <= level <= 10 和 12 <= level <= 20）。下面的代码通过两个按钮和 onCreate 方法分别设置 level 的值为 8、6 和 15。当 level 的值为 6 和 8 时，ImageView 控件会显示 lamp_off.png；当 level 的值为 15 时，ImageView 控件会显示 lamp_on.png。代码如下：

```
package mobile.android.jx.level.list;

import android.app.Activity;
import android.os.Bundle;
import android.view.View;
import android.widget.ImageView;

public class LevelList extends Activity
{
    private ImageView ivLamp;
    @Override
    public void onCreate(Bundle savedInstanceState)
    {
        super.onCreate(savedInstanceState);
        setContentView(R.layout.main);

        ivLamp = (ImageView) findViewById(R.id.imageview_lamp);
        //  设置 level 为 8，显示 lamp_off.png
        ivLamp.setImageLevel(8);
    }
    public void onClick_LampOn(View view)
    {
        //  设置 level 为 15，显示 lamp_on.png
```

```
        ivLamp.setImageLevel(15);
    }
    public void onClick_LampOff(View view)
    {
        //  设置level为6，显示lamp_off.png
        ivLamp.getDrawable().setLevel(6);
    }
}
```

现在运行程序，单击“开灯”按钮，灯泡会变成开灯状态，如图17-11所示。单击“关灯”按钮，灯泡会变成关灯状态，如图17-12所示。

图17-11 开灯状态

图17-12 关灯状态

注意 如果指定的level没有在任何一个区间内，系统会清空ImageView控件中的图像。

8. 淡入淡出（Cross-fade）资源

工程目录：src\ch17\cross_fade

如果想做出更炫的效果，可以使用淡入淡出资源。前面介绍了切换不同图像状态的方法，但这些方法都是直接将图像进行简单的切换，并没有任何特效，显得有些单调。

淡入淡出资源同样也是切换两个图像（目前不支持多于两个图像的切换），并且使这两个图像以淡入淡出效果进行切换。如前面开关电灯的例子，如果加上淡入淡出效果，电灯在开关时会逐渐变亮或逐渐变暗。在res/drawable目录中建立一个lamp.xml文件，输入如下内容：

```
<?xml version="1.0" encoding="utf-8"?>
<transition xmlns:android="http://schemas.android.com/apk/res/android">
    <item android:drawable="@drawable/lamp_off" />
    <item android:drawable="@drawable/lamp_on" />
</transition>
```

注意 <transition>标签中只能有两个<item>标签。

从第一个图像（第一个 <item> 中指定的图像）切换到第二个图像要使用 TransitionDrawable.startTransition 方法，从第二个图像切换到第一个图像要使用 TransitionDrawable.reverseTransition 方法。下面的代码使用这两个方法让灯泡逐渐变亮或变暗：

```
package mobile.android.jx.cross.fade;

import android.app.Activity;
import android.graphics.drawable.TransitionDrawable;
import android.os.Bundle;
import android.view.View;
import android.widget.ImageView;

public class CrossFade extends Activity {
    private ImageView ivLamp;

    @Override
    public void onCreate(Bundle savedInstanceState)
    {
        super.onCreate(savedInstanceState);
        setContentView(R.layout.main);
        ivLamp = (ImageView) findViewById(R.id.imageview_lamp);
    }
    public void onClick_LampOn(View view)
    {
        TransitionDrawable drawable = (TransitionDrawable)ivLamp.getDrawable();
        //  从第一个图像切换到第二个图像。其中使用 1 秒（1000 毫秒）时间完成淡入淡出效果
        drawable.startTransition(1000);
    }
    public void onClick_LampOff(View view)
    {
        TransitionDrawable drawable = (TransitionDrawable)ivLamp.getDrawable();
        //  从第二个图像切换到第一个图像。其中使用 1 秒（1000 毫秒）时间完成淡入淡出效果
        drawable.reverseTransition(1000);
    }
}
```

运行程序，单击“开灯”和“关灯”按钮，会看到电灯逐渐变亮或变暗。图 17-13 是淡入淡出的中间效果。

图 17-13　淡入淡出的中间效果

9. 嵌入（Inset）图像资源

如果显示的图像要求小于装载图像的视图（例如背景图小于 View 区域），可以考虑使用嵌入图像资源。嵌入图像资源是 XML 格式的文件，只有一个 <inset> 标签，使用如表 17-5 所示的 4 个属性设置图像距离上、下、左、右四个方向的距离。

表 17-5 <inset> 标签设置图像距离的属性

属 性	描 述
android:insetTop	图像距离上边的距离
android:insetRight	图像距离右侧的距离
android:insetBottom	图像距离底边的距离
android:insetLeft	图像距离左侧的距离

下面的代码定义了一个嵌入图像资源：

```
<?xml version="1.0" encoding="utf-8"?>
<inset xmlns:android="http://schemas.android.com/apk/res/android"
    android:drawable="@drawable/background"
    android:insetTop="10dp"
    android:insetLeft="10dp" />
```

10. 剪切（Clip）图像资源

工程目录：src\ch17\clip

使用剪切图像资源可以只显示一部分图像，这种资源经常用于进度条的制作。剪切图像资源是一个 XML 格式文件，资源只包含一个 <clip> 标签。下面看一个制作进度条的例子。

首先，准备两个 png 图像（background.png 和 progress.png），将它们放到 res/drawable 目录中。然后，在 res/drawable 目录中建立一个 clip.xml 文件，并输入如下内容：

```
<?xml version="1.0" encoding="utf-8"?>
<clip xmlns:android="http://schemas.android.com/apk/res/android"
    android:drawable="@drawable/progress" android:clipOrientation="horizontal"
    android:gravity="left" />
```

<clip> 标签使用了如表 17-6 所示的 3 个属性来控制如何截取图像。

表 17-6 <clip> 标签控制截取图像的属性

属 性	描 述
android:drawable	指定要剪切的原图像
android:clipOrientation	截取的方向。可取的值：horizontal 和 vertical，分别表示水平和垂直方向截取图像
android:gravity	如何截取图像。例如 left 表示从左侧截取图像，right 表示从右侧截取图像

本例通过一个 <LinearLayout> 标签和一个 <ImageView> 标签实现进度条，布局代码如下：

```
<?xml version="1.0" encoding="utf-8"?>
<LinearLayout xmlns:android="http://schemas.android.com/apk/res/android"
    android:orientation="vertical" android:layout_width="fill_parent"
    android:layout_height="wrap_content"
    android:background="@drawable/background">
    <ImageView android:id="@+id/image" android:layout_width="fill_parent"
    android:layout_height="wrap_content"
    android:background="@drawable/clip"/>
</LinearLayout>
```

下面的代码截取了部分背景图像。

```
ImageView imageview = (ImageView) findViewById(R.id.image);
ClipDrawable drawable = (ClipDrawable) imageview.getBackground();
drawable.setLevel(3000);
```

上面的代码涉及一个截取比例的问题。ClipDrawable 类内部预设了一个最大的 level 值 10000。如果这个 level 的值为 0，表示截取图像的宽度或高度为 0，也就是说，图像就无法显示了；如果 level 的值为 10000，表示显示全部的图像（不进行任何截取）。本例将 level 设为 3000，表示从左侧截取 30% 的图像，显示效果如图 17-14 所示。

11. 比例（Scale）图像资源

通过比例图像资源可以将图像放大或缩小显示。比例图像资源是只包含一个 <scale> 标签的 XML 格式文件。下面代码实现按原图像的 80% 显示：

图 17-14 进度条的效果

```
<?xml version="1.0" encoding="utf-8"?>
<scale xmlns:android="http://schemas.android.com/apk/res/android"
    android:drawable="@drawable/logo"
    android:scaleGravity="center_vertical|center_horizontal"
    android:scaleHeight="80%"
    android:scaleWidth="80%" />
```

其中，android:scaleGravity 属性确定了图像显示的位置（本例将图像显示在视图的正中），android:scaleWidth 和 android:scaleHeight 属性设置了图像按水平（宽度）方向和垂直（高度）方向缩放的比例。

12. 外形（Shape）资源

工程目录：src\ch17\shape

外形资源是一个非常有意思也非常强大的资源。通过外形资源，可以为控件加上渐变背景色，可以使控件的 4 个角变成圆形，以及设置控件内容到控件边界的距离等。

外形资源使用 <shape> 标签中的子标签定义各种效果。例如，res/drawable/shape.xml 文件中定义了渐变色、控件内容距离边界的距离、圆角和边框线，代码如下：

```
<?xml version="1.0" encoding="utf-8"?>
<shape xmlns:android="http://schemas.android.com/apk/res/android"
    android:shape="rectangle">
    <!--  定义渐变色（从左下角到右上角绘制渐变色） -->
    <gradient android:startColor="#FFFF0000" android:endColor="#80FF00FF"
        android:angle="45" />
    <!--  定义控件内容到边界的距离（到四条边界的距离都是 7）  -->
    <padding android:left="7dp" android:top="7dp" android:right="7dp"
        android:bottom="7dp" />
    <!--  定义边框线（边框线宽度是 2，颜色为白色）  -->
    <stroke android:width="2dp" android:color="#FFF" />
    <!--  定义圆角（圆角半径是 8）  -->
```

```
    <corners android:radius="8dp" />
</shape>
```

定义外形资源时，需要使用 <shape> 标签的 android:shape 属性指定要绘制的形状。android:shape 属性可以指定 4 个值：rectangle（矩形）、oval（椭圆）、line（直线）、ring（圆环）。在本例中该属性值为 rectangle，表示绘制矩形。

下面的代码在 <TextView> 标签中使用了 shape.xml：

```
<TextView android:background="@drawable/shape"
    android:layout_height="wrap_content" android:layout_width="wrap_content"
    android:layout_margin="20dp" android:text="Shape Label" />
```

也可以使用下面的代码设置 TextView 控件的背景色：

```
Resources res = getResources();
Drawable shape = res. getDrawable(R.drawable.shape);
TextView tv = (TextView)findViewByID(R.id.textview);
tv.setBackground(shape);
```

运行程序，会显示如图 17-15 所示的效果。

图 17-15 TextView 控件使用外形资源后的效果

17.5.4 菜单（Menu）资源

菜单不仅可以在 onCreateContextMenu 或 onCreateOptionsMenu 方法中通过代码创建，也可以在 res/menu 目录中建立相应的菜单资源文件，并在 onCreateContextMenu 或 onCreateOptionsMenu 方法中装载菜单资源。

菜单资源文件必须以 <menu> 标签作为根节点，每一个菜单项用一个 <item> 表示。如果要定义子菜单，可以在 <item> 标签中包含 <menu> 标签；如果想将多个菜单项划为一组，可以使用 <group> 包含若干个 <item> 标签。下面的例子定义了一个菜单资源，其中包括子菜单和分组菜单项。

res/menu/example_menu.xml

```
<menu xmlns:android="http://schemas.android.com/apk/res/android">
    <!--  普通菜单项  -->
    <item android:id="@+id/item1"
          android:title="@string/item1"
          android:icon="@drawable/group_item1_icon"/>
    <!--  定义菜单组  -->
    <group android:id="@+id/group">
        <item android:id="@+id/group_item1"
              android:onClick="onGroupItemClick"
              android:title="@string/group_item1"
              android:icon="@drawable/group_item1_icon" />
        <item android:id="@+id/group_item2"
              android:onClick="onGroupItemClick"
              android:title="@string/group_item2"
```

```
            android:icon="@drawable/group_item2_icon" />
    </group>
    <!--  带子菜单的菜单项  -->
    <item android:id="@+id/submenu"
        android:title="@string/submenu_title">
        <menu>
            <item android:id="@+id/submenu_item1"
                android:title="@string/submenu_item1" />
        </menu>
    </item>
</menu>
```

注意　<item>标签中使用的 android:onClick 属性（指定单击菜单项时要调用的方法）是从 Android 3.0（API Level = 11）开始支持的，因此，要想让程序适合更多的 Android 版本，尽量避免使用 android:onClick 属性。

装载菜单资源文件的代码如下：

```
public boolean onCreateOptionsMenu(Menu menu) {
    MenuInflater inflater = getMenuInflater();
    inflater.inflate(R.menu.example_menu, menu);
    //  在这里可以使用 menu 添加更多的菜单项
    return true;
}
```

android:onClick 属性指定的方法如下：

```
public void onGroupItemClick(MenuItem item)
{
    //  在这里编写单击菜单项要执行的代码
}
```

17.5.5　动画（Animation）资源

Android SDK 支持 3 种动画：属性动画、帧动画和补间动画。其中，属性动画只在 Android 3.0 及以上版本支持。本节详细介绍这 3 种动画的定义和使用方法。

1. 属性（Property）动画

属性动画可以使对象的属性值在一定时间间隔内变化到某一个值。例如，在 1000 毫秒内移动控件的位置（改变 x 和 y 的值），在 500 毫秒内改变 alpha 属性的值以改变控件和透明度。属性动画资源文件位于 res/animator 目录中（res/animator/property_animator.xml）。下面的代码定义了一个属性动画文件。

```
<set android:ordering="sequentially">
    <set>
        <objectAnimator
            android:propesrtyName="x"
```

```
            android:duration="500"
            android:valueTo="400"
            android:valueType="intType"/>
        <objectAnimator
            android:propertyName="y"
            android:duration="500"
            android:valueTo="300"
            android:valueType="intType"/>
    </set>
    <objectAnimator
        android:propertyName="alpha"
        android:duration="500"
        android:valueTo="1f"/>
</set>
```

其中，android:ordering 属性指定 <set> 标签中动画的执行顺序，本例是按顺序执行，默认是同时执行。最顶层的 <set> 标签中还有一个 <set> 子标签，这个标签并未指定 android:ordering 属性。因此，在这个 <set> 中定义的两个动画是同时执行的。anim.xml 动画文件的功能就是先同时移动对象的两个坐标属性（x 和 y），然后设置对象的 alpha 属性值为 1f。

装载属性动画资源要使用 AnimatorInflator.loadAnimator 方法，代码如下：

```
//  装载属性动画资源
AnimatorSet set = (AnimatorSet) AnimatorInflater.loadAnimator(myContext,
    R.anim.property_animator);
//  设置要控制的对象
set.setTarget(myObject);
//  开始动画
set.start();
```

2. 帧（Frame）动画

帧动画类似于电影的播放过程。电影一般每秒至少播放 25 幅静态的图像（25 帧），由于人类的视觉暂留，将一定时间（很短的时间）之前出现的图像暂存于大脑中。这样，高频率地连续播放静态图像就会产生动画的效果。

根据帧动画的原理，需要在动画资源中定义若干个静态的图像。下面看一个帧动画的例子。

首先在 res/drawable 目录中准备一些作为单独帧的静态图像（anim1.png、anim2.png、anim3.png 等），然后在 res/anim 目录中建立一个 myanim.xml 文件，并输入如下内容：

```
<?xml version="1.0" encoding="utf-8"?>
<animation-list xmlns:android="http://schemas.android.com/apk/res/android"
    android:oneshot="false">
    <item android:drawable="@drawable/anim1 " android:duration="200" />
    <item android:drawable="@drawable/anim2" android:duration="200" />
    <item android:drawable="@drawable/anim3" android:duration="200" />
</animation-list>
```

定义帧动画资源文件时应注意如下几点。

1）帧动画必须用 <animation-list> 标签作为根节点。

2）如果 android:oneshot 属性值为 true，表示动画只播放一次；如果该属性值为 false，则表示动画会无限次循环播放。

3）每一个 <item> 表示一个静态图像，通过 android:drawable 属性指定图像资源。

4）android:duration 属性指定了当前图像停留的时间，即两幅静态画面之间切换的时间间隔。

下面的代码装载了帧动画资源，并在 ImageView 控件中播放帧动画：

```
ImageView imageView = (ImageView) findViewById(R.id.image);
//  装载帧动画
imageView.setBackgroundResource(R.anim.myanim);
AnimationDrawable animation = (AnimationDrawable) imageView.getBackground();
//  播放帧动画
animation.start();
```

3. 补间（Tween）动画

补间动画类似于 Flash 动画，通过定义动画对象在起点、终点的状态以及动画规则，系统会自动生成中间的状态。这种动画的优点是动画文件较小（因为只需要有起点和终点图像），缺点是只能生成较简单的动画，例如移动、旋转、透明、缩放。

补间动画资源文件需要使用一个 <set> 标签作为根节点。在 <set> 标签中可以包含以下 4 种补间动画标签。

- <scale>（比例缩放）
- <rotate>（旋转）
- <translate>（移动）
- <alpha>（透明度变化）

除了这 4 个标签外，<set> 标签中还可以包含 <set> 子标签。现在看一个补间动画的例子。首先在 res/anim 目录中建立一个 tween_anim.xml 文件，并输入如下内容。

```
<set  android:shareInterpolator="false"
    xmlns:android="http://schemas.android.com/apk/res/android">
    <!--  比例缩放动画  -->
    <scale

        android:interpolator="@android:anim/accelerate_decelerate_interpolator"
        android:fromXScale="1.0"
        android:toXScale="1.4"
        android:fromYScale="1.0"
        android:toYScale="0.6"
        android:pivotX="50%"
        android:pivotY="50%"
        android:duration="700" />
    <!--  定义一个动画集合  -->
    <set
        android:interpolator ="@android:anim/accelerate_interpolator"
        android:startOffset="700">
        <!--  定义比例缩放动画  -->
```

```
            <scale
                android:fromXScale="1.4"
                android:toXScale="0.0"
                android:fromYScale="0.6"
                android:toYScale="0.0"
                android:pivotX="50%"
                android:pivotY="50%"
                android:duration="400" />
            <!--  定义旋转动画  -->
            <rotate
                android:fromDegrees="0"
                android:toDegrees="-45"
                android:toYScale="0.0"
                android:pivotX="50%"
                android:pivotY="50%"
                android:duration="400" />
        </set>
    </set>
```

表 17-7 ～表 17-11 分别是 <set> 标签以及 4 个动画标签（<scale>、<rotate>、<translate>、<alpha>）的属性。

表 17-7 <set> 属性

属　性	描　述
android:interpolator	动画渲染器。在本例中该属性的值是 @android:anim/accelerate_interpolator，表示动画以加速方式完成。该属性还有一些其他的常用值，如 @android:anim/decelerate_interpolator（以减速方式完成动画）、@android:anim/accelerate_decelerate_interpolator（以先加速再减速的方式完成动画）
android:shareInterpolator	如果该属性为 true，表示 <set> 标签中的所有动画都使用 android:interpolator 属性指定的渲染器；如果该属性值为 false，每个动画会使用自己的渲染器
android:startOffset	动画开始前等待的时间，单位是毫秒

表 17-8 <scale> 属性

属　性	描　述
android:interpolato	与 <set> 标签中的 android:interpolator 属性含义相同
android:fromXScale	动画在沿 X 轴方向缩放的初始值。本例中的 1.0 表示原图像大小（不缩放）
android:toXScale	动画在沿 X 轴方向缩放的最终值。本例中的 1.4 表示放大到原图像的 140%
android:fromYScale	动画在沿 Y 轴方向缩放的初始值。本例中的 1.0 表示原图像大小（不缩放）
android:toYScale	动画在沿 Y 轴方向缩放的最终值。本例中的 0.6 表示缩小到原图像的 60%
android:pivotX	表示沿 X 轴方向缩放的支点位置。如果该属性值为 50%，则支点在沿 X 轴的图像中心位置
android:pivotY	表示沿 Y 轴方向缩放的支点位置。如果该属性值为 50%，则支点在沿 Y 轴的图像中心位置
android:duration	动画完成的时间，单位是毫秒。本例中的 700 表示动画将在 700 毫秒内完成。其他三个动画标签也都有这个属性，它们的含义相同

表 17-9 <rotate> 属性

属性	描述
android:fromDegrees	表示旋转的起始角度
android:toDegrees	表示旋转的结束角度
android:repeatCount	设置旋转的次数，默认值是 0。该属性需要设置一个整数值，如果该值为 0，表示不重复显示动画。对于上面的旋转补间动画，只从 0 度旋转到 360 度，动画就会停止；如果属性值大于 0，动画会再次显示该属性指定的次数。例如，如果 android:repeatCount 属性值为 1，动画除了正常显示一次外，还会再显示一次。也就是说，前面的旋转补间动画会顺时针旋转两周。如果想让补间动画永不停止，可以将 android:repeatCount 属性值设为 infinite 或 −1
android:repeatMode	设置重复的模式，默认值是 restart。该属性只有当 android:repeatCount 设置成大于 0 的数或 infinite 时才起作用。android:repeatMode 属性值除了可以是 restart 外，还可以设为 reverse，表示偶数次显示动画时会做与动画文件定义的方向相反的动作。例如，上面定义的旋转补间动画会在第 1，3，5，...，2n−1 圈顺时针旋转，而在 2，4，6，...，2n 圈逆时针旋转。如果想使用 Java 代码来设置该属性，可以使用 Animation.setRepeatMode 方法，该方法只接收一个 int 类型的参数，可取的值是 Animation.RESTART 和 Animation.REVERSE

表 17-10 <translate> 属性

属性	描述
android:fromXDelta	动画起始位置的横坐标
android:toXDelta	动画结束位置的横坐标
android:fromYDelta	动画起始位置的纵坐标
android:toYDelta	动画结束位置的纵坐标

表 17-11 <alpha> 属性

属性	描述
android:fromAlpha	起始透明度
android:toAlpha	结束透明度

注：以上两个属性的值都在 0.0 ～ 1.0 之间，属性值为 0.0 表示完全透明，属性值为 1.0 表示完全不透明。

下面的代码装载并播放了补间动画：

```
ImageView image = (ImageView) findViewById(R.id.image);
//  装载补间动画
Animation animation = AnimationUtils.loadAnimation(this, R.anim.tween_anim);
//  开始播放补间动画
image.startAnimation(animation);
```

17.5.6 风格（Style）资源

对于拥有多界面和多控件的 Android 程序来说，保持界面风格统一将是一项挑战。例如，在程序中多处使用了自定义风格的文本输入框（EditText），在 <EditText> 标签中需要设置多个属性，这将是一项繁琐而无聊的工作。更糟糕的是，如果想改变 EditText 控件的风格，又要重新做同样的工作。

值得庆幸的是，Android 已经为我们提供了快速的解决方案，这就是风格资源。风格资源的本质就是将一组属性值完全相同的属性打包，在某处统一设置，然后在控件标签中只引用风格资源。在修改风格时，只需要修改风格资源中的属性值即可。这有点像编程语言中的函数，将通用的功能封装在函数中，在程序的多处调用这个函数；如果功能改变，直接修改函数即可。

风格资源是 XML 格式的文本，这些资源文本需要保存在 res/values 目录中（与字符串资源在同一个目录）。每一种风格用一个 <style> 表示，在 <style> 标签中用 <item> 子标签设置属性值。例如，下面是一个标准的风格资源代码：

```
<?xml version="1.0" encoding="utf-8"?>
<resources>
    <!--  CustomText 风格资源继承自 Text 风格资源  -->
    <style name="CustomText" parent="@style/Text">
        <!--  设置 android:textSize 属性的值为 20sp  -->
        <item name="android:textSize">20sp</item>
        <!--  设置 android:textColor 属性的值为 #008  -->
        <item name="android:textColor">#008</item>
    </style>
</resources>
```

在引用风格资源时要使用 style 属性（不需要加 android 前缀），代码如下：

```
<EditText
    style="@style/CustomText"
    android:layout_width="fill_parent"
    android:layout_height="wrap_content"
    android:text="Hello, World!" />
```

17.5.7 其他资源

除了前面介绍的资源外，Android 还支持更多的资源，如颜色值资源、尺寸资源、布尔（Boolean）资源、整数资源等。例如，下面的代码在 res/values/color.xml 文件中定义了几个颜色值资源：

```
<?xml version="1.0" encoding="utf-8"?>
<resources>
    <color name="opaque_red">#f00</color>
    <color name="translucent_red">#80ff0000</color>
</resources>
```

Android 允许将颜色值作为资源保存在资源文件中。保存在资源文件中的颜色值用井号 "#" 开头，Android 支持 4 种颜色值表示方式：#RGB、#ARGB、#RRGGBB、#AARRGGBB。其中 R、G、B 表示三原色，即红、绿、蓝，A 表示透明度，即 Alpha 值。A、R、G、B 的取值范围都是 0 ～ 255。R、G、B 的取值越大，颜色越深。如果 R、G、B 都等于 0，表示的颜色是黑色；都为 255，表示的颜色是白色。R、G、B 三个值相等时表示灰度值。R、G、B 总共可表示 16777216（2^{24}）种颜色。A 取 0 时表示完全透明，取 255 时表示不透明。如果采用前两种颜色值表示法，A、R、G、B 的取值范围是 0 ～ 15，这并不意味着是颜色范围的 256 个值的前 15 个，而是将每一个值扩展成两位。例如，#F00 相当于 #FF0000，#A567 相当于 #AA556677。从这一点可以看出，#RGB 和 #ARGB 可设置的颜色值并不多，它们的限制条件是颜色值和透明度的 8 位字节的高 4 位和低 4 位相同，其他的颜色值必须使用后两种形式设置。

其中的资源也是在 res/values 目录的资源文件中定义的，例如下面的代码分别定义了尺寸资源、整数资源、布尔资源、整型数组资源、资源数组。

1. 尺寸资源

```
<?xml version="1.0" encoding="utf-8"?>
<resources>
    <dimen name="textview_height">25dp</dimen>
    <dimen name="textview_width">150dp</dimen>
    <dimen name="ball_radius">30dp</dimen>
    <dimen name="font_size">16sp</dimen>
</resources>
```

2. 整数资源

```
<?xml version="1.0" encoding="utf-8"?>
<resources>
    <integer name="max_speed">75</integer>
    <integer name="min_speed">5</integer>
</resources>
```

3. 布尔资源

```
<?xml version="1.0" encoding="utf-8"?>
<resources>
    <bool name="sscreen_small">true</bool>
    <bool name="adjust_view_bounds">true</bool>
</resources>
```

4. 整型数组资源

```
<?xml version="1.0" encoding="utf-8"?>
<resources>
    <integer-array name="bits">
        <item>4</item>
        <item>8</item>
        <item>16</item>
        <item>32</item>
    </integer-array>
</resources>
```

5. 资源数组

```
<?xml version="1.0" encoding="utf-8"?>
```

```
<resources>
    <array name="icons">
        <item>@drawable/home</item>
        <item>@drawable/settings</item>
        <item>@drawable/logout</item>
    </array>
    <array name="colors">
        <item>#FFFF0000</item>
        <item>#FF00FF00</item>
        <item>#FF0000FF</item>
    </array>
</resources>
```

在代码中使用资源也很容易，下面的代码使用了资源数组中的值。

```
Resources res = getResources();
TypedArray icons = res.obtainTypedArray(R.array.icons);
Drawable drawable = icons.getDrawable(0);

TypedArray colors = res.obtainTypedArray(R.array.icons);
//  getColor 方法的第 1 个参数是资源数组的索引，第 2 个参数是默认值
int color = colors.getColor(0,0);
```

6. ID 资源

下面看一个比较有意思的资源：ID 资源。前面已经接触很多布局文件，几乎每一个标签都包含一个 android:id 属性。例如，可以将该属性的值设为 @+id/textview，其中，在 @ 和 id 之间有一个加号（+），表示如果 R.id 类中没有 textview 变量，会自动生成一个。为了保证 textview 变量在 R.id 类中一定存在，可以事先使用 ID 资源定义这个变量，代码如下：

```
<?xml version="1.0" encoding="utf-8"?>
<resources>
    <item type="id" name="textview" />
</resources>
```

定义 ID 资源后，就可以将 android:id 属性的值直接设为 @id/textview。

17.6 小结

本章介绍 Android 支持的所有资源，这些资源都保存在 res 目录的相应子目录中。其中，动画资源有两个资源目录：anim 和 animator。animator 目录是从 Android 3.0 才开始支持的，用于保存属性动画文件。除了 res/values 目录中的资源名，其他目录的资源都会以文件名在 R 类的相应子类中生成一个变量；而 res/values 中的资源会以 name 属性值为变量名在 R 类的相应子类中生成变量。Android 中的资源可以在某种程度上简化 Android 应用程序的开发过程，提高程序的可维护性。因此，读者应仔细阅读本章的内容，在开发 Android 应用程序的过程中可以起到事半功倍的效果。

第 18 章　电话、短信与联系人

电话和短信是手机最常用的功能。可能有的手机用户不在手机上使用 QQ、浏览网页、玩游戏，看电子书，但几乎没有人不打电话和收发短信。Android SDK 为我们提供了大量的 API 用来灵活地控制手机的打电话和发短信功能，本章将详细介绍如何使用这些 API。

除此之外，联系人信息也是手机中非常重要的部分，经常与打电话和发短信功能配合使用。因此，本章最后将介绍如何通过 Android SDK 提供的 API 操作联系人信息。

18.1　电话

打电话是手机最基本的功能（注意哦，不是之一，如果手机不能打电话，那是砖头！）。Android SDK 提供了大量的 API 控制来电、去电、监听来电、修改通信记录等操作。本节详细介绍这些 API 的使用方法。

18.1.1　显示拨号界面

系统的拨号界面可以使用 Activity Action 调用，代码如下：

```
Intent intent = new Intent(Intent.ACTION_CALL_BUTTON);
startActivity(intent);
```

如果执行上面的代码，会显示如图 18-1 所示的界面。

图 18-1　系统的拨号界面

为了使程序更人性化，可以在显示拨号界面时，将要拨打的电话号显示在拨号盘上方的控件中。实现的代码如下：

```
Intent intent = new Intent(Intent.ACTION_DIAL,
        Uri.parse("tel:12345678"));
startActivity(intent);
```

执行上面代码后的拨号界面如图 18-2 所示。

18.1.2　直接拨打电话

如果不想显示系统的拨号界面，而是直接拨打电话，可以使用下面的代码：

```
Intent intent = new Intent(Intent.ACTION_CALL,
        Uri.parse("tel:12345678"));
startActivity(intent);
```

通过代码拨打电话需要在 AndroidManifest.xml 文件中设置如下的权限，否则在拨号时会抛出以下异常：

```
<uses-permission android:name="android.permission.CALL_PHONE" />
```

执行拨打电话的代码后，会显示如图 18-3 所示的拨号界面。

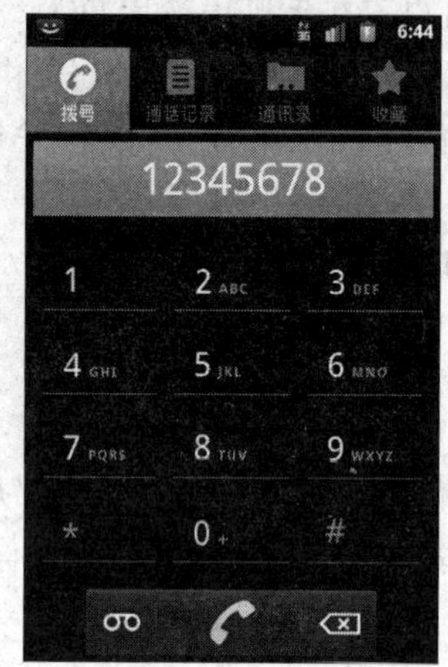

图 18-2 将电话号码填充到拨号界面

图 18-3 拨号界面

18.1.3 控制呼叫转移

电信运营商通常都会提供呼叫转移（一般是免费的）功能。在 Android 手机中的“设置”界面单击“呼叫”>“呼叫转移”项，会显示如图 18-4 所示的设置界面。

注意 不同厂商的手机可能列表项采用的名称不同，如 Nexus S 是“通话设置”>“来电转接”，读者在使用时应注意这一点。

从图 18-4 所示的设置界面可知，运营商为我们提供了如下 4 种呼叫转移场景。

1）**始终进行呼叫转移**：不管当前手机处于何种状态，来电都会被转移到指定的电话号上。在使用这种呼叫转移时应当非常小心，如果启用了这种呼叫转移，你可就永远也接不到电话了，而且自己的手机不会有任何反应。

图 18-4 呼叫转移设置界面

2）**占线时进行呼叫转移**：这种呼叫转移方式很有用。例如，如果某个销售人员业务比较多时，恰好身边有另一部座机，可以将该呼叫转移号设置为座机号。在用手机接听电话时恰巧有来电，会直接转移到座机上，这样就不会漏掉重要的电话了。该呼叫转移方式也在拒接时进行来电转移，因此，可以利用这种呼叫转移方式实现来电拦截功能。也就是说，当来电时，用程序迅速将电话挂断，这时，根据设置的转移电话号不同，对方会听到“电话已停机”、“电话已关机”、“号码是空号”和“正在通话中”4 种语音答复。

3）**无应答时呼叫转移**：如果某种原因没有接听手机来电，持续一定时间后信号中断才进行转移。

4）**无法接通时呼叫转移**：当信号不在服务区、没有信号或关机时进行呼叫转移。

单击某个呼叫转移项，会弹出如图 18-5 所示的设置对话框。在文本框中输入一个要转移的电话号，然后单击“启用”按钮使设置生效。

以上介绍的是通过 Android 本身提供的程序来设置呼叫转移号码。实际上，上述 4 种呼叫转移都有与其对应的特殊号码。还可以通过特殊号码取消呼叫转移，以及查询某种呼叫转移是否已启用。上述 4 种呼叫转移对应的特殊号码如表 18-1 所示。

图 18-5　设置呼叫转移号码

表 18-1　呼叫转移对应的特殊号码

	设　置	取　消	查　询
始终进行呼叫转移	**21* 电话号码 #	##21#	*#21#
占线时进行呼叫转移	**67* 电话号码 #	##67#	*#67#
无应答时呼叫转移	**61* 电话号码 ** 响铃时间 #	##61#	*#61#
无法接通时呼叫转移	**62* 电话号码 #	##62#	*#62#

注意　4 种呼叫转移方式对应的特殊号码的格式差不多，但无应答时呼叫转移对应的特殊号码多了一个“响铃时间”。在图 18-5 所示的设置对话框中也看到了一个设置延迟的下拉列表框，默认是 20 秒，这个值就是特殊号码后面的“响铃时间”。运营商会根据这个延迟时间决定多长时间挂断电话，并进行呼叫转移。例如，延迟 20 秒表示手机从接到来电开始算起，20 秒之内未接电话，运营商的服务器会自动挂断电话，并将信号转移给设定的号码。

上面的特殊号码可以利用 18.1.2 节的方法拨打。例如，设置占线时呼叫转移号码的代码如下：

```
Intent callIntent = new Intent(Intent.ACTION_CALL,
        Uri.parse("tel:**67*13810538911#"));
startActivity(callIntent);
```

执行上面的代码后，并不会显示与图 18-3 类似的拨号界面，而首先会显示一个如图 18-6 所示的信息提示框。如果设置成功，会弹出如图 18-7 所示的对话框。

图 18-6 MMI 码启动提示框

图 18-7 呼叫转移成功提示对话框

使用下面的代码可以取消刚才设置的呼叫转移：

```
Intent callIntent = new Intent(Intent.ACTION_CALL,
        Uri.parse("tel:##67#"));
startActivity(callIntent);
```

执行上面的代码后，如果清除成功，会弹出如图 18-8 所示的对话框。

使用下面的代码，可以查询呼叫转移的设置情况：

```
Intent callIntent = new Intent(Intent.ACTION_CALL,
        Uri.parse("tel:*#67#"));
startActivity(callIntent);
```

执行上面的代码后，如果查询成功，并且该呼叫转移已启动，会弹出如图 18-9 所示的提示对话框。

图 18-8 成功清除呼叫转移提示对话框

图 18-9 查询成功提示对话框

使用代码设置呼叫转移与在图 18-4 所示的界面中设置呼叫转移的效果是一样的。转移号码也会显示在图 18-4 所示的相应列表项中。

注意 虽然特殊号码在很多 Android 版本中可以直接拨打，但在高版本的 Android 中（例如 Android 2.3），会自动将井号（#）过滤，因此，建议使用 Uri.encode 方法对特殊号码进行编码后再进行拨号。

18.1.4 监听来 / 去电

工程目录：src\ch18\call_listener

监听来电有两种方式：广播接收器和 TelephoneManager 对象。而监听去电只能通过广播接收器进行监听。

1. 使用广播接收器监听来 / 去电

可以将监听来去电的代码放到一个广播接收器中，也可以将它们分别放在不同的广播接收器中。本例只使用一个广播接收器同时监听来电和去电。首先编写一个广播接收器，代码如下：

```
package mobile.android.jx.call.listener;

import android.app.Service;
import android.content.BroadcastReceiver;
import android.content.Context;
import android.content.Intent;
import android.telephony.TelephonyManager;
import android.widget.Toast;
//  监听来电和去电的广播接收器
public class InOutCallReceiver extends BroadcastReceiver
{
    @Override
    public void onReceive(final Context context, final Intent intent)
    {
        //  监听去电
        if (intent.getAction().equals(Intent.ACTION_NEW_OUTGOING_CALL))
        {
            //  获取去电的电话号
            String outcommingNumber = intent
                    .getStringExtra(Intent.EXTRA_PHONE_NUMBER);
            Toast.makeText(context, outcommingNumber, Toast.LENGTH_LONG).show();
        }
        //  监听来电
        else
        {
            //  获取 TelephonyManager 对象
            TelephonyManager tm = (TelephonyManager) context
                    .getSystemService(Service.TELEPHONY_SERVICE);
            //  获取来电的电话号
            String incomingNumber = intent.getStringExtra("incoming_number");
            //  处理来电的 3 个状态
            switch (tm.getCallState())
            {
                //  来电响铃
                case TelephonyManager.CALL_STATE_RINGING:
                    Toast.makeText(context,
                            "CALL_STATE_RINGING: " + incomingNumber,
                            Toast.LENGTH_SHORT).show();
                    break;
                //  摘机接听
                case TelephonyManager.CALL_STATE_OFFHOOK:
                    Toast.makeText(context,
                            "CALL_STATE_OFFHOOK: " + incomingNumber,
                            Toast.LENGTH_SHORT).show();
```

```
                break;
            // 挂机
            case TelephonyManager.CALL_STATE_IDLE:
                Toast.makeText(context,
                        "CALL_STATE_IDLE: " + incomingNumber,
                        Toast.LENGTH_SHORT).show();
                break;
        }
    }
}
}
```

下面在 AndroidManifest.xml 文件中注册这个广播接收器，代码如下：

```
<receiver android:name="InOutCallReceiver" android:enabled="true">
    <intent-filter>
        <action android:name="android.intent.action.PHONE_STATE" />
        <action android:name="android.intent.action.NEW_OUTGOING_CALL" />
    </intent-filter>
</receiver>
```

最后需要在 AndroidManifest.xml 文件中设置如下的权限：

```
<uses-permission android:name="android.permission.READ_PHONE_STATE" />
<uses-permission android:name="android.permission.PROCESS_OUTGOING_CALLS" />
```

现在运行程序，拨打电话或接听电话，屏幕下方会显示相应的信息提示框。

2. 使用 TelephonyManager 对象监听来电状态

在 InOutCallReceiver 类中已了解了如何获取 TelephonyManager 对象，下面的代码调用 TelephonyManager.listen 方法监听来电状态：

```
MyPhoneCallListener myPhoneCallListener = new MyPhoneCallListener();
//  设置电话状态监听器
tm.listen(myPhoneCallListener, PhoneStateListener.LISTEN_CALL_STATE);
```

其中，MyPhoneCallListener 类是一个电话状态监听器，该类继承自 PhoneStateListener，代码如下：

```
public class MyPhoneCallListener extends PhoneStateListener
{
    @Override
    public void onCallStateChanged(int state, String incomingNumber)
    {
        switch (state)
        {
            //  通话状态
            case TelephonyManager.CALL_STATE_OFFHOOK:
                Toast.makeText(Main.this, "正在通话...", Toast.LENGTH_SHORT).show();
                break;
```

```
            //  响铃状态
            case TelephonyManager.CALL_STATE_RINGING:
                Toast.makeText(Main.this, incomingNumber,Toast.LENGTH_SHORT).show();
                break;
            //  挂机状态
            case TelephonyManager.CALL_STATE_IDLE:
                Toast.makeText(Main.this, incomingNumber,Toast.LENGTH_SHORT).show();
                break;
        }
        super.onCallStateChanged(state, incomingNumber);
    }
}
```

18.1.5 用程序控制接听和挂断动作

工程目录：src\ch18\call_aidl

虽然可以通过 Activity Action 拨打电话，但使用常规的方法无法挂断电话。可以用一些技巧达到挂断电话的目的。

实际上，Android SDK 提供了可以控制来 / 去电的 ITelephony 接口，通过调用 ITelephony.endCall 方法可以直接挂断电话。问题是，ITelephony 接口和 endCall 方法在外部使用常规方法无法访问。因此，需要通过 Java 反射技术获取 ITelephony 对象，并调用 endCall 方法。

调用 endCall 方法的第一步是获取一个 ITelephony 对象。Android SDK 中并没有直接创建 ITelephony 的类或方法，但 TelephonyManager 类中有一个 getITelephony 方法可以获取 ITelephony 对象。不过 getITelephony 方法被声明成 private，因此，需要使用如下的代码调用 getITelephony 方法：

```
Class<TelephonyManager> telephonyManagerClass = TelephonyManager.class;
//  通过 Java 反射技术获取 getITelephony 方法对应的 Method 对象
Method telephonyMethod = telephonyManagerClass
                            .getDeclaredMethod("getITelephony",
                                    (Class[]) null);
//  允许访问 getITelephony 方法
telephonyMethod.setAccessible(true);
//  调用 getITelephony 方法获取 ITelephony 对象
Object obj =  telephonyMethod
                    .invoke(telephonyManager, (Object[]) null);
```

由于 ITelephony 接口外部不可访问，getITelephony 方法只返回一个 Object 对象，所以仍然需要再次使用 Java 反射技术调用 endCall 方法，代码如下：

```
//  获取与 endCall 方法对应的 Method 对象
Method endCallMethod = obj.getClass().getMethod("endCall", null);
//  允许访问 endCall 方法
endCallMethod.setAccessible(true);
//  调用 endCall 方法挂断电话
endCallMethod.invoke(obj, null);
```

为了监听来电，可以将上面的代码放到可以监听来电的广播接收器中。以下是广播接收器的完整代码：

```
package mobile.android.jx.call.aidl;

import java.lang.reflect.Method;
import android.app.Service;
import android.content.BroadcastReceiver;
import android.content.Context;
import android.content.Intent;
import android.telephony.TelephonyManager;
import android.widget.Toast;

public class InCallReceiver extends BroadcastReceiver
{
    @Override
    public void onReceive(Context context, Intent intent)
    {
        TelephonyManager tm = (TelephonyManager) context
                .getSystemService(Service.TELEPHONY_SERVICE);
        switch (tm.getCallState())
        {
            //  来电状态
            case TelephonyManager.CALL_STATE_RINGING:
                // 获取来电号码
                String incomingNumber = intent
                        .getStringExtra("incoming_number");
                //  如果电话号码是“12345678”，则挂断电话
                if ("12345678".equals(incomingNumber))
                {
                    try
                    {
                        TelephonyManager telephonyManager =
                            (TelephonyManager) context
                            .getSystemService(Service.TELEPHONY_SERVICE);
                        Class<TelephonyManager> telephonyManagerClass =
                            TelephonyManager.class;

                        Method telephonyMethod = telephonyManagerClass
                            .getDeclaredMethod("getITelephony",
                            (Class[]) null);
                        telephonyMethod.setAccessible(true);
                        //  获取 ITelephony 对象
                        Object obj =  telephonyMethod
                            .invoke(telephonyManager,(Object[]) null);
                        Method endCallMethod =
                            obj.getClass().getMethod("endCall", null);
                        endCallMethod.setAccessible(true);
                        //  挂断电话
                        endCallMethod.invoke(obj, null);
```

```
                }
                catch (Exception e)
                {
                    Toast.makeText(context, e.getMessage(),
                        Toast.LENGTH_LONG).show();
                }
            }
            break;
        }
    }
}
```

可以利用本节的技术实现来电黑名单。为了使程序更加完美，可以将要拦截的电话号保存在数据库中。当接收到来电时，首先需要到数据库中查找电话号。如果找到来电号码，便挂断电话。

本例还需要在 AndroidManifest.xml 文件中进行以下配置。

（1）注册广播接收器

```
<receiver android:name="mobile.android.jx.call.aidl.InCallReceiver"
    android:enabled="true">
    <intent-filter>
        <action android:name="android.intent.action.PHONE_STATE" />
    </intent-filter>
</receiver>
```

（2）设置权限

```
<uses-permission android:name="android.permission.READ_PHONE_STATE"/>
<uses-permission android:name="android.permission.CALL_PHONE"/>
```

现在运行程序（可以用模拟器测试），当来电号码是 12345678 时，系统会自动挂断电话。

18.1.6　获取通话记录

工程目录：src\ch18\call_list

无论是来电或去电，无论是已接听，还是未接听，都会在系统中保存通话记录。Android 系统本身提供了可以查看通话记录的功能，界面如图 18-10 所示。

图 18-10　通话记录查询界面

图 18-10 所示的通话记录（包括电话号码、日期、来 / 去电标志等）保存在 contacts2.db 数据库文件的 calls 表中。该数据库文件位于 /data/data/com.android.providers.contacts/databases 目录。这个目录中的文件只能由 package 为 com.android.providers.contacts 的程序（系统自带的联系人管理程序）访问，其他程序是无法通过常规方法访问该目录的文件的。

为了访问 contacts2.db 数据库中的 calls 表，需要使用 Content Provider。访问该表的 URI 是 content://call_log/calls，也可以通过 CallLog.Calls.CONTENT_URI 获取这个 URI。下面先看看 calls 表的结构，如图 18-11 所示。

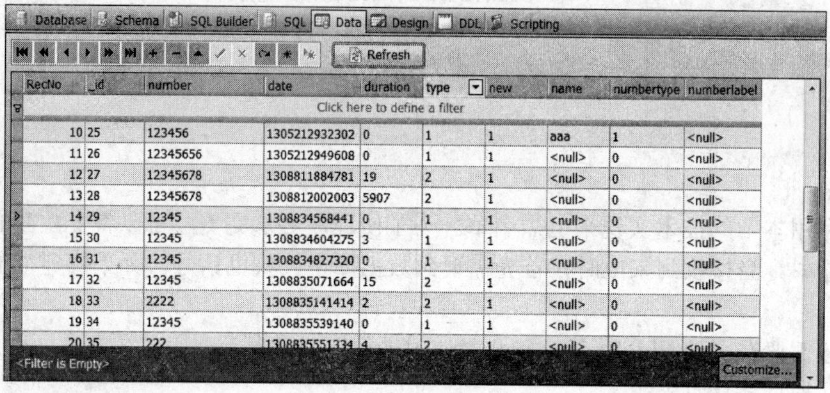

RecNo	_id	number	date	duration	type	new	name	numbertype	numberlabel
10	25	123456	1305212932302	0	1	1	aaa	1	<null>
11	26	12345656	1305212949608	0	1	1	<null>	0	<null>
12	27	12345678	1308811884781	19	2	1	<null>	0	<null>
13	28	12345678	1308812002003	5907	2	1	<null>	0	<null>
14	29	12345	1308834568441	0	1	1	<null>	0	<null>
15	30	12345	1308834604275	3	1	1	<null>	0	<null>
16	31	12345	1308834827320	0	1	1	<null>	0	<null>
17	32	12345	1308835071664	15	2	1	<null>	0	<null>
18	33	2222	1308835141414	2	2	1	<null>	0	<null>
19	34	12345	1308835539140	0	1	1	<null>	0	<null>
20	35	222	1308835551334	4	2	1	<null>	0	<null>

图 18-11 calls 表的结构

如图 18-11 所示，calls 表有 9 个字段。其中比较常用的包括 number、date、type、name 和 numbertype。这些字段含义如下。

- number：来 / 去电的电话号码。
- date：来 / 去电的日期。
- type：来 / 去电类型。值为 1 表示来电，值为 2 表示去电。
- name：如果联系人列表中包含 number 字段保存的电话号码，该字段值就是联系人姓名，否则该字段值为 null。
- numbertype：值为 1，表示电话号码在联系人列表中存在；值为 0，表示是新电话号码（在联系人列表中不存在）。

现在编写一个程序将 calls 表中的电话号显示在 ListView 控件中。本例直接使用 ListActivity 来显示这些电话号，代码如下：

```
package mobile.android.jx.call.list;

import android.app.ListActivity;
import android.database.Cursor;
import android.os.Bundle;
import android.provider.CallLog;
import android.widget.SimpleCursorAdapter;

public class CallList extends ListActivity
{
    @Override
    public void onCreate(Bundle savedInstanceState)
    {
        super.onCreate(savedInstanceState);
```

```
    //  查询通话记录（获取全部的通话记录）
    //  其中 DEFAULT_SORT_ORDER 表示默认的排序方式，也就是 date DESC
    Cursor cursor = getContentResolver().query(CallLog.Calls.CONTENT_URI,
        null, null, null, CallLog.Calls.DEFAULT_SORT_ORDER);
    //  根据返回的 Cursor 对象创建 SimpleCursorAdapter 对象
    SimpleCursorAdapter simpleCursorAdapter = new SimpleCursorAdapter(this,
        android.R.layout.simple_list_item_1, cursor,
            new String[]{ "number" }, new int[] { android.R.id.text1 });
    //  设置当前 ListView 控件的 Adapter 对象
    setListAdapter(simpleCursorAdapter);
  }
}
```

获取通话记录必须要在 AndroidManifest.xml 文件中设置以下权限：

```
<uses-permission android:name="android.permission.READ_CONTACTS"/>
```

运行程序，会显示如图 18-12 所示的列表。

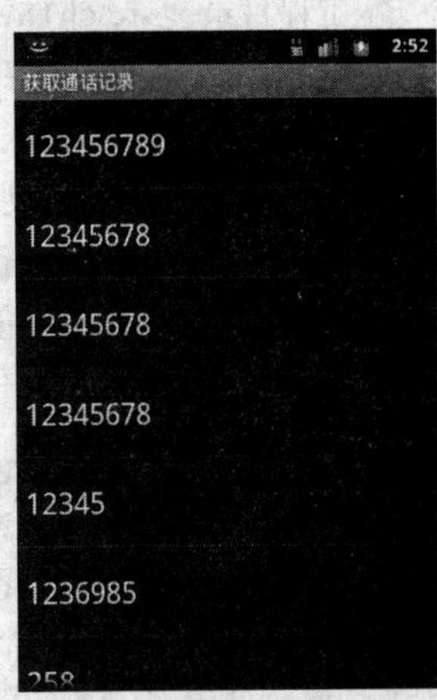

图 18-12　通话记录列表

18.2　短信和彩信

短信（SMS）和彩信（MMS）是手机另外两个常用的通信功能。短信和彩信类似于 Email，通过某种协议发送到运营商的服务器，然后运营商的服务器又向目标手机发送短信或彩信。本节详细介绍如何使用 Android SDK 提供的 API 发送和查看短信和彩信，以及彩信的原理。

18.2.1　通过系统程序发送短信

工程目录：src\ch18\send_sms_activity

Android 本身提供了一个发送短信的程序，通过以下代码可以调用该程序：

```
Intent sendIntent = new Intent(Intent.ACTION_SENDTO,
    Uri.parse("sms:12345678"));
sendIntent.putExtra("sms_body", " 你好吗？ ");
startActivity(sendIntent);
```

执行上面代码后，会显示如图 18-13 所示的发送短信界面，单击“发送”按钮即可发送短信。

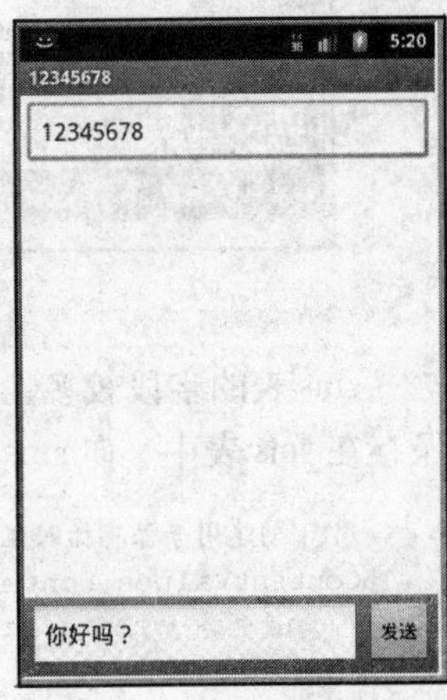

图 18-13　发送短信的界面

18.2.2　直接发送短信

工程目录：src\ch18\send_sms

Android SDK 提供了用于直接发送短信的 SmsManager 类。

通过 sendTextMessage 方法可以指定目标电话号和短信内容，代码如下：

```
SmsManager smsManager = SmsManager.getDefault();
//  直接发送短信，第 1 个参数表示电话号码，第 3 个参数表示短信内容
smsManager.sendTextMessage("12345678", null, "你好吗？", null, null);
Toast.makeText(this, "短信发送成功.", Toast.LENGTH_LONG).show();
```

使用 sendTextMessage 方法发送短信需要在 AndroidManifest.xml 文件中设置如下权限：

```
<uses-permission android:name="android.permission.SEND_SMS" />
```

执行上面的代码后，除了显示一个 Toast 信息提示框外，什么都没有出现。读者可以将号码换成自己或朋友的手机号测试本例。

18.2.3 保存短信发送记录

工程目录：src\ch18\save_send_sms

虽然 18.2.2 节的例子可以成功发送短信，但查看发送短信记录时并没有找到刚才发送的短信。原因很简单：SmsManager.sendTextMessage 方法只负责发送短信，并不负责将发送记录保存在数据库中。如果读者想将发送短信的记录保存在数据库中，需要另外编写代码。

短信数据保存在 mmssms.db 数据库文件的 sms 表中，该数据库文件位于 /data/data/com.android.providers.telephony/databases 目录。打开该数据库，找到 sms 表，表结构如图 18-14 所示。

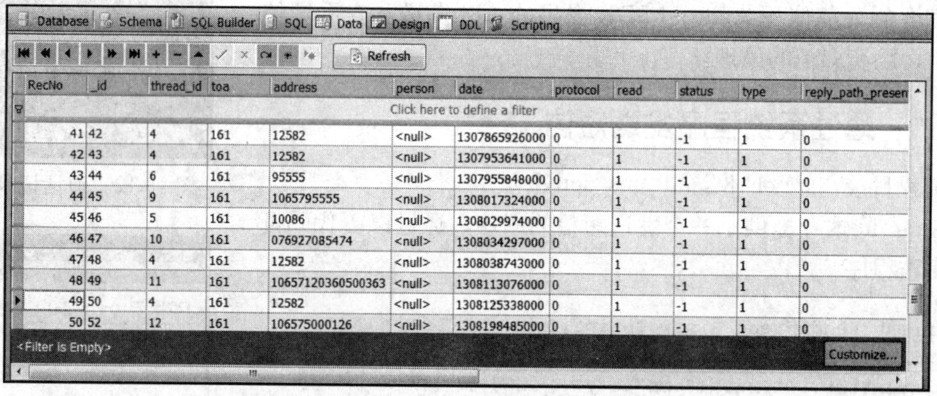

Database | Schema | SQL Builder | SQL | Data | Design | DDL | Scripting

Refresh

Click here to define a filter

RecNo	_id	thread_id	toa	address	person	date	protocol	read	status	type	reply_path_presen
41	42	4	161	12582	<null>	1307865926000	0	1	-1	1	0
42	43	4	161	12582	<null>	1307953641000	0	1	-1	1	0
43	44	6	161	95555	<null>	1307955848000	0	1	-1	1	0
44	45	9	161	1065795555	<null>	1308017324000	0	1	-1	1	0
45	46	5	161	10086	<null>	1308029974000	0	1	-1	1	0
46	47	10	161	076927085474	<null>	1308034297000	0	1	-1	1	0
47	48	4	161	12582	<null>	1308038743000	0	1	-1	1	0
48	49	11	161	10657120360500363	<null>	1308113076000	0	1	-1	1	0
49	50	4	161	12582	<null>	1308125338000	0	1	-1	1	0
50	52	12	161	106575000126	<null>	1308198485000	0	1	-1	1	0

<Filter is Empty> Customize...

图 18-14 sms 表的数据结构

sms 表的字段较多，不用担心，常用的字段并不多。下面的工作就是将发送短信的记录保存在 sms 表中。向 sms 表中写数据需要使用 Content Provider，代码如下：

```
//  创建用于保存插入值的 ContentValues 对象
ContentValues contentValues = new ContentValues();
//  设置会话 ID
contentValues.put("thread_id", threadID);
//  设置短信内容
```

```
contentValues.put("body", "你好吗？");
//  设置发短信的日期（单位：毫秒）
contentValues.put("date", new Date().getTime());
//  设置目标电话号
contentValues.put("address", 123456);
//  该字段值为 1 表示接收到的短信，值为 2 表示发送的短信
contentValues.put("type", 2);
//  该字段值为 0 表示短信已被查看，值为 1 表示未读短信
contentValues.put("read", 1);
//  调用 insert 方法向 sms 表插入一条记录
getContentResolver().insert(Uri.parse("content://sms"), contentValues);
```

在向 sms 表插入数据的代码中涉及一个概念：短信会话（Thread）。每个会话包含同一个电话号码的多条短信。如果要向 sms 表中插入一条记录，最重要的就是确定发送或接收的短信电话号码所在的会话 ID，也就是 thread_id 字段的值。

在 mmssms.db 数据库中使用 canonical_addresses 表保存电话号码和会话 ID 的对应关系。canonical_addresses 表的结构如图 18-15 所示，其中字段 id 就是会话 ID。

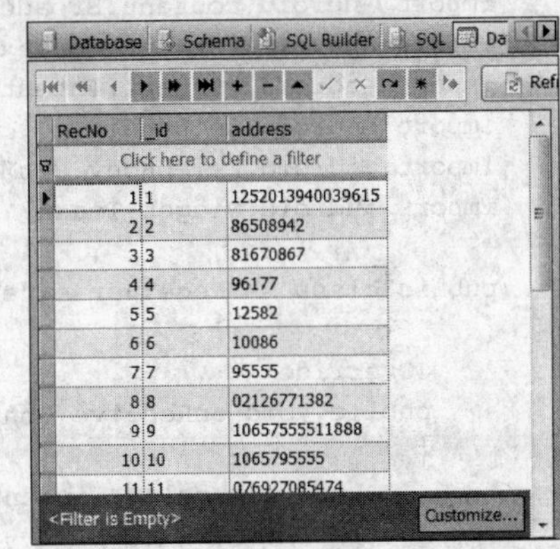

RecNo	_id	address
1	1	1252013940039615
2	2	86508942
3	3	81670867
4	4	96177
5	5	12582
6	6	10086
7	7	95555
8	8	02126771382
9	9	10657555511888
10	10	1065795555
11	11	076927085474

图 18-15　canonical_addresses 表的结构

在 sms 表保存记录之前，首先使用下面的代码查询当前电话号码对应的会话 ID：

```
Uri uri = Uri.parse("content://mms-sms/canonical-addresses");
//  在 canonical_addresses 表中查询指定电话号码对应的会话 ID
Cursor cursor = getContentResolver().query(uri, null, "address=?",
        new String[]{ "123456" }, null);
String threadID = "";
if (cursor.moveToNext())
{
    //  如果该会话存在，返回会话 ID
    threadID = cursor.getString(0);
}
else
{
    return;
}
```

向 sms 表写数据以及在 canonical_addresses 表查数据，都需要在 AndroidManifest.xml 文件中设置权限，代码如下：

```
<uses-permission android:name="android.permission.READ_SMS" />
<uses-permission android:name="android.permission.WRITE_SMS" />
```

现在运行程序，单击“发送短信”按钮，等短信发送成功后，查看系统的短信列表，会

发现刚才发送短信的目标电话号码所在的会话多了一条记录。

18.2.4 监听短信

工程目录：src\ch18\sms_receiver

Android 系统只要接收到短信，都会发一个广播。因此，可以在广播接收器中监听手机接收到的短信。现在先来编写一个广播接收器，代码如下：

```
package mobile.android.jx.sms.receiver;

import android.content.BroadcastReceiver;
import android.content.Context;
import android.content.Intent;
import android.os.Bundle;
import android.telephony.SmsMessage;
import android.widget.Toast;

public class SMSReceiver extends BroadcastReceiver
{
    @Override
    public void onReceive(Context context, Intent intent)
    {
        Bundle bundle = intent.getExtras();
        // 判断是否有数据
        if (bundle != null)
        {
            // 通过 pdus 可以获取接收到的所有短信息
            Object[] objArray = (Object[]) bundle.get("pdus");
            // 构建短信对象 array，并依据收到的对象长度来创建 array 的大小
            SmsMessage[] messages = new SmsMessage[objArray.length];

            String body = "";
            for (int i = 0; i < objArray.length; i++)
            {
                //  分析每一条短信
                messages[i] = SmsMessage.createFromPdu((byte[]) objArray[i]);
                //  将所有短信的内容组合起来
                body += messages[i].getDisplayMessageBody();
            }
            //  获取发送短信的电话号码
            String phoneNumber = messages[0].getDisplayOriginatingAddress();
            //  显示短信电话号码和短信内容
            Toast.makeText(context, " 电话号码：" + phoneNumber + "\n" + body,
                Toast.LENGTH_LONG).show();
        }
    }
}
```

由于运营商使用二进制格式发送短信，因此，需要使用 SmsMessage.createFromPdu 方

法分析短信数据。由于每条短信有字数限制（一般是 70 个字符），在发送短信时，如果短信内容超过这个限制，短信将被拆成多条短信发送。在广播接收器中就会接收到多条短信，每一条短信用一个 SmsMessage 对象表示。如果一条长短信被拆成了多条短信，在显示时可以当成多条短信显示，更好的做法是将这些短信合并起来恢复成原来的长度。在 for 循环中使用如下的代码将短信内容首尾相接组合起来：

```
body += messages[i].getDisplayMessageBody();
```

下面在 AndroidManifest.xml 文件中定义这个广播接收器。

```
<receiver android:name=".SMSReceiver" android:enabled="true">
    <intent-filter>
        <action android:name="android.provider.Telephony.SMS_RECEIVED" />
    </intent-filter>
</receiver>
```

使用广播接收器监听短信必须在 AndroidManifest.xml 文件中设置如下的权限。

```
<uses-permission android:name="android.permission.RECEIVE_SMS" />
```

现在运行程序，使用其他手机向自己的手机发一条短信，会显示如图 18-16 所示的 Toast 信息提示框。

图 18-16　显示短信电话号码和内容

18.2.5　发送彩信

工程目录：src\ch18\send_mms

目前 Android SDK 并没有开放直接发送彩信的 API。如果想发送彩信，只能使用系统中支持 MMS 的程序。实际上，发送彩信的过程就是将彩信内容先发送到运营商的服务器，然后目标手机再从运营商服务器下载彩信内容（虽然通过网络下载，但一般不算流量）。因此，发送彩信的过程就是通过 Socket 连接运营商的服务器上传数据的过程。但这些数据要遵循一定的协议，这部分内容已超出本书的范围，读者可以参阅 Android SDK 源代码和相关规范。

下面来看如何通过系统提供的程序发送彩信：

```
Intent intent = new Intent(Intent.ACTION_SEND);
intent.addFlags(Intent.FLAG_ACTIVITY_NEW_TASK);
intent.putExtra("address", "12345");
intent.putExtra("compose_mode", false);
intent.putExtra("exit_on_sent", true);
intent.putExtra("subject", "彩信测试");
intent.putExtra("sms_body", "彩信内容 ");
intent.putExtra(Intent.EXTRA_STREAM, Uri.parse("file:///sdcard/a.jpg"));
intent.setClassName("com.android.mms",
        "com.android.mms.ui.ComposeMessageActivity");
intent.setType("image/jpeg");
startActivity(Intent.createChooser(intent, "Send MMS To"));
```

执行上面的代码后，系统中所有支持发送彩信的程序都会出现在如图18-17所示的弹出列表中。

单击某一个列表项，会将上面代码发送的彩信标题、彩信内容和JPG图显示在发送彩信界面，如图18-18所示。

图 18-17 发送彩信程序列表

图 18-18 发送彩信的界面

18.2.6 监听彩信

Android系统虽然没提供直接发送彩信的功能，但可以通过广播接收器监听彩信。广播接收器中的onReceive方法的代码如下：

```
public void onReceive(Context context, Intent intent)
{
    Bundle bundle = intent.getExtras();
    //  获取彩信数据
    byte[] data = bundle.getByteArray("data");

    PduParser pduParser = new PduParser();
    //  分析彩信头，以便获取电话号码
    PduHeaders pduHeaders = pduParser.parseHeaders(data);
    //  返回电话号码
    String phoneNumber = pduHeaders.getFrom().getString();
}
```

onReceive方法中涉及一些类，如PduParser、PduHeaders，这些是Android SDK的内部类，在外部是无法访问的。因此，需要到Android SDK的源代码中找到这些类，将它们连同package目录复制到当前的Android工程中。

现在使用下面的代码配置广播接收器：

```
<receiver android:name=".MMSReceiver"
```

```
        android:enabled="true">
        <intent-filter>
            <action android:name="android.provider.Telephony.WAP_PUSH_RECEIVED" />
            <data android:mimeType="application/vnd.wap.mms-message" />
        </intent-filter>
    </receiver>
```

监听彩信需要在 AndroidManifest.xml 文件中设置如下的权限：

```
<uses-permission android:name="android.permission.RECEIVE_MMS" />
<uses-permission android:name="android.permission.RECEIVE_WAP_PUSH" />
```

18.2.7　显示视频缩略图

彩信一般可以包含 4 种类型的数据：文本、音频、图像、视频。对于前 3 种类型的数据，直接显示或显示一个播放按钮即可。如果是视频格式的数据，通常希望可以预览这个视频，也就是获取视频中最具代表性的一幅图显示在 ImageView 控件中。在 Windows 中浏览视频文件时也有类似的效果，这种技术就是本节要介绍的视频缩略图。

先来做个实验。找一部 Android 系统的手机（最好是 Android 2.1 及以上版本），在 SD 卡的某个目录（新建一个目录）中放一些图像、视频文件（最好是 3gp 格式）；然后，找到系统自带的“图库”程序，该程序能以 3D 效果显示所有包含图像的目录。我们会发现，运行“图库”程序后，会立刻显示刚创建的包含图像或视频文件的目录（系统并未搜索整个 SD 卡就找到了这个目录），效果如图 18-19 所示。

之所以系统可以这么快找到包含图像、视频文件的目录，是因为 Android 系统会实时检测对 SD 卡以及内存的写入动作。一旦有文件向这些存储介质写入图像、视频数据时，就会将这些文件的位置以及相关信息保存在 external-38323432.db 数据库中（注意，不同型号的手机可能名字不同，但都会以 external 开头）。实际上，不用在意这个数据库的文件名，因为我们不会直接访问这个数据库。

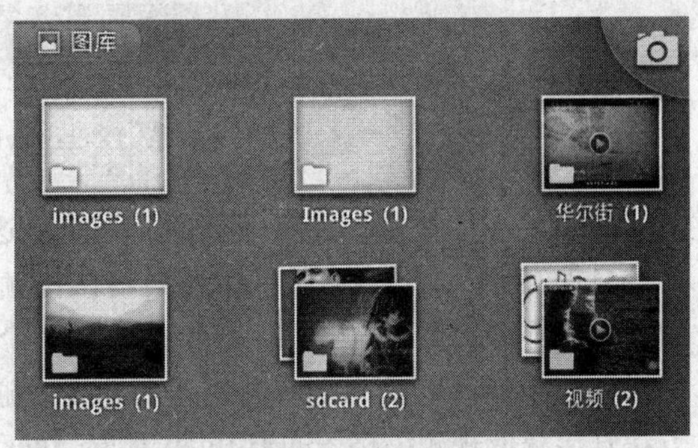

图 18-19　图库显示效果

例如，向 /sdcard/images 目录中存储一个 abc.png 文件，系统就会将该文件的路径、图像类型等信息保存到 external-38323432.db 数据库的 images 表中；如果向 /sdcard/video 目录中存储一个 xyz.3gp 文件，系统会将这个视频文件的路径、视频类型等信息保存在数据库的 video 表中。图 18-20 是 images 表的结构，图 18-21 是 video 表的结构。

如图所示，两个表的结构基本一样，只是 images 表保存的是图像文件的信息，video 表保存的是视频文件的信息。

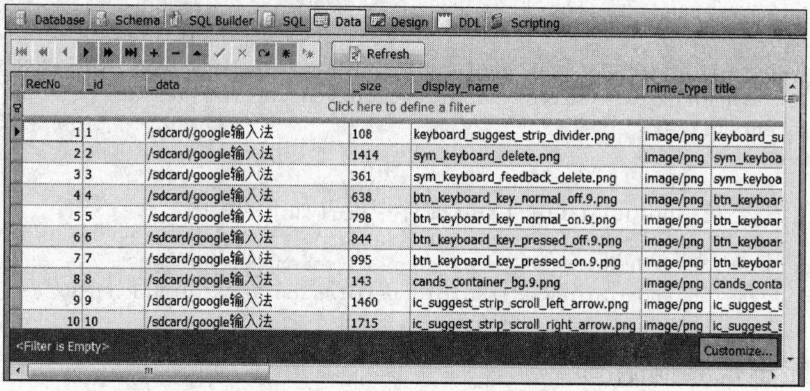

RecNo	_id	_data	_size	_display_name	mime_type	title
1	1	/sdcard/google输入法	108	keyboard_suggest_strip_divider.png	image/png	keyboard_su
2	2	/sdcard/google输入法	1414	sym_keyboard_delete.png	image/png	sym_keyboa
3	3	/sdcard/google输入法	361	sym_keyboard_feedback_delete.png	image/png	sym_keyboa
4	4	/sdcard/google输入法	638	btn_keyboard_key_normal_off.9.png	image/png	btn_keyboar
5	5	/sdcard/google输入法	798	btn_keyboard_key_normal_on.9.png	image/png	btn_keyboar
6	6	/sdcard/google输入法	844	btn_keyboard_key_pressed_off.9.png	image/png	btn_keyboar
7	7	/sdcard/google输入法	995	btn_keyboard_key_pressed_on.9.png	image/png	btn_keyboar
8	8	/sdcard/google输入法	143	cands_container_bg.9.png	image/png	cands_conta
9	9	/sdcard/google输入法	1460	ic_suggest_strip_scroll_left_arrow.png	image/png	ic_suggest_s
10	10	/sdcard/google输入法	1715	ic_suggest_strip_scroll_right_arrow.png	image/png	ic_suggest_s

图 18-20 images 表的结构

RecNo	_id	_data	_display_name	_size	mime_type	date_added	date_modified	tit
1	1	/sdcard/DCIM/100MEDIA/VIDEO0017.3gp	VIDEO0017.3gp	212412	video/3gpp	1302324306	1286633218	VI
2	2	/sdcard/DCIM/100MEDIA/VIDEO0001.3gp	VIDEO0001.3gp	1300811	video/3gpp	1302324337	1281507170	VI
3	3	/sdcard/DCIM/100MEDIA/VIDEO0002.3gp	VIDEO0002.3gp	844917	video/3gpp	1302324337	1281507216	VI
4	4	/sdcard/DCIM/100MEDIA/VIDEO0003.3gp	VIDEO0003.3gp	58399	video/3gpp	1302324339	1281507232	VI
5	5	/sdcard/DCIM/100MEDIA/VIDEO0004.3gp	VIDEO0004.3gp	1042037	video/3gpp	1302324340	1281507628	VI
6	6	/sdcard/DCIM/100MEDIA/VIDEO0005.3gp	VIDEO0005.3gp	13196113	video/3gpp	1302324340	1281507786	VI
7	7	/sdcard/DCIM/100MEDIA/VIDEO0006.3gp	VIDEO0006.3gp	2491508	video/3gpp	1302324341	1281508128	VI
8	8	/sdcard/DCIM/100MEDIA/VIDEO0007.3gp	VIDEO0007.3gp	4200858	video/3gpp	1302324341	1281508182	VI
9	9	/sdcard/DCIM/100MEDIA/VIDEO0008.3gp	VIDEO0008.3gp	1144530	video/3gpp	1302324341	1281508214	VI
10	10	/sdcard/DCIM/100MEDIA/VIDEO0009.3gp	VIDEO0009.3gp	640288	video/3gpp	1302324342	1281511888	VI

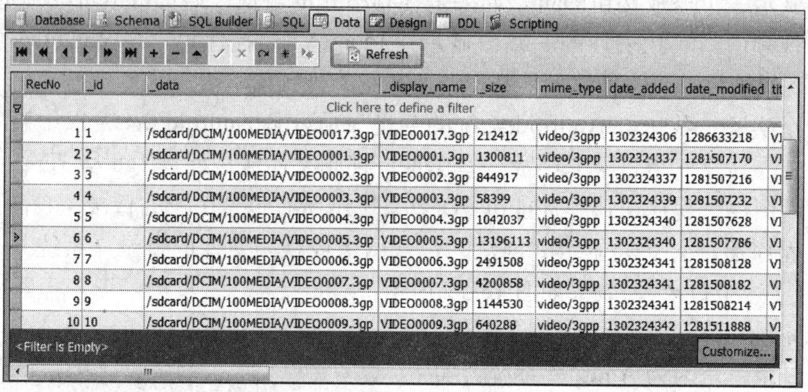

图 18-21 video 表的结构

本节关注的是视频缩略图问题，因此在这里只考虑 video 表。实际上，系统在将视频文件信息保存到 video 表中时，就已经将该视频的缩略图保存在数据库的某处。这就是为什么图 18-19 所示的"图库"界面显示的最后一个视频目录可以显示视频图像。至于系统将缩略图保存在数据库的什么地方并不重要，可以通过 MediaStore.Video.Thumbnails.getThumbnail 方法直接获取视频缩略图的 Bitmap 对象。getThumbnail 方法的定义如下：

```
public static Bitmap getThumbnail(ContentResolver cr, long origId, int kind,
    BitmapFactory.Options options)
```

getThumbnail 方法中需要解释的参数是 origId 和 kind。这两个参数与视频缩略图直接相关，其中 origId 是该视频在 video 表中对应记录的 _id 字段值，kind 表示获取缩略图的途经。该参数可以取以下两个值：

- Images.Thumbnails.MICRO_KIND（直接从数据库中获取视频缩略图）
- Images.Thumbnails.MINI_KIND（从视频文件中获取缩略图）

调用 getThumbnail 方法获取视频缩略图的关键是获取当前视频在 video 表中的 _id 字段值，也就是 origId 参数值。一般获取某个视频的缩略图都要指定这个视频的路径，因此，很容易通过视频文件路径在 video 表中查找该视频的记录，并返回 _id 字段的值。获取视频文件的 origId 参数值的代码如下：

```
// 定义查询条件
String whereClause = MediaStore.Video.Media.DATA + " = '/sdcard/video/xyz.3gp'";
// 查询 video 表中的记录
Cursor cursor = cr.query(MediaStore.Video.Media.EXTERNAL_CONTENT_URI,
        new String[]
          { MediaStore.Video.Media._ID }, whereClause, null, null);
// 查询到了记录
if(cursor.moveToFirst())
{
    // 获取 _id 字段值
    String videoId = cursor.getString(cursor
            .getColumnIndex(MediaStore.Video.Media._ID));
    // 将 _id 字段值转换成 long 类型
    long videoIdLong = Long.parseLong(videoId);
    // 获取图像缩略图
    Bitmap bitmap = MediaStore.Video.Thumbnails.getThumbnail(cr,
    videoIdLong,Images.Thumbnails.MICRO_KIND, options);
}
cursor.close();
```

如果视频是由程序动态生成的，系统并不会将视频信息添加到数据库中，使用上面的代码就无法获取视频缩略图，但可以通过下面的代码先将视频文件的相关信息添加到 video 表中，再进行查询。

```
ContentValues values = new ContentValues();
// filename 表示视频文件路径
values.put(MediaStore.Video.Media.DATA, filename);
// 向 video 表中插入记录
cr.insert(MediaStore.Video.Media.EXTERNAL_CONTENT_URI, values);
```

由于在获取视频缩略图的过程中只涉及视频文件路径，因此，上面的代码只向 video 表中插入了视频路径。_id 字段的值会自动生成。如果视频只是临时文件，不想获取视频缩略图后在 video 表中留下任何痕迹（在 video 表中所有记录对应的视频都会在“图库”程序中显示出来），可以通过下面的代码删除 video 表中的记录：

```
cr.delete(MediaStore.Video.Media.EXTERNAL_CONTENT_URI,
        MediaStore.Video.Media.DATA + "=?", new String[]
        { filename });
```

获取图像缩略图的完整代码将在下一节给出。

18.2.8 彩信内容与 SMIL 协议

工程目录：src\ch18\mms_browser

彩信内容比短信的纯文本内容更丰富。想显示手机中已接收或发出的彩信，首先要获取彩信的列表。彩信和短信的内容都保存在 mmssms.db 数据库中，但彩信的内容分成两个表保存。其中，pdu 表保存彩信的列表，part 表保存彩信的内容。由于获取彩信列表只需要访问 pdu 表，因此，先来研究 pdu 表，part 表将在本节后面讨论。

首先看 pdu 表的结构，如图 18-22 所示。

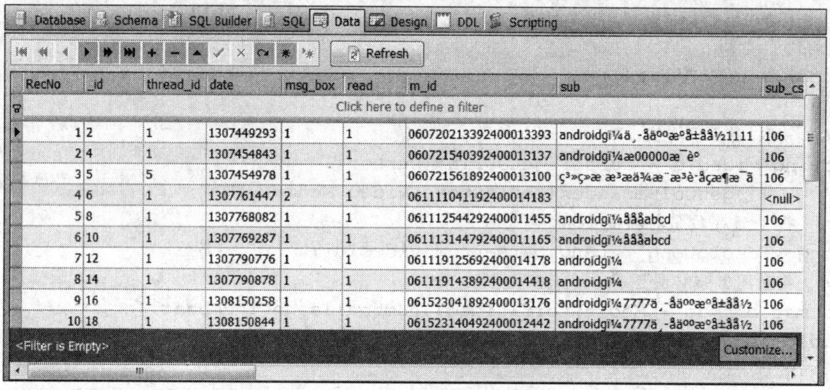

Database | Schema | SQL Builder | SQL | Data | Design | DDL | Scripting

Refresh

Click here to define a filter

RecNo	_id	thread_id	date	msg_box	read	m_id	sub	sub_cs
1	2	1	1307449293	1	1	060720213392400013393	androidgï¼ä¸-åä°æ°å±åå½1111	106
2	4	1	1307454843	1	1	060721540392400013137	androidgï¼æ00000æ¯è°	106
3	5	5	1307454978	1	1	060721561892400013100	ç³»ç»æ æ³æä¾æ¨æ³è·åçæ¶æ¯ã	106
4	6	1	1307761447	2	1	061110411924000141 83		<null>
5	8	1	1307768082	1	1	061112544292400011455	androidgï¼åååabcd	106
6	10	1	1307769287	1	1	061113144792400011165	androidgï¼åååabcd	106
7	12	1	1307790776	1	1	061119125692400014178	androidgï¼	106
8	14	1	1307790878	1	1	061119143892400014418	androidgï¼	106
9	16	1	1308150258	1	1	061523041892400013176	androidgï¼7777ä¸-åä°æ°å±åå½	106
10	18	1	1308150844	1	1	061523140492400012442	androidgï¼7777ä¸-åä°æ°å±åå½	106

<Filter is Empty> Customize...

图 18-22 pdu 表的结构

pdu 表有如下 5 个非常重要的字段。

_id：彩信的 ID。从 part 表查询彩信内容时要使用这个 ID。

thread_id：会话 ID。这个字段与 sms 表中 thread_id 字段的含义相同。每一个会话可能包含短信，也可以包含彩信。因此，显示一个会话的所有内容时，需要同时查找 pdu 表和 sms 表。

date：发送或接收彩信的时间（单位：秒）。pdu 表中 date 字段与 sms 表中 date 字段虽然都表示收发彩信或短信的时间，但表示时间的单位不同：pdu 表中 date 字段值是以秒为单位，而 sms 表中 date 字段值是以毫秒为单位。因此，将两个表合在一起按 date 排序时，应将 sms.date 除 1000 或将 pdu.date 乘 1000，否则 pdu.date 的值永远会小于 sms.date 的值。

sub：短信的标题。该字段是用 ISO-8859-1 编码格式保存的 UTF-8 编码，在使用 sub 字段的值时，应将其还原成 UTF-8 格式的字符串。

msg_box：该字段（相当于 sms 表中的 type 字段）值为 1，表示接收的彩信；值为 2，表示发送的彩信。

我们无法直接访问 mmssms.db 数据库中的 pdu 表，因此，需要使用如下的代码通过 Content Provider 查询 pdu 表中的数据：

```
Cursor cursor = getContentResolver().query(Uri.parse("content://mms"), null,
        null, null, null);
```

查询出 pdu 表的相关信息后，就可以利用上面介绍的 5 个字段将彩信显示在 ListView 控件中。获取彩信的 ID（pdu 表的 _id 字段值）后，就可以在 part 表中查询该条彩信的内容。下面先看看 part 表的结构，如图 18-23 所示。

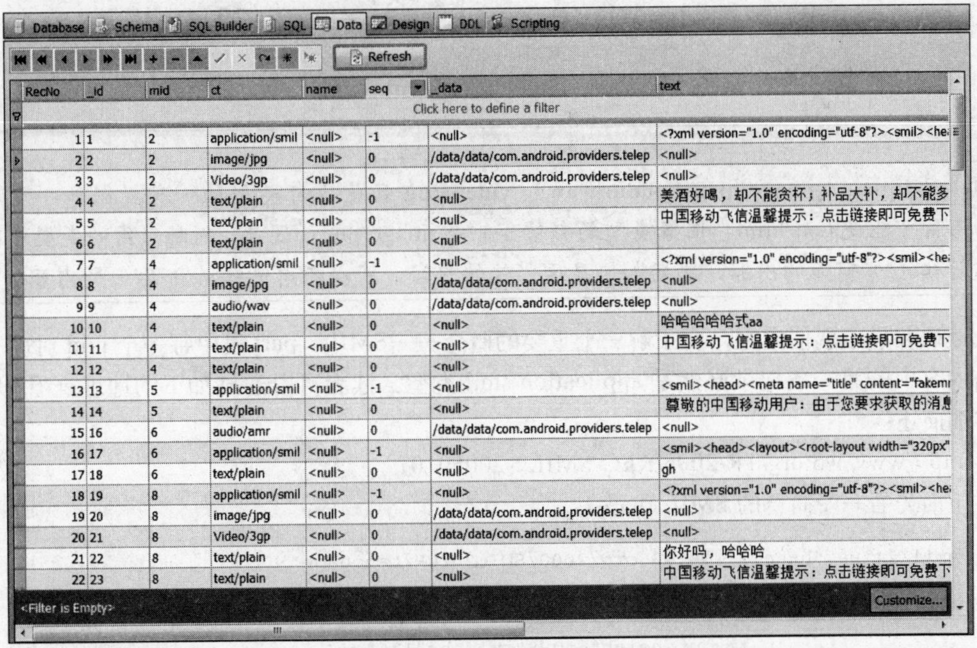

RecNo	_id	mid	ct	name	seq	_data	text
1	1	2	application/smil	<null>	-1	<null>	<?xml version="1.0" encoding="utf-8"?><smil><hea
2	2	2	image/jpg	<null>	0	/data/data/com.android.providers.telep	<null>
3	3	2	Video/3gp	<null>	0	/data/data/com.android.providers.telep	<null>
4	4	2	text/plain	<null>	0	<null>	美酒好喝，却不能贪杯；补品大补，却不能多
5	5	2	text/plain	<null>	0	<null>	中国移动飞信温馨提示：点击链接即可免费下
6	6	2	text/plain	<null>	0	<null>	
7	7	4	application/smil	<null>	-1	<null>	<?xml version="1.0" encoding="utf-8"?><smil><hea
8	8	4	image/jpg	<null>	0	/data/data/com.android.providers.telep	<null>
9	9	4	audio/wav	<null>	0	/data/data/com.android.providers.telep	<null>
10	10	4	text/plain	<null>	0	<null>	哈哈哈哈哈式aa
11	11	4	text/plain	<null>	0	<null>	中国移动飞信温馨提示：点击链接即可免费下
12	12	4	text/plain	<null>	0	<null>	
13	13	5	application/smil	<null>	-1	<null>	<smil><head><meta name="title" content="fakem
14	14	5	text/plain	<null>	0	<null>	尊敬的中国移动用户：由于您要求获取的消息
15	16	6	audio/amr	<null>	0	/data/data/com.android.providers.telep	<null>
16	17	6	application/smil	<null>	-1	<null>	<smil><head><layout><root-layout width="320px"
17	18	6	text/plain	<null>	0	<null>	gh
18	19	8	application/smil	<null>	-1	<null>	<?xml version="1.0" encoding="utf-8"?><smil><hea
19	20	8	image/jpg	<null>	0	/data/data/com.android.providers.telep	<null>
20	21	8	Video/3gp	<null>	0	/data/data/com.android.providers.telep	<null>
21	22	8	text/plain	<null>	0	<null>	你好吗，哈哈哈
22	23	8	text/plain	<null>	0	<null>	中国移动飞信温馨提示：点击链接即可免费下

图 18-23　part 表的结构

part 表的字段较多，我们不需要了解所有的字段。为了获取彩信的内容，只需要了解如下几个字段的含义即可。

1）mid：彩信的 ID。也就是 pdu._id 字段的值。

2）ct：彩信的类型。

3）cl：在 SMIL（Synchronized Multimedia Integration Language，同步多媒体集成语言）代码中使用的文件名。

4）_data：如果是非文本类型的彩信内容，该字段值是彩信数据文件路径，否则该字段值为 null。

5）text：如果彩信内容是纯文本形式，该字段值就是彩信的内容；如果短信内容是 SMIL 格式的文本，该字段值就是 SMIL 格式的内容；否则，该字段值为 null。

列出彩信内容后，在 part 表中查询所有 part.mid 字段值与当前彩信的 pdu._id 字段值相等的记录，这些记录就是当前彩信的内容。在显示彩信内容之前，先要了解彩信的类型。

彩信的主要类型如表 18-2 所示。

表 18-2 彩信的主要类型

类 型	描 述
application/smil	SMIL 代码，描述如何处理彩信内容
text/plain	文本类型
image/jpeg	图像类型
audio/wav	音频类型
video/3gp	视频类型

注意 text/plain、image/jpeg、audio/wav 和 video/3pg 只是各自类型的一种。例如，文本类型的彩信可能是 text/html，图像类型的彩信可能是 image/png。因此，判断彩信的类型可以只考虑斜杠（/）前面的内容，决定如何显示彩信的内容，可以考虑斜杠（/）后面的内容。

读取并显示彩信内容，要了解一个重要的概念——SMIL。part 表中每一个 mid 对应一组彩信内容中的第一条记录必然是 application/smil 类型。读者可以通过如下的地址查看 SMIL 的详细描述：

http://www.w3.org/TR/2005/REC-SMIL2-20050107

下面先看一段简单的 SMIL 代码：

```
<smil xmlns="http://www.w3.org/2000/SMIL20/CR/Language">
    <head>
        <layout>
            <root-layout height="208" width="176" />
            <region id="Image" top="0" left="0" height="50"
                width="100" fit="hidden" />
            <region id="Text" top="50" left="0" height="50"
                width="100" fit="hidden" />
        </layout>
    </head>
    <body>
        <par dur="40000ms">
            <img region="Image" src="att010.jpg" />
        </par>
        <par dur="300000ms">
            <text region="Text" src="att020.txt" />
        </par>
        <par dur="300000ms">
            <text region="Text" src="att030.txt" />
        </par>
        <par dur="40000ms">
            <img region="Image" src="att040.jpg" />
        </par>
        <par dur="300000ms">
            <text region="Text" src="att050.txt" />
        </par>
        <par dur="300000ms">
```

```
            <text region="Text" src="att060.txt" />
        </par>
        <par dur="40000ms">
            <img region="Image" src="att070.jpg" />
        </par>
        <par dur="300000ms">
            <text region="Text" src="att080.txt" />
        </par>
        <par dur="300000ms">
            <text region="Text" src="att090.txt" />
        </par>
        <par dur="300000ms">
            <text region="Text" src="att100.txt" />
        </par>
        <par dur="300000ms">
            <text region="Text" src="att110.txt" />
        </par>
        <par dur="40000ms">
            <img region="Image" src="att120.jpg" />
        </par>
        <par dur="300000ms">
            <text region="Text" src="att130.txt" />
        </par>
        <par dur="300000ms">
            <text region="Text" src="att140.txt" />
        </par>
    </body>
</smil>
```

SMIL 代码以 <smil> 标签作为根节点，其中 xmlns 是命名空间的值。读者也可以通过 xmlns 的值访问 SMIL 的官方网站。

SMIL 代码有一个类似 HTML 的头（<head>...</head>），其中包含了彩信内容的布局信息。除了 SMIL 头之外，还有一个用 <body>...</body> 包含起来的 SMIL 体。<body> 标签中主要是 <par> 标签的集合。<par> 标签指定了当前的彩信内容（由相应的子标签指定），以及彩信内容显示的时间，也就是两个彩信内容切换的时间间隔（由 dur 属性指定，单位:毫秒）。

从 SMIL 代码可以看出，SMIL 所描述的彩信内容实际上是一个幻灯片形式（已为每一帧的幻灯片指定了停留时间）。如果要编写完善的彩信浏览程序，可以解析 SMIL 代码，并按照 dur 属性和 <par> 标签的子标签显示相应的彩信内容。如果只想简单地显示彩信内容，不需要考虑 SMIL 的内容，直接读取 part 表中的彩信内容即可。

如果读取的是文本类型的彩信内容，可以直接从 text 字段获取数据。如果读取的是其他类型的彩信内容，可以根据 _data 字段指定的路径读取彩信内容。但这个路径是系统自带的短信 / 彩信程序私有的，其他程序通过常规方法无法访问，因此，就要使用下面的代码来获取路径中文件的字节流：

```
//  保存彩信数据的字节流
```

```
byte[] data = null;
//  定义访问彩信数据的URI。这个URI后面需要跟一个ID，也就是part表中的_id字段值
Uri partUri = Uri.parse("content://mms/part/"
        + cursor.getString(cursor.getColumnIndex("_id")));
ByteArrayOutputStream baos = new ByteArrayOutputStream();
InputStream is = null;
try
{
    //  根据URI获取彩信数据的InputStream对象
    is = getContentResolver().openInputStream(partUri);
    byte[] buffer = new byte[8192];
    int len = 0;
    //  读取彩信数据
    while ((len = is.read(buffer)) >= 0)
    {
        baos.write(buffer, 0, len);
    }
}
catch (IOException e)
{
}
finally
{
    if (is != null)
    {
        try
        {
            is.close();
            //  将彩信数据保存在byte数组中
            data = baos.toByteArray();
        }
        catch (IOException e)
        {
        }
    }
}
```

下面看一个完整的查看手机彩信的例子。首先编写一个显示彩信列表的类：

```
package mobile.android.jx.mms.browser;

import android.app.ListActivity;
import android.content.Intent;
import android.database.Cursor;
import android.net.Uri;
import android.os.Bundle;
import android.view.View;
import android.widget.AdapterView;
import android.widget.AdapterView.OnItemClickListener;
import android.widget.SimpleCursorAdapter;
```

```
import android.widget.TextView;

public class MMSList extends ListActivity implements OnItemClickListener
{
    private Cursor cursor;

    @Override
    public void onCreate(Bundle savedInstanceState)
    {
        super.onCreate(savedInstanceState);
        //  获取彩信列表
        cursor = getContentResolver().query(Uri.parse("content://mms"), null,
                null, null, null);
        //  根据封装彩信列表的Cursor对象创建用于显示彩信列表的SimpleCursorAdapter对象
        SimpleCursorAdapter simpleCursorAdapter = new SimpleCursorAdapter(this,
                android.R.layout.simple_list_item_1, cursor, new String[]{ "sub" },
                    new int[]{ android.R.id.text1 })
        {
            //  覆盖setViewText方法，对字段值解码
            @Override
            public void setViewText(TextView v, String text)
            {
                try
                {
                    //  这条语句很重要，由于sub字段的值是以ISO-8859-1编码格式
                    //  保存的UTF-8编码，因此，需要对sub字段的值解码
                    text = new String(text.getBytes("ISO-8859-1"), "UTF-8");
                }
                catch (Exception e)
                {
                }
                super.setViewText(v, text);
            }
        };
        //  设置Adapter对象，以便显示彩信列表
        setListAdapter(simpleCursorAdapter);
        getListView().setOnItemClickListener(this);
    }
    @Override
    public void onItemClick(AdapterView<?> parent, View view, int position, long id)
    {
        cursor.moveToPosition(position);
        //  获取pdu表的_id字段值（也就是part表的mid字段值）
        String mid = cursor.getString(cursor.getColumnIndex("_id"));
        Intent intent = new Intent(this, MMSBrowser.class);
        intent.putExtra("mid", mid);
        //  显示彩信内容
        startActivity(intent);
    }
}
```

在创建 SimpleCursorAdapter 对象时要注意，不能直接将 part.sub 字段的值显示在 ListView 控件中，而要先对 part.sub 字段值进行解码。因此，在创建 SimpleCursorAdapter 对象时覆盖了 SimpleCursorAdapter.setViewText 方法。SimpleCursorAdapter 在设置 TextView 控件的内容时会调用该方法。text 参数值就是相应字段的值（本例中是 sub 字段的值），因此，只需要在 setViewText 方法中对 text 参数值解码即可。

现在运行程序，显示如图 18-24 所示的彩信列表。

单击某个列表项，会通过 MMSBrowser 类显示当前彩信的内容。以下是 MMSBrowser 类的代码：

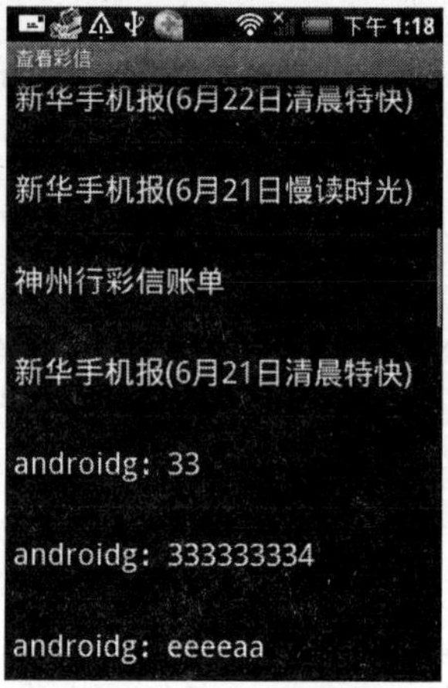

图 18-24 彩信列表

```
package mobile.android.jx.mms.browser;

import java.io.ByteArrayOutputStream;
import java.io.File;
import java.io.FileOutputStream;
import java.io.IOException;
import java.io.InputStream;
import android.app.Activity;
import android.content.ContentValues;
import android.database.Cursor;
import android.graphics.Bitmap;
import android.graphics.BitmapFactory;
import android.net.Uri;
import android.os.Bundle;
import android.provider.MediaStore;
import android.provider.MediaStore.Images;
import android.widget.ImageView;
import android.widget.LinearLayout;
import android.widget.ScrollView;
import android.widget.TextView;

public class MMSBrowser extends Activity
{
    @Override
    protected void onCreate(Bundle savedInstanceState)
    {
        super.onCreate(savedInstanceState);

        ScrollView scrollView = (ScrollView)
            getLayoutInflater().inflate(R.layout.main, null);
        LinearLayout linearLayout = (LinearLayout) scrollView
                .findViewById(R.id.linearlayout);
        //  获取从 MMSList 类传过来的 mid (part 表的 mid 字段值)
        String mid = getIntent().getStringExtra("mid");
        //  查询 part 表以获取当前彩信的所有内容
        Cursor cursor = getContentResolver().query(
                Uri.parse("content://mms/part"), null, "mid=?",
                    new String[]{ mid }, "_id asc");
```

```
//  下面的代码开始循环处理每一条彩信内容
while (cursor.moveToNext())
{
    //  获取当前彩信内容的类型
    String type = cursor.getString(cursor.getColumnIndex("ct"));
    //  获取当前彩信内容的文本
    String text = cursor.getString(cursor.getColumnIndex("text"));
    // 由于Android中只需要加换行符（\n）就可以，如果加了回车符（\r）
    //  会显示小方块，因此，需要将文本中所有的回车符替换掉
    if (text != null)
        text = text.replaceAll("\\r", "");
    //  保存彩信数据（非文本彩信）的byte数组
    byte[] data = null;
    //  下面的URI用于获取彩信数据
    Uri partUri = Uri.parse("content://mms/part/" +
        cursor.getString(cursor.getColumnIndex("_id")));

    ByteArrayOutputStream baos = new ByteArrayOutputStream();
    InputStream is = null;
    try
    {
        //  获取彩信数据的InputStream对象
        is = getContentResolver().openInputStream(partUri);
        byte[] buffer = new byte[8192];
        int len = 0;
        //  读取彩信数据
        while ((len = is.read(buffer)) >= 0)
        {
            baos.write(buffer, 0, len);
        }
    }
    catch (IOException e)
    {
    }
    finally
    {
        if (is != null)
        {
            try
            {
                is.close();
                //  将彩信数据保存在byte数组中
                data = baos.toByteArray();
            }
            catch (IOException e)
            {
            }
        }
    }
    //  下面的代码根据彩信内容的类型显示相应的彩信内容
```

```
//  处理文本类型的彩信
if (type.toLowerCase().contains("text"))
{
    //  从布局文件中装载 TextView 对象
    TextView textView = (TextView)
        getLayoutInflater().inflate(R.layout.text, null);
    //  在 TextView 控件中显示彩信内容
    textView.setText(text);
    //  将当前显示文本彩信内容的 TextView 控件添加到 LinearLayout 对象中
    linearLayout.addView(textView);
}
//  处理图像类型的彩信
else if (type.toLowerCase().contains("image"))
{
    //  从布局文件中装载 ImageView 对象
    ImageView imageView = (ImageView)
        getLayoutInflater().inflate(R.layout.image, null);
    //  将保存彩信数据的 byte 数组转换成 Bitmap 对象
    Bitmap bitmap = BitmapFactory.decodeByteArray(data, 0,data.length);
    //  在 ImageView 控件中显示彩信图像
    imageView.setImageBitmap(bitmap);
    //  将当前显示图像彩信内容的 ImageView 控件添加到
    //  LinearLayout 对象中
    linearLayout.addView(imageView);
}
//  处理视频类型的彩信
else if (type.toLowerCase().contains("video"))
{
    //  由于视频类型的彩信数据以 byte[] 形式返回
    //  而获取视频缩略图需要保存在 SD 卡或手机内存中的视频
    //  因此，需要先将彩信中的视频数据保存在 SD 卡上的临时文件中（temp.3gp）
    String filename = "/sdcard/temp.3gp";
    //  由于本例只显示视频的缩略图，因此使用 ImageView 控件即可
    ImageView imageView = (ImageView)
        getLayoutInflater().inflate(R.layout.image, null);
    try
    {
        //  创建用于写文件的 FileOutputStream 对象
        FileOutputStream fos = new FileOutputStream(filename);
        //  将视频数据写到临时文件中
        fos.write(data);
        fos.close();
    }
    catch (Exception e)
    {
    }
    //  获取视频文件的缩略图（Bitmap 对象）
    Bitmap bitmap = getVideoThumbnail(filename);
    //  在 ImageView 控件中显示视频的缩略图
```

```
                imageView.setImageBitmap(bitmap);
                //  将显示视频缩略图的ImageView控件添加到LinearLayout对象中
                linearLayout.addView(imageView);
            }
        }
        //  设置当前Activity显示的View(scrollView)控件包含前面使用的linearLayout
        setContentView(scrollView);
    }
    //  获取视频的缩略图
    public Bitmap getVideoThumbnail(String filename)
    {
        Bitmap bitmap = null;
        BitmapFactory.Options options = new BitmapFactory.Options();
        options.inDither = false;
        //  设置位图颜色配置
        options.inPreferredConfig = Bitmap.Config.ARGB_8888;
        //  定义查询external-38323432.db数据库中video表的条件
        String whereClause = MediaStore.Video.Media.DATA + " = '" + filename + "'";
        //  在video表中查询指定的视频记录
        Cursor cursor = getContentResolver().query(
            MediaStore.Video.Media.EXTERNAL_CONTENT_URI, new String[]{
                MediaStore.Video.Media._ID }, whereClause, null, null);
        //  delete为true，表示从video表中删除指定的视频记录
        boolean delete = false;
        //  在video表中未查到视频的记录，则在video表中插入一条视频记录
        if (cursor == null || cursor.getCount() == 0)
        {
            //  用于保存插入记录数据的ContentValues对象
            ContentValues values = new ContentValues();
            //  保存video._data字段的值
            values.put(MediaStore.Video.Media.DATA, filename);
            //  向video表中插入记录
            getContentResolver().insert(
                    MediaStore.Video.Media.EXTERNAL_CONTENT_URI, values);
            //  重新查询video表中的记录
            cursor = getContentResolver().query(
                    MediaStore.Video.Media.EXTERNAL_CONTENT_URI, new String[]{
                        MediaStore.Video.Media._ID }, whereClause, null, null);
            if (cursor == null || cursor.getCount() == 0)
                return null;
            //  在获取视频缩略图后将新插入的记录删除
            delete = true;
        }
        cursor.moveToFirst();
        //  获取视频记录的ID
        String videoId = cursor.getString(cursor
                .getColumnIndex(MediaStore.Video.Media._ID));

        if (videoId == null)
        {
```

```
            return null;
        }
        cursor.close();
        //  将视频记录的ID转换成long类型的数据
        long videoIdLong = Long.parseLong(videoId);
        //  获取视频的缩略图
        bitmap = MediaStore.Video.Thumbnails.getThumbnail(getContentResolver(),
                videoIdLong, Images.Thumbnails.MICRO_KIND, options);
        if (delete)
        {
            //  删除插入的视频记录
            getContentResolver().delete(
                    MediaStore.Video.Media.EXTERNAL_CONTENT_URI,
                    MediaStore.Video.Media.DATA + "=?", new String[]
                    { filename });
        }
        return bitmap;
    }
}
```

MMSBrowser将一条彩信的所有内容顺序显示在一个LinearLayout布局中。如果彩信中有文本、图像、视频等内容，会以图文混排形式显示。

Android的高版本在默认情况下不支持向SD卡写文件，如果要写文件，需要在AndroidManifest.xml文件中设置如下的权限：

```
<uses-permission android:name="android.permission.WRITE_EXTERNAL_STORAGE" />
```

当然，要想读彩信，也要设置如下的权限：

```
<uses-permission android:name="android.permission.READ_SMS" />
```

运行程序，显示如图18-24所示的彩信列表。单击某条彩信，会显示如图18-25所示的图文混排效果。

18.3 联系人

手机用户通常会将自己的朋友、同事、亲人的电话添加到联系人列表中以备随时查阅，在很多Android程序中也需要访问联系人信息。例如，编写的发短信程序需要输入一个电话号，而这个电话号正好在联系人列表中，这时就可以显示联系人列表，并由用户选择某个联系人，然后将联系人电话自动填写到输入电话号的文本框中。还可以将陌生的电话添加到联系人列表中，或从联系人列表中删除某个联系人。

图18-25 以图文混排形式显示彩信内容

18.3.1　查看联系人的内容

工程目录：src\ch18\contact_browser

联系人信息保存在 contact2.db 数据库文件的 contacts 表中，表结构如图 18-26 所示。

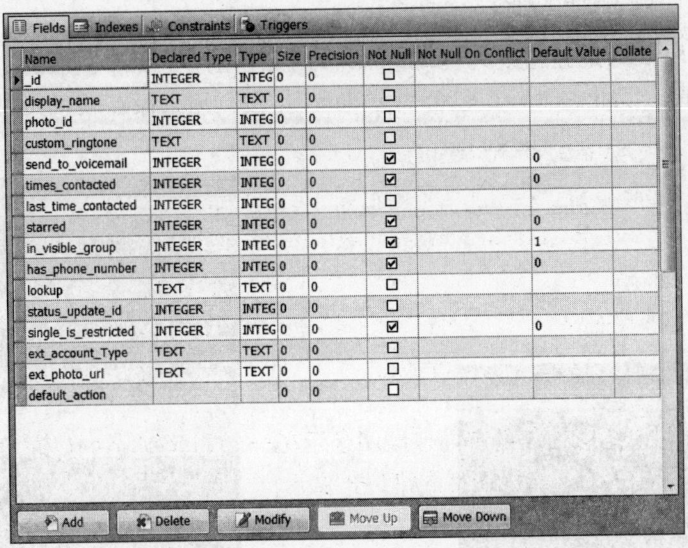

Fields　Indexes　Constraints　Triggers

Name	Declared Type	Type	Size	Precision	Not Null	Not Null On Conflict	Default Value	Collate
_id	INTEGER	INTEG	0	0	☐			
display_name	TEXT	TEXT	0	0	☐			
photo_id	INTEGER	INTEG	0	0	☐			
custom_ringtone	TEXT	TEXT	0	0	☐			
send_to_voicemail	INTEGER	INTEG	0	0	☑		0	
times_contacted	INTEGER	INTEG	0	0	☑		0	
last_time_contacted	INTEGER	INTEG	0	0	☐			
starred	INTEGER	INTEG	0	0	☑		0	
in_visible_group	INTEGER	INTEG	0	0	☑		1	
has_phone_number	INTEGER	INTEG	0	0	☑		0	
lookup	TEXT	TEXT	0	0	☐			
status_update_id	INTEGER	INTEG	0	0	☐			
single_is_restricted	INTEGER	INTEG	0	0	☑		0	
ext_account_Type	TEXT	TEXT	0	0	☐			
ext_photo_url	TEXT	TEXT	0	0	☐			
default_action			0	0	☐			

Add　Delete　Modify　Move Up　Move Down

图 18-26　contacts 表的结构

本例只关注 display_name 字段，该字段保存了联系人名称。可以使用下面的代码查询 contacts 表的数据，并将数据显示在 ListView 控件中：

```
//  查询 contacts 表中的数据
Cursor cursor = getContentResolver().query(
Uri.withAppendedPath(ContactsContract.AUTHORITY_URI,
        "contacts"), null, null, null, null);
//  根据封装 contacts 表数据的 Cursor 对象创建 SimpleCursorAdapter 对象
SimpleCursorAdapter simpleCursorAdapter = new SimpleCursorAdapter(this,
android.R.layout.simple_list_item_1, cursor, new String[]
{ "display_name"}, new int[]{ android.R.id.text1});
//  在 ListView 控件中显示 contacts 表的数据
setListAdapter(simpleCursorAdapter);
```

使用 Content Provider 访问联系人，需要在 AndroidManifest.xml 文件中设置如下的权限：

```
<uses-permission android:name="android.permission.READ_CONTACTS" />
```

运行程序，会显示如图 18-27 所示的联系人姓名列表。

从 contacts 表中并没有发现保存联系人的电话号字段，实际上，如果想获取全部的联系人信息，可以使用另外一个 URI，代码如下：

```
Cursor cursor = getContentResolver().query(
        Uri.withAppendedPath(ContactsContract.AUTHORITY_URI,
```

```
            "data/phones"), null, null, null, null);
SimpleCursorAdapter simpleCursorAdapter = new SimpleCursorAdapter(this,
        android.R.layout.simple_list_item_2, cursor, new String[]
        { "display_name", "data1" }, new int[]
        { android.R.id.text1, android.R.id.text2 });
setListAdapter(simpleCursorAdapter);
```

上面的代码将URI的路径改为“data/phones”，使用这个URI获取的记录集中同样包含display_name字段。除此之外，还包含一个data1字段，用来保存联系人的电话号码。现在运行程序，会显示如图18-28的效果。

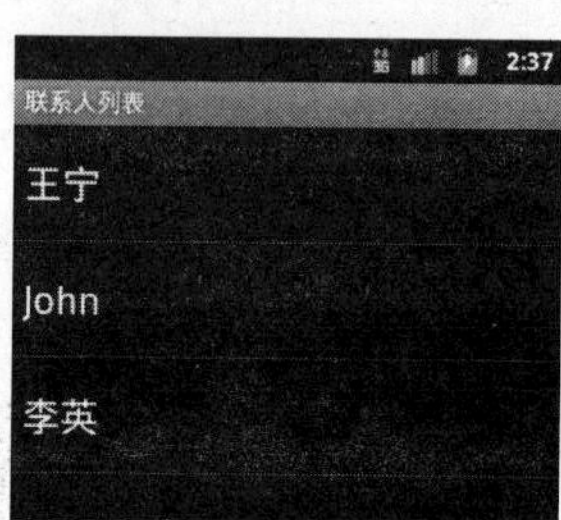

图18-27 联系人姓名列表

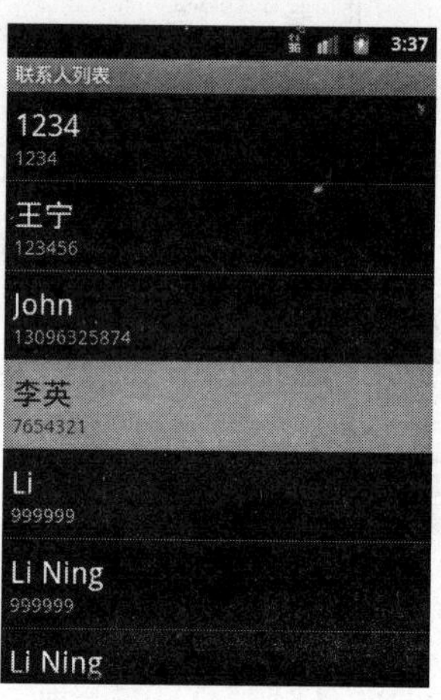

图18-28 带电话号码的联系人列表

18.3.2 添加电话到联系人列表

工程目录：src\ch18\contact_browser

插入联系人需要使用URI：RawContacts.CONTENT_URI。

插入联系人姓名、电话等信息的代码如下：

```
ContentValues values = new ContentValues ();
Uri rawContactUri = getContentResolver().insert(RawContacts.CONTENT_URI,values);
long rawContactsId = ContentUris.parseId(rawContactUri);
values.clear();
values.put(StructuredName.RAW_CONTACT_ID,rawContactsId);
values.put(Data.MIMETYPE,StructuredName.CONTENT_ITEM_TYPE);
values.put(StructuredName.DISPLAY_NAME,"Li Ning");
//  插入联系人姓名等信息
getContentResolver().insert(Data.CONTENT_URI,values);

values.clear();
values.put(Phone.RAW_CONTACT_ID,rawContactsId);
values.put(Data.MIMETYPE,Phone.CONTENT_ITEM_TYPE);
values.put(Phone.NUMBER,"999999");
//插入电话号码
```

```
getContentResolver().insert(Data.CONTENT_URI,values);
```

除了直接插入联系人信息外，还可以显示系统自带的添加联系人界面，代码如下：

```
Intent intent = new Intent("android.intent.action.INSERT");
intent.setType("vnd.android.cursor.dir/person");
// 手机号
if (phoneNumber.toString().startsWith("1"))
{
  //  设置电话号码类型为手机
 intent.putExtra(ContactsContract.Intents.Insert.PHONE_TYPE, 2);
}
// 工作电话
else
{
   // 设置电话号码类型为工作电话
 intent.putExtra(ContactsContract.Intents.Insert.PHONE_TYPE, 3);
}
// 将电话号码填入界面
intent.putExtra(ContactsContract.Intents.Insert.PHONE, "1234");
//  显示系统自带的插入联系人信息的界面
context.startActivity(intent);
```

执行上面的代码，会显示如图 18-29 所示的添加联系人界面。

如图所示，电话号码已经被添到界面中了。

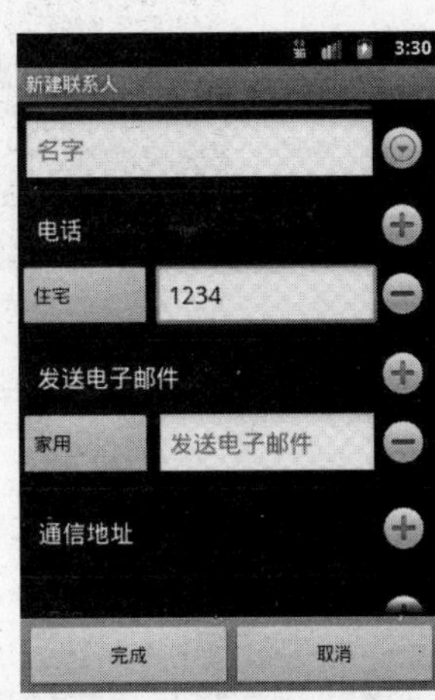

图 18-29　添加联系人界面

18.3.3　修改联系人信息

工程目录：src\ch18\contact_browser

修改联系人信息首先查找要修改的联系人，本例通过联系人的 ID 进行查找。首先，根据指定电话号码获取联系人的 ID，然后使用 ContentResolver.update 方法更新联系人信息，代码如下：

```
//  查询指定电话号码的联系人
Cursor cursor = getContentResolver().query(Data.CONTENT_URI,
    null,Phone.NUMBER + "=?", new String[]{ "999999" }, null);
cursor.moveToFirst();
//  获取当前联系人的 ID
String id = cursor.getString(cursor
        .getColumnIndex(Phone.RAW_CONTACT_ID));
ContentValues values = new ContentValues();
//  重新设置联系人的显示名
values.put(StructuredName.DISPLAY_NAME, "Liu Ming");
//  更新联系人信息
getContentResolver().update(Data.CONTENT_URI, values,
        Phone.RAW_CONTACT_ID + "=?", new String[]{ id });
```

18.3.4 删除联系人信息

工程目录：src\ch18\contact_browser

通过 ContentResolver.delete 方法可以删除指定条件的联系人信息，代码如下：

```
//  删除所有联系人姓名是 Li Ning 的联系人信息
getContentResolver().delete(Data.CONTENT_URI, "display_name=?",
        new String[]{ "Li Ning" });
```

18.4 小结

本章讨论了 Android 手机编程中最重要也是最常用的 3 部分：电话、短信和彩信、联系人。Android SDK 提供了丰富的 API，用来操作和控制与这 3 种功能相关的数据。例如，可以用代码实现挂断电话、查看彩信内容、删除联系人等操作。充分利用本章所介绍的技术可以完全实现电话、短信（彩信）和联系人程序，并取代系统提供的相应程序。

第19章　数　据　库

自从关系型数据库问世以来，数据库这一技术逐渐在各种平台（Windows、Linux、Unix、OS2 等）上得到了广泛的应用。直到最近几年，大量轻型的关系型数据库被应用到了各种移动平台（Android、iOS 等），其中，SQLite 是应用最广泛的一种轻型数据库。

SQLite 支持众多的移动平台，Android 甚至将 SQLite 作为其系统本身使用的默认数据库。为了使读者更好地了解 SQLite 数据库，并且能在 Android 上使用 SQLite 数据库，本章将详细介绍 SQLite 数据库的基本语法和函数的使用方法，以及在 Android 中应用 SQLite 数据库的一些技巧。

19.1　SQLite 数据库

SQLite 数据库的基本操作包括对数据表的增、删、改、查；插入或替换表中的记录；创建虚拟表、对表、索引、视图和触发器的创建和删除；事务、核心函数、日期和时间函数以及聚合函数。

19.1.1　管理 SQLite 数据库

SQLite 官方提供了一个命令行管理工具，读者可以从下面的地址下载这个工具的最新版。

http://www.sqlite.org/download.html

下载压缩包并将其解压后，只有一个 sqlite3.exe 文件（确实够轻量）。执行这个程序，会启动如图 19-1 所示的 SQLite 控制台。

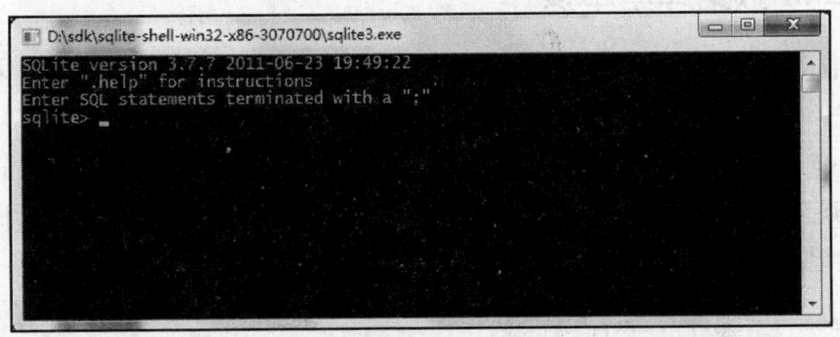

图 19-1　SQLite 控制台

在控制台中可以输入 SQL 语句或控制台命令，所有的 SQL 语句后面必须以分号（;）结尾。控制台命令必须以实心点（.）开头，例如“.help”（显示帮助信息）、“.quit”（退出控制台）、“.tables”（显示当前数据库中的所有表名）。

虽然可以在 SQLite 的控制台中输入 SQL 语句来操作数据库，但输入大量的命令会使工作量大大增加。因此，需要一个可视化的操作环境。笔者建议使用 SQLite Expert Professional，本书的数据库相关文件也是通过这个工具来管理的。这个工具使用方便，可以通过可视化的方式完成大部分数据库的操作，并且支持 SQL 代码高亮和代码颜色。读者可以到 http://www.sqliteexpert.com 地址下载最新版的 SQLite Expert Professional。

SQLite Expert Professional 的操作界面如图 19-2 所示。

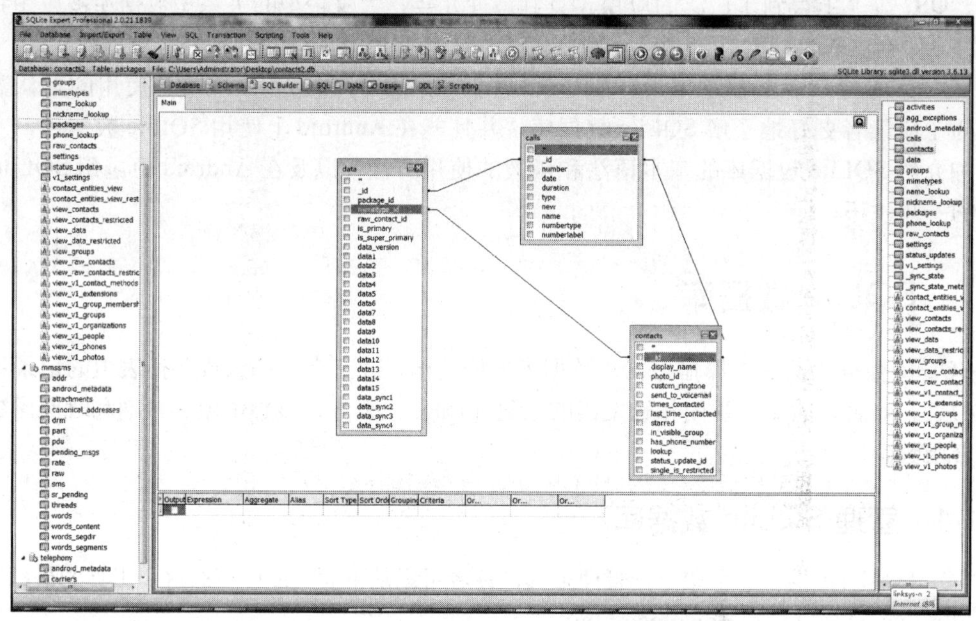

图 19-2 SQLite Expert Professional 的操作界面

19.1.2 SQLite 数据库基本操作

与其他数据库（如 SQL Server、Oracle）类似，Insert、Delete、Update 和 Select 是数据库最核心的 4 种操作，只是在使用上有一些差别。

其中，Select 支持 Limit 子句（与 MySQL 的用法一样）。Limit 支持两个参数：第 1 个参数表示记录的起始索引（从 0 开始），第 2 个参数表示记录个数。例如，下面的 SQL 语句要查询从第 2 条记录开始的 10 条记录：

```
select * from mytable limit 1, 10
```

1. 插入或替换

可能所有使用过数据库的读者都能体会到，在插入（insert 语句）一条记录之前，最好先判断该记录的主键或唯一索引在数据表中是否已经存在，否则会抛出数据冲突异常。即在 SQLite 数据库中比较简便，在插入记录时，只需要用 replace 代替 insert，就可以避免抛出数据冲突的异常。

例如，mytable 表有两个字段：id（主键）和 name。如果在 mytable 表中已经有一条记录：id = 20，name = '李宁'，执行下面的 insert 语句就会抛出数据冲突异常：

```
insert into mytable(id, name) value(20, '王明')
```

如果将 insert 换成 replace，就会将 name 字段的值替换成“王明”：

```
replace into mytable(id, name) value(20, '王明')
```

2. 创建和删除表

使用 create table 语句可以创建数据表。例如，下面的代码创建了一个带 2 个字段（id 和 name）的 mytable 表：

```
CREATE TABLE [mytable] (
  [id] INT NOT NULL ON CONFLICT ROLLBACK,
  [name] VARCHAR(30),
  CONSTRAINT [sqlite_autoindex_mytable_1] PRIMARY KEY ([id]));
```

读者不需要记住 create table 语句复杂的语法格式，只使用 19.1 节介绍的 SQLite Expert Professional 按要求创建一个表，并切换到“DDL”页，系统会自动生成对应的 create table 语句，如图 19-3 所示。

Database | Schema | SQL Builder | SQL | Data | Design | DDL | Scripting

```
CREATE TABLE [mytable] (
  [id] INT NOT NULL ON CONFLICT ROLLBACK,
  [name] VARCHAR(30),
  CONSTRAINT [sqlite_autoindex_mytable_1] PRIMARY KEY ([id]));
```

图 19-3 在“DDL”页中查看 create table 语句

使用 drop table 语句可以删除数据表，drop table 语句带一个 if exists 子句。该子句的作用是：如果要删除的表不存在，系统不会抛出异常。删除 mytable 表的 SQL 语句如下：

```
drop table if exists mytable
```

3. 复制表和数据

create table 语句还有另外一个重要功能，就是复制指定表的结构和数据（但不复制索引）。例如，下面的代码复制了 mytable 表，并复制了 mytable 中的所有数据，新表名为 new_table：

```
create table new_table as select * from mytable
```

4. 创建和删除索引

使用 create index 语句可以建立表索引。例如，下面的 SQL 语句为 new_table 表的 id 字段建立了唯一索引：

```
create unique index if not exists unique_index_id on my_table(id)
```

删除表中的索引可以使用 drop index 语句，SQL 语句如下：

```
drop index unique_index_id
```

5. 创建和删除视图

使用 create view 语句可以创建视图。例如，下面的 SQL 语句创建了一个名为 my_view 的视图，该视图可以查询 my_table 表中的数据：

```
create view if not exists my_view as select * from my_table
```

使用 drop view 语句可以删除视图。例如，下面的 SQL 语句可以删除 my_view 视图：

```
drop view if exists my_view
```

6. 创建和删除触发器

数据库中的触发器相当于面向对象程序中的事件。当数据表中的数据发生变化时就会触发某些动作（一般是执行某些 SQL 语句）。SQLite 支持 3 种触发事件：INSERT、UPDATE 和 DELETE。这几种触发事件分别在数据表中插入数据、更新数据表中的数据和删除数据表中的数据时被触发；同时，还支持在发生动作（INSERT、UPDATE 和 DELETE）之前（BEFORE）、之后（AFTER）触发事件，甚至可以取代当前操作（INSTEAD），而执行自己的 SQL 语句（例如，当插入一条记录时，通过 INSTEAD 可以取消插入操作，并执行在触发器中自己定义的 SQL 语句）。下面的 SQL 语句在 customers 表的 address 字段上定义了一个 UPDATE 触发器（触发器名为 update_customer_address），当更新 address 字段值时，就会执行触发器中的 SQL 语句（更新 orders 表中的相应 address 字段值，使其与 customers.address 字段的值保持一致：

```
create trigger update_customer_address UPDATE of address on customers
begin
    update orders set address = new.address where customer_name = old.name;
end
```

19.1.3 事务

如果一次执行多条修改数据（insert、update 等）的 SQL 语句，当某一条 SQL 语句执行失败时，就需要取消其他 SQL 语句对记录的修改，否则就会造成数据不一致的情况（脏数据）。要解决这个问题的最佳方法就是使用事务。

在 SQLite 中可以使用 BEGIN 来开始一个事务，例如，下面的代码执行了两条 SQL 语句，如果第 2 条语句执行失败，第 1 条 SQL 语句执行的结果就会回滚，相当于没执行过这条 SQL 语句：

```
BEGIN;
insert into table1(id, name) values(50,'Android');
insert into table2(id, name) values(1, '测试');
```

如果想显式地回滚记录的修改结果，可以使用 ROLLBACK 语句，代码如下：

```
BEGIN;
delete from table2;
ROLLBACK;
```

如果想显式地提交记录的修改结果，可以使用 COMMIT 语句，代码如下：

```
BEGIN;
delete from table2;
COMMIT;
```

19.1.4　核心函数

本节介绍 SQLite 数据库支持的核心函数。这些函数主要包括处理数值、字符串、记录、数据库版本的函数。

1. abs(X) 函数

abs(X) 函数返回数值的绝对值。abs(X) 的返回值有如下几种情况，如表 19-1 所示。

表 19-1　abs(X) 的返回值情况

X 取值	abs(X) 函数的返回值
正值和 0	X 本身
负值	X 的绝对值，也就是 −X
NULL	NULL
字符串、Blob 等不能转换为数值的类型	0。但要注意，如果非数值类型可以转换为数值，仍然会取该数值的绝对值。例如，X 的值为字符串 '-34'，那么 abs('-34') 的值仍然为 34
超出 64 位整数值范围	抛出一个溢出错误

例如，下面的代码返回并输出了 −123 的绝对值：

```
select abs(-123)
```

2. changes() 函数

changes 函数返回最近一次访问数据表所影响的行数，例如插入（insert）、更新（update）、删除（delete）和查询（select）影响的行数。当然，所影响的行数不包括由触发器影响的行数。下面的 SQL 语句向 mytable 表插入了一条记录，并通过 changes 函数返回 insert 语句成功插入的行数：

```
insert into mytable values(1, 'xyz');
select changes();
```

3. coalesce(X,Y,...) 函数

coalesce 函数用于返回参数（X，Y，...）中第一个不为 NULL 的参数值。如果所有的参数值都为 NULL，则 coalesce 函数返回 NULL。假设 mytable 表中有如图 19-4 所示的记录。

由于第 2 行记录中的 name 字段值为 NULL，因此，使用下面的 SQL 语句会返回如图 19-5 所示的结果集。

```
select coalesce(name,id) as value from mytable
```

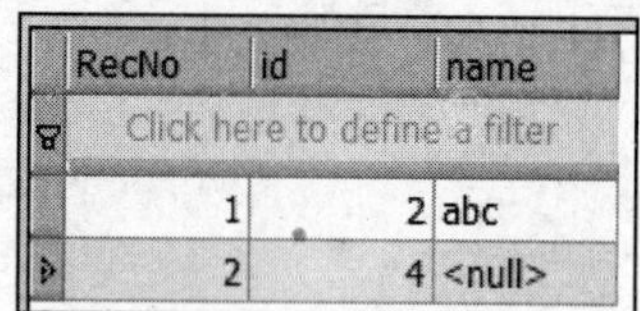

图 19-4 mytable 中的记录

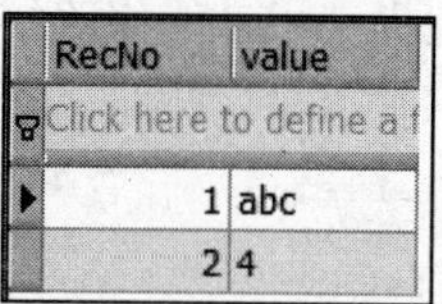

图 19-5 使用 coalesce 函数返回的结果集

4. ifnull(X,Y) 函数

ifnull 函数与 coalesce 函数的功能相同，只是 ifnull 函数只有两个参数，相当于有两个参数的 coalesce 函数。例如，下面的 SQL 语句也同样可以返回图 19-5 所示的结果集：

```
select ifnull(name,id) as value from mytable
```

5. last_insert_rowid() 函数

last_insert_rowid 函数用于返回最后一个插入记录的表的行数。例如，mytable 表原来有 31 条记录，使用 insert 语句又插入一条记录，那么使用下面的 SQL 语句就会返回 32：

```
select last_insert_rowid()
```

6. length(X) 函数

length 函数用于返回字符串、Blob 等值的长度。length 函数返回值分为如下几种情况，如表 19-2 所示。

表 19-2 length 函数返回值情况

X 取值	length 函数的返回值
字符串类型	字符串中包含的字符数
Blob 类型的值	二进制数据中包含的字节数
NULL	NULL
数值型	将 X 作为字符串处理。例如，length(123) 的值是 3

例如，下面的SQL语句输出了字符串“Android开发权威指南”的长度（输出值为13）：

```
select length('Android开发权威指南')
```

7. like(X,Y) 函数

like函数与like关键字的功能完全相同，都可以使用通配符对字符串进行匹配。例如，百分号（%）表示0个或任意多个字符串，下划线（_）表示任意的单个字符。虽然like函数和like关键字在功能上相同，但X和Y的位置正好相反（在这里X表示含通配符的字符串，Y表示等匹配的字符串）。例如，下面两条SQL语句分别使用了like函数和like关键字查询mytable表中的数据：

```
select * from mytable where like('%abc%', name)
select * from mytable where name like '%abc%'
```

8. like(X,Y,Z) 函数

如果想查询的字段值中包含通配符，就需要指定转意符号。SQLite中提供了一个escapte子句，用于指定转意符。与之对应的like函数也可以通过第3个参数指定这个转意符。例如，匹配以百分号（%）开头的字符串，可以使用下面的SQL语句：

```
select like('a%%', '%abcd', 'a')
```

执行上面的SQL语句会返回1，也可以将其当作true。这里a被第3个参数设成了转意符，所以第1个“%”并不会被看作通配符，而会被当成普通字符处理。第2个%是通配符。因此，这条SQL语句匹配的是所有以“%”开头的字符串，所以“%abcd”符合匹配条件。

9. lower(X) 函数和 upper(X) 函数

lower函数可以将字符串中的大写字母转换成小写字母，upper函数可以将字符串中的小写字母转换成大写字母。例如，执行下面的SQL语句会输出“abcdABCD”，其中“||”是SQLite中的字符串连接符：

```
select lower('ABCD')||upper('abcd')
```

10. ltrim（X,Y）函数

ltrim函数的基本功能是删除字符串左侧的空格、Tab等字符。如果指定ltrim函数的第2个参数（Y），ltrim会删除字符串左侧是Y的字符串。例如，下面的SQL语句删除了“abcd”左侧的空格和“abcd”左侧的“ab”。

```
-- 输出“abcd”
select ltrim('     abcd')
-- 输出“cd”
select ltrim('abcd',  'ab')
```

11. max(X,Y,...) 函数和 min(X,Y,...) 函数

max函数和min函数至少要有1个参数。如果只有1个参数，就是聚合函数（将在

19.1.6 节详细介绍）。如果有多个参数，会分别取这些数值的最大值和最小值。例如，下面的 SQL 语句会输出 3 个值中的最大和最小值。

```
-- 输出 234
select max(100, 20, 234);
-- 输出 20
select min(100, 20, 243);
```

12. nullif(X,Y) 函数

当 X 和 Y 不同时，nullif 函数返回 X；如果 X 和 Y 相同时，nullif 函数返回 NULL。例如，下面的 SQL 语句分别返回 20 和 NULL。

```
-- 输出 20
select nullif(20, 30);
-- 输出 NULL
select nullif(20, 20)
```

13. quote(X) 函数

quote 函数用于返回适于 SQL 表达式的值。如果 X 是字符串，quote 函数返回带单引号的字符串；如果 X 是 BLOB 格式的数据，quote 函数返回十六进制格式的文本。例如，下面的 SQL 语句返回“'abcd'”：

```
select quote('abcd')
```

14. random() 函数

random 函数返回一个在 −9223372036854775808 和 +9223372036854775807 之间的伪随机数。例如，下面的 SQL 语句输出一个随机数：

```
select random()
```

15. randomblob(N) 函数

randomblob 函数返回 N 个伪随机字节。可以利用 hex、lower 等函数为每条记录生成一个唯一的 ID。例如，下面的代码生成了两个随机的 16 字节的 ID，并将其转换成十六进制格式：

```
-- 生成类似 54A0988C54A0C8C3E8DC1C5ECBBE82 的 ID
select hex(randomblob(16))
-- 生成类似 667c257c62e40b5da97dacec3f782d9c 的 ID，所有字母都转换成小写
select lower(hex(randomblob(16)))
```

16. replace(X,Y,Z) 函数

replace 函数用于将所有在 X 中出现的 Y 替换成 Z。如果 Y 为空串，则保持 X 不变；如果 Y 或 Z 为 NULL，replace 函数返回 NULL。例如，下面的 SQL 语句将字符串中的所有“abc”替换成“w”：

```
-- 替换结果：wxyzwopp
select replace('abcxyzabcopp','abc', 'w')
```

17. round(X, Y) 函数

round 函数将一个以字符串表示的浮点数进行四舍五入，小数位数由 Y 指定，如果不指定 Y，则按整数处理。例如，下面两条 SQL 语句对 20.12456 进行了四舍五入处理：

```
-- 输出结果：20
select round('20.123456')
-- 输出结果：20.1235
select round('20.123456', 4)
```

18. rtrim(X, Y) 函数

rtrim 与 ltrim 函数的功能类似，只是 rtrim 函数节取了字符串右侧的空格、Tab 等字符。例如，下面的 SQL 语句的输出结果是“abcdxyz”：

```
select rtrim('abcd    ') || 'xyz'
```

19. sqlite_version() 函数

sqlite_version 函数返回当前 SQLite 数据库的版本。输出 SQLite 数据库版本的 SQL 语句如下：

```
select sqlite_version()
```

20. substr 函数

substr 函数用于节取字符串的子字符串。substr 有 substr(X,Y) 和 substr(X,Y,Z) 两种形式，其中 X 是原字符串，Y 是要节取的子字符串的第 1 个字符在原字符串的位置（原字符串的起始位置是 1），Z 表示要节取的子字符串的长度。如果不指定 Z，substr 函数会节取 Y 以后的所有字符串。如果 Y 为正值，表示的起始位置是原字符串左侧开始；如果 Y 为负值，表示的起始位置从原字符串的右侧开始。如果 Z 为负数，会取 Z 的绝对值。下面的 SQL 语句演示了如何使用 substr 函数截获子字符串：

```
-- 从“abcdefg”的第 2 个位置节取后面所有的字符串，结果是“bcdefg”
select substr('abcdefg' , 2)
-- 从“abcdefg”的第 2 个位置节取长度为 3 的字符串，结果是“bcd”
select substr('abcdefg', 2, 3)
-- 从“abcdefg”右侧第 2 个位置节取所有的字符串
select substr('abcdefg', -2)
-- 从“abcdefg”右侧第 4 个位置节取长度为 2 的字符串，结果是“de”
select substr('abcdefg', -4, 2)
```

21. total_changes() 函数

total_changes 函数返回执行 insert、update 或 delete 操作的累加影响行数。也就是说，当和 SQLite 数据库建立连接时，就开始计算 insert、update 或 delete 操作影响的行数，并将

这些值累加，而 total_changes 函数就返回了这个累加值。

22. trim(X, Y) 函数

trim 是 ltrim 和 rtrim 的组合。也就是说，trim 同时删除字符串前、后的空格、Tab 等字符，SQL 语句如下：

```
-- 返回结果：abcdxyz
select trim('   abcd    ') || 'xyz'
```

23. typeof(X) 函数

typeof 函数用于返回 X 的类型。该函数可返回的类型值：Null（空值）、Integer（整数）、Real（浮点数）、Text（字符串）、Blob（二进制）。

下面的 SQL 语句演示了 typeof 函数的用法：

```
-- 返回 integer
select typeof(123);
--  返回 real
select typeof(123.33);
--  返回 text
select typeof('123');
```

19.1.5 日期和时间函数

SQLite 支持一套专门处理日期和时间的函数，这些函数包括 date、time、datetime、julianday 和 strftime。本节将详细介绍这 5 个函数。在学习函数之前先掌握几个重要概念。

调节器（Modifier） 这 5 个日期和时间函数都允许传入 1 个或多个调节器，可以对日期和时间进行微调。例如对月份加 1、对日减 2 等。SQLite 支持的调节器如表 19-3 所示。

表 19-3 SQLite 支持的调节器

调节器名称	功 能 描 述	举 例 说 明
NNN days NNN hours NNN minutes NNN.NNNN seconds NNN months NNN years	增加日期和时间的值。如果在日期和时间变化后不符合日期的规则，则会依次顺延	“+1 years”表示日期中的年加 1 “−2 months”表示日期中的月份减 2 如果对 2001-03-31 使用“+1 months”，就会变成 2001-04-31，但 4 月份只有 30 天，因此，日期会顺延至 2001-05-01
start of month start of year start of day	采用当前年、月、日的第 1 天	如果当前日期是 2011-07-02，使用“start of month”后，无论是输出日期，还是使用其他的调节器，都会从 2011-07-01 开始算起
weekday N	将日期设为离现在最近的未来的某一天。其中 N 从 0~6，分别表示星期日至星期一	例如，当前日期是 2011-07-02（星期六），使用“weekday 2”，表示当日期调整为离 2011-07-02 最近的星期三，也就是 2011-07-06 如果使用“weekday 6”表示当前日期调整为离 2011-07-2 最近的星期六，而 2011-07-02 就是星期六，因此日期不做调整

（续）

调节器名称	功 能 描 述	举 例 说 明
unixepoch	该调节器会将时间字符串转换成 YYYY-MM-DD HH:MM:SS 格式	必须紧跟在时间字符串（DDDDDDDDDD 格式）后面，否则不起作用
localtime	将 UTC 格式的时间字符串根据时区转换成本地的时间	要求 UTC 格式的时间字符串在 localtime 的左侧
utc+	和“localtime”相反	假设 utc 左侧的是本地时间字符串，会将其转换成 UTC 时间字符串

格式置换符（Substitutions） 虽然使用 date、time 等函数可以按一定格式输出日期和时间字符串，但使用 strftime 函数加上格式置换符，可以更灵活地输出各种格式的日期和时间字符串。时间字符串如表 19-4 所示。

表 19-4 时间字符串

字符串	描 述	字符串	描 述
%d	两位的日，不足两位前面补 0	%s	从 1970-01-01 到现在的秒数
%f	形如 SS.SSS 的秒，后面 3 个 SSS 表示毫秒	%S	两位的秒（00~59），不足两位的前面补 0
%H	24 进制的小时	%w	周（0~6），0 表示星期日，依此类推
%j	一年中的第几天（001~366）	%W	一年中的第几周（00~53）
%J	朱莉安（Julian）日	%Y	年（0000~9999）
%m	两位的月（01~12），不足两位前面补 0	%%	百分号（%）
%M	两位的分（00~59），不足两位前面补 0		

时间字符串 SQLite 支持的时间字符串如表 19-5 所示。

表 19-5 SQLite 支持的时间字符串

时间字符串格式	功 能 描 述
YYYY-MM-DD YYYY-MM-DD HH:MM YYYY-MM-DD HH:MM:SS YYYY-MM-DD HH:MM:SS.SSS	格式化日期和时间
YYYY-MM-DDTHH:MM YYYY-MM-DDTHH:MM:SS YYYY-MM-DDTHH:MM:SS.SSS	格式化日期和时间，T 用于分隔日期和时间
HH:MM HH:MM:SS HH:MM:SS.SSS	指定时间，日期是 2000-01-01 例如，“12:22”输出的日期和时间是 2000-01-01 12:22:00
now	当前日期和时间
DDDDDDDDDD	1970-01-01 以来的时间戳（单位：秒）

下面来学习 SQLite 中的日期和时间函数。

1. date 函数

date 函数的定义如下：

```
date(timestring, modifier, modifier, ...)
```

其中，timestring 参数需要按照表 19-3 设置，例如 now、1981-01-02、1309577661 等。modifier 参数要按照表 19-1 设置。

下面的 SQL 语句演示了 date 函数的用法（假设当前日期为 2011-07-02）：

```
--  输出当前日期，输出 2011-07-02
SELECT date('now');
--  在当前日期的基础上月份加 1，日减 1，输出 2011-07-31
SELECT date('now','start of month','+1 month','-1 day');
--  在 2011-07-04 的基础上，月份加 2，日减 1，输出 2011-09-03
SELECT date('2011-07-04','+2 month','-1 day');
```

注意 第 2 行代码中使用了 start of month，用法参见表 19-3 中的解释。

2. time 函数

time 函数用于格式化时间，定义如下：

```
time(timestring, modifier, modifier, ...)
```

下面的 SQL 语句演示了 time 函数的用法：

```
--  输出当前时间，输出 03:48:19
SELECT time('now');
--  在当前时间的基础上小时加 2，输出 05:48:19
SELECT time('now', '+2 hours');
--  在 12:22:33 的基础上分减 2，输出 12:20:33
SELECT time('12:22:33', '-2 minutes');
```

3. datetime 函数

datetime 函数可以同时处理日期和时间，定义如下：

```
datetime(timestring, modifier, modifier, ...)
```

下面的 SQL 语句演示了 datetime 函数的用法：

```
--  将 DDDDDDDDDD 格式的时间字符串转换成可读的日期格式（UTC 时间），输出 2004-08-19 18:51:06
SELECT datetime(1092941466, 'unixepoch');
--  按本地时间输出日期和时间
SELECT datetime(1092941466, 'unixepoch', 'localtime');
--  输出当前日期和时间（UTC），输出 2011-07-01 21:50:20
SELECT datetime('now', 'utc');
```

4. julianday 函数

julianday 函数用于返回自公元前 4714 年 11 月 24 日格林威治时间正午到指定时间的天

数（返回浮点数，可精确表示不足一天的数）。例如，下面的 SQL 语句输出当前日期距公元前 4714 年 11 月 24 日格林威治时间正午的天数：

```
-- 输出 2455744.75061848
SELECT julianday('now')
```

5. strftime 函数

strftime 函数可以非常灵活地格式化日期。先看以下 strftime 函数的定义：

```
strftime(format, timestring, modifier, modifier, ...)
```

strftime 函数比其他 4 个函数多了一个 format 参数，该参数值需要使用格式置换符。下面的 SQL 语句演示了 strftime 函数的用法：

```
--  输出从 1970-01-01 到当前日期的秒数，输出 1309586762
SELECT strftime('%s','now');
--  输出指定日期到当前时间的秒数
SELECT strftime('%s','now') - strftime('%s','2004-01-01 02:34:56');
```

strftime 函数可以完全取代其他 4 个函数。strftime 函数与其他 4 个函数的对应关系如下：

date(...)	strftime('%Y-%m-%d', ...)
time(...)	strftime('%H:%M:%S', ...)
datetime(...)	strftime('%Y-%m-%d %H:%M:%S', ...)
julianday(...)	strftime('%J', ...)

例如，下面两条 SQL 语句的输出结果是完全一样的：

```
select datetime('now')
select strftime('%Y-%m-%d %H:%M:%S', 'now')
```

19.1.6 聚合函数

聚合函数是 SQLite 中非常重要的一组函数。使用聚合函数可以获取各种统计数据，例如查看成绩的平均值、记录总数、计算销售总额等。大多数聚合函数只有一个参数（个别函数支持两个参数），表示要统计的字段名。如果使用 group by 关键字，每一组中的记录会分别统计。

1. avg 函数

avg 函数用于计算字段值的平均值。avg 函数的计算规则如下：

1）avg 返回所有非空字段值的平均值，也就是说，如果当前记录用于统计平均值的字段值为 NULL，则不计入统计范畴。

2）如果用于统计平均值的字段类型是 String 或 BLOB，并且无法转换成数值，则当作 0 处理。

3）如果所有参与统计平均值的字段值都为 NULL，avg 函数返回 NULL。

假设表 mytable 中有如图 19-6 所示的数据。

使用下面的 SQL 语句统计 name 字段的平均值，结果是 33。计算方法是：第 1 行记录的 name 字段值为 null，不记入统计范畴；第 2 行记录的 name 字段值为 abcd，会当作 0 处理；后两条记录的 name 值按数值处理。因此，参与统计的值是 3 个：0、33 和 66，所以平均值是 33。

```
select avg(name) from mytable
```

RecNo	id	name
Click here to define a filter		
1	4	<null>
2	3	abcd
3	5	33
4	11	66

图 19-6 mytable 中的数据

2. count 函数

count 函数用于统计记录行数。如果 count 函数的参数值是某个字段名，则按指定字段值统计行数；如果某条记录的字段值为 NULL，则不统计当前记录；如果 count 函数的参数值是星号（*），则统计所有的记录数。

例如，使用下面的两条 SQL 语句分别统计图 19-6 所示 mytable 表中的 name 字段和所有的记录数，得到的结果分别是 3 和 4。

```
-- 输出 3
select avg(name) from mytable
-- 输出 4
select avg(*) from mytable
```

3. group_concat 函数

group_concat 在很多大型数据库中都没有，或者实现起来很复杂。group_concat 函数可以按列将字段值使用分隔符连接起来。默认的分隔符是逗号（,），可以通过 group_concat 函数的第 2 个参数指定分隔符。例如，下面的两条 SQL 语句连接了图 19-6 所示的 mytable 中的 name 字段值。

```
--  使用默认的分隔符连接 name 字段的值，输出 abcd,33,66
select group_concat(name) from mytable
--  使用分号（;）分隔符连接 name 字段的值，输出 abcd;33;66
select group_concat(name,';') from mytable
```

4. max 函数和 min 函数

max 和 min 分别用于获取字段的最大值和最小值。如果统计的字段没有非空值，则返回 NULL。下面的两条 SQL 语句分别返回 name 字段的最大值和 id 字段的最小值。

```
--  获取 name 字段的最大值，输出 abcd
select max(name) from mytable
--  获取 id 字段的最小值，输出 3
select min(id)  from mytable
```

5. sum 函数和 total 函数

sum 和 total 功能类似，都是计算指定字段值的和。这两个函数有如下区别：

- 如果要统计的字段的类型是 integer，那么 sum 函数的返回结果类型是 integer，而 total 函数返回的结果类型永远是 real。
- 如果要统计的字段没有非空值，sum 函数会返回 NULL，而 total 函数会返回 0.0。

下面的两条 SQL 语句分别统计了 id 字段值的和，并输出返回结果的类型：

```
-- 输出 integer
select typeof(sum(id)) from mytable;
-- 输出 real
select typeof(total(id)) from mytable;
```

19.2 Android 版的 SQLite 数据库

本节介绍如何在 Android 中使用 SQLite 数据库。Android 版的 SQLite 数据库与 PC 版的 SQLite 数据库在使用方法上类似，只是二者 SQLite 数据库引擎有所不同。例如，在 Android 中操作 SQLite 数据库的核心类是 SQLiteDatabase 类。

19.2.1 操作数据库

工程目录：src\ch19\operate_database

使用 SQLiteDatabase.openOrCreateDatabase 方法可以打开任意路径（前提是程序有权访问该路径）的数据库文件。如果该数据库文件不存在，则创建一个新的数据库文件。openOrCreateDatabase 方法的定义如下：

```
public static SQLiteDatabase openOrCreateDatabase(String path,
    CursorFactory factory)
```

其中，path 参数表示数据库文件的路径，factory 参数值一般设为 null 即可。

以下代码在 SD 卡上创建了一个数据库文件（test.db）和一个表（t_test），并向 t_test 表中添加两条记录，最后查询并显示其中一条记录的信息：

```
//  定义数据库文件的路径
String filename = android.os.Environment.getExternalStorageDirectory() + "/test.db";
//  定义创建表的 SQL 语句
String createTableSQL = "CREATE TABLE [t_test] (" + "[id] INTEGER,"
        + "[name] VARCHAR(20),[memo] TEXT,"
        + "CONSTRAINT [sqlite_autoindex_t_test_1] PRIMARY KEY ([id]))";
File file = new File(filename);
if (file.exists())
{
    file.delete();
}
//  创建并打开数据库文件（因为前面已经删除了已存在的同名文件）
SQLiteDatabase database = SQLiteDatabase.openOrCreateDatabase(filename, null);
//  创建 t_test 表
```

```
database.execSQL(createTableSQL);
//  创建一个 ContentValues 对象，表示要插入的记录行
ContentValues contentValues = new ContentValues();
//  开始设置三个字段的值
contentValues.put("id", 1);
contentValues.put("name", "John");
contentValues.put("memo", "Student");
//  向 t_test 表插入一行记录，database_insert 方法的第二个参数一般设为 null 即可
database.insert("t_test", null, contentValues);
//  定义插入记录的 SQL 语句
String insertSQL = "insert into t_test(id, name, memo) values(?,?,?)";
//  插入一行记录
database.execSQL(insertSQL, new Object[]{2, "Mary", "老师"});
//  定义查询记录的 SQL 语句
String selectSQL = "select name, memo from t_test where name=?";
//  查询记录
Cursor cursor = database.rawQuery(selectSQL, new String[]{ "John" });
//  将记录指针指向第一条记录
cursor.moveToFirst();
//  显示当前记录中字段的值
Toast.makeText(this, cursor.getString(0) + "  " + cursor.getString(1),
    Toast.LENGTH_LONG).show();
database.close();
```

操作 SQLite 数据库应注意如下几点：

对数据库的增、删、改、查有两种方法。一种是使用 rawQuery 方法直接执行 SQL 语句，另一种是使用 SQLiteDatabase 类的相应方法来操作，例如，插入记录可以使用 SQLiteDatabase .insert 方法。

查询记录后获得的 Cursor 对象需要使用 movetoFirst、moveToNext、moveToPosition(position) 等方法将记录指针移动到相应的位置（因为一开始记录指针在第一条记录的前面），否则操作数据库会抛出异常。

19.2.2 升级数据库

程序更新时需要对旧版的数据库进行升级（如果数据库没有任何变化，就不需要升级了）。Android SDK 提供了一个 SQLiteOpenHelper 类，可以在 SQLiteOpenHelper.onCreate 和 SQLiteOpenHelper.onUpgrade 方法中完成创建和升级数据库的操作。onCreate 和 onUpgrade 方法的定义如下：

```
public abstract void onCreate(SQLiteDatabase db);
public abstract void onUpgrade(SQLiteDatabase db, int oldVersion, int newVersion);
```

SQLiteOpenHelper 会自动检测数据库文件是否存在。如果数据库文件存在，会打开这个数据库，在这种情况下并不会调用 onCreate 方法。如果数据库文件不存在，SQLiteOpenHelper 首先会创建一个数据库文件，然后打开这个数据库，最后会调用 onCreate

方法。因此，onCreate 方法一般用来在新创建的数据库中建立表、视图等数据库组件。也就是说，onCreate 方法在数据库文件第一次被创建时调用。

先看 SQLiteOpenHelper 类的构造方法，然后再解释 onUpgrade 方法何时会被调用：

```
public SQLiteOpenHelper(Context context, String name,
    CursorFactory factory, int version);
```

其中，name 参数表示数据库文件名（不包含文件路径），SQLiteOpenHelper 会根据这个文件名创建数据库文件。version 表示数据库的版本号，如果当前传递的数据库版本号比上次创建或升级的数据库版本号高，SQLiteOpenHelper 就会调用 onUpgrade 方法。也就是说，当数据库第一次创建时会有一个初始的版本号，当需要对数据库中表、视图等组件升级时可以增大版本号，这时 SQLiteOpenHelper 会调用 onUpgrade 方法。调用 onUpgrade 方法之后，系统会更新数据库的版本号，这个当前的版本号就是通过 SQLiteOpenHelper 类的最后一个参数 version 传入 SQLiteOpenHelper 对象的。因此，在 onUpgrade 方法中一般会首先删除要升级的表、视图等组件，再重新创建它们。下面来总结 onCreate 和 onUpgrade 方法的调用过程。

如果数据库文件不存在，SQLiteOpenHelper 在自动创建数据库后只会调用 onCreate 方法，在该方法中一般需要创建数据库中的表、视图等组件。由于在创建之前数据库是空的，因此不需要先删除数据库中相关的组件。

如果数据库文件存在，并且当前的版本号高于上次创建或升级时的版本号，SQLiteOpenHelper 会调用 onUpgrade 方法；调用该方法后，会更新数据库版本号。在 onUpgrade 方法中除了创建表、视图等组件外，还需要首先删除这些组件，因此，在调用 onUpgrade 方法之前，数据库是存在的，其中还有很多数据库组件。

综上所述，可以得出一个结论：

如果数据库文件不存在，只有 onCreate 方法被调用（该方法只会在创建数据库时被调用 1 次）；如果数据库文件存在，并且当前版本较高，会调用 onUpgrade 方法来升级数据库，并更新版本号。

除了使用 SQLiteOpenHelper 类创建和升级数据库外，还可以自己控制数据库的创建和升级。当数据库不存在时，可以创建该数据库；如果数据库存在，需要判断数据库的版本号。保存数据库版本号的方法有很多，建议使用 SQLite 数据库本身提供的保存和获取版本号的方法。代码如下：

```
--  设置当前数据库的版本为 2
PRAGMA user_version = 2;
--  获取当前数据库的版本
PRAGMA user_version ;
```

在获取数据库的版本后，就可以与当前的数据库版本进行比较。如果当前的数据库版本更高，可以根据实际情况对数据库进行升级。在升级数据库时，如果旧版本的数据库中有用户产生的数据，可以先将这些数据备份，升级完成后，再恢复这些数据。

19.2.3 数据绑定

工程目录：src\ch19\simplecursoradapter

如果要将数据表中的数据显示在 ListView、Gallery、GridView 等控件中，可以使用循环一条一条地添加；还可以使用 SimpleCursorAdapter 对象，直接将数据表中的数据显示在这些控件中。

SimpleCursorAdapter 与 SimpleAdapter 的使用方法非常相似，只是将数据源从 List 对象换成了 Cursor 对象。除此之外，SimpleCursorAdapter 类构造方法的第 4 个参数 from 表示 Cursor 对象中的字段，而 SimpleAdapter 类构造方法的第 4 个参数 from 表示 Map 对象中的 key。

下面是 SimpleCursorAdapter 类构造方法的定义：

```
public SimpleCursorAdapter(Context context, int layout, Cursor c,
    String[] from, int[] to)
```

本节实例通过 SimpleCursorAdapter 类将表中的数据显示在 ListView 上。在显示数据之前，需要先编写一个 DBService 类，该类继承自 SQLiteOpenHelper 类，用于操作数据库，代码如下：

```
package mobile.android.simple.cursor.adapter;

import android.content.Context;
import android.database.Cursor;
import android.database.sqlite.SQLiteDatabase;
import android.database.sqlite.SQLiteOpenHelper;

public class DBService extends SQLiteOpenHelper
{
    private final static int DATABASE_VERSION = 1;
    private final static String DATABASE_NAME = "test.db";
    //  定义要显示在 ListView 控件中的数据
    private String[] data = new String[]
    {"Windows Phone 7", "Meego", "Android", "IPhone", "IPad"};
    @Override
    public void onCreate(SQLiteDatabase db)
    {
        //  定义创建 t_test 表的 SQL 语言
        String sql = "CREATE TABLE [t_test] (" + "[_id] AUTOINC,"
                + "[name] VARCHAR(20) NOT NULL ON CONFLICT FAIL,"
                + "CONSTRAINT [sqlite_autoindex_t_test_1] PRIMARY KEY ([_id]))";

        db.execSQL(sql);
        //  将 data 数组中的数据插入到 t_test 表中
        for (int i= 0; i < data.length; i++)
        {
```

```
            db.execSQL("insert into t_test(name) values(?)", new Object[]
            { data[i] });
        }
    }
    public DBService(Context context)
    {
        super(context, DATABASE_NAME, null, DATABASE_VERSION);
    }
    @Override
    public void onUpgrade(SQLiteDatabase db, int oldVersion, int newVersion)
    {
    }
    //  查询数据，返回 Cursor 对象
    public Cursor query(String sql, String[] args)
    {
        SQLiteDatabase db = this.getReadableDatabase();
        Cursor cursor = db.rawQuery(sql, args);
        return cursor;
    }
}
```

本例不需要对 test.db 进行升级，因此，只在 DBServie.onCreate 方法中有创建数据表的代码。DBService 类创建了一个 test.db 数据库文件，并在该文件中创建了 t_test 表。该表包含了两个字段：_id 和 name。其中 _id 是自增字段，并且是主索引。

下 面 编 写 Main 类。Main 是 ListActivity 的 子 类， 在 该 类 的 onCreate 方 法 中 创 建 DBService 对象，然后通过 DBService.query 方法查询出 t_test 表中的所有记录，并返回 Cursor 对象。Main 类的代码如下：

```
package mobile.android.simple.cursor.adapter;

import android.app.ListActivity;
import android.database.Cursor;
import android.os.Bundle;
import android.widget.SimpleCursorAdapter;

public class Main extends ListActivity
{
    @Override
    public void onCreate(Bundle savedInstanceState)
    {
        super.onCreate(savedInstanceState);
        DBService dbService = new DBService(this);
        //  查询 t_test 表中的数据，并返回封装这些数据的 Cursor 对象
        Cursor cursor = dbService.query("select * from t_test",null);
        //  根据封装 t_test 表中的数据的 Cursor 对象创建 SimpleCursorAdapter 对象
        SimpleCursorAdapter simpleCursorAdapter = new SimpleCursorAdapter(this,
                android.R.layout.simple_expandable_list_item_1, cursor,new String[]
                {"name" }, new int[]
```

```
                { android.R.id.text1});
        //  设置ListView控件的Adapter对象
        setListAdapter(simpleCursorAdapter);
    }
}
```

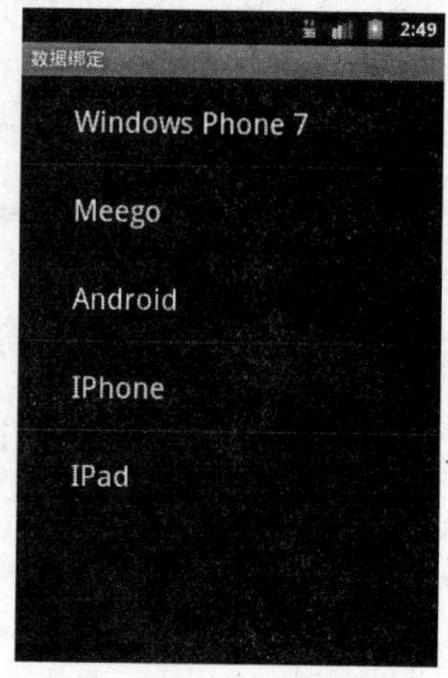

图 19-7 在 ListView 中显示 t_test 表中的数据

SimpleCursorAdapter 类构造方法的第 4 个参数表示记录集中用于显示的字段名，第 5 个参数表示要显示该字段值的控件 ID。该控件在第 2 个参数指定的布局文件中定义。

运行本例，显示效果如图 19-7 所示。

注意 在绑定数据时，Cursor 对象返回的记录集中必须包含一个名为“_id”的字段，否则将无法完成数据绑定。也就是说，SQL 语句不能是“select name from t_test”。如果在数据表中没有“_id”字段，可以将某个唯一索引字段或主键的别名（Alias）设为“_id”，例如“select name as _id from t_test”。

19.3 持久化数据库引擎 db4o

工程目录：src\ch19\db4o

电影《超时空接触》中有一句经典台词：“如果宇宙中只有我们人类，那岂不是太浪费空间了！”可以将这句话改为：“如果 Android 中只有 SQLite，那岂不是显得太单调了！”

Android 中除了可以使用 SQLite 作为数据库外，还有更多的选择，db4o 就是其中之一。

运行本节的例子，会看到如图 19-8 所示的界面。可以单击相应的按钮测试 db4o 数据库的相关功能。本节后面将介绍如何实现这些功能。

19.3.1 什么是 db4o

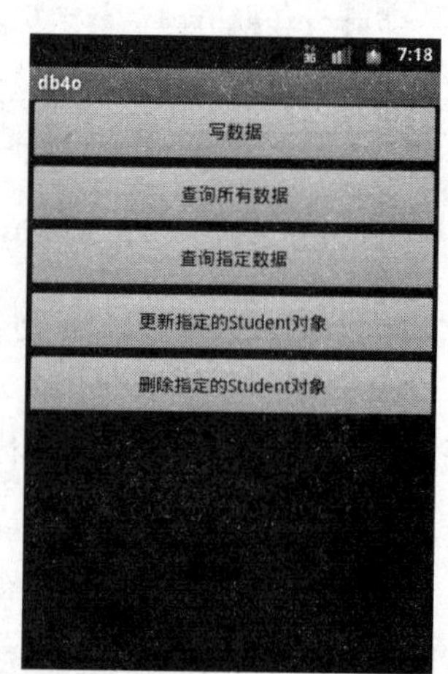

图 19-8 测试 db4o 的相关功能

db4o（database for objects）是一个嵌入式的开源面向对象数据库，可以在 Java 和 .Net 平台上使用。db4o 是基于对象的数据库，操作的数据本身就是对象；而其他对象持久化框架（如 Hibernate、NHibernate、JDO 等）需要一个映射文件将关系型数据库与对象进行关联，不仅使用起来麻烦，而且也无法处理更复杂的问题。db4o 具备以下特点：

- 对象以其本身方式来存储，没有错误匹配问题。
- 自动管理数据模式。
- 存储时没有改变类特征，易于存储。
- 与 Java 和 .NET 无缝绑定。

- 自动数据绑定。
- 使用简单，只需要一个 jar（Java）或 dll（.Net）文件即可。
- 一个数据库文件（这一点与 SQLite 相同）。
- 查询对象实例。

19.3.2 下载和安装 db4o

db4o 最新版本已经支持 Android，读者可以直接从以下地址下载 Java 版的 db4o：

http://developer.db4o.com/Downloads.aspx

最新版的 db4o 下载文件（zip）大概 40MB。不过别担心，只需要其中的一个 jar 文件就可以在 Android 中使用 db4o。

下载 zip 文件后，将其解压，在 lib 目录中会找到一个 db4o-8.0.184.15484-core-java5.jar 文件，该文件是 db4o 的核心库。然后，在 Android 工程中建立一个 lib 目录，将该文件复制到 lib 目录中。最后，在 Android 工程的“Java Build Path”路径中引用这个 jar 文件，如图 19-9 所示。

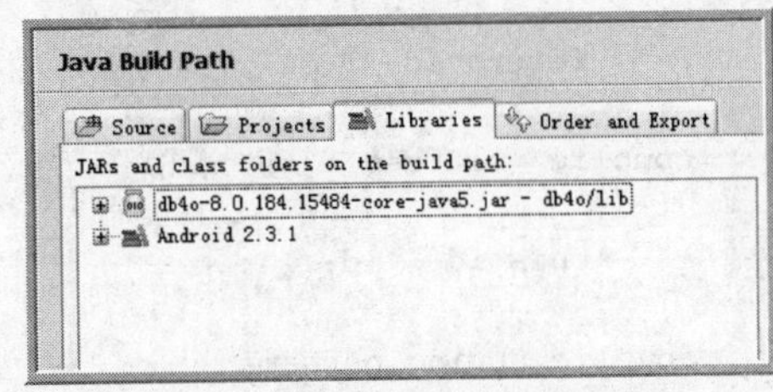

图 19-9 引用 db4o-8.0.184.15484-core-java5.jar 文件

19.3.3 创建和打开数据库

db4o 创建和打开数据库与 SQLite 类似。使用如下的代码可以在数据库不存时先创建一个 db4o 数据库，然后再打开该数据库。如果数据库存在，则直接打开数据库。

```
//  在 SD 卡的根目录创建一个名为 db4o.data 的数据库文件，并打开该数据库文件
ObjectContainer  db = Db4oEmbedded.openFile(Db4oEmbedded.newConfiguration(),
                 "/sdcard/db4o.data");
```

在 SD 卡中创建数据库文件时，要在 AndroidManifest.xml 文件中使用下面的代码打开写权限：

```
<uses-permission android:name="android.permission.WRITE_EXTERNAL_STORAGE" />
```

19.3.4 操作 Java 对象

1. 向数据库中插入 Java 对象

db4o 可以将普通的 Java 对象直接插入到数据库中。下面先编写一个 Student 类代码如下：

```
package mobile.android.jx.db4o;

public class Student
```

```
{
    private int id;
    private String name;
    private float grade;
    public Student()
    {
    }
    public Student(int id, String name, float grade)
    {
        this.id = id;
        this.name = name;
        this.grade = grade;
    }
    public int getId()
    {
        return id;
    }
    public void setId(int id)
    {
        this.id = id;
    }
    public String getName()
    {
        return name;
    }
    public void setName(String name)
    {
        this.name = name;
    }
    public float getGrade()
    {
        return grade;
    }
    public void setGrade(float grade)
    {
        this.grade = grade;
    }
}
```

下面的代码向 db4o.data 文件中添加了 3 个 Student 对象：

```
Student student = new Student(1, "John", 89);
//  添加第 1 个 Student 对象
db.store(student);
student = new Student(2, "Mary", 98);
//  添加第 2 个 Student 对象
db.store(student);
student = new Student(3, " 王军 ", 67);
//  添加第 3 个 Student 对象
db.store(student);
//  提交要保存的数据，否则，Student 对象不会真正保存在 db4o.data 文件中
```

```
db.commit();
```

2. 从数据库中查询 Java 对象

查询 Java 对象也需要指定一个同类型的 Java 对象。如果想枚举保存在数据库中同一个类所有的对象，可以使对象中的变量都保持默认值。例如，下面的代码枚举了 db4o.data 文件中保存的所有 Student 对象：

```
//  查询数据库中保存的所有 Student 对象
//  queryByExample 方法的参数值是一个保持默认变量值的 Student 对象
ObjectSet<Student> result = db
        .queryByExample(new Student());
String s = "";
while (result.hasNext())
{
    //  从查询结果中获得当前枚举的 Student 对象
    Student student = result.next();
    //  获取 Student.name 和 Student.grade 变量值
    s += student.getName() + ":" + student.getGrade() + "\n";
}
//  显示查询结果
Toast.makeText(this, s, Toast.LENGTH_SHORT).show();
```

如果想查询某一个 Student 对象，可以指定其中的任何一个或多个变量值。例如，使用下面的代码可以查询到 id 为 3 的 Student 对象和 name 为“Mary”的 Student 对象：

```
//  查询 id 为 3 的 Student 对象
ObjectSet<Student> result = db.queryByExample(new Student(3, null, 0));
//  查询 name 为“Mary”的 Student 对象
ObjectSet<Student> result = db.queryByExample(new Student(0, "Mary", 0));
```

3. 更新数据库中的 Java 对象

更新数据与插入数据类似，也需要调用 ObjectContainer.store 方法，但首先要获得更新的对象。例如，下面的代码将 id 为 3 的 Student 对象的 name 变量值更新为“小强”：

```
//  获得 id 为 3 的 Student 对象
ObjectSet<Student> result = db.queryByExample(new Student(3, null, 0));
//  成功获得了要更新的 Student 对象
if (result.hasNext())
{
    Student student = result.next();
    //  更新 name 变量值
    student.setName("小强");
    //  重新保存 Student 对象
    db.store(student);
    //  提交对数据库的修改
    db.commit();
    Toast.makeText(this, "更新成功.", Toast.LENGTH_SHORT).show();
}
```

4. 删除数据库中的 Java 对象

从数据库中删除对象同样需要先获得要删除的对象，然后调用 ObjectContainer.delete 方法删除该对象。例如，下面的代码删除了 id 为 3 的 Student 对象：

```
//  查找 id 为 3 的 Student 对象
ObjectSet<Student> result = db.queryByExample(new Student(3, null, 0));
//  找到了 id 为 3 的 Student 对象
if (result.hasNext())
{
    Student student = result.next();
    //  删除 Student 对象
    db.delete(student);
    //  提交对数据库的修改
    db.commit();
    Toast.makeText(this, "删除成功 .", Toast.LENGTH_SHORT).show();
}
```

19.4 小结

本章着重讨论了 Android 支持的数据库技术。Android 中几乎所有的系统程序都使用 SQLite 作为其内部存储数据的数据库。因此，本章详细介绍了 SQLite 支持的语句、函数等常用的技术。

除此之外，本章还介绍了另外一种可以在 Android 上使用的 db4o 数据库。与 SQLite 不同，db4o 是一种面向对象数据库，操作的所有数据都是对象。db4o 比那些关系对象映射的框架更容易使用，功能也更强大，这主要是因为 db4o 的核心就是对象，而不是依靠映射文件来产生对象。

第 20 章　蓝牙与 Wi-Fi

蓝牙（Bluetooth）和 Wi-Fi（Wireless Fidelity）是 Android 手机中支持最广泛的两种通信技术。蓝牙技术通常用于手机之间的通信，如共享联系人信息，发送文件等。Wi-Fi 的用处要比蓝牙广得多，它可以像蓝牙一样在手机之间近距离传输数据，还可以通过附近的无线路由连接 Internet。当然，Wi-Fi 的传输速度一般也比蓝牙快得多。本章将详细讨论这两种技术的原理和使用方法。

20.1　蓝牙编程

目前，几乎所有的 Android 手机都带有蓝牙模块，通过蓝牙技术可以在不同手机中传输数据。根据蓝牙设备的功率不同，传输有效距离从几米到几十米不等；如果没有障碍物，有效距离会更远。

20.1.1　蓝牙简介

蓝牙是一种短距离的无线通信技术标准。这个名称来源于 10 世纪丹麦国王 Harald Blatand，他的英文名是 Harold Bluetooth。经过无线行业协会组织人员讨论，有人认为用 Blatand 国王的名字命名这种无线技术最合适，因为 Blatand 国王将挪威、瑞典和丹麦统一起来，这就如同这项技术将统一无线通信领域一样。蓝牙的名字就这样确定下来。

蓝牙采用分散式网络结构以及快跳频和短包技术，支持点对点及点对多点的通信，工作在全球通用的 2.4GHz ISM（即工业、科学、医学）频度。根据不同的蓝牙版本，传输速度会差很多，例如，最新的蓝牙 3.0 传输速度为 3Mb/s，而未来的蓝牙 4.0 技术从理论上可达到 60Mb/s。

蓝牙协议分为 4 层，即核心协议层、电缆替代协议层、电话控制协议层和采纳的其他协议层。这 4 种协议中最重要的是核心协议。蓝牙的核心协议包括基带、链路管理、逻辑链路控制和适应协议四部分。其中，链路管理（LMP）负责蓝牙组件间连接的建立；逻辑链路控制与适应协议（L2CAP）位于基带协议层上，属于数据链路层，是一个为高层传输和应用层协议屏蔽基带协议的适配协议。

Android 从 2.0 开始加入了完善的蓝牙支持。在以前的 Android 版本中只支持一些蓝牙外设（如蓝牙耳机），并没有对外公开蓝牙 API，开发人员无法通过 Android SDK 访问蓝牙设备，更无法通过蓝牙在手机之间传输数据。

20.1.2 控制蓝牙设备

工程目录：src\ch20\control_bluetooth_device

在使用蓝牙设备之前要确保蓝牙设备已开启，可以在系统设置中打开和关闭蓝牙设备。进入系统设置中的“无线和网络设置”，找到如图 20-1 所示的“蓝牙”项。选中右侧的复选框打开蓝牙设备后，会在上方的任务栏中显示一个蓝牙图标（上方任务栏的白框内）。单击图 20-1 所示界面的“蓝牙设置”项进入图 20-2 所示的“蓝牙设置”界面，选中界面最上方的“蓝牙”复选框也可以打开或关闭蓝牙设备。

图 20-1 “无线和网络设置”界面

图 20-2 “蓝牙设置”界面

不仅可以在系统设置中打开和关闭蓝牙设备，在代码中也可以完成这项工作。首先应在 AndroidManifest.xml 文件中设置如下的权限：

```
<uses-permission android:name="android.permission.BLUETOOTH" />
<uses-permission android:name="android.permission.BLUETOOTH_ADMIN" />
```

蓝牙 API 提供了一个 Activity Action：BluetoothAdapter.ACTION_REQUEST_ENABLE，通过这个 Action 可以开启蓝牙设备。

使用下面的代码可以打开蓝牙：

```
Intent enableIntent = new Intent(BluetoothAdapter.ACTION_REQUEST_ENABLE);
//  开启蓝牙设备
startActivityForResult(enableIntent, 1);
```

在执行上面代码后，如果这时蓝牙未打开，会弹出如图 20-3 所示的对话框，询问是否打开蓝牙。单击“是”按钮，会显示图 20-4 所示的“正在打开蓝牙”状态信息框。大概 5 秒左右，在屏幕顶端的状态栏中会显示蓝牙标记，如图 20-1 顶端白框中的图标所示。

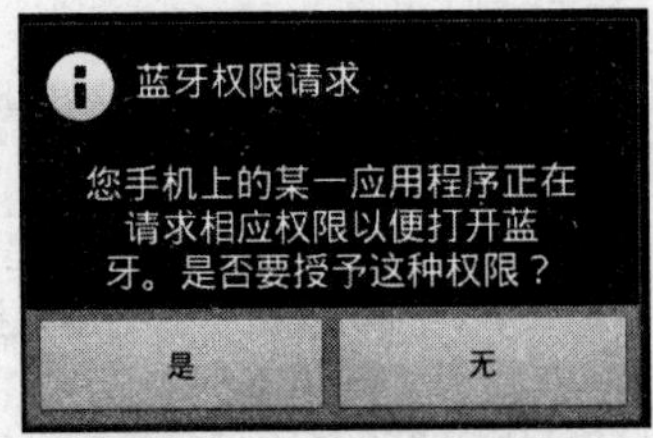

图 20-3　询问是否打开蓝牙

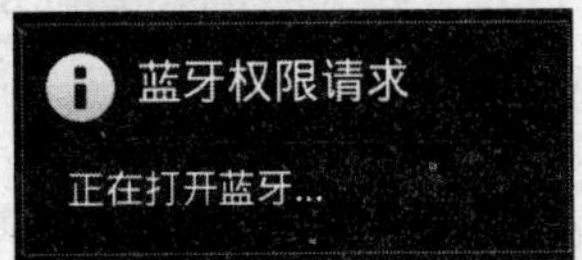

图 20-4　“正在打开蓝牙”状态信息框

如果不想在开启蓝牙时弹出如图 20-3 所示的对话框，可以使用 BluetoothAdapter.enable 方法开启蓝牙设备，使用 BluetoothAdapter.disable 方法关闭蓝牙设备，代码如下：

```
0private BluetoothAdapter bluetoothAdapter = BluetoothAdapter.getDefaultAdapter();
//  开始蓝牙设备
bluetoothAdapter.enable();
//  关闭蓝牙设备
bluetoothAdapter.disable();
```

使用 BluetoothAdapter.isEnabled 方法可以获取蓝牙设备的当前状态，代码如下：

```
BluetoothAdapter bluetoothAdapter = BluetoothAdapter
        .getDefaultAdapter();
if (bluetoothAdapter.isEnabled())
    Toast.makeText(this, "蓝牙设备已开启.", Toast.LENGTH_LONG).show();
else
    Toast.makeText(this, "蓝牙设备已关闭.", Toast.LENGTH_LONG).show();
```

20.1.3　使蓝牙设备可被搜索到

工程目录：src\ch20\discovered_bluetooth_device

与其他蓝牙设备通信之前需要搜索周围的蓝牙设备。要想自己的手机被其他蓝牙设备搜索到，需要进入如图 20-2 所示的设置界面。选中“可检测性”项右侧的复选框，会在“可检测性”下方显示可被检测到的时间限制（一般是 120 秒），如图 20-5 所示。手机会在这个时间内可被其他蓝牙设备检测到。

图 20-5　设置当前手机的可检测性界面

Android SDK 并没有提供 API 来打开蓝牙设备的“可检测性”，但可以通过一些技巧来达到这个目的。

系统的设置程序有一个 IBluetooth 接口可以用来控制“可检测性”，以及设置可被检测到的时间，但这个接口无法直接访问。BluetoothAdapter 类中有一个 IBluetooth 类型的 mService 变量（被声明为 private），可以通过 Java 反射技术获取这个变量。例如，下面的代码会获取图 20-5 显示的被发现超时时间（默认是 120 秒）：

```
BluetoothAdapter bluetoothAdapter = BluetoothAdapter
        .getDefaultAdapter();
try
{
    //  获取 mService 变量的 Field 对象
    Field mService = bluetoothAdapter.getClass().getDeclaredField(
            "mService");
    //  允许访问 mService 变量
    mService.setAccessible(true);
    //  将 mService 变量（通过反射获取的都是 Object 对象）转换成 IBluetooth 对象
    IBluetooth bluetooth = (IBluetooth) mService.get(bluetoothAdapter);
     //  获取并显示超时时间
    Toast.makeText(this,
            "超时时间：" + bluetooth.getDiscoverableTimeout() +
               "秒",Toast.LENGTH_LONG).show();
}
catch (Exception e)
{
    Toast.makeText(this, e.getMessage(), Toast.LENGTH_LONG).show();
}
```

也许有的读者会感到奇怪，既然 IBluetooth 接口不可访问，怎么可以将 mService 变量转换成 IBluetooth 对象呢？

实际上，把 mService 转换成 IBluetooth 对象是没错的，只是这里的 IBluetooth 接口并不是系统的 IBluetooth 接口，而是放在我们自己工程中的 IBluetooth 接口。在 Android SDK 源代码中有一个 IBluetooth.aidl 文件，找到这个文件，在自己的 Android 工程中建立一个 android.bluetooth 包，将 IBluetooth.aidl 文件复制到该包中。由于 IBluetooth.aidl 引用了 IBluetoothCallback.aidl 文件，因此，也需要将该文件复制到 android.bluetooth 包中。ADT 会根据这两个文件在 gen 目录中生成 IBluetooth.java 和 IBluetoothCallback.java 文件，其中 IBluetooth 接口就包含在 IBluetooth.java 文件中。最终的目录结构和其中包含的文件如图 20-6 所示。

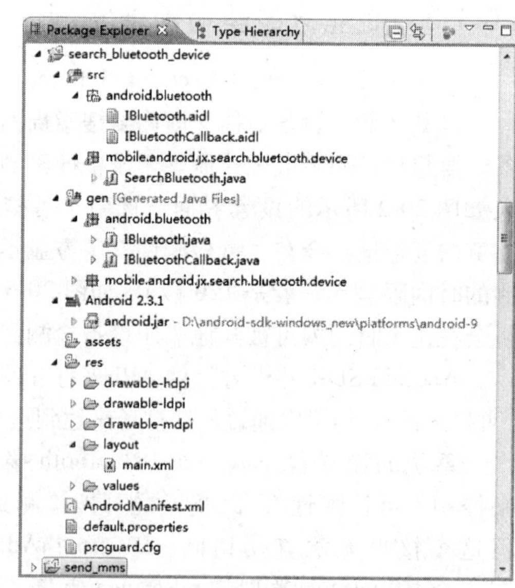

图 20-6 包含 aidl 文件和生成的 Java 接口文件的目录结构

IBluetooth 接口还支持很多其他的控制蓝牙设备的方法，例如，下面的代码打开了“可检测性”开关，并设置了超时时间：

```
BluetoothAdapter bluetoothAdapter =
    BluetoothAdapter
```

```
        .getDefaultAdapter();
try
{

    Field mService = bluetoothAdapter.getClass().getDeclaredField("mService");
    mService.setAccessible(true);
    IBluetooth bluetooth = (IBluetooth) mService.get(bluetoothAdapter);
    //  设置被发现的超时时间
    bluetooth.setDiscoverableTimeout(120);
    //  设置扫描模式
    bluetooth.setScanMode(
            BluetoothAdapter.SCAN_MODE_CONNECTABLE_DISCOVERABLE, 120);
}
catch (Exception e)
{
    Toast.makeText(this, e.getMessage(), Toast.LENGTH_LONG).show();
}
```

运行上面的代码需要在 AndroidManifest.xml 文件中设置如下的权限：

```
<uses-permission android:name="android.permission.WRITE_SECURE_SETTINGS" />
<uses-permission android:name="android.permission.BLUETOOTH" />
<uses-permission android:name="android.permission.BLUETOOTH_ADMIN" />
```

注意 其中 android.permission.WRITE_SECURE_SETTINGS 权限普通的应用程序无法获取（即使在 AndroidManifest.xml 文件中添加权限也不起作用），需要将应用程序作为系统程序安装在 /system/app 目录中。一般可以将应用程序加到 ROM 中，再发到手机中。

20.1.4 搜索蓝牙设备

工程目录：src\ch20\search_bluetooth_device

如果手机中已经和某些蓝牙设备绑定，可以使用 BluetoothAdapter.getBondedDevices 方法获取已绑定的蓝牙设备列表。搜索周围的蓝牙设备可以使用 BluetoothAdapter.startDiscovery 方法。搜索到的蓝牙设备通过广播返回，因此，需要注册广播接收器来获取已搜索到的蓝牙设备。获取已绑定的蓝牙设备信息以及搜索蓝牙设备的完整代码如下：

```
package mobile.android.jx.search.bluetooth.device;

import java.util.Set;
import android.app.Activity;
import android.bluetooth.BluetoothAdapter;
import android.bluetooth.BluetoothDevice;
import android.content.BroadcastReceiver;
import android.content.Context;
import android.content.Intent;
import android.content.IntentFilter;
import android.os.Bundle;
```

```
import android.view.View;
import android.view.Window;
import android.widget.TextView;

public class Main extends Activity
{
    private BluetoothAdapter bluetoothAdapter;
    private TextView tvDevices;

    @Override
    public void onCreate(Bundle savedInstanceState)
    {
        super.onCreate(savedInstanceState);
        requestWindowFeature(Window.FEATURE_INDETERMINATE_PROGRESS);
        setContentView(R.layout.main);
        tvDevices = (TextView) findViewById(R.id.tvDevices);
        bluetoothAdapter = BluetoothAdapter.getDefaultAdapter();
        //  获取已绑定的蓝牙设备的Set对象
        Set<BluetoothDevice> pairedDevices = bluetoothAdapter
                .getBondedDevices();

        if (pairedDevices.size() > 0)
        {
            //  将已绑定的蓝牙设备显示在TextView控件（tvDevices）中
            for (BluetoothDevice device : pairedDevices)
            {
                //  获取当前已绑定的蓝牙设备，并将该设备名称和地址显示在TextView控件中
                tvDevices.append(device.getName() + ": " + device.getAddress() + "\n");
            }
        }
        //  定义用于发现蓝牙动作的广播过滤器（每发现一个蓝牙设备会广播一次）
        IntentFilter filter = new IntentFilter(BluetoothDevice.ACTION_FOUND);
        //  注册发现蓝牙动作的广播
        this.registerReceiver(receiver, filter);
        //  定义结束搜索蓝牙设备的广播
        filter = new IntentFilter(BluetoothAdapter.ACTION_DISCOVERY_FINISHED);
        //  注册结束搜索蓝牙设备的广播
        this.registerReceiver(receiver, filter);
        //  搜索蓝牙设备之前要先开启蓝牙设备
        if (!bluetoothAdapter.isEnabled())
        {
            //  开启蓝牙设备
            bluetoothAdapter.enable();
        }
    }
    //  "搜索蓝牙设备"按钮的单击事件
    public void onClick_Search(View view)
    {
        //  在标题栏右侧显示圆形进度条
        setProgressBarIndeterminateVisibility(true);
```

```
        //  设置当前界面的标题
        setTitle("正在扫描...");
        //  如果当前正在搜索蓝牙设备，则取消搜索
        if (bluetoothAdapter.isDiscovering())
        {
            //  取消搜索蓝牙设备
            bluetoothAdapter.cancelDiscovery();
        }
        //  开始搜索蓝牙设备
        bluetoothAdapter.startDiscovery();
    }
    //  用于接收广播动作的广播接收器
    private final BroadcastReceiver receiver = new BroadcastReceiver()
    {
        @Override
        public void onReceive(Context context, Intent intent)
        {
            String action = intent.getAction();
            //  搜索到蓝牙设备的广播动作
            if (BluetoothDevice.ACTION_FOUND.equals(action))
            {
                //  获取当前搜索到的蓝牙设备（BluetoothDevice 对象）
                BluetoothDevice device = intent
                        .getParcelableExtra(BluetoothDevice.EXTRA_DEVICE);
                //  如果当前蓝牙设备还没有绑定，则将该蓝牙设备的名称和地址显示在 TextView 控件中
                if (device.getBondState() != BluetoothDevice.BOND_BONDED)
                {
                    tvDevices.append(device.getName() + ":"
                            + device.getAddress() + "\n");
                }

            }
            //  搜索完成的广播动作
            else if (BluetoothAdapter.ACTION_DISCOVERY_FINISHED.equals(action))
            {
                //  隐藏标题栏右侧的圆形进度条
                setProgressBarIndeterminateVisibility(false);
                setTitle("搜索蓝牙设备");

            }
        }
    }
}
```

编写上面代码时应注意以下几点：

1）可获取的蓝牙设备有两种情况：已绑定（经过配对的蓝牙设备）和未绑定。已绑定的蓝牙设备可直接通过 BluetoothAdapter.getBondedDevices 方法获取，而未绑定的蓝牙设备需要使用 BluetoothAdapter.startDiscovery 方法进行搜索。

2）由于搜索过程是异步的，因此，系统在每搜索到一个新的蓝牙设备后都会发送一个

广播。如果想处理这些新搜索到的蓝牙设备，就要在搜索蓝牙设备之前，注册可截获蓝牙搜索广播的接收器，在本例中广播接收器是 receiver。

3）在搜索蓝牙设备时，如果已绑定的蓝牙设备恰巧在旁边，仍然有可能搜索到这些蓝牙设备。为了避免重复显示蓝牙设备，需要判断当前搜索到的蓝牙设备是否已绑定。如果已绑定，则不再将相关的信息添加到 TextView 控件中（已绑定的蓝牙设备信息已在 onCreate 方法中添加到 TextView 控件中）。

运行本例，单击“搜索蓝牙设备”按钮，如果搜索到蓝牙设备，会显示在按钮下方的 TextView 控件中，如图 20-7 所示。

图 20-7 显示已搜索到的蓝牙设备

20.1.5 蓝牙设备之间的数据传输

工程目录：src\ch20\bluetooth_socket

蓝牙设备之间传输数据与网络之间传输数据类似，都是通过 Socket 实现，只不过蓝牙使用的是 BluetoothSocket 和 BluetoothServerSocket（可以称为蓝牙 Socket），而网络使用的是 Socket 和 ServerSocket。这两种 Socket 在使用方法上是一样的。在网络中使用 Socket 不仅需要指定 IP，还需要指定一个端口号；而蓝牙 Socket 也需要指定一个定位其他蓝牙设备的地址（类似于 IP）和表示同一部手机中某个蓝牙程序的标识（相当于端口号）。这个地址就是蓝牙模块的地址，而标识是一个 UUID（Universally Unique Identifier，全局唯一标识符）。蓝牙 Socket 需要使用如下格式的 UUID：

```
xxxxxxxx-xxxx-xxxx-xxxx-xxxxxxxxxxxx
```

UUID 的格式被分成 5 段，第 1 段是 8 个字符，中间 2~4 段的字符数相同，都是 4 个字符，最后一段是 12 个字符。实际上 UUID 是一个 8-4-4-4-12 的字符串。

获取 UUID 的方法非常多，例如，可以从 http://www.uuidgenerator.com 页面直接获取 UUID 字符串，每刷新一次页面，页面的左上角就会生成两个新的 UUID。生成 UUID 的页面如图 20-8 所示。

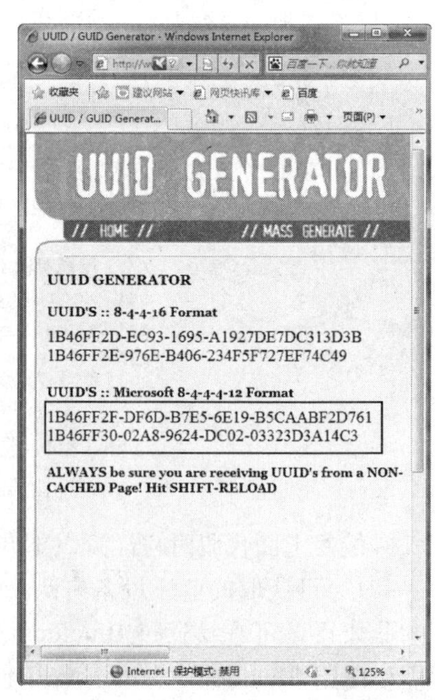

图 20-8 生成 UUID 的页面

注意 图 20-8 所示的页面产生了两组 UUID。其中，第 1 组 UUID 的格式为 8-4-4-16，也就是 4 段的 UUID；第 2 组就是前面介绍的 8-4-4-4-12 格式的 UUID。应选择第 2 组 UUID，也就是黑框中的 UUID。如果选择第 1 组中的 UUID，蓝牙 Socket 会抛出异常。

下面用一个实例来演示如何用蓝牙技术在两部手机之间传输文件。注意，读者在测试本例时要有两部

Android 手机（建议安装 Android 2.1 及以上版本），而且在两部手机上都要运行例子程序。作为蓝牙客户端一方的手机，在其 SD 卡根目录中要有一个名为 video.3gp 的文件，当然，读者也可以通过修改源代码来将其改成其他的文件。

本实例仍然采用了 20.1.4 节搜索蓝牙设备的方法，只是将新搜索到和已绑定的蓝牙设备添加到 ListView 控件中，以便用户可以单击某个蓝牙设备传输文件。关于如何搜索附近的蓝牙设备，读者可以参阅 20.1.4 节的例子。

下面看单击 ListView 控件中的某个蓝牙设备要执行的代码：

```
public void onItemClick(AdapterView<?> parent, View view, int position,long id)
{
    //  获取当前单击的列表项文本（蓝牙设备名 + 蓝牙设备地址）
    String s = arrayAdapter.getItem(position);
    //  取得蓝牙设备地址
    String address = s.substring(s.indexOf(":") + 1).trim();

    try
    {
        //  正在搜索蓝牙设备
        if (bluetoothAdapter.isDiscovering())
        {
            //  取消搜索蓝牙设备
            this.bluetoothAdapter.cancelDiscovery();
        }

        try
        {
            //  device 变量的声明：private BluetoothDevice device;
            if (device == null)
            {
                //  根据蓝牙设备的地址获取蓝牙设备（BluetoothDevice 对象）
                device = bluetoothAdapter.getRemoteDevice(address);
            }

            if (clientSocket == null)
            {
                //  根据 UUID 创建连接另一部蓝牙设备的 BluetoothSocket 对象
                clientSocket = device
                        .createRfcommSocketToServiceRecord(MY_UUID);
                //  连接另外一部蓝牙设备
                clientSocket.connect();
                 //  获取向另一部蓝牙设备传输数据的 OutputStream 对象
                os = clientSocket.getOutputStream();
            }

        }
        catch (IOException e)
        {
        }
```

```
        if (os != null)
        {
            // 创建指向 video.3gp 的 FileInputStream 对象
            FileInputStream fis = new FileInputStream("/sdcard/video.3gp");
            //  用于传输数据的缓冲区，每次传 8KB（8192 字节）
            byte[] buffer = new byte[8192];
            int count = 0;
            int totalCount = 0;  //  表示当前共传输的字节数
            //  开始传输数据
            while ((count = fis.read(buffer)) > 0)
            {
                os.write(buffer, 0, count);
                totalCount += count;
                //  将当前已传输的字节数输出到 LogCat 视图中
                Log.d("total_count: ", String.valueOf(totalCount));
            }
            fis.close();
            Toast.makeText(this, " 文件传输成功 .", Toast.LENGTH_LONG).show();
        }
        else
        {
            Toast.makeText(this, " 文件传输失败 .", Toast.LENGTH_LONG).show();
        }
    }
    catch (Exception e)
    {
        Toast.makeText(this, e.getMessage(), Toast.LENGTH_LONG).show();

    }
}
```

上面的代码在获取客户端蓝牙 Socket（BluetoothSocket 对象）后，从 SD 卡根目录读取 video.3gp 文件，并向另一部手机传输 video.3gp 文件的数据（每次传输 8KB 字节）。

本例将服务端和客户端的代码放到了同一个工程中。与网络服务端 Socket 类似，蓝牙服务端 Socket 也需要在线程中等待客户端的请求，代码如下：

```
//  用于等待客户端请求的线程类
private class AcceptThread extends Thread
{
    private BluetoothServerSocket serverSocket;
    private BluetoothSocket socket;
    private InputStream is;

    public AcceptThread()
    {
        try
        {
            //  通过同样的 UUID 创建蓝牙服务端 Socket
            serverSocket = bluetoothAdapter
```

```
                .listenUsingRfcommWithServiceRecord(NAME, MY_UUID);

        }
        catch (IOException e)
        {
        }
    }
    public void run()
    {
        try
        {
            //  开始等待客户端连接
            socket = serverSocket.accept();
            //  获取用于读取蓝牙客户端发送的数据的 InputStream 对象
            is = socket.getInputStream();
            //  创建用于向 SD 卡根目录写入由客户端发送过来的文件的 FileOutputStream 对象
            FileOutputStream fos = new FileOutputStream(
                    "/sdcard/video_bluetooth.3gp");
            byte[] buffer = new byte[8192];
            int count = 0;
            int totalCount = 0;    //  已经读取的字节数
            //  开始从客户端读取数据
            while ((count = is.read(buffer, 0, buffer.length)) >= 0)
            {
                fos.write(buffer, 0, count);
                totalCount += count;
                 //  向 LogCat 视图输出已读取的字节数
                Log.d("total_count", String.valueOf(totalCount));
            }
        }
        catch (Exception e)
        {
        }
    }
}
```

在编写 AcceptThread 类时应了解如下几点：

1）BluetoothAdapter.listenUsingRfcommWithServiceRecord 方法用于创建 BluetoothServerSocket 对象。listenUsingRfcommWithServiceRecord 方法的第 1 个参数表示 SDP（Service Discovery Protocol，服务发现协议）记录，可以是任意字符串。第 2 个参数就是 UUID。本例生成一个固定的 UUID，读者也可以使用其他的 UUID。

2）通过 BluetoothServerSocket.accept 方法收到客户端的请求后，accept 方法会返回一个 BluetoothSocket 对象。可以通过该对象获取读写数据的 InputStream 和 OutputStream 对象。

3）InputStream.read 方法在没有数据可读时处于阻塞状态，直到另一端发过来数据，才会执行后面的语句。

最后，在 onCreate 方法中需要使用如下的代码创建 AcceptThread 对象，并调用 start 方法开始线程：

```
AcceptThread acceptThread = new AcceptThread();
acceptThread.start();
```

在两部手机中运行本例，并在其中包含 video.3gp 文件的手机蓝牙设备列表中单击另外一部手机对应的列表项，在一定时间后发送 video.3gp 文件的手机界面会显示“文件传输成功.”的提示。可以在另一部手机的 SD 卡根目录找到 video_bluetooth.3gp 文件（如图 20-9 所示）。

图 20-9 要传输文件的客户端蓝牙 Socket

20.2 Wi-Fi 编程

在手机中虽然 Wi-Fi 模块不如蓝牙模块普遍，但随着城市局域网的逐渐普及，加入 Wi-Fi 模块的手机将会越来越多。Wi-Fi 编程实际上就是网络 Socket 编程，本节讨论如何利用 Socket 实现手机之间的通信。

20.2.1 控制 Wi-Fi 设备

工程目录：src\ch20\control_wifi

控制 Wi-Fi 设备主要是控制 Wi-Fi 的开启和关闭。可以直接使用如下代码打开 Wi-Fi 设置界面，并通过该界面设置 Wi-Fi：

```
Intent intent = new Intent(Settings.ACTION_WIFI_SETTINGS);
startActivity(intent);
```

执行上面的代码后，会弹出如图 20-10 所示的 Wi-Fi 设置界面。

用户通过选中或取消“WLAN”项右侧的复选框来开启或关闭 Wi-Fi。此外，还可以通过 WifiManager 对 Wi-Fi 进行控制。例如，使用下面的代码开启 Wi-Fi：

```
//  获取 WifiManager 对象
WifiManager wifiManager = (WifiManager)
    getSystemService(Context.WIFI_SERVICE);
//  判断 Wi-Fi 是否已开启
if (!wifiManager.isWifiEnabled())
    //  开启 Wi-Fi
    wifiManager.setWifiEnabled(true);
```

图 20-10 Wi-Fi 设置界面

如果想关闭 Wi-Fi，也可以调用 WifiManager.setWifiEnabled 方法，代码如下：

```
//  获取 WifiManager 对象
```

```
WifiManager wifiManager = (WifiManager) getSystemService(Context.WIFI_SERVICE);
//  判断 Wi-Fi 是否已开启
if (WifiManager.isWifiEnabled())
    //  关闭 Wi-Fi
    WifiManager.setWifiEnabled(false);
```

还可以利用 WifiManager 对 Wi-Fi 进行其他控制，例如，下面的代码使 Wi-Fi 开始扫描周围的其他 Wi-Fi 设备：

```
WifiManager wifiManager = (WifiManager) getSystemService(Context.WIFI_SERVICE);
//  开始扫描周围的其他 Wi-Fi 设备
wifiManager.startScan();
```

在使用 WifiManager 获取 Wi-Fi 状态以及改变 Wi-Fi 状态时，要在 AndroidManifest.xml 文件中设置如下的访问权限：

```
<uses-permission android:name="android.permission.ACCESS_WIFI_STATE" />
<uses-permission android:name="android.permission.CHANGE_WIFI_STATE" />
```

20.2.2　获取 Wi-Fi 信息

工程目录：src\ch20\wifi_info

通过 WifiManager 也可以获取与 Wi-Fi 相关的信息。下面看如图 20-11 所示的 Wi-Fi 设置界面，单击该界面的“高级”选项菜单项，会显示如图 20-12 所示的设置界面。

图 20-11　Wi-Fi 设置界面

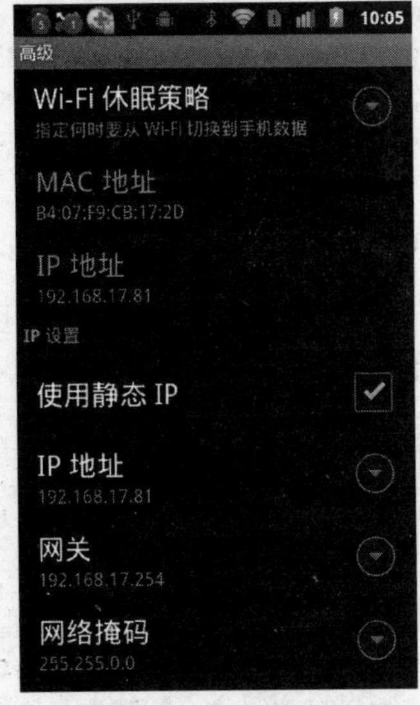

图 20-12　Wi-Fi 高级设置界面

如以上两个图所示，界面中包含的大多数信息（Wi-Fi 状态、已搜索到的 Wi-Fi 网络、当前 IP、MAC 地址等）都可以通过 WifiManager 获取。下面的代码将获取与 Wi-Fi 相关的信息，并显示在 TextView 控件中。

```
TextView tvWifiInfo = (TextView) findViewById(R.id.textview_wifi_info);
StringBuffer sb = new StringBuffer();
//  获取 WifiManager 对象
WifiManager wifiManager = (WifiManager) getSystemService(Context.WIFI_SERVICE);
// 获取连接信息对象
WifiInfo wifiInfo = wifiManager.getConnectionInfo();
//  获取 Wifi 状态
if (wifiManager.isWifiEnabled())
{
    sb.append("Wifi 已开启 \n");
}
else
{
    sb.append("Wifi 已关闭 \n");
}

sb.append("MAC 地址：" + wifiInfo.getMacAddress() + "\n");
sb.append(" 接入点的 BSSID：" + wifiInfo.getBSSID() + "\n");
sb.append("IP 地址（int）：" + wifiInfo.getIpAddress() + "\n");
sb.append("IP 地址（Hex）：" + Integer.toHexString(wifiInfo.getIpAddress())+ "\n");
sb.append("IP 地址：" + ipIntToString(wifiInfo.getIpAddress()) + "\n");
sb.append(" 连接速度：" + wifiInfo.getLinkSpeed() + "Mbps\n");

sb.append("\n 已配置的无线网络 \n\n");
for (int i = 0; i < wifiManager.getConfiguredNetworks().size(); i++)
{
    WifiConfiguration wifiConfiguration = wifiManager
            .getConfiguredNetworks().get(i);
    sb.append(wifiConfiguration.SSID
        + ((wifiConfiguration.status == 0) ? " 已连接 " : " 未连接 ") + "\n");
}
tvWifiInfo.setText(sb.toString());
```

上面的代码在输出 IP 地址时调用一个 ipIntToString 方法，该方法将 int 类型的 IP 地址转换成 4 段类型的 IP 地址（×××.×××.×××.×××）。ipIntToString 方法的代码如下：

```
private String ipIntToString(int ip)
{
    try
    {
        //  每 1 段的 IP 地址用一个 byte 保存，bytes 保存了 4 段的 IP 地址
        byte[] bytes = new byte[4];
        bytes[0] = (byte) (0xff & ip);
        bytes[1] = (byte) ((0xff00 & ip) >> 8);
        bytes[2] = (byte) ((0xff0000 & ip) >> 16);
        bytes[3] = (byte) ((0xff000000 & ip) >> 24);
        //  将 byte 形式的 IP 地址转换成 String 类型的可读 IP 地址
        return Inet4Address.getByAddress(bytes).getHostAddress();
```

```
    }
    catch (Exception e)
    {
        return "";
    }
}
```

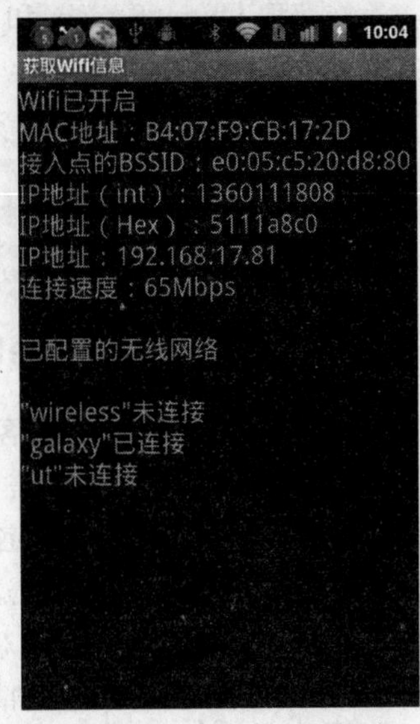

图 20-13　与 Wi-Fi 相关的信息

运行本例，会显示如图 20-13 所示的信息。

从图 20-11 可以看出，手机共搜索到 4 个无线网络。那么为什么在如图 20-13 所示的界面中只显示 3 个无线网络呢？实际上，WifiManager.getConfiguredNetworks 方法获取的无线网络并不是所有被搜索到的无线网络，而是曾经连接过的无线网络。其中 galaxy、ut 和 wireless 都曾加连接过，而 TP-LINK_3308BC 虽然被搜索到，但从未被使用过，因此，无法获取该无线网络。

通过 WifiConfiguration.status 还可以获取当前的无线网络是否正在使用。如果 status 的值为 0，表示当前无线网络正在被使用（本例中的 galaxy 正在被使用）。

如果只是读取 Wi-Fi 的状态，可以在 AndroidManifest.xml 文件中设置如下的权限：

```
<uses-permission android:name="android.permission.ACCESS_WIFI_STATE" />
```

20.2.3　客户端 Socket

客户端 Socket 用于连接服务端程序。连接的过程中至少需要服务器的 IP（或域名）和端口号。例如，下面的代码连接了 csdn 的 80 端口：

```
//  创建一个已连接的 Socket 对象
Socket socket = new Socket("www.csdn.net", 80);
```

IP（或域名）和端口号也可以不通过 Socket 类的构造方法指定，如下面的代码通过 InetSocketAddress 类的构造方法指定了 IP 和端口号，并通过 Socket.connect 方法连接服务器。

```
//  指定 IP 为 192.168.15.88，端口号为 1234
SocketAddress socketAddress = new InetSocketAddress("192.168.15.88", 1234);
//  创建一个未连接的 Socket 对象
Socket socket = new Socket();
//  如果超过 50 毫秒仍然没有连接上服务器，则会抛出异常
socket.connect(socketAddress, 50);
```

如果想向服务端发送数据，以及从服务端读取数据，可以使用 Socket.getOutputStream 和 Socket.getInputStream 方法，获取用于输出和读取数据的 OutputStream 和 InputStream 对象，代码如下：

```
Socket socket = new Socket("www.csdn.net", 80);
OutputStream os = socket.getOutputStream();
InputStream is = socket.getInputStream();
```

在获取 OutputStream 和 InputStream 对象后，就可以像操作普通输入 / 输出流一样与服务端进行数据交互了。

无论使用客户端 Socket，还是使用服务端 Socket（见 20.2.4 节），都需要在 AndroidManifest.xml 文件中设置如下的权限：

```
<uses-permission android:name="android.permission.INTERNET"/>
```

20.2.4 服务端 Socket

ServerSocket 用于监视客户端 Socket 的请求。在创建 ServerSocket 对象时至要少指定一个端口号，客户端 Socket 需要通过这个端口号和服务端的 IP 连接服务器。当然，也可以将 ServerSocket 绑定在一个指定的服务端 IP 上。在这种情况下，不管服务器有几个网卡，有多少个 IP，客户端都只能通过这个被绑定的 IP 连接服务端。

成功创建 ServerSocket 对象后，需要调用 ServerSocket.accept 方法等待客户端 Socket 的请求。如果接收到客户端的请求，accept 方法会返回一个 Socket 对象，然后利用 20.2.3 节介绍的方法使用 Socket 对象与客户端交互数据。下面的代码演示了 ServerSocket 的使用方法：

```
try
{
    //  创建 ServerSocket 对象
    ServerSocket serverSocket = new ServerSocket();
    //  绑定 IP 和端口
    serverSocket.bind(new InetSocketAddress("192.168.1.101", 1234));
    while (true)
    {
        //  accept 方法用于接收客户端的请求，如果没有请求，会处于阻塞状态
        Socket socket = serverSocket.accept();
        ...
        //  这里是处理当前客户端 Socket 的代码，一般会单独开始一个线程处理
    }
}
catch (Exception e)
{
}
```

20.2.5 移动版的 Web 服务器实例

工程目录：src\ch20\android_web_server

本例实现了一个基于 Android 的 Web 服务器。当客户端在浏览器中访问 Web 服务器的地址后，会在浏览器中显示 Web 服务器所在手机的 Wi-Fi 相关信息。

本例的核心是 ServerThread 类，这是一个线程类，继承自 Thread。在 run 方法中通过 while 循环不断监视客户端的请求（通过 ServerSocket.accept 方法），收到客户端的请求后，会获取客户端的 Socket 对象；然后，会获取当前手机与 Wi-Fi 相关的信息。最后一步是关键，需要将这些 Wi-Fi 信息以 HTML 形式返回给客户端。一种做法是将 HTML 直接嵌入 Java 代码中。虽然这么做从技术上没有任何问题，但在 Java 代码中嵌入 HTML 代码会使源程序难以维护。基于这个原因，本例采用了占位符替换的方式来将 Wi-Fi 信息嵌入到 HTML 代码中。

首先需要自己编写一个 HTML 页面，在该页面中设计 Wi-Fi 信息的摆放位置，并在要显示 Wi-Fi 信息的位置使用 #...# 代替。这些 #...# 就是本例使用的占位符，服务端向客户端输出 HTML 代码之前会将这些占位符替换成真正的值。HTML 代码如下：

info.html

```
<head>
<meta http-equiv="Content-Type" content="text/html; charset=utf-8" />
<title>Web 服务 -Wi-Fi 状态 </title>
<style>
label {
    color: #FF0000;
    font-size: 25px
}
td {
    font-size: 25px;
    padding: 10px
}
</style>
</head>
<body>
    <table>
        <tr>
            <td width="201">MAC 地址：</td>
            <td width="265"><label> #mac#</label>
            </td>
        </tr>
        <tr>
            <td>IP 地址：</td>
            <td><label> #ip#</label>
            </td>
        </tr>
        <tr>
            <td>Wi-Fi 状态 </td>
            <td><label>#wifi_status#</label>
            </td>
        </tr>
        <tr>
            <td> 连接速度 </td>
            <td><label>#speed#</label>
            </td>
        </tr>
```

```
            <tr>
                <td> 正在使用的网络 </td>
                <td><label>#using_network#</label>
                </td>
            </tr>
        </table>
    </body>
    </html>
```

info.html 文件中包含 5 个占位符：#mac#、#ip#、#wifi_status#、#speed# 和 #using_network#，分别表示 MAC 地址、IP 地址、Wi-Fi 状态、连接速度和正在使用的网络。现在将 info.html 文件复制到 Android 工程的 assets 目录中。最后，编写下面的代码开始一个线程来监视客户端请求，并在接到请求后，将当前手机的 Wi-Fi 信息嵌入到上面的 HTML 代码中后返回给客户端。

```
package mobile.android.jx.web.server.wifi;

import java.io.InputStream;
import java.io.OutputStream;
import java.net.Inet4Address;
import java.net.ServerSocket;
import java.net.Socket;
import android.app.Activity;
import android.content.Context;
import android.net.wifi.WifiConfiguration;
import android.net.wifi.WifiInfo;
import android.net.wifi.WifiManager;
import android.os.Bundle;
import android.widget.TextView;

public class WebServer extends Activity
{
    private ServerSocket serverSocket;

    private WifiManager wifiManager;
    private WifiInfo wifiInfo;

    @Override
    public void onCreate(Bundle savedInstanceState)
    {
        super.onCreate(savedInstanceState);
        setContentView(R.layout.main);
        wifiManager = (WifiManager) getSystemService(Context.WIFI_SERVICE);
        wifiInfo = wifiManager.getConnectionInfo();
        TextView textView = (TextView) findViewById(R.id.textview);
        //  显示手机的可访问网址，客户端可以通过该网址访问 WebServer
        textView.setText("访问地址\n" + "http://"
                + ipIntToString(wifiInfo.getIpAddress()) + ":4321");
        //  开始监视客户端请求的线程
```

```
        new ServerThread().start();
    }
    //  从 assets 目录获取 info.html 文件的内容
    private String getHtml()
    {
        String result = "";
        try
        {
            //  获取用于读取 info.html 文件内容的 InputStream 对象
            InputStream is = getResources().getAssets().open("info.html");
            //  由于 info.html 文件的内容小于 1024 字节
            //  因此，这里使用一个长度为 1024 的 byte 数组一次性读取 info.html 文件的内容
            byte[] buffer = new byte[1024];
            //  读取 info.html 文件的内容。count 为实际读取的字节数
            int count = is.read(buffer);
            //  将读取的字节以 utf-8 编码格式转换成字符串
            result = new String(buffer, 0, count, "utf-8");
        }
        catch (Exception e)
        {
        }
        return result;
    }

    // 将 int 类型的 IP 转换成字符串形式的 IP
    private String ipIntToString(int ip)
    {
        try
        {
            byte[] bytes = new byte[4];
            bytes[0] = (byte) (0xff & ip);
            bytes[1] = (byte) ((0xff00 & ip) >> 8);
            bytes[2] = (byte) ((0xff0000 & ip) >> 16);
            bytes[3] = (byte) ((0xff000000 & ip) >> 24);
            return Inet4Address.getByAddress(bytes).getHostAddress();
        }
        catch (Exception e)
        {
            return "";
        }
    }
    //  用于监视客户端请求的线程类
    class ServerThread extends Thread
    {
        public void run()
        {
            try
            {
                //  创建 ServerSocket 对象，绑定端口号为 4321
                serverSocket = new ServerSocket(4321);
```

```
while (true)
{
    //  等待接收客户端的请求
    Socket socket = serverSocket.accept();
    //  获取info.html文件的内容
    String html = getHtml();
    String mac = "";
    String ip = "";
    String wifiStatus = "";
    String speed = "";
    String usingNetwork = "";
    //  获取MAC地址
    mac = wifiInfo.getMacAddress();
    //  获取IP地址
    ip = ipIntToString(wifiInfo.getIpAddress());
    //  获取Wi-Fi的状态
    if (wifiManager.isWifiEnabled())
    {
        wifiStatus = "Wifi已开启";
    }
    else
    {
        wifiStatus = "Wifi已关闭\n";
    }
    //  获取连接速度
    speed = wifiInfo.getLinkSpeed() + "Mbps";
    //  循环扫描所有被配置的网络，找到当前正在使用的网络
    for (int i = 0; i < wifiManager.getConfiguredNetworks().size(); i++)
    {

        WifiConfiguration wifiConfiguration =
            wifiManager.getConfiguredNetworks().get(i);
        if (wifiConfiguration.status == 0)
        {
            //  已找到当前正在使用的网络，将ID的双引号去掉
            usingNetwork = wifiConfiguration.SSID.replaceAll("\"", "");
            break;
        }

    }
    //  将HTML代码中的占位符替换成实际的值
    html = html.replaceAll("#mac#", mac).replaceAll("#ip#", ip)
            .replaceAll("#wifi_status#", wifiStatus)
            .replaceAll("#speed#", speed)
            .replaceAll("#using_network#", usingNetwork);
    //  必须向客户端浏览器输出HTTP格式的响应头
    //  否则，浏览器无法解析返回的数据
    html = "HTTP/1.1 200 OK\r\nContent-Type:
        text/html\r\nContent-Length: "
        + html.getBytes("utf-8").length
        + "\r\n\r\n" + html;
```

```
                    //  获取向客户端输出数据的 OutputStream 对象
                    OutputStream os = socket.getOutputStream();
                    //  将 HTML 代码以 utf-8 格式向客户端输出数据
                    os.write(html.getBytes("utf-8"));
                    //  刷新缓冲区中的数据
                    os.flush();
                    //  关闭客户端 Socket，也客户端断开连接
                    socket.close();
                }
            }
            catch (Exception e)
            {
            }
        }
    }
}
```

运行本例之前，必须在 AndroidManifest.xml 文件中设置如下权限：

```
<uses-permission android:name="android.permission.ACCESS_WIFI_STATE" />
<uses-permission android:name="android.permission.INTERNET"/>
```

运行程序，保证手机连接到附近的无线路由（如果手机是 Android 2.2 及以上版本，也可以利用手机自带的便携式热点功能使两部手机根据 IP 互相访问），这样，手机就会有一个 IP。如果 PC 或其他手机（不一定是 Android 手机）也连接到这个无线路由上，就可以在浏览器中输入地址 http://192.168.17.81:4321（假设运行本程序的手机的 IP 是 192.168.17.81），便可访问 Android 版的 Web 服务器了。

图 20-14 和图 20-15 分别是在 IE 和手机浏览器中的显示效果。

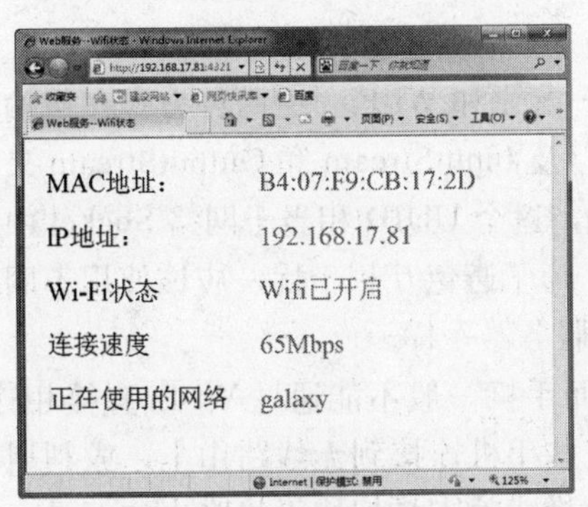

图 20-14　在 IE 上的显示效果

图 20-15　在手机浏览器上的显示效果

20.2.6　在手机客户端访问 Web 服务器

工程目录：src\ch20\client_socket

在另一部手机中使用 Socket 也可以访问 20.2.5 节实现的 Web 服务器。本例通过单击

“访问 Web 服务器”按钮连接到 Web 服务器上，并从 Web 服务器获取返回的 HTML 代码，最后将其显示在 TextView 控件中。效果如图 20-16 所示。

访问 Web 服务器的代码如下：

```
TextView textView = (TextView)findViewById(R.id.textview);
try
{
    //  创建连接到Web服务器的Socket对象
    //  读者要将本例中的IP改为自己手机的IP
    Socket socket = new Socket("192.168.17.81", 4321);
    InputStream is = socket.getInputStream();
    byte[] buffer =  new byte[1024];
    //  从服务端读取返回的HTML代码(byte形式)
    int count = is.read(buffer);
    //  将byte形式的返回值转换成utf-8格式的字符串
    String result = new String(buffer, 0,
        count, "utf-8");
    //  Android中换行不需要加“\r”
    //  因此，将所有的"\r"替换成空串
    result = result.replaceAll("\\r", "");
    is.close();
    socket.close();
    //  将返回的HTML代码显示在TextView控件中
    textView.setText(result);
}
catch (Exception e) {
}
```

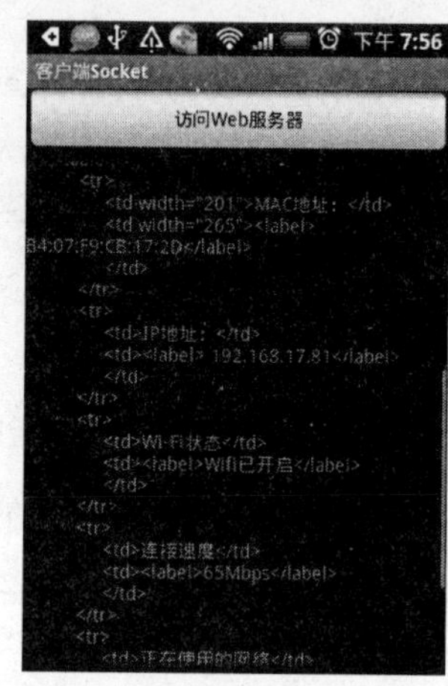

图 20-16 客户端 Socket 访问 Web 服务器

20.3 小结

本章介绍了 Android 手机中常用的两种通信方式：蓝牙和 Wi-Fi。这两种方式在传输数据上类似，都是使用客户端 Socket 和服务端 Socket，以及 InputStream 和 OutputStream 来完成数据交互的。不同蓝牙设备在连接时需要一个 UUID，这个 UUID 相当于网络 Socket 中使用的端口号。如果手机中有多个使用蓝牙技术的程序，为了避免互相干扰，应该使用不同的 UUID，就像服务器可以有多个使用不同端口号的 Web 服务器一样。

不同蓝牙设备之间的连接只需要进行配对即可，而手机一般不能通过 Wi-Fi 直接相连。如果要实现不同的手机通过 Wi-Fi 互相通信，必须将这些手机连接到无线路由上，或利用手机的便携式热点进行连接。也就是说，一部手机利用便携式热点模拟成无线路由，而另一部手机连接到便携式热点，这样，两部手机（也可以是多部）都拥有独立 IP 了。只要手机通过 Wi-Fi 生成独立的 IP，就可以直使用客户端 Socket 和服务端 Socket 进行连接以及数据交互。

第 21 章　第三方程序库

Android SDK 虽然提供了丰富的 API，但仍然有很多功能需要利用第三方的程序库。例如，编写 GTalk 和 FTP 客户端、绘制各种图表等。本章将介绍三种常用的第三方程序库，读者可以利用这些程序库完成更复杂的功能。

21.1　GTalk 客户端

工程目录：src\ch21\gtalk

GTalk 是 Google 推出的 IM（Instant Messaging，即时通信）软件，类似于 QQ 和 MSN。从技术角度说，它们分别使用了不同的通信协议，QQ 使用自己的私有协议（未公开），MSN 也使用自己的私有协议（已公开，见 http://www.hypothetic.org/docs/msn/index.php）；而 GTalk 使用了 XMPP（eXtensible Messageing and Presence Protocol，可扩展消息与存在协议），这是一种公开的协议，有很多 IM 都使用了 XMPP。本节介绍如何利用 asmack 编写基于 Android 的 GTalk 客户端程序。

21.1.1　XMPP 协议简介

目前，主流的四种 IM 协议分别为：

- IMPP　（Instant Messaging And Presence Protocol）
- PRIM　（Presence and Instant Messaging）
- SIMPLE　（SIP for Instant Messaging and Presence Leveraging Extensions）
- XMPP　（eXtensible Messageing and Presence Protocol）

在这四种协议中，XMPP 是最灵活的。XMPP 是一种基于 XML 的协议，它继承了 XML 的灵活性和可扩展性，因此，基于 XMPP 的应用也同样具有超强的灵活性和可扩展性。经过扩展后的 XMPP 可以通过发送扩展的信息来处理用户的需求，以及在 XMPP 的顶端建立如内容发布系统和基于地址的服务等应用程序。而且 XMPP 包含针对服务器端的软件协议，使之能与另一端进行通话，这使得开发者更容易建立客户应用程序，或者给一个系统添加功能。

XMPP 将核心功能与 IM 功能进行分离，服务端在成功验证客户端后，除非客户端明确请求一个 Session，服务端才会初始化。

读者可以通过地址 http://xmpp.org 访问 XMPP 的官方网站。

21.1.2　下载并安装 asmack

smack 是一个基于 Java 的 XMPP 客户端库，由于 smack 调用了 Android SDK 不支持的

API，无法在 Android 上使用。因此，一些 Android 专家对 smack 库进行了精简，最终形成了 asmack，其中第一个字母“a”代表 Android。

注意 写作本书时，asmack 最近一次发布是在 2010 年 10 月，读者可以从下面的地址下载 asmack。http://code.google.com/p/asmack/downloads/list。如果 asmack 有了更新的版本，读者也可以下载并运行本章的例子。

进入下载页面后，会显示如图 21-1 所示的内容。黑框中的是最新的 asmack，直接下载即可。

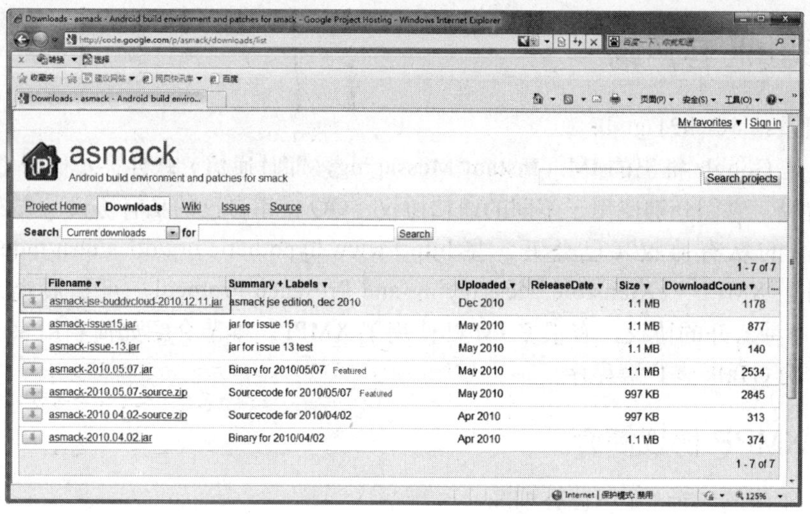

图 21-1 asmack 下载页面

下载 asmack 压缩包后将其解压。由于该压缩包中并没有 jar 文件，因此，可以在 Windows 控制台中进入 asmack 的解压目录，并输入如下的命令生成 asmack.jar 文件：

```
jar cvf asmack.jar .
```

生成 asmack.jar 文件后，将该文件复制到 Android 工程的 lib 目录中（也可以是其他目录），然后在工程属性对话框中引用 asmack.jar 文件，如图 21-2 所示。

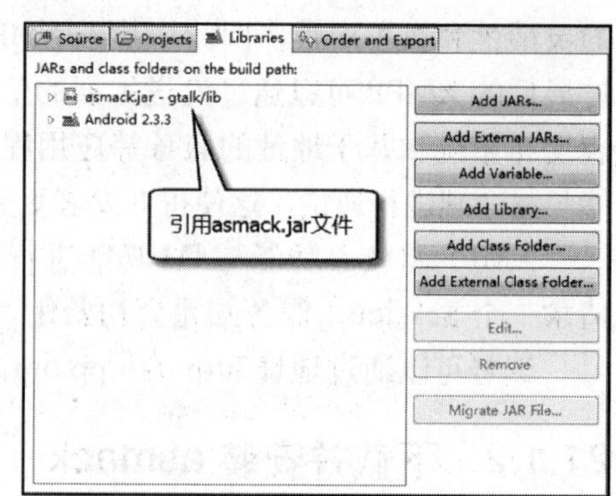

图 21-2 引用 asmack.jar 文件

21.1.3 登录 GTalk 服务器

登录 GTalk 服务器至少需要提供如下信息。

- ❑ GTalk 服务器地址：gtalk.google.com
- ❑ GTalk 服务器端口号：5222
- ❑ GTalk 账号（也是 GMail 账号）

❑ GTalk 密码

如果读者还没有 GMail 账号，可以登录 http://www.gmail.com 页面免费注册一个 GMail 账号。

连接 GTalk 服务器的核心类是 XMPPConnection。因此，首先要定义一个 XMPPConnection 变量，代码如下：

```
private XMPPConnection xmppConnection;
单击“登录”按钮，会执行下面的代码来登录 GTalk 服务器：
public void onClick_Login(View view)
{
    try
    {
        //  指定 GTalk 服务器地址和端口号
        ConnectionConfiguration connectionConfiguration = new
            ConnectionConfiguration("talk.google.com", 5222, "gmail.com");
        //  根据指定的 GTalk 服务器地址和端口号创建 XMPPConnection 对象
        xmppConnection = new XMPPConnection(connectionConfiguration);
        //  连接 GTalk 服务器
        xmppConnection.connect();
        //  使用账号和密码登录 GTalk 服务器
        //  读者需要将 login 方法的两个参数值换成自己的账号和密码
        xmppConnection.login("account@gmail.com", "password");
        Presence presence = new Presence(Presence.Type.available);
        //  登录成功后，要向 GTalk 服务器发一条消息，表明当前用户处于活动状态
        xmppConnection.sendPacket(presence);
        Toast.makeText(this, "登录成功.", Toast.LENGTH_LONG).show();
    }
    catch (Exception e)
    {
        Toast.makeText(this, "登录失败.", Toast.LENGTH_LONG).show();
    }
}
```

ConnectionConfiguration 类构造方法的第 3 个参数表示服务名，可以是任意字符串，本例中是“gmail.com”。运行本例，单击“登录”按钮后，会显示一个 Toast 信息框提示用户登录是否成功。

21.1.4　获取联系人信息

获取当前账号的联系人是 GTalk 客户端最基本的操作，可以通过 XMPPConnection.getRoster 方法获联系人列表。该方法返回一个 Collection<RosterEntry> 对象，每一个 RosterEntry 对象表示一个联系人。其中，RosterEntry.getUser 方法用于获取当前联系人登录 GTalk 服务器的账号。如果在 GTalk 客户端为联系人重新命名，则联系人的新名称可以通过 RosterEntry.getName 方法获取，否则，getName 方法返回 null。重命名联系人可以使用 Google Talk 客户端或其他的客户端，例如，使用 Google Talk 客户端修改联系人名称的方法

是右键单击联系人，在右键菜单中单击“重命名”菜单项就可以直接修改联系人名称，如图 21-3 所示。

本例中只修改了第 1 个联系人的名称（改为 csdn），因此，getName 方法只能获得第 1 个联系人的名称，其他的联系人 getName 方法都返回 null。下面的代码返回了当前账号的联系人列表，并显示在对话框中：

```
if (xmppConnection == null)
{
    Toast.makeText(this, "请先登录 GTalk.", Toast.LENGTH_LONG).show();
    return;
}
//  获取联系人列表
Collection<RosterEntry> rosterEntries = xmppConnection.getRoster().getEntries();
//  用于保存联系人账号和联系人名称（重命名后的名称）
StringBuilder contacts = new StringBuilder();
for (RosterEntry rosterEntry : rosterEntries)
{
    //  将当前联系人名称和联系人账号添加到 StringBuilder 对象中
    contacts.append(rosterEntry.getName() + ":" + rosterEntry.getUser() + "\n");
}
//  在对话框中显示所有的联系人信息
new AlertDialog.Builder(this).setMessage(contacts.toString())
        .setPositiveButton(" 关闭 ", null).show();
```

运行程序，在获取联系人列表之前，先单击“登录”按钮登录 GTalk，然后单击“获取联系人列表”按钮，会显示如图 21-4 所示的对话框，其中只有第 3 个联系人显示了名称（csdn）。

图 21-3 重命名联系人

图 21-4 显示联系人列表

注意 由于第 3 个联系人的登录账号过长，这里折行显示。

21.1.5　监听联系人是否在线

GTalk 客户端可以在某个联系人上线或离线时通知当前用户，如果不想打扰用户，可以在联系人上线时将联系人的头像变亮；当联系人离线时，将联系人的头像变暗。这样，当前用户就会很容易知道自己的联系人列表中哪个联系人是在线的，哪个联系人是离线的。这个功能在 asmack 中很容易实现。

无论联系人上线或离线，都会向 GTalk 服务器发送一条消息，然后 GTalk 服务器会将这条消息广播给发送消息用户的联系人列表中的每一个联系人。因此，当前账号可以接收到联系人列表中每一个联系人上线或离线发过来的消息。可以使用 XMPPConnection.addPacketListener 方法添加一个监听事件。如果当前账号收到由 GTalk 服务器发送的消息，该事件会被触发。监听联系人是否上线的代码如下：

```
private Handler handler = new Handler()
{
    @Override
    public void handleMessage(Message msg)
    {
        Toast.makeText(GTalk.this, String.valueOf(msg.obj),
                Toast.LENGTH_LONG).show();
        super.handleMessage(msg);
    }
};
//  添加监听接收数据的事件
xmppConnection.addPacketListener(new PacketListener()
{
    //  接收到数据时调用该方法
    @Override
    public void processPacket(Packet packet)
    {
        //  获取发送数据的账号
        String account = packet.getFrom().substring(0,
                packet.getFrom().indexOf("/"));
        Message message = new Message();
        //  用户在线
        if (packet.toString().startsWith("available"))
        {
            message.obj = account + "在线.";
            //  显示 Toast 信息框
            handler.sendMessage(message);
        }
        //  用户离线
        else if (packet.toString().startsWith("unavailable"))
        {
            message.obj = account + "离线.";
            //  显示 Toast 信息框
            handler.sendMessage(message);
        }
    }
```

```
}, new PacketFilter()
{

    @Override
    public boolean accept(Packet packet)
    {
        //  接收所有的数据
        return true;
    }
});
```

监听用户是否在线应了解如下几点：

1）Packet.getFrom 方法用于获取发送数据的 GTalk 账号。但并不完全是账号，还包括一些其他信息。这些信息与账号间使用斜杠（/）分隔，而且账号在最前面。因此，获取账号可以截取“/”前面的内容。

2）Packet.toString 方法可以返回发送数据的账号的状态。以 available 开头表示用户在线，以 unavailable 开头表示用户离线。

3）由于 processPacket 方法是在线程中调用的，因此，不能在 processPacket 方法中直接显示 Toast 信息框，所以在通过 Handler 显示 Toast 信息框。

4）addPacketListener 方法的第 2 个参数是一个 PacketFilter 类型的对象，用于过滤接收哪些信息。如果想接收全部的信息，PacketFilter.accept 方法直接返回 true 即可。

现在运行程序，单击“登录”按钮，会顺序显示一些表示各个联系人是否在线的 Toast 信息框。如果这时某个联系人离线或登录，会弹出显示这个联系人是否在线的 Toast 信息框。

21.1.6 发送聊天消息

发送聊天消息必须指定目标账号和消息内容。发送前需要使用 ChatManager.createChat 方法创建一个会话（Chat）对象，然后使用 Chat.sendMessage 方法向对方发送消息。发送聊天消息的完整代码如下：

```
if (xmppConnection == null)
{
    Toast.makeText(this, "请先登录 GTalk.", Toast.LENGTH_LONG).show();
    return;
}
try
{
    //  创建 ChatManager 对象
    ChatManager chatManager = xmppConnection.getChatManager();
    //  创建聊天会话，读者要将 account 替换成要发送的 GTalk 账号，也就是 GMail 账号
    Chat chat = chatManager.createChat(account, null);
    //  发送聊天消息
    chat.sendMessage("你好吗，我是 Bill Gates.");
    Toast.makeText(this, "已发送聊天消息.", Toast.LENGTH_LONG).show();
}
```

```
catch (Exception e)
{
}
```

运行程序，先单击“登录”按钮登录 GTalk，然后单击“发送聊天消息”按钮，会将上面代码中的消息发送给指定的 GTalk 账号。如果这时对方已使用 Google Talk 或其他 GTalk 客户端登录，会立刻收到发送的消息。

21.1.7　接收聊天消息

接收聊天消息需要使用 PacketListener 接口。下面的代码可以接收所有的聊天消息：

```
PacketListener packetListener = new PacketListener()
{
    public void processPacket(Packet packet)
    {
        Message message = new Message();
        message.obj = packet.getFrom() + ":"
            + ((org.jivesoftware.smack.packet.Message)packet).getBody();
        //  用 Toast 信息框显示接收到的消息
        handler.sendMessage(message);
    }
};
//  添加接收消息的监听事件（PacketListener 对象）
xmppConnection.addPacketListener(packetListener,new PacketFilter()
{
    @Override
    public boolean accept(Packet packet)
    {
        //  accept 方法只返回 true，表示接收所有的消息
        return true;
    }
});
```

运行程序，首先单击“登录”按钮登录 GTalk，然后单击“监听所有收到的消息”按钮，会执行上面的代码监听所有收到的消息。如果这时其他的 GTalk 用户向当前用户发送消息，就会用 Toast 信息框显示收到的消息。

21.2　FTP 客户端

工程目录：src\ch21\ftp

本节介绍一个基于 Android 的 FTP 客户端程序库的使用方法。这个程序库源于 apache 的一个子项目。本节的例子中已包含了这个程序库（jar 文件），运行本例，会看到如图 21-5 所示的界面，按不同的按钮可以测试 FTP 的各种功能。

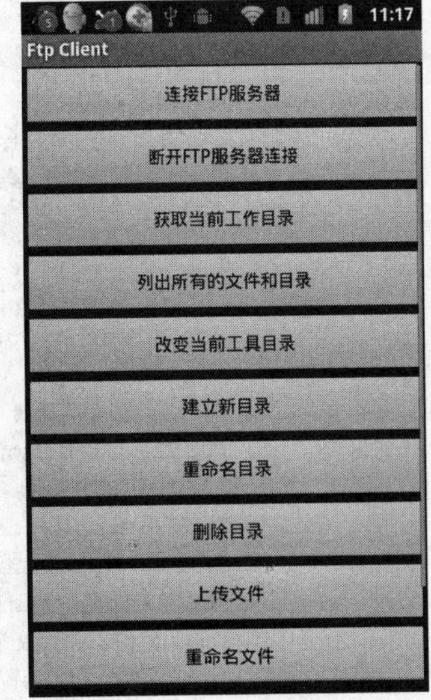

图 21-5　FTP 客户端主界面

21.2.1 连接与断开 FTP 服务器

连接 FTP 服务器要调用 FTPClient.connect 方法。该方法需要指定 FTP 服务器的 IP（或域名）和端口号（FTP 的默认端口号是 21）。在成功连接 FTP 服务器后，使用 FTPClient.login 方法登录 FTP 服务器，login 方法需要指定账号和密码。现在先定义一个类变量：

```
private FTPClient ftpClient;
```

连接和登录 FTP 服务器的代码如下：

```
//  创建 FTPClient 对象
ftpClient = new FTPClient();
//  连接 FTP 服务器，读者需要将 IP 改成自己可以访问的 FTP 服务器地址
//  为了实验方便，读者可以用 IIS、Serv-U 等 FTP 服务端软件在自己机器上
//  建立一个 FTP 域，然后用手机访问这个 FTP 域
ftpClient.connect("192.168.17.100", 21);
//  根据 FTP 服务器的返回代码判断是否成功连接到 FTP 服务器
if (FTPReply.isPositiveCompletion(ftpClient.getReplyCode()))
{
    //  使用 FTP 账号和密码登录 FTP 服务器
    //  login 方法返回 true，表示登录成功
    //  读者需要将 account 和 password 换成自己的账号和密码
    boolean status = ftpClient.login("account", "password");
    //  登录成功，显示提示信息框
    if (status)
    {
        Toast.makeText(this, "登录成功.", Toast.LENGTH_LONG).show();
    }
    //  登录失败，显示提示信息框
    else
    {
        Toast.makeText(this, "登录失败.", Toast.LENGTH_LONG).show();
    }
}
```

断开连接一般需要先注销当前账号，然后调用 FTPClient.disconnect 方法断开连接。注销和断开 FTP 连接的代码如下：

```
try
{
    if (ftpClient != null)
    {
        //  注销当前账号
        ftpClient.logout();
        // 断开 FTP 连接
        ftpClient.disconnect();
        //  将 ftpClient 变量设为 null
        ftpClient = null;
        Toast.makeText(this, "成功关闭 FTP 连接.", Toast.LENGTH_LONG).show();
    }
    else
```

```
        {
            Toast.makeText(this, "还没进行 FTP 连接呢.", Toast.LENGTH_LONG).show();
        }
    }
    catch (Exception e)
    {
        Toast.makeText(this, e.getMessage(), Toast.LENGTH_LONG).show();
    }
```

运行程序，单击“连接 FTP 服务器”按钮，如果指定的 FTP 服务器地址和端口号都正确，会显示“登录成功.”提示信息框。然后，单击“断开 FTP 服务器连接”按钮，会注销和断开连接。

21.2.2　获取与改变当前工作目录

成功登录后的默认工作目录是根目录（/），可以使用下面的代码获取当前的工作目录：

```
try
{
    if (ftpClient == null)
    {
        Toast.makeText(this, "还没进行 FTP 连接呢.", Toast.LENGTH_LONG).show();
        return;
    }
    //  获取当前的工作目录
    String workingDir = ftpClient.printWorkingDirectory();
    //  显示当前的工作目录
    Toast.makeText(this, "当前工作目录: " + workingDir, Toast.LENGTH_LONG).show();
}
catch (Exception e)
{
    Toast.makeText(this, e.getMessage(), Toast.LENGTH_LONG).show();
}
```

使用下面的代码可以改变当前的工作目录。

```
ftpClient.changeWorkingDirectory("/test");
```

21.2.3　列出所有的文件和目录

使用 FTPClient. listFiles 方法可以获取指定目录中的子目录和文件的相关信息。listFiles 方法如果不指定参数，则获取当前目录中的子目录和文件的相关信息。下面的代码获取了当前目录中所有子目录和文件的相关信息：

```
try
{
    if (ftpClient == null)
    {
        Toast.makeText(this, "还没进行 FTP 连接呢.", Toast.LENGTH_LONG).show();
```

```
            return;
        }
        //  获取当前目录中所有子目录和文件的相关信息
        FTPFile[] ftpFiles = ftpClient.listFiles();
        //  获取子目录和文件的总数
        int length = ftpFiles.length;
        String result = "";
        for (int i = 0; i < length; i++)
        {
            //  获取当前子目录或文件的名称
            String name = new String(ftpFiles[i].getName().getBytes(
                    "ISO-8859-1"), "utf-8");
            //  isFile 方法返回 true，表示当前项是文件
            boolean isFile = ftpFiles[i].isFile();
            //  将子目录或文件名称追加到 result 变量中
            if (isFile)
            {
                result += "<" + name + ">(文件)   ";
            }
            else
            {
                result += "<" + name + ">(目录)   ";
            }
        }
        //  显示当前目录中所有子目录和文件的名称
        Toast.makeText(this, result, Toast.LENGTH_LONG).show();
    }
    catch (Exception e)
    {
        Toast.makeText(this, e.getMessage(), Toast.LENGTH_LONG).show();
    }
```

在编写上面代码时应注意，由于 FTPClient 返回的信息是 ISO-8859-1 格式的，因此，如果目录或文件名中包含中文，要进行转换，如下面的代码所示：

```
String name = new String(
    ftpFiles[i].getName().getBytes("ISO-8859-1"),
    "utf-8");
```

如果想获取指定目录的子目录和文件的相关信息，可以使用下面的代码：

```
//  获取"/test"目录中的所有子目录和文件的相关信息
FTPFile[] ftpFiles = ftpClient.listFiles("test");
```

运行程序，首先单击"连接 FTP 服务器"按钮，然后单击"列出所有的文件和目录"按钮，会显示如图 21-6 所示的显示文件和目录名称的 Toast 信息框。

图 21-6　显示文件和目录名称

21.2.4 建立、重命名、删除指定目录

调用 FTPClient.makeDirectory 方法可以在指定的 FTP 目录创建子目录，代码如下：

```
try
{
    if (ftpClient == null)
    {
        Toast.makeText(this, "还没进行 FTP 连接呢.", Toast.LENGTH_LONG).show();
        return;
    }
    // 在当前目录创建一个叫 new_dir 的子目录
    boolean status = ftpClient.makeDirectory("new_dir");
    if (status)
        Toast.makeText(this, "成功建立了目录.", Toast.LENGTH_LONG).show();
    else
        Toast.makeText(this, "建立目录失败.", Toast.LENGTH_LONG).show();
}
catch (Exception e)
{
    Toast.makeText(this, e.getMessage(), Toast.LENGTH_LONG).show();
}
```

使用下面的代码可以修改指定目录的名称：

```
// 将 new_dir 目录改名为 rename_dir
boolean status = ftpClient.rename("new_dir", "rename_dir");
```

使用下面的代码可以删除指定的目录：

```
// 删除名为 rename_dir 的目录
boolean status = ftpClient.removeDirectory("rename_dir");
```

21.2.5 上传、重命名、下载、删除指定文件

使用 FTPclient.storeFile 方法可以将本地的文件上传至 FTP 服务器。storeFile 方法接收两个参数，分别表示本地文件名（InputStream 对象）和目标文件名（String 类型）。假设手机 SD 卡根目录有一个 obm.jpg 文件，现在将该文件上传至 FTP 服务器的当前目录，并且文件名保持不变。上传文件至 FTP 服务器的代码如下：

```
try
{
    if (ftpClient == null)
    {
        Toast.makeText(this, "还没进行 FTP 连接呢.", Toast.LENGTH_LONG).show();
        return;
    }
    // 必须设置二进制文件类型
    ftpClient.setFileType(FTPClient.BINARY_FILE_TYPE);
    // 使用 FileInputStream 对象读取本地文件
```

```
        FileInputStream fis = new FileInputStream("/sdcard/obm.jpg");
        //  开始上传文件
        boolean status = ftpClient.storeFile("obm.jpg", fis);
        if (status)
        {
            Toast.makeText(this, "文件上传成功.", Toast.LENGTH_LONG).show();
        }
        else
        {
            Toast.makeText(this, "文件上传失败.", Toast.LENGTH_LONG).show();
        }
        fis.close();
    }
    catch (Exception e)
    {
        Toast.makeText(this, e.getMessage(), Toast.LENGTH_LONG).show();
    }
```

使用下面的代码重命名 FTP 服务器中当前目录的文件。

```
//  重命名文件，如果文件名中包含中文，需要进行编码转换
boolean status = ftpClient.rename("obm.jpg",
        new String("李宁.jpg".getBytes("utf-8"), "ISO-8859-1"));
```

使用下面的代码可以删除 FTP 服务器中当前目录的文件。

```
boolean status = ftpClient.deleteFile(
        new String("李宁.jpg".getBytes("utf-8"), "ISO-8859-1"));
```

从 FTP 服务器下载文件的代码如下：

```
//  创建用于写本地文件数据的 FileOutputStream 对象
FileOutputStream fos = new FileOutputStream("/sdcard/李宁.jpg");
//  从 FTP 服务上下载文件
boolean status = ftpClient.retrieveFile(
        new String("李宁.jpg".getBytes("utf-8"), "ISO-8859-1"), fos);
fos.close();
```

21.3 绘制图表的程序库 AChartEngine

工程目录：src\ch21\chart

本节介绍一个用于在 Android 上绘制图表的程序库 AChartEngine，该程序库的 jar 文件已经包含在本例的工程中。AChartEngine 支持多种图表，例如曲线图、条形图、离散点图、区域图、饼图等。运行本例，会显示如图 21-7 所示的界面，单击相应的列表项，会显示不同的图表。

21.3.1 曲线图

源代码：AverageTemperatureChart.java

本节的例子演示了如何绘制多条曲线，效果如图 21-8 所示。从显示效果可以看出。屏

幕上绘制了 4 条不同颜色的曲线，并且都绘制在一个坐标系内。坐标系的 X 轴被分成了 12 份（13 个刻度，0 ～ 12），Y 轴被分成了 6 分（7 个刻度，0 ～ 30）。其中 X 轴表示月份，Y 轴表示温度。这 4 条曲线分别是 4 个城市 12 个月份的温度变化。城市标准在坐标系的下方。

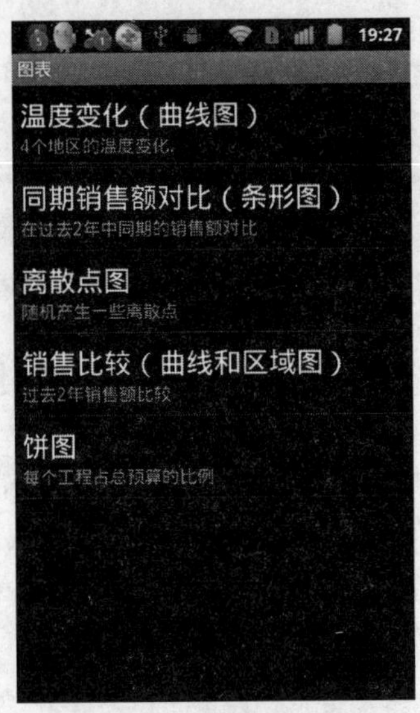

图 21-7　图表演示主界面

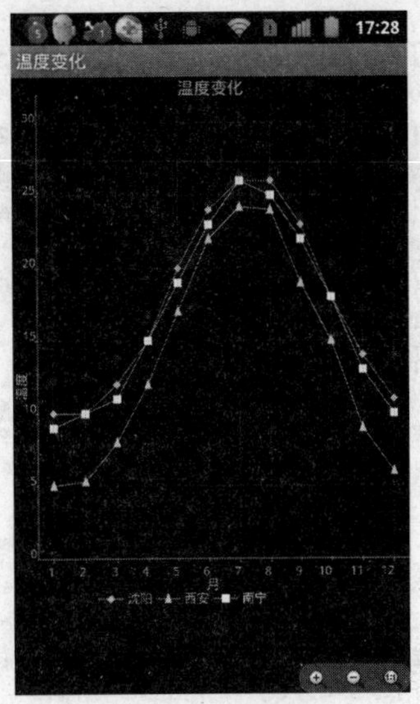

图 21-8　曲线图

从图 21-8 所示的曲线图可以看出，需要向 AChartEngine 提供如下的数据：

- 4 条曲线各自代表的城市（显示在 X 坐标轴下方）。
- X 轴的 12 个月份（X 轴下方显示的 1 ～ 12 数字）。
- Y 轴的刻度值（Y 轴的刻度是系统自动处理的，但需要指定一个近视值）。
- 每条曲线在某个月份（X 轴的一个刻度）的温度值。
- 每一条曲线的拐点处图形的形状。
- 在图表中显示的其他信息。

用于绘制图表的 Activity 是 AChartEngine 自动创建的，因此，首先需要获取该 Activity 的 Intent 对象，代码如下：

```
//  获取绘制图表的Activity对应的Intent对象
//  在该方法中设置了绘制图表所需的信息
public Intent execute(Context context)
{
    //  4条曲线各自代表的城市
    String[] titles = new String[]
    { "北京", "沈阳", "西安", "南宁" };
    List<double[]> x = new ArrayList<double[]>();
    //  设置X轴显示的12个月份
    for (int i = 0; i < titles.length; i++)
    {
```

```
        x.add(new double[]
        { 1, 2, 3, 4, 5, 6, 7, 8, 9, 10, 11, 12 });
    }
    List<double[]> values = new ArrayList<double[]>();
    //  设置每条曲线在 12 个月份的温度值，共 4 组值
    values.add(new double[]
    { 12.3, 12.5, 13.8, 16.8, 20.4, 24.4, 26.4, 26.1, 23.6, 20.3, 17.2,13.9 });
    values.add(new double[]
    { 10, 10, 12, 15, 20, 24, 26, 26, 23, 18, 14, 11 });
    values.add(new double[]
    { 5, 5.3, 8, 12, 17, 22, 24.2, 24, 19, 15, 9, 6 });
    values.add(new double[]
    { 9, 10, 11, 15, 19, 23, 26, 25, 22, 18, 13, 10 });
    int[] colors = new int[]
    { Color.BLUE, Color.GREEN, Color.CYAN, Color.YELLOW };
    //  设置每条曲线拐点处的图形
    PointStyle[] styles = new PointStyle[]
    { PointStyle.CIRCLE/* 圆形 */, PointStyle.DIAMOND /* 菱形 */,
        PointStyle.TRIANGLE /*  三角形  */,
        PointStyle.SQUARE /*  矩形  */ };
    XYMultipleSeriesRenderer renderer = buildRenderer(colors, styles);
    int length = renderer.getSeriesRendererCount();
    for (int i = 0; i < length; i++)
    {
        //  设置每条曲线拐点图形以实心填充
        ((XYSeriesRenderer) renderer.getSeriesRendererAt(i))
                .setFillPoints(true);
    }
    //  设置在图表中显示的其他信息
    //  其中 0.5 和 12.5 分别表示 X 轴最小值和最大值
    //  0 和 32 表示 Y 轴最小值和最大值
    //  后两个 Color.LTGRAY 值分别表示坐标轴颜色、刻度文本和 XY 轴标题的颜色
    setChartSettings(renderer, "温度变化", "月",
           "温度", 0.5, 12.5, 0, 32, Color.LTGRAY, Color.LTGRAY);
    //  设置 X 轴显示的近似刻度
    renderer.setXLabels(12);
    //  设置 Y 轴显示的近似刻度
    renderer.setYLabels(8);
    //  显示网格
    renderer.setShowGrid(true);
    //  Y 轴刻度与 Y 轴的相对位置（刻度在 Y 轴的左侧）
    renderer.setYLabelsAlign(Align.RIGHT);
    //  获取显示图表的 Activity 对应的 Intent 对象
    Intent intent = ChartFactory.getLineChartIntent(context,
            buildDataset(titles, x, values), renderer, "温度变化");
    return intent;
}
```

在 execute 方法中使用一个 setChartSettings 方法，该方法将一些常用的图表信息设置整合到了一个方法中，该方法的代码如下：

```
protected void setChartSettings(XYMultipleSeriesRenderer renderer,
    String title, String xTitle,
    String yTitle, double xMin, double xMax, double yMin, double yMax,
        int axesColor,int labelsColor) {
  //  设置图表的标题
  renderer.setChartTitle(title);
  //  设置 X 轴的标题
  renderer.setXTitle(xTitle);
  //  设置 Y 轴的标题
  renderer.setYTitle(yTitle);
  //  设置 X 轴最小值
  renderer.setXAxisMin(xMin);
  //  设置 Y 轴最大值
  renderer.setXAxisMax(xMax);
  //  设置 Y 轴最小值
  renderer.setYAxisMin(yMin);
  //  设置 Y 轴最大值
  renderer.setYAxisMax(yMax);
  //  设置坐标轴的颜色
  renderer.setAxesColor(axesColor);
  //  设置刻度文本和 X、Y 轴标题的颜色
  renderer.setLabelsColor(labelsColor);
}
```

通过图 21-8 所示图表右下角的控制版，可以放大、缩小图表。同时还支持多点触摸放大、缩小图表以及移动图表，图 21-9 是将图 21-8 所示的图表缩小的效果，图 21-10 是放大并移动的效果。

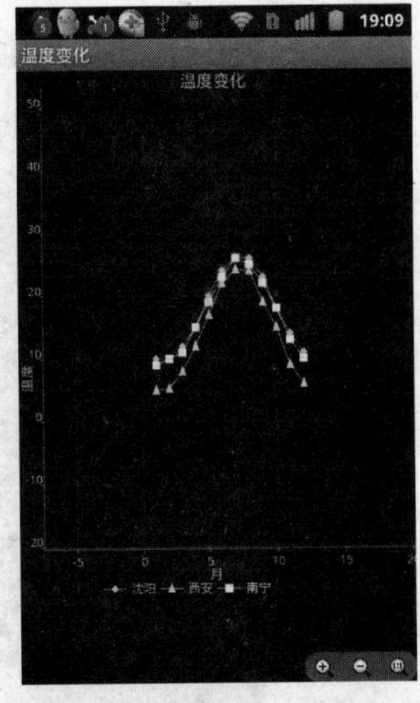

图 21-9　缩小图表的效果

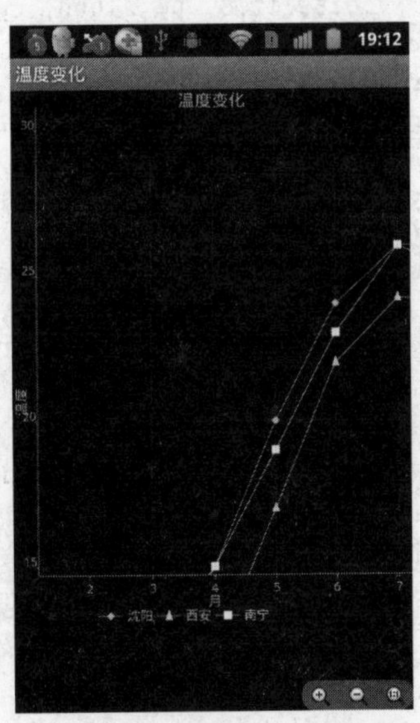

图 21-10　放大图表的效果

21.3.2 条形图

源代码：SalesStackedBarChart.java

本例要显示一个条形图，效果如图 21-11 所示。该图表示相邻两年中每一个月份销售额对比。

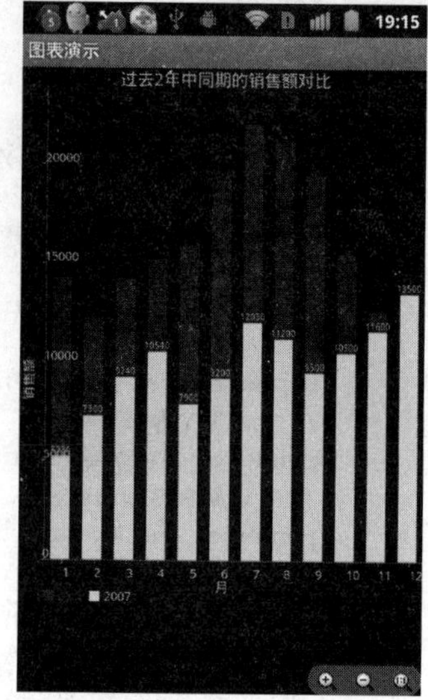

图 21-11 水平条形图

获取与显示条形图的 Activity 对应的 Intent 对象的代码如下：

```
public Intent execute(Context context)
{
    //  定义两个年份（显示在同一个月份的垂直竖条中）
    String[] titles = new String[]
    { "2008", "2007" };
    //  每一年 12 个月的销售额（共两组，24 个值）
    List<double[]> values = new ArrayList<double[]>();
    values.add(new double[]
    { 14230, 12300, 14240, 15244, 15900, 19200,
        22030, 21200, 19500, 15500,12600, 14000 });
    values.add(new double[]
    { 5230, 7300, 9240, 10540, 7900, 9200, 12030,
        11200, 9500, 10500, 11600, 13500 });
    //  不同年份的条形图的颜色
    int[] colors = new int[]
    { Color.BLUE, Color.CYAN };
    XYMultipleSeriesRenderer renderer = buildBarRenderer(colors);
    //  设置图形显示的其他信息
    setChartSettings(renderer, "过去 2 年中同期的销售额对比", "月", "销售额",
        0.5, 12.5, 0, 24000, Color.GRAY, Color.LTGRAY);
    renderer.setXLabels(12);
    renderer.setYLabels(10);
    renderer.setYLabelsAlign(Align.LEFT);
    //  条形图之间的距离
    renderer.setBarSpacing(0.5);
    //  获取显示图形的 Intent 对象
    return ChartFactory.getBarChartIntent(context,
       buildBarDataset(titles, values),
           renderer, Type.STACKED);
}
```

21.3.3 离散点图

源代码：ScatterChart.java

本例演示了如何绘制离散点，效果如图 21-12 所示。

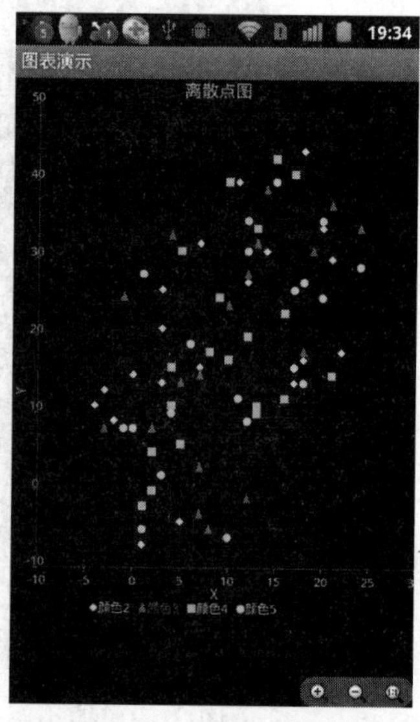

图 21-12 离散点图表

获取与绘制离散图的 Activity 对应的 Intent 对象的代码如下：

```
public Intent execute(Context context)
```

```
{
    // 设置五种颜色的随机点的标识
    String[] titles = new String[]
    { "颜色1", "颜色2", "颜色3", "颜色4", "颜色5" };
    List<double[]> x = new ArrayList<double[]>();
    List<double[]> values = new ArrayList<double[]>();
    // 每个颜色有 20 个随机点
    int count = 20;
    int length = titles.length;
    Random r = new Random();
    // 随机生成 5 个颜色的随机点
    for (int i = 0; i < length; i++)
    {
        double[] xValues = new double[count];
        double[] yValues = new double[count];
        for (int k = 0; k < count; k++)
        {
            xValues[k] = k + r.nextInt() % 10;
            yValues[k] = k * 2 + r.nextInt() % 10;
        }
        x.add(xValues);
        values.add(yValues);
    }
    int[] colors = new int[]
    { Color.BLUE, Color.CYAN, Color.MAGENTA, Color.LTGRAY, Color.GREEN };
    // 设置每个颜色的随机点的形状
    PointStyle[] styles = new PointStyle[]
    { PointStyle.X, PointStyle.DIAMOND, PointStyle.TRIANGLE,
            PointStyle.SQUARE, PointStyle.CIRCLE };
    XYMultipleSeriesRenderer renderer = buildRenderer(colors, styles);
    // 设置图表中显示的其他信息
    setChartSettings(renderer, "离散点图", "X", "Y", -10, 30, -10, 51,
        Color.GRAY, Color.LTGRAY);
    renderer.setXLabels(10);
    renderer.setYLabels(10);
    length = renderer.getSeriesRendererCount();
    for (int i = 0; i < length; i++)
    {
        ((XYSeriesRenderer) renderer.getSeriesRendererAt(i)).setFillPoints(true);
    }
    // 获取并返回 Intent 对象
    return ChartFactory.getScatterChartIntent(context,
            buildDataset(titles, x, values), renderer);
}
```

21.3.4 区域图

源代码：SalesComparisonChart.java

除了绘制曲线图外，还可以绘制区域图，效果如图 21-13 所示。

下面的代码获取了与绘制曲线图和区域图的 Activity 对应的 Intent 对象：

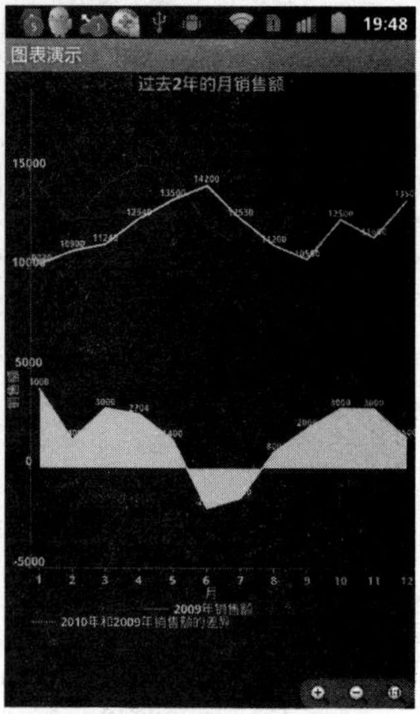

```
public Intent execute(Context context)
{
    //  定义标题文本
    String[] titles = new String[]
    { "2010 年销售额 ", "2009 年销售额 ",
        "2010 年和 2009 年销售额的差异 " };
    //  两条曲线和一个区域图所需要的数据
    List<double[]> values = new ArrayList<double[]>();
    values.add(new double[]
    { 14230, 12300, 14240, 15244, 14900, 12200,
        11030, 12000, 12500, 15500,14600, 15000 });
    values.add(new double[]
    { 10230, 10900, 11240, 12540, 13500, 14200,
        12530, 11200, 10500, 12500,11600, 13500 });
    int length = values.get(0).length;
    double[] diff = new double[length];
    for (int i = 0; i < length; i++)
    {
        diff[i] = values.get(0)[i] - values.get(1)[i];
    }
    //  添加绘制区域图的数据（相邻两年销售额的差值）
    values.add(diff);
    //  两条曲线和区域图的颜色
    int[] colors = new int[]
    { Color.BLUE, Color.CYAN, Color.GREEN };
    PointStyle[] styles = new PointStyle[]
    { PointStyle.POINT, PointStyle.POINT, PointStyle.POINT };
    XYMultipleSeriesRenderer renderer = buildRenderer(colors, styles);
    setChartSettings(renderer, " 过去 2 年的月销售额 ", " 月 ", " 销售额 ",
        0.75, 12.25, -5000,19000, Color.GRAY, Color.LTGRAY);
    renderer.setXLabels(12);
    renderer.setYLabels(10);
    renderer.setDisplayChartValues(true);
    renderer.setChartTitleTextSize(20);
    renderer.setTextTypeface("sans_serif", Typeface.BOLD);
    renderer.setChartValuesTextSize(10f);
    renderer.setLabelsTextSize(14f);
    renderer.setAxisTitleTextSize(15);
    length = renderer.getSeriesRendererCount();
    for (int i = 0; i < length; i++)
    {
        XYSeriesRenderer seriesRenderer =
            (XYSeriesRenderer) renderer.getSeriesRendererAt(i);
        seriesRenderer.setFillBelowLine(i == length - 1);
        seriesRenderer.setFillBelowLineColor(colors[i]);
        seriesRenderer.setLineWidth(2.5f);
    }
    return ChartFactory.getLineChartIntent(context,
```

图 21-13 曲线图和区域图

```
        buildBarDataset(titles, values), renderer);
}
```

21.3.5　饼图

源代码：BudgetPieChart.java

绘制饼图的效果如图 21-14 所示。

获取与饼图的 Activity 对应的 Intent 对象的代码如下：

```
public Intent execute(Context context)
{
    //  定义饼图 4 个区域的值
    double[] values = new double[]
    { 12, 14, 11, 10 };
    //  每个区域的颜色
    int[] colors = new int[]
    { Color.BLUE, Color.GREEN, Color.MAGENTA,
        Color.YELLOW };
    List<double[]> valueList = new
        ArrayList<double[]>();
    for (int i = 0; i < colors.length; i++)
    {
        valueList.add(new double[]{ values[i] });
    }
    DefaultRenderer renderer = buildCategoryRenderer(colors);
    // 标签文字的尺寸
    renderer.setLabelsTextSize(14);
    //  获取并返回 Intent 对象
    return ChartFactory.getPieChartIntent(context,
       buildCategoryDataset(" 工程预算 ", values), renderer, " 预算 ");
}
```

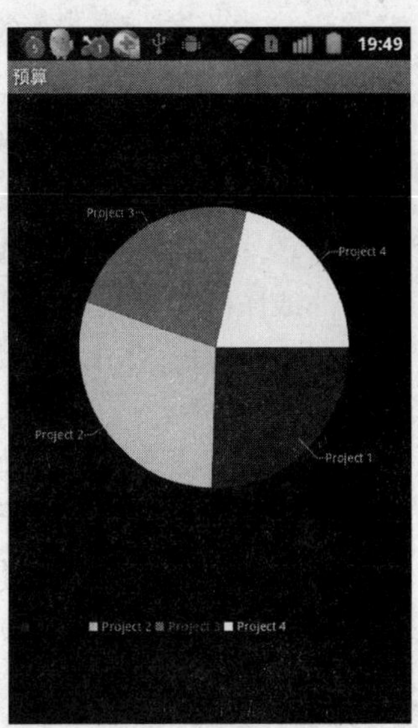

图 21-14　饼图效果

21.4　小结

本章介绍了 3 个第三方程序库：GTalk（asmack）、FTP 和 AChartEngine（绘制图表的引擎）。基于 Android 的第三方库还有很多，充分利用这些程序库，可以快速地编写功能复杂的 Android 程序。

第 22 章　编译在 Android 中的应用

也许有很多读者看到“编译器”三个字，就会想起大学时最恐怖的课程“编译原理”。当然，也可能会想到目前一些主流的编程语言（如 Java、C#、C++ 等），这些语言都有各自的编译器。我们接触的这些语言主要是使用它们的编译器，一般并不涉及底层的编译技术。然而，编译技术不仅仅只被使用在这些编程语言中，在开发过程中，编辑技术几乎无处不在。例如，解析 XML 文档、分析某些带结构的文本、计算一个表达式等，这些都会使用到编译技术。

可能有的读者认为，实现编译器或其他类似的产品需要很高的技术水平，只有大师级的程序员才能做到。实现一个复杂的编译系统（如 Java、C# 的编译器）的确是这样的，但编写一个完成一般任务的编译器或解释器就没那么复杂，甚至可以说是很容易。借助自动化工具（如本章介绍的 JavaCC），甚至可以在几个小时之内设计一种完整的编程语言。为了见证这个奇迹，本章将引领读者进入编译世界，去体会编译技术和 Android 结合的美感。

22.1　JavaCC 使用入门

一定有很多读者在大学时为了通过考试，整天看着令人郁闷的编译原理。那些自动机、LL 文法、LR 方法、LALR 文法、语法树等概念总是令人头痛不已。自从有了词法分析器和语法分析器的自动生成工具以来，这一切好像变得不那么令人讨厌，可能还会更有趣（也许教授编译原理时应该从这些自动生成工具开始，而不是一开始就讲一大堆令人崩溃的理论）。

自动生成工具目前在网上可以找到很多，例如著名的 Lex（词法分析器自动生成工具，生成 C 语言代码）和 Yacc（语法分析器自动生成工具，生成 C 语言代码）。由于本章的目的是将编译技术应用到 Android 上，而 Java 是 Android 上的主要编程语言，因此，需要选择一种可以生成 Java 代码的分析器自动生成工具，这就是 JavaCC。

JavaCC（Java Compiler Compiler）是目前非常流行的基于 Java 的分析器生成工具。JavaCC 本身是用 Java 语言实现的，而 JavaCC 生成的编译器源代码也是基于 Java 语言的。因此，JavaCC 正好可以用在 Android 上。

JavaCC 有自己的语法规则，只要按照语法规则（比编程语言简单得多，有些类似于正则表达式）编写要生成的语言分析器的规则，就可以利用 JavaCC 在一瞬间魔术般地生成一套分析器的源代码。

JavaCC 除了可以在命令行中完成工作外，还自带一个 Eclipse 插件，可以将分析器生成功能与 Eclipse 结合，这样在 Eclipse 中就可以完成所有的工作了。

扩展阅读　如何区分编译器、解析器与分析器

编译理论中经常会涉及编译器、分析器、解析器等概念。实际上，这些软件的原理类似，都需要使用到编译技术。

编译器一般是指将一种语言转换成另外一种语言。例如，Java 编译器可以将 Java 源代码转换成字节码（byte code）语言。C++ 编译器将 C++ 源代码转换成机器码（也是一种语言，只是比较底层）。将一种编程语言转换成另一种编程语言也属于编译器，如将 C++ 语言转换成 Pascal 语言。

解析器也需要对词法、语法进行分析，但一般只将语法解释成语义动作，并不进行不同语言之间的转换。如 Ruby、PHP、Python 等动态语言，只需要解析器执行每一条语句，并将其解释成相应的动作（如向控制台输出信息，读字节流等）。这些语言在解析时并不会生成另外一种语言。

分析器与解析器类似，但要更简单一些。例如，表达式的计算就属于一种分析器。JavaCC 可以很容易地生成分析器和解析器。但编译器需要做更多的工作。例如，生成机器语言的编译器要处理中间语言与机器语言的对应关系。

22.1.1　JavaCC 下载和安装

JavaCC 是免费开源的，读者可以访问 http://javacc.java.net 下载 JavaCC 的最新版本。

对压缩包解压后，会看到 bin、doc 和 examples 三个目录。其中 bin 目录包含了 JavaCC 的 jar 文件（javacc.jar) 和其他一些相关文件，doc 目录是官方文档，examples 目录是 JavaCC 自带的例子。在 Android 中使用 JavaCC 并不需要引用 javacc.jar，而只需要将 JavaCC 生成的分析器源代码复制到 Android 工程中即可。

JavaCC 的 Eclipse 插件可以从地址 http://eclipse-javacc.sourceforge.net 下载。

Eclipse 插件集成了 JavaCC，因此，如果在 Eclipse 中安装了该插件，就不需要下载 JavaCC 的压缩包了。

该插件主要完成如下两个工作。

- 通过菜单方式生成分析器源代码。
- 以高亮方式显示 JavaCC 的规则文件内容。

22.1.2　用 JavaCC 生成第一个分析器

工程目录：src\ch22\javacc

本节利用 JavaCC 生成一个非常简单的用于分析圆括号嵌套层数的分析器，例如“(((((())))))”的嵌套层数是 6。在完成本例之前，要保证已经安装了 22.2 节介绍的 JavaCC Eclipse 插件，然后在 Android 工程中建立一个 mobile.android.jx.javacc.parser 包，将焦点置到该包上，并在“new”对话框中选择“JavaCC Template File”节点，如图 22-1 所示。

单击“Next”按钮，进入下一个设置界面，在“File name”文本框中输入 MyParser，最后单击“Finish”按钮关闭对话框。这时系统会在 mobile.android.jx.javacc.parser 包中生成一个 MyParser.jj 文件，打开该文件，并输入如下的内容：

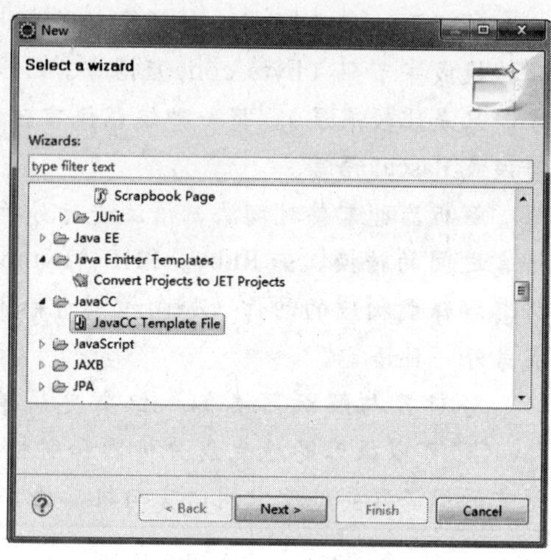

图 22-1 建立 JavaCC 模板文件

```
//  定义分析器的主类
PARSER_BEGIN(MyParser)
package mobile.android.jx.javacc.parser;

public class MyParser
{
}

PARSER_END(MyParser)
//  定义要忽略的 TOKEN
SKIP :
{
  " "
| "\t"
| "\n"
| "\r"
}
//  定义要分析的 TOKEN
TOKEN :
{
  < LBRACE : "(" >
| < RBRACE : ")" >
}

//  下面定义的是语法和语义部分

//  分析圆括号的嵌套层数
int Input() :
{
  int count;   //  临时变量
}
{
  count = MatchedBraces()
  {
    return count;
  }
}

int MatchedBraces() :
{
  int nested_count = 0;
}
{
  < LBRACE > [ nested_count = MatchedBraces() ] < RBRACE >
  {
```

```
    //   找到一对圆括号，嵌套层数加 1
    return ++nested_count;
  }
}
```

上面的代码按照 JavaCC 的语法规则编写。读者可以先不管这些代码的含义（在 22.4 节和 22.5 节将详细介绍这些内容），现在只要知道在 MyParser.jj 文件中定义了三部分：

- 分析器的核心类
- 词法分析器要用到的 TOKEN
- 语法、语义

现在单击 MyParser.jj 文件右键菜单的"Compile with JavaCC"菜单项，系统会自动生成几个 Java 源代码文件，读者并不需要知道这些 Java 文件的内容。如图 22-2 所示。

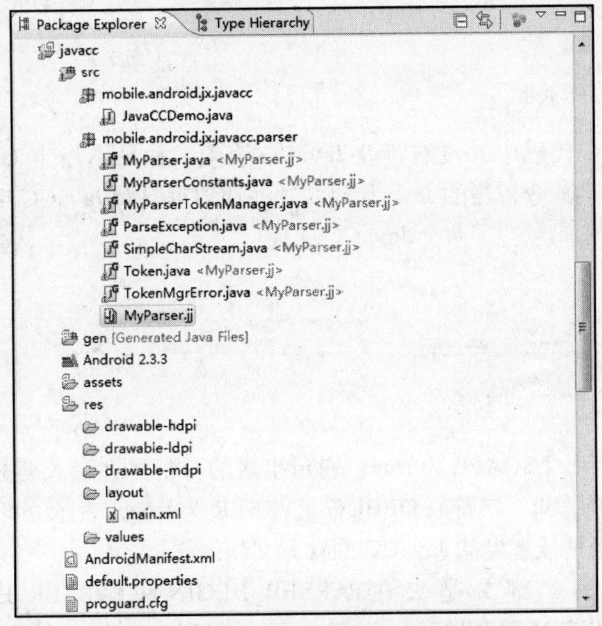

图 22-2　生成分析器的 Java 源代码文件

其中，MyParser 类（在 MyParser.java 文件中）是分析器的主类，使用下面的代码可以分析圆括号的嵌套层数：

```
MyParser myParser = new MyParser(new StringReader("(((((())))))"));
try
{
    Toast.makeText(this, "嵌套层：" + myParser.Input(), Toast.LENGTH_LONG).show();
}
catch (Exception e)
{
    Toast.makeText(this, e.getMessage(), Toast.LENGTH_LONG).show();
}
```

分析圆括号的嵌套层数并不复杂，通过一个简单的堆栈就可以很容易实现。但更复杂的表达式就没那么容易了。下节详细介绍 JavaCC 的语法规则，以及如何使用 JavaCC 生成一个计算器的核心代码。

22.2 JavaCC 语法

上一节我们接触到一个 JavaCC 示例，JavaCC 代码非常简单，可以对照这些 JavaCC 代码来学习 JavaCC 的语法规则。

JavaCC 的语法可以有如下几部分（必须按顺序出现）：

```
JavaCC 选项
PARSER_BEGIN（标识符）
   Java 代码
PARSER_END（标识符）
TOKENS（词法元素）
描述语法和语义的 Java 代码
```

上一节的 JavaCC 代码中并没有涉及 JavaCC 选项。如果不指定 JavaCC 选项，JavaCC 将使用选项的默认值生成分析器的 Java 代码，这些选项可以对 JavaCC 生成的 Java 代码进行调整。例如，下面的代码包含了两个 JavaCC 选项：

```
options
{
  JAVA_UNICODE_ESCAPE = true;
  DEBUG_PARSER = true;
}
```

其中，JAVA_UNICODE_ESCAPE 为 true，表示生成的分析器在读入要分析的字符串之前会处理 Unicode 编码中的“\u”字符；DEBUG_PARSER 为 true，表示分析器会输出调试信息。更详细的 JavaCC 选项请读者参阅 JavaCC 的官方文档。

JavaCC 语法的第二部分是夹在 PARSER_BEGIN 和 PARSER_END 之间的 Java 代码。其中 PARSER_BEGIN 和 PARSER_END 后面要跟同样的标识符号，标识符号就是要生成的分析器的主文件名。例如，如果是 PARSER_BEGIN（MyParser）和 PARSER_END（MyParser），JavaCC 会生成以下 3 个包含标识符（MyParser）的文件：

- ❑ MyParser.java （分析器的主文件）
- ❑ MyParserTokenManager.java （Token 管理器，或称为词法分析器）
- ❑ MyParserConstants.java （定义了在分析器中使用的常量）

除了这 3 个文件，还会生成一些其他的文件，这些文件的名称如图 22-2 所示。

夹在 PARSER_BEGIN 和 PARSER_END 之间的 Java 代码主要包括分析器的主类（包含在主文件中，如 MyParser.java）以及 package、导入的包等。主类名应与 PARSER_BEGIN 及 PARSER_END 后面的标识符相同，而且 package 应与 *.jj 文件所在的包名相同；否则，生成的 Java 代码会由于不符合 Java 规范而无法编译。

JavaCC 语法中真正重要的是第 3 部分和第 4 部分。其中第 3 部分定义了待分析的语言包含的所有 TOKEN，每一个 TOKEN 是一个语言的最基本的单元。例如，一个条件语句如下：

```
if(x > 20)
return;
else
    y = 30;
```

在分析条件语句时需要先将语句拆成若干个独立的基本单元（不可再分），这个条件语句可被拆成如下的基本单元：

```
if    (    x    >    20  )  return    ;    else    y    =    30    ;
```

每一个基本单元就是一个 TOKEN，这些 TOKEN 会被一个一个地送入语法分析器。也就是说，词法分析器读取的是一个一个的字符，返回的是一个一个 TOKEN。而语法分析器从词法分析器中读取 TOKEN，然后形成各种语法，并执行相应的语义动作。

JavaCC 语法的最后一部分描述了语法和语义。实际上这部分就是将语法产生式转换成了 Java 代码，并通过大括号将语义动作括了起来。22.3 节会给出一个完整的例子来说明如何处理这部分的内容。

22.3 JavaCC 实战：计算器

工程目录：src\ch22\calc

本节给出一个使用 JavaCC 编写计算器的例子。在这个例子中，使用 JavaCC 生成可以计算表达式的 Java 源代码，并在 Android 中使用这些源代码来分析计算器中的表达式，最后计算出结果。

22.3.1 生成计算表达式的分析器源代码

本节利用 JavaCC 编写一个完整的计算器程序，界面效果如图 22-3 所示。

图 22-3　计算器主界面

通过按屏幕上的数字、运算符等按钮，在屏幕最上方的显示区域输出这些数字和运算符。在输入完表达式后，按“=”按钮，会在表达式的下方显示运算结果。

本例实现的计算器的核心是如何来计算表达式。这个计算器支持的表达式除了支持标准的四则运算外，还支持如下的运算符、常量和函数。

%	取余	sin	正弦函数
(	左括号	cos	余弦函数
)	右括号	.	小数点
PI	圆周率（π），值为 3.1415926		

1. 分析器的核心类

编写 JavaCC 规则的第 1 步就是确定分析器要分析的语言中的 TOKEN。表达式的大多数 TOKEN 都很简单，唯一复杂的就是数字。表达式不仅支持整数和浮点数，还支持用科学计数法表达很大或很小的数字。以下是数字的巴克斯范式（BNF）：

```
//  数字的BNF
number ::= [0-9]([0-9])* |
           [0-9]+ '.' ([0-9])+ exponent?  |
           '.' ([0-9])+ exponent? |
           ([0-9])+ exponent?
//  科学计数法的BNF
exponent ::= [e,E]([+,-])?([0-9])+
```

BNF 类似正则表达式，是对拥有一定规则的字符串集合的抽象表达方式。在上面的 BNF 中使用了竖线（|），这个符号表示“或”，例如，number 使用了 3 个竖线，表示数字由如下 4 种情况组成。

1	整数	[0-9]([0-9])*
2	小数点前有数字的浮点数（支持科学计数法）	[0-9]+ '.' ([0-9])+ exponent?
3	小数点前没有数字的浮点数（支持科学计数法）	: '.' ([0-9])+ exponent?
4	整数（这些整数可能是科学计数法中 E 前面的数字）	'.' ([0-9])+ exponent?

除了竖线外，BNF 还使用了加号（+）、星号（*）、中括号（[ ]）、问号（?）。这些符号的含义如表 22-1 所示。

表 22-1 BNF 使用符号的含义

符 号	名 称	含 义
+	加号	表示元素至少重复 1 次。例如，a+ 表示 a 至少重复 1 次，也就是说 a、aa、aaa 都满足 a+ 规则
*	星号	表示元素重复 0 次或多次。例如，a* 表示 ε | a+，其中 ε 表示空（也可理解为空串）。a* 完全包含 a+，但还可以生成 ε
[]	中括号	表示区间内元素可以任选一个，例如 [a,b] 表示 a | b。如果区间的字符有规律，可以用“-”连接首尾两个字符，如表示从 0 至 9 的数字中任选一个，可以用 [0 - 9]
?	问号	表示元数重复 0 次或 1 次。例如，a? 表示 ε | a

2. 词法分析器要用到的 TOKEN

在了解如何用 BNF 描述数字后，就可以在 JavaCC 规则文件中编写第 1 部分代码了。这部分代码主要定义表达式的 TOKEN：

```
TOKEN :
{
  < ADD : "+" >
| < SUB : "-" >
| < MUL : "*" >
| < DIV : "/" >
| < MOD : "%" >
| < LPAREN : "(" >
| < RPAREN : ")" >
| < NUMBER :
    [ "0"-"9" ] ([ "0"-"9" ])*
  | ([ "0"-"9" ])+ "." ([ "0"-"9" ])* (< EXPONENT >)?
  | "." ([ "0"-"9" ])+ (< EXPONENT >)?
  | ([ "0"-"9" ])+ < EXPONENT > >
| < #EXPONENT : [ "e", "E" ] ([ "+", "-" ])? ([ "0"-"9" ])+ >
| < SIN : "sin" >
| < COS : "cos" >
| < PI : "PI" >
}
```

所有 TOKEN 都要放在 TOKEN : {...} 中，如果有多个 TOKEN，中间用竖线分隔，每一个 TOKEN 都要放在尖括号（<>）中。

TOKEN 分成两部分：分析器使用的常量和要扫描的字符，这两部分中间用冒号（:）分隔。例如，加号的 TOKEN 是 <ADD : "+" >，其中 ADD 是分析器使用的常量，而“+”是要扫描的字符。如果分析器扫描到“+”后，会用 ADD 表示这个符号。

注意　虽然 BNF 表达式在描述字符时未加双引号，但在定义 TOKEN 时，所有要扫描的字符必须用双引号括起来，如 "*"、"sin" 等。

在书写表达式时为了更方便人们阅读，往往会在不同 TOKEN 之间加上若干个空格、制表符、回车符或换行符。这些字符可以起到如下的作用：

- ❑ 使表达式看起来更优美。
- ❑ 分隔不同的 TOKEN。这些符号分开的字符串会被分析器单独分析，分析的结果不会连接起来。例如，“si n”中间用空格分隔，尽管分析器会将空格过滤掉，但并不会将 si 和 n 连接起来形成 sin。

由于这些符号并不参与计算，因此，在分析表达式时需要将这些字符过滤。所有要过滤的字符放在 SKIP : {...} 中，代码如下：

```
SKIP :
{
```

```
  " "
| "\t"
| "\r"
| "\n"
}
```

下面编写JavaCC规则中最重要的一部分：语法和语义动作描述。这一部分是标准的Java代码。

3. 语法和语义

在编写代码之前，先看表达式的BNF，每一行也可称为产生式：

```
expr ::= term ((+|-) term)*
term ::= factor ((*|/|%) factor)*
factor ::= number | (expr) | sin(expr)  | cos(expr) | PI
```

运算符存在优先级，在写BNF时应注意这一点。由于*、/、%的优先级相同，且高于+和−，因此应将包含*、/、%的产生式作为一个整体（term）在包含+和−的产生式中使用。由于上面的BNF由3个产生式组成，这些产生式由两部分组成：终结符和非终结符。终结符就是具体待扫描的字符，如+、−、*、PI等；而非终结符就是英文单词，如expr、term、factor等。将BNF转换成Java代码的原则是每一个非终结符对应一个方法。这3个产生式共有3个非终结符，因此，需要使用3个方法（expr、term和factor）来转换上面的BNF表达式。下面是转换后的Java代码：

```
//  expr ::= term ((+|-) term)*对应的expr方法
double expr() :
{
  //  这里面定义的是临时变量，这些变量一般用于保存语义部分产生的值
}
{
  first = term(){ // 花括号中的是语义部分 }
  (
      < ADD > term(){ ... }|
< SUB > term(){ ... }
  )*{ ... }    //  ((+|-) term)*
}
//  term ::= factor ((*|/|%) factor)*  对应的term方法
double term() : {  }
{
  first = factor(){ ... }
  (
    < MUL > factor(){ ... }|
< DIV > factor(){ ... }|
< MOD > factor(){ ... }
   )*{ ... }    //  ((*|/|%) factor)*
}
//  factor ::= number | (expr) | sin(expr)  | cos(expr) | PI
//  对应的factor方法
```

```
double factor() : {  }
{
  < NUMBER >{ ... } |     //  number
< LPAREN > expr() < RPAREN >{ ... }|  // (expr)
< SIN > < LPAREN > expr() < RPAREN >{ ... }| // sin(expr)
< COS > < LPAREN > expr() < RPAREN >{ ... }| // cos(expr)
< PI >{ ... }           //  PI
}
```

从上面的代码可以看出，转换的过程只是机械地进行了翻译。如果遇到非终结符，直接将其替换成对应的方法（如 term()）；如果遇到终结符，就将其转换成 TOKEN 对应的常量，如 + 替换成 < ADD >、sin 替换成 < SIN > 等。

JavaCC 根据上面的代码生成的分析器的确可以分析表达式，但除此之外，什么都做不了。也就是说，分析器根本不可能用于计算表达式的值。要想生成一个可以计算表达式的值的分析器，就要在上面的代码中添加语义部分。

语义部分是标准的 Java 代码，需要放在花括号中。上面代码中的 3 个方法有如下两个地方需要写语义代码。

（1）冒号后面的花括号中

在这里一般要定义语义代码中要使用的变量。例如：

```
double factor() : {double temp = 0; }
```

（2）语法描述后面的大括号中

这里是真正的语义动作代码，需要根据实际情况编写不同的 Java 代码。例如：

```
< LPAREN > temp = expr() < RPAREN >{ return temp; }
```

除此之外，在语法规则部分还需要将中间结果保存在变量中，例如：

```
temp=expr()
```

以下是完整的语法和语义的代码：

```
//  expr ::= term ((+|-) term)* 对应的 expr 方法
double expr() :
{
    double temp = 0;
    double first, second;
}
{
    first = term(){temp = first;}
    (
        < ADD > second = term()
        {
            temp = first + second;
            first = temp;
        }|
```

```
        < SUB > second = term()
        {
            temp = first - second;
            first = temp;
        }
    )*   //  ((+|-) term)*
    {
        return temp;    //  返回最后的结果
    }
}
//  term ::= factor ((*|/|%) factor)*  对应的term方法
double term() :
{
    double temp = 0;
    double first, second;
}
{
    first = factor(){ temp = first; }
    (
        < MUL > second = factor()
        {
            temp = first * second;
            //  这条语句必须加，否则只计算第一个和最后一个操作数
            first = temp;
        } |
        < DIV > second = factor()
        {
            temp = first / second;
            first = temp;
        }|
        < MOD > second = factor()
        {
            temp = first % second;
            first = temp;
        }
    )*   //  ((*|/|%) factor)*
    {
        return temp;  //  返回最后的结果
    }
}
//  factor ::= number | (expr) | sin(expr)  | cos(expr) | PI
//  对应的factor方法
double factor() :
{
    double temp = 0;
}
{
    < NUMBER >
    {
        return Double.parseDouble(token.image);
```

```
    }
| < LPAREN > temp = expr() < RPAREN >
    {
        return temp;
    }
| < SIN > < LPAREN > temp = expr() < RPAREN >
    {
        return java.lang.Math.sin(temp);
    }
| < COS > < LPAREN > temp = expr() < RPAREN >
    {
        return java.lang.Math.cos(temp);
    }
| < PI >
    {
        return 3.1415926;
    }
}
```

现在编写 JavaCC 规则代码的最后一部分。这部分用于定义分析器主类、package、导入包以及 JavaCC 选项。代码如下所示：

```
options
{
  static = false;  //  不生成静态的变量，以便可以创建多个分析器实例
}
PARSER_BEGIN(CalcParser)
package mobile.android.jx.calc.parser;
import java.io.StringReader;
import java.io.Reader;
public class CalcParser
{
  //  允许使用分析器时直接指定 String 类型的表达式
  public CalcParser(String expr)
  {
    this ((Reader) (new StringReader(expr)));
  }
}
PARSER_END(CalcParser)
```

在 CalcParser.jj 文件上单击右键菜单，单击“Compile with JavaCC”菜单项，会生成如图 22-4 所示的分析器源文件。

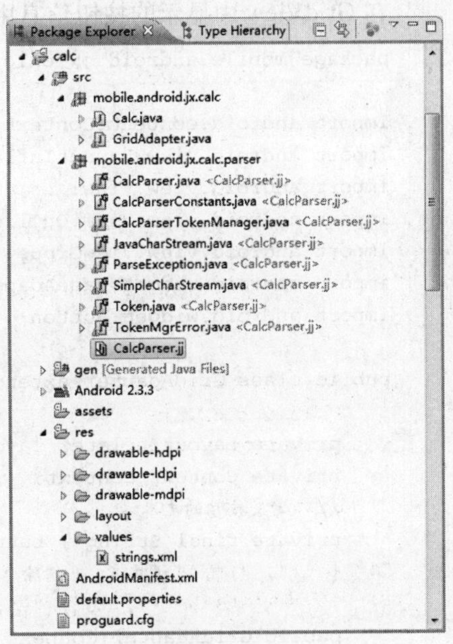

图 22-4　用于计算表达式的分析器源文件

22.3.2　编写计算器的主程序

计算器主界面如图 22-3 所示，该界面分成两部分：上半部的显示区域和下半部的按钮区域。按钮的

排列使用 GridView 控件，其他的是 TextView 控件。布局代码如下：

```
main.xml
<?xml version="1.0" encoding="utf-8"?>
<LinearLayout xmlns:android="http://schemas.android.com/apk/res/android"
    android:orientation="vertical" android:layout_width="fill_parent"
    android:layout_height="fill_parent">
    <!--  显示表达式的区域   -->
    <TextView android:id="@+id/textview_expression"
        android:layout_width="fill_parent"
        android:layout_height="wrap_content" android:lines="3"
        android:textSize="15sp" android:textColor="#FF0"
        android:background="#00F" android:padding="5dp" />
    <!--  显示计算结果的区域   -->
    <TextView android:id="@+id/textview_result" android:layout_width="fill_parent"
        android:layout_height="wrap_content" android:lines="1"
        android:textSize="20sp" android:textColor="#FF0" android:background="#00F"
        android:padding="5dp" android:layout_marginTop="6dp" />

    <!--  显示按钮的区域  -->
    <GridView android:gravity="center" android:id="@+id/gridview_buttons"
        android:padding="10dp" android:layout_width="fill_parent"
        android:layout_height="fill_parent" android:horizontalSpacing="10px"
        android:verticalSpacing="10px" android:stretchMode="columnWidth"
        android:columnWidth="80dp" android:numColumns="4" />
</LinearLayout>
```

在 GridView 中显示的按钮信息由 GridAdapter 对象实现。GridAdapter 类的代码如下：

```
package mobile.android.jx.calc;

import android.content.Context;
import android.view.LayoutInflater;
import android.view.View;
import android.view.View.OnClickListener;
import android.view.ViewGroup;
import android.widget.BaseAdapter;
import android.widget.Button;

public class GridAdapter extends BaseAdapter
{
    private LayoutInflater layoutInflater;
    private Context context;
    //  定义按钮的文本
    private final String[] buttonTexts = new String[]
    { "(", ")", "退格", "清除", "7", "8", "9", "+", "4", "5", "6", "-", "1", "2",
            "3", "*", "0", ".", "PI", "/", "sin", "cos", "%", "=" };
    public GridAdapter(Context context)
    {
```

```
        layoutInflater = (LayoutInflater) context
                .getSystemService(Context.LAYOUT_INFLATER_SERVICE);
        this.context = context;
    }
    @Override
    public int getCount()
    {
        return buttonTexts.length;
    }
    @Override
    public Object getItem(int position)
    {
        return null;
    }
    @Override
    public long getItemId(int position)
    {
        return 0;
    }
    //  获取每一个按钮的 Button 对象
    @Override
    public View getView(int position, View convertView, ViewGroup parent)
    {
        Button button = (Button) layoutInflater.inflate(R.layout.button, null);
        //  设置按钮文本
        button.setText(buttonTexts[position]);
        //  设置按钮的单击事件
        button.setOnClickListener((OnClickListener) context);
        return button;
    }
}
```

在 GridAdapter.getView 方法中设置每一个按钮的单击事件，而单击事件所在的类就是创建 GridAdapter 对象时传入的 context。因此，创建 GridAdapter 对象的 Activity 要实现 OnClickListener 接口。按钮的单击事件代码如下：

```
public void onClick(View view)
{
    Button button = (Button) view;
    //  获取按钮的文本
    String text = button.getText().toString();
    //  单击"="按钮
    if (text.equals("="))
    {
        //  根据表达式创建 CalcParser 对象（CalcParser 是分析器的主类）
        CalcParser parser = new CalcParser(tvExpression.getText().toString());
        try
        {
```

```
            //  计算结果，并将结果显示在TextView控件中
            tvResult.setText("= " + String.valueOf(parser.expr()));
        }
        catch (Exception e)
        {
            //  输出错误信息
            tvResult.setText(e.getMessage());
        }
    }
    //  按"退格"按钮
    else if (text.equals("退格"))
    {
        SimpleCharStream simpleCharStream = new SimpleCharStream(
                new StringReader(tvExpression.getText().toString()));
        //  直接使用CalcParserTokenManager对象获取组成表达式的所有TOKEN
        CalcParserTokenManager calcParserTokenManager =
            new CalcParserTokenManager(simpleCharStream);

        String s = "";
        String first = "";
        String second = "";
        first = calcParserTokenManager.getNextToken().image;
        //  每次退格只删除最后一个TOKEN
        while (!first.equals(""))
        {
            second = first;
            first = calcParserTokenManager.getNextToken().image;
            if (!first.equals(""))
                s += second;
        }
        tvExpression.setText(s);
    }
    //  单击"清除"按钮
    else if (text.equals("清除"))
    {
        tvExpression.setText("");
        tvResult.setText("");
    }
    //  单击其他按钮
    else
    {
        tvExpression.append(text);
    }
}
```

注意 单击“退格”按钮后，计算器会删除最后一个TOKEN，而不是最后一个字符。

22.4　小结

本章着重讨论了编译理论在 Android 的应用。编译原理虽然学起来很枯燥，但通过很多辅助软件的帮助，几乎不需要太高深的理论知识，就可以在很短的时间内设计出一种完整的编程语言。编译器自动生成工具有很多，本章主要介绍了可以生成 Java 代码的 JavaCC。这个工具可以很好地与 Android 结合，并在同一个 Android 工程中使用。

本章最后给出一个完整的实例，用来说明将 JavaCC 应用到项目中的完整过程。读者可以利用编译技术和 JavaCC 完成更复杂的功能，例如，可以为自己的 Android 程序设计一种脚本语言，通过这种脚本语言可以动态地完成一些工作，也可以在线下载这些脚本语言代码实现实时升级的功能。

第 23 章　Android SDK 的 2D 绘图技术

Android SDK 支持丰富的 2D 绘图技术，除可以绘制基本的图形（如点、直线、矩形、圆、文字等）外，还支持很多特效，例如图像旋转、扭曲和拉伸等。本章将详细介绍 Android 2D 绘图的核心技术。

23.1　绘图基础

工程目录：src\ch23\draw2D

本节详细介绍如何绘制基本的图形。绘制任何图形都需要在 Canvas 上完成，而要想使用 Canvas，就必须用 View.onDraw 方法完成绘图工作。因此，需要编写一个继承自 View 的类，并覆盖 onDraw 方法。

23.1.1　绘制点

在绘制图形前，需要先创建一个继承自 View 的类，并覆盖 onDraw 方法，代码如下：

```
package mobile.android.jx.draw2d;

import android.content.Context;
import android.graphics.Canvas;
import android.graphics.Color;
import android.graphics.Paint;
import android.view.View;

public class MyView extends View
{
    public MyView(Context context)
    {
        super(context);
    }
    //  绘图代码应写在 onDraw 方法中
    @Override
    protected void onDraw(Canvas canvas)
    {
        super.onDraw(canvas);
    }
}
```

drawPoint 方法和 drawPoints 方法用于绘制点，其中 drawPoints 方法有两种重载形式。drawPoint 和 drawPoints 方法的定义如下：

```
public native void drawPoint(float x, float y, Paint paint);
public native void drawPoints(float[] pts, int offset, int count, Paint paint);
public void drawPoints(float[] pts, Paint paint);
```

drawPoint 方法用于绘制一个点，其中 x 和 y 表示点的横坐标和纵坐标。drawPoints 方法用于绘制多个点，pts 参数表示多个点的坐标。offset 和 count 表示从 pts 参数值中的第 offset 个位置（起始位置是 0）取 count 个元素值作为点的坐标，因此，所取得的值的个数必须是偶数。如果出现奇数个数的元素值，drawPoints 方法将忽略最后一个元素值。drawPoints 方法的第 2 个重载形式使用 pts 参数值中的所有元素作为坐标值绘制点。drawPoint 方法和 drawPoints 方法中都有一个 Paint 类型的参数，该参数用于设置点的属性，如大小、颜色等。其他绘制图形的方法也有这个参数，作用是相同的。

以下代码利用 drawPoint 和 drawPoints 方法绘制了多个点：

```
Paint paint = new Paint();
//  设置点的颜色为白色
paint.setColor(Color.WHITE);
//  设置点的尺寸是 6，也就是在水平和垂直的方向都由 6 个像素点组成
paint.setStrokeWidth(6);
//  绘制 1 个点
canvas.drawPoint(50, 12, paint);
//  设置点的颜色为红色
paint.setColor(Color.RED);
//  设置点的宽度是 12
paint.setStrokeWidth(12);
//  绘制 1 个点
canvas.drawPoint(100, 20, paint);
//  设置点的颜色为蓝色
paint.setColor(Color.BLUE);
//  设置点的尺寸为 8
paint.setStrokeWidth(8);
//  绘制 2 个点
canvas.drawPoints(new float[]{150, 22, 200, 20}, paint);
//  绘制 1 个点（取 float 数组中的后两个元素值作为点的坐标）
canvas.drawPoints(new float[]{260, 22, 280, 20}, 2, 2, paint);
```

绘制点的效果如图 23-1 所示。

图 23-1　绘制点的效果

注意　如果点的尺寸大于 1，一个点将由多个像素组成。例如，尺寸为 6 的点实际上就是由 36 个像素点组成的实心正方形。

23.1.2 绘制直线

drawLine 与 drawLines 方法用于绘制一条或多条直线。这两个方法的定义如下：

```
public void drawLine(float startX, float startY, float stopX,
    float stopY, Paint paint);
public native void drawLines(float[] pts, int offset, int count, Paint paint);
public void drawLines(float[] pts, Paint paint);
```

绘制直线需要 2 个坐标，4 个值。drawLine 方法的 startX、startY、stopX 和 stopY 表示这 4 个坐标值。drawLines 方法的 pts 参数表示多条直线的坐标值。通过 offset 和 count 参数可以将 pts 数组中的部分元素作为直线端点的坐标。下面的代码分别使用 drawLine 和 drawLines 方法绘制 3 条不同粗细、不同颜色的直线：

```
Paint paint = new Paint();
//  设置直线颜色为白色
paint.setColor(Color.WHITE);
//  设置直线宽度为 4 个像素
paint.setStrokeWidth(4);
//  绘制 1 条直线
canvas.drawLine(20, 40, 160, 40, paint);
//  设置直线颜色为绿色
paint.setColor(Color.GREEN);
//  设置直线宽度为 2 个像素
paint.setStrokeWidth(2);
//  绘制两条直线
canvas.drawLines(new float[]
{ 30, 60, 200, 90, 30, 90, 200, 60 }, paint);
//  设置直线的颜色为黄色
paint.setColor(Color.YELLOW);
//  取 float 数组的前 4 个元素绘制 1 条直线
canvas.drawLines(new float[]
{ 30, 100, 300, 100, 36,20,120,30 },0, 4, paint);
```

绘制直线的效果如图 23-2 所示。

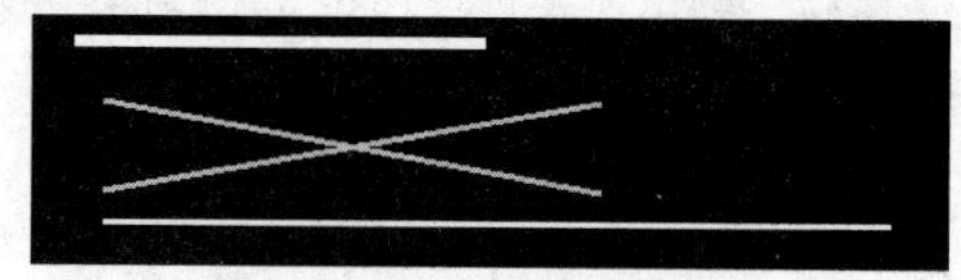

图 23-2 绘制直线的效果

23.1.3 绘制三角形

绘制三角形实际上就是绘制 3 条首尾相连的直线。直接使用 drawLine 或 drawLines 方法很容易绘制一个三角形。但如果使用这两个方法绘制三角形，需要指定 6 个点，共 12 个值。由于三角形的 3 条直线首尾相连，因此，绘制一个三角形指定 3 个顶点就可以。为此，Android SDK 提供了另外一个根据顶点绘制多边形的 drawVertices 方法。该方法的参数较多，也比较复杂，但与绘制三角形相关的参数只有前 3 个。

第 1 个参数是一个枚举类型，一般设为 Canvas.VertexMode.TRIANGLE_FAN 即可。第 2 个参数表示坐标值的个数，对于三角形来说，值为 6，也就是 3 个坐标，6 个坐标值。第 3

个参数是 float[] 类型，表示三角形 3 个顶点的坐标。使用 drawVertices 方法绘制三角形的代码如下：

```
//  保存当前坐标的状态
canvas.save();
//  改变坐标系的原点
canvas.translate(20, 150);
//  绘制三角形
canvas.drawVertices(Canvas.VertexMode.TRIANGLE_FAN, 6, new float[]
{ 100, 50, 0, 0, 200, 0 }, 0, null, 0, null, 0, null, 0, 0, paint);
//  恢复当前的状态
canvas.restore();
```

在上面的代码中使用 translate 方法来改变坐标系的原点。在默认情况下，屏幕的左上角（0, 0）被设为坐标系的原点，调用 translate 方法后，就会将指定的值设为坐标系的原点，如本例中的（20, 150）。

设置新的坐标系原点后，任何绘制图形的方法涉及的所有坐标值都是基于新坐标系的。例如，新的坐标系的原点为（20，150），当指定坐标点为（20, 20）时，实际上，该点会在屏幕的（40，170）处绘制。三角形的绘制效果如图 23-3 所示。

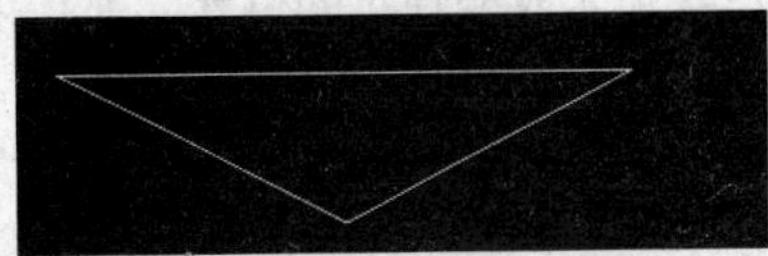

图 23-3　绘制三角形的效果

注意　在使用 Canvas.translate 方法改变坐标系之前，建议先使用 Canvas.save 方法保存当前坐标系的状态；在使用完新的坐标系后，再使用 Canvas.restore 方法恢复原来的坐标系。否则，如果绘制图形以及改变坐标系的代码太多时，可能会造成坐标系的混乱。

23.1.4　绘制矩形和菱形

绘制矩形可以使用 Canvas.drawRect 方法，也可以使用 Canvas.drawVertices 方法。drawRect 方法需要直接指定矩形左上角和右下角顶点的坐标，或使用 android.graphics.Rect 对象封装两个顶点的坐标，代码如下：

```
Paint paint = new Paint();
//  设置矩形边框和填充区域为黄色
paint.setColor(Color.YELLOW);
//  填充矩形区域
paint.setStyle(Style.FILL);
//  绘制被填充的矩形
canvas.drawRect(120, 210, 180, 255, paint);
//  取消矩形区域填充状态
paint.setStyle(Style.STROKE);
//  绘制不填充的矩形
canvas.drawRect(new Rect(20, 210, 100, 255), paint);
```

使用 Canvas.drawVertices 方法可以绘制任何多边形，当然也包括矩形。上一节介绍了如何使用 drawVertices 方法绘制三角形。然而，drawVertices 的运行机理决定了绘制超过 3 个边的多边形需要考虑给出的顶点位置。由于任何多边形都可以拆成多个三角形，因此，drawVertices 方法实际上是不断根据给出的顶点绘制三角形，最终组成多边形。

假设指定 4 个顶点：p1、p2、p3 和 p4。这 4 个顶点用于绘制一个矩形。drawVertices 方法会利用这 4 个顶点绘制两个三角形。这就涉及如何取这 4 个顶点的问题。其中一种绘制方法是先用 p1、p2、p3 绘制一个三角形，然后再使用 p2、p3、p4 绘制一个三角形。第二种绘制方法是先用 p1、p2 和 p3 绘制一个三角形，然后再用 p1、p3 和 p4 绘制一个三角形。也就是说第二种绘制方法绘制的每一个三角形的第一个顶点都包含 p1。假设给定的这 4 个顶点的位置如图 23-4 所示。

如果按照图 23-4 给出 4 个顶点的位置，那么使用第 1 种绘制方法就会得到一个菱形（夹角为 90 度就是矩形）。如果使用第 2 种绘制方法，就会得到一个五边形。假设按照图 23-5 所示改变顶点的位置，那么采用第 2 种绘制方法则会得到一个菱形，而采用第 1 种绘制方法则会得到一个五边形。

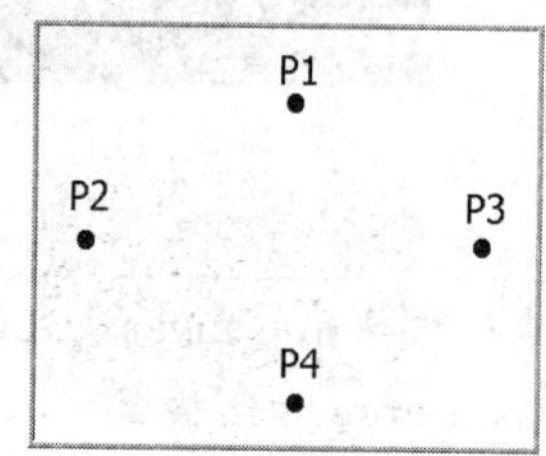

图 23-4　4 个顶点的第一种位置

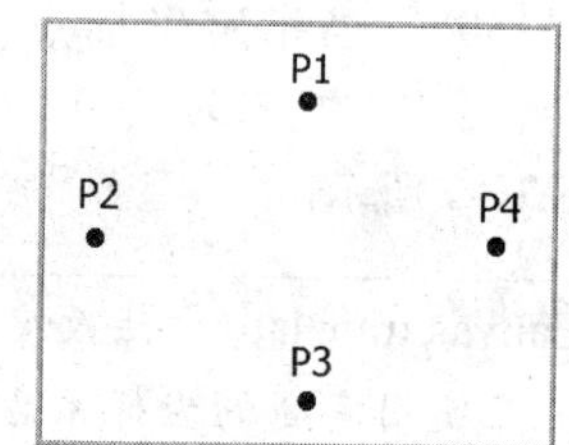

图 23-5　4 个顶点的第二种位置

通过 Canvas. drawVertices 方法的第 1 个参数可以指定上述两种绘制多边形的方法。其中 Canvas.VertexMode.TRIANGLE_STRIP 表示第 1 种绘制方式，Canvas.VertexMode.TRIANGLE_FAN 表示第 2 种绘制方式。下面的代码使用这两种方式绘制一个菱形和一个五边形：

```
//  保存当前坐标系的状态
canvas.save();
//  改变坐标系
canvas.translate(20, 260);
//  绘制菱形
canvas.drawVertices(Canvas.VertexMode.TRIANGLE_STRIP, 8, new float[]
{ 70, 0, 10, 50, 130, 50, 70, 100 }, 0, null, 0, null, 0, null, 0, 0,paint);
//  恢复原来的坐标系
canvas.restore();

//  保存当前坐标系的状态
canvas.save();
//  改变坐标系
canvas.translate(160, 260);
//  绘制五边形
```

```
canvas.drawVertices(Canvas.VertexMode.TRIANGLE_FAN, 8, new float[]
{ 70, 0, 10, 50, 130, 50, 70, 100 }, 0, null, 0, null, 0, null, 0, 0,paint);
canvas.restore();
```

绘制矩形、菱形和五边形的效果如图 23-6 所示。

注意　只需要将绘制五边形的后两个顶点（130, 50）和（70, 100）调换就可以绘制出一个菱形，读者可以自己来做这个实验。

23.1.5　绘制圆、弧和椭圆

drawCircle 方法用于绘制圆，该方法的定义如下：

```
public void drawCircle(float cx, float cy, float radius, Paint paint)
```

其中 cx、cy 表示圆心的坐标，radius 表示圆的半径。绘制圆的代码如下：

```
canvas.drawCircle(200, 400, 40, paint);
```

绘制效果如图 23-7 所示。

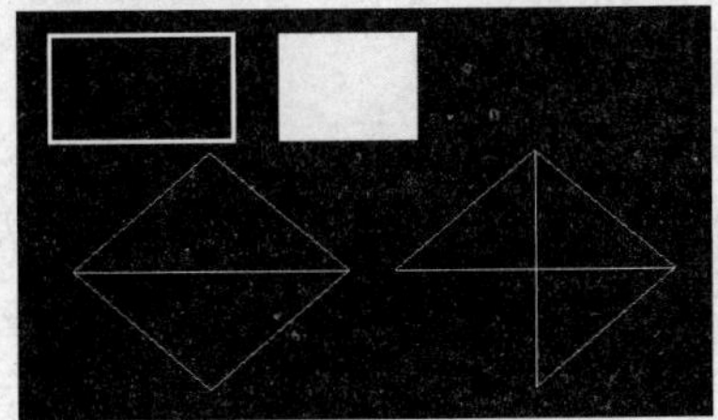

图 23-6　绘制矩形、菱形和五边形的效果

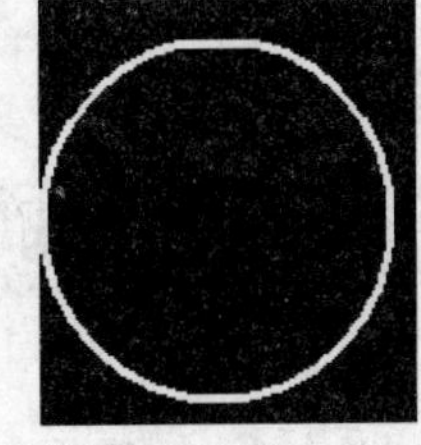

图 23-7　绘制圆的效果

绘制弧的方法是 drawArc。该方法的定义如下：

```
public void drawArc(RectF oval, float startAngle, float sweepAngle,
                    boolean useCenter, Paint paint)
```

绘制弧首先要指定一个矩形区域（矩形并不显示），弧会在这个矩形区域绘制。这个矩形区域由 oval 指定（需要指定矩形左上角和右下角的坐标）。startAngle 是弧开始的角度，sweepAngle 是弧结束的角度。如果 useCenter 参数值为 true，表示会使用直线连接弧心和两个端点。下面的代码绘制两个弧，并在第 1 个弧外面绘制一个矩形。

```
//  在弧外绘制一个矩形
canvas.drawRect(new Rect(10, 370, 70, 410), paint);
//  绘制第 1 个弧
canvas.drawArc(new RectF(10, 370, 70, 410), 30, 180, false, paint);
//  绘制第 2 个弧，弧心连接弧的两个端点
canvas.drawArc(new RectF(100, 320, 160, 470), 30, 180, true, paint);
```

绘制弧的效果如图 23-8 和图 23-9 所示。

如果 sweepAngle - startAngle 的值大于等于 360，绘制的就是一个椭圆。绘制椭圆的代码如下：

```
canvas.drawArc(new RectF(200, 180, 300, 250), 0, 360, false, paint);
```

绘制椭圆的效果如图 23-10 所示。

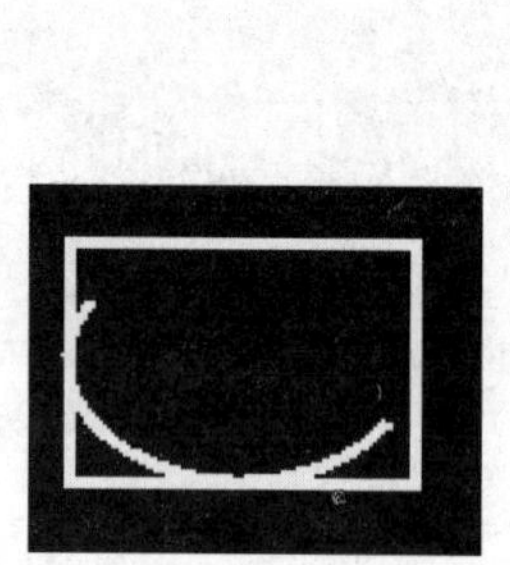

图 23-8 第 1 个弧的效果

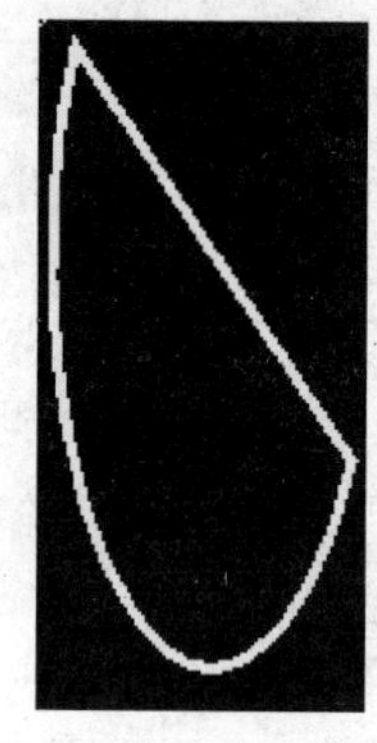

图 23-9 第 2 个弧的效果

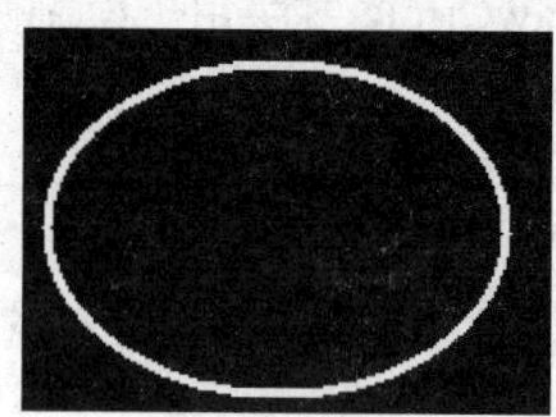

图 23-10 绘制椭圆的效果

23.1.6 绘制文字

可以使用 Canvas.drawText 在画布上绘制文字，通过设置 Style 可以绘制实心和空心文字。代码如下：

```
Paint paint = new Paint();
//  设置文字颜色为白色
paint.setColor(Color.WHITE);
//  设置文字尺寸为 40
paint.setTextSize(40);
//  设置文字为实心
paint.setStyle(Style.FILL);
//  绘制实心文字
canvas.drawText(" 文字 ", 240, 380, paint);
//  设置文字为空心
paint.setStyle(Style.STROKE);
//  绘制空心文字
canvas.drawText(" 文字 ", 240, 440, paint);
```

绘制文字的效果如图 23-11 所示。

图 23-11 绘制文字的效果

23.2 高级绘图技术

本节介绍一些高级绘图技术，这些技术包括旋转图像、在 EditText 控件上绘图、制作动画效果等。

23.2.1　在画布上旋转图像

工程目录：src\ch23\rotate_image

使用 drawBitmap 方法与 Matrix 对象可以将一个图像旋转任意角度后绘制在画布上。drawBitmap 方法常用的两种重载形式如下：

```
public void drawBitmap(Bitmap bitmap, Rect src, Rect dst, Paint paint);
public void drawBitmap(Bitmap bitmap, float left, float top, Paint paint);
```

其中，src 参数表示原图像的复制范围，dst 表示要将图像绘制在 Canvas 的区域，left 表示绘制在 Canvas 上的图像左上角的横坐标，top 表示绘制在 Canvas 上的图像左上角的纵坐标。下面的代码使用这两种重载形式绘制正常的图像和旋转了 45 度角的图像。

```
//  绘制正常图像（图像缩小 50%）
canvas.drawBitmap(bitmap,
        new Rect(0, 0, bitmap.getWidth(), bitmap.getHeight()),
        new Rect(50, 20,( bitmap.getWidth()/2) + 50,
                (bitmap.getHeight() /2)+ 20), null);


Matrix matrix = new Matrix();
//  设置旋转角度以及旋转轴心的坐标（160, 240）
matrix.setRotate(45, 160,240);
canvas.setMatrix(matrix);
//  绘制旋转后的图像
canvas.drawBitmap(bitmap, 350, 260,null);
```

绘制图像并旋转之后的效果如图 23-12 所示。

图 23-12　旋转图像的效果

23.2.2　在 EditText 控件上绘制图像和文本

工程目录：src\ch23\draw_edittext

由于 EditText、TextView、Button 等控件都是 View 的子类，因此，完全可以使用在 View 上绘图的方法在这些控件上绘图。本节的例子将在 EditText 控件上绘制图像和文字，并只允许在图像或文字后面输入文本。

在 EditText 上绘制仍然需要在 onDraw 方法中完成，但首先需要编写一个继承自 EditText 的类（也就是自定义控件）。在该类中要继承带 AttributeSet 类型参数的构造方法，否则无法在布局文件中使用这个自定义控件。绘制图像的自定义控件类的代码如下：

```
package mobile.android.jx.draw.edittext;


import android.content.Context;
import android.graphics.Bitmap;
```

```
import android.graphics.BitmapFactory;
import android.graphics.Canvas;
import android.graphics.Paint;
import android.util.AttributeSet;
import android.widget.EditText;

public class EditTextExt extends EditText
{
    private Bitmap bitmap;
    //  继承的构造方法必须带AttributeSet类型的参数
    //  否则无法在布局文件中使用
    public EditTextExt(Context context, AttributeSet attrs)
    {
        super(context, attrs);
        //  装载图像资源
        bitmap = BitmapFactory.decodeResource(getResources(), R.drawable.star);
    }
    @Override
    protected void onDraw(Canvas canvas)
    {
        //  在EditText控件上绘制图像
        canvas.drawBitmap(bitmap, 5, (getHeight() - bitmap.getHeight()) / 2,
            new Paint());
        super.onDraw(canvas);
    }
}
```

绘制文本的类是 EditTextExt1，绘制文本的代码如下：

```
Paint paint = new Paint();
//  设置文本的尺寸
paint.setTextSize(18);
//  设置文本的颜色
paint.setColor(Color.GRAY);
//  绘制文本
canvas.drawText("请输入姓名:", 2, getHeight() / 2 + 5, paint);
```

下面代码在布局文件中定义这两个 EditText 控件的扩展：

```
<?xml version="1.0" encoding="utf-8"?>
<LinearLayout xmlns:android="http://schemas.android.com/apk/res/android"
    android:orientation="vertical" android:layout_width="fill_parent"
    android:layout_height="fill_parent">
    <!--  绘制图像的EditText控件  -->
    <mobile.android.jx.draw.edittext.EditTextExt
        android:layout_width="fill_parent" android:layout_height="wrap_content"
        android:text="你好吗？ " android:paddingLeft="40dp" />
    <!--  绘制文本的EditText控件  -->
    <mobile.android.jx.draw.edittext.EditTextExt1
        android:layout_width="fill_parent" android:layout_height="wrap_content"
```

```
        android:text=" 李宁 " android:paddingLeft="100dp" />
</LinearLayout>
```

实现的效果如图 23-13 所示。

注意　为了使文本在图像或绘制的文本后面输入，需要设置 android:paddingLeft 属性，否则文本会在 EditText 控件起始的位置开始输入。

23.2.3　制作动画效果

工程目录：src\ch23\anim

不断刷新 View 可以很容易地实现动画效果。例如，有一个实心圆如图 23-14 所示。

图 23-13　在 EditText 控件上绘制图像和文本

图 23-14　动画效果截图

如果想让小球从右到左水平移动，当移动到最左侧时再从左侧开始向右移动，永远循环下去，绘制动画的代码如下：

```
package mobile.android.jx.anim;

import android.content.Context;
import android.graphics.Canvas;
import android.graphics.Color;
import android.graphics.Paint;
import android.graphics.Paint.Style;
import android.view.View;

public class AnimView extends View
{
    //  value 表示横坐标
    private int value = 0;
    public AnimView(Context context)
    {
        super(context);
    }
    @Override
    protected void onDraw(Canvas canvas)
    {
        super.onDraw(canvas);
        //  如果坐标值超过 300，则重新设为 0（从左侧开始）
```

```
        if (value == 300)
            value = 0;
        Paint paint = new Paint();
        //  设为实心圆
        paint.setStyle(Style.FILL);
        //  实心圆的颜色为白色
        paint.setColor(Color.WHITE);
        //  绘制实心圆
        canvas.drawCircle(value, 100, 20, paint);
        //  横坐标加 1
        value++;
        //  刷新 View，调用该方法会再次调用 onDraw 方法
        invalidate();
    }
}
```

23.3 绘图实战：电子罗盘

工程目录：src\ch23\compass

本例实现一个很有趣的应用：电子罗盘。由于大多数 Android 手机中都带方向传感器，因此，可以利用方向传感器与 View 配合实现电子指南针（也称为电子罗盘）功能。实现电子罗盘需要如下几步：

步骤 1 获取 SensorManager 对象。

步骤 2 设置 SensorManager 对象的监听事件，并获取当前的方向。

步骤 3 将方向值传入 View 对象，并在手机屏幕上实时绘制指南针。

电子罗盘的完整代码如下：

```
package mobile.android.jx.compass;

import android.app.Activity;
import android.content.Context;
import android.graphics.Canvas;
import android.graphics.Color;
import android.graphics.Paint;
import android.graphics.Path;
import android.hardware.Sensor;
import android.hardware.SensorEvent;
import android.hardware.SensorEventListener;
import android.hardware.SensorManager;
import android.os.Bundle;
import android.view.View;

public class Compass extends Activity
{
    private SensorManager sensorManager;
    private Sensor sensor;
```

```
private CompassView view;
//  保存方向值
private float[] values;
//  方向传感器的监听对象
private final SensorEventListener mListener = new SensorEventListener()
{
    public void onSensorChanged(SensorEvent event)
    {
        //  获取方向值
        values = event.values;
        if (view != null)
        {
            //  如果方向改变，刷新 View
            view.invalidate();
        }
    }
    public void onAccuracyChanged(Sensor sensor, int accuracy)
    {
    }
};

@Override
protected void onCreate(Bundle icicle)
{
    super.onCreate(icicle);
    //  获取 SensorManager 对象
    sensorManager = (SensorManager) getSystemService(Context.SENSOR_SERVICE);
    //  获取方向传感器
    sensor = sensorManager.getDefaultSensor(Sensor.TYPE_ORIENTATION);
    view = new CompassView(this);
    setContentView(view);
}

@Override
protected void onResume()
{

    super.onResume();
    //  注册方向传感器
    sensorManager.registerListener(mListener, sensor,
            SensorManager.SENSOR_DELAY_GAME);
}
@Override
protected void onStop()
{
    //  注销方向传感器
    sensorManager.unregisterListener(mListener);
    super.onStop();
}
private class CompassView extends View
```

```
    {
        private Path path = new Path();

        public CompassView(Context context)
        {
            super(context);
            //  使用路径绘制一个指南针
            path.moveTo(0, -50);
            path.lineTo(-20, 60);
            path.lineTo(0, 50);
            path.lineTo(20, 60);

            path.close();
        }

        @Override
        protected void onDraw(Canvas canvas)
        {
            Paint paint = new Paint();
            //  设置背景颜色
            canvas.drawColor(Color.WHITE);
            //  设置指南针颜色为黑色
            paint.setColor(Color.BLACK);
            int w = canvas.getWidth();
            int h = canvas.getHeight();
            int cx = w / 2;
            int cy = h / 2;
            //  改变坐标系
            canvas.translate(cx, cy);
            if (values != null)
            {
                //  根据方向旋转指南针
                canvas.rotate(-values[0]);
            }
            //  绘制指南针
            canvas.drawPath(path, paint);
        }
    }
}
```

运行程序，会看到如图 23-15 所示的效果。

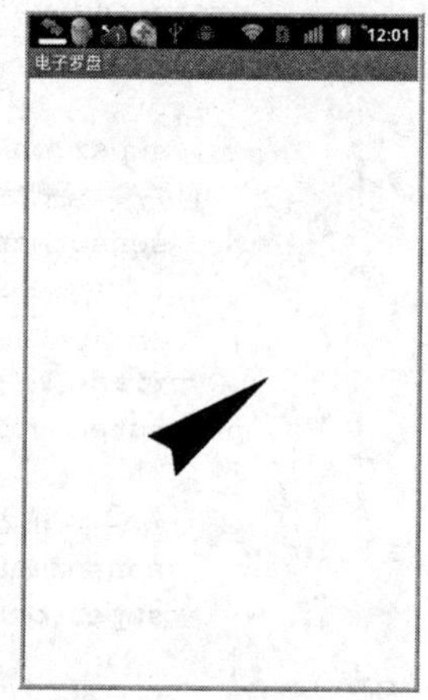

图 23-15　电子罗盘

23.4 SurfaceView 类

从功能上说，使用 View 绘制图形已经足够了，但 View 是实时绘制的，也就是说，每执行一条绘制图形的语句，都会立刻在 View 绘制出图形。在对效率要求不高的情况下这样做当然没问题，但对于一些游戏以及其他对图形很复杂的程序来说，就会大大影响系统的性能。因此，Android SDK 提供了另外一个用于绘图的 SurfaceView 类。

该类是 View 的子类，支持双缓冲区，类似于数据库中的事务。开始事务后的所有 SQL 语句对数据库的修改都不会真正写入数据库，而只有提交事务后，对数据库的修改才生效。SurfaceView 也采用了类似的方式。首先通过 SurfaceHolder. lockCanvas 方法获取一个被锁定的 Canvas 对象（相当于开始事务），在绘制完所有图形后，调用 SurfaceHolder. unlockCanvasAndPost 方法解锁 Canvas 对象，并绘制所有的图形（相当于提交事务）。

以下是一个使用 SurfaceView 绘制图形的完整的例子。

```
package mobile.android.jx.surfaceview;

import android.content.Context;
import android.graphics.Canvas;
import android.graphics.Color;
import android.graphics.Paint;
import android.graphics.RectF;
import android.view.SurfaceHolder;
import android.view.SurfaceView;

public class MySurfaceView extends SurfaceView implements
        SurfaceHolder.Callback
{
    private SurfaceHolder holder;
    public MySurfaceView(Context context)
    {
        super(context);
        // 获取 SurfaceHolder 对象
        holder = this.getHolder();
        //  添加回调事件，当 SurfaceView 发生变化（如刷新）时，会调用相应的事件方法
        holder.addCallback(this);
    }
    @Override
    public void surfaceCreated(SurfaceHolder holder)
    {
    }
    @Override
    public void surfaceChanged(SurfaceHolder holder, int format,
        int width, int height)
    {
        //  获取被 lock 的 Canvas 对象
        Canvas canvas = holder.lockCanvas(null);
        Paint mPaint = new Paint();
        mPaint.setColor(Color.WHITE);
        //  绘制一个白色的矩形（并没有实际绘制在 SurfaceView 上）
        canvas.drawRect(new RectF(40, 60, 80, 80), mPaint);
        //  将图形绘制在 SurfaceView 上
        holder.unlockCanvasAndPost(canvas);
    }
    @Override
```

```
    public void surfaceDestroyed(SurfaceHolder holder)
    {
    }
}
```

使用 SurfaceView 绘制图形的效果与 View 相同，只是性能有所提高（绘制的图形越复杂，效果越明显）。

23.5 小结

本章主要介绍了 Android SDK 提供的 2D 绘图技术。可以在 View.onDraw 方法中完成绘图，也可以使用 SurfaceView 绘制更复杂的图形。SurfaceView 多用在复杂的游戏程序中，利用 SurfaceView 可以显著提高程序运行效率。

第 24 章　OpenGL ES 绘图技术

Android SDK 除了支持传统的绘图技术外，还支持一种主要用来处理 3D 图形的 API，这就是 OpenGL ES。通过 OpenGL ES 可以实现非常绚丽的效果。本章将带领读者进入 3D 的世界，领略 OpenGL ES 的魅力。

24.1　OpenGL ES 简介

OpenGL（Open Graphics Library，开放式图形库）定义了一个跨编程语言、跨操作系统的性能卓越的三维图形标准，其中定义了一套编程接口，任何语言都可以实现这套编程接口。目前，几乎所有的流行语言都有 OpenGL 的实现，例如 C/C++、Java、C#、Delphi、Python、Ruby、Perl 等。虽然 DirectX 是 Windows 上使用最广泛的三维图形库，但在专业领域以及非 Windows 的操作系统平台上，OpenGL 是不二的选择。

OpenGL ES（OpenGL for Embedded Systems）与 OpenGL 类似，也是用于编写高级 3D 图形程序的 API，但所不同的是，OpenGL ES 广泛用于移动设备，例如 Android、iPhone 的 SDK 中都集成了 OpenGL ES API。而 OpenGL 一般用在 PC 或服务器上。之所以不直接将 OpenGL 用在移动设备上，主要是因为 OpenGL API 的某些操作对硬件（CPU、GPU）要求过高，目前移动设备的硬件还远不能与同时代的 PC 相比。因此，图形软硬件行业协会 Khronos 对 OpenGL 进行了裁减，最终形成了 OpenGL ES。

24.2　构建 OpenGL ES 框架

首先，OpenGL ES 框架需要一个回调类，该类必须实现如下接口：

```
android.opengl.GLSurfaceView.Renderer
```

在 Renderer 接口中定义如下 3 个方法：

```
void onSurfaceCreated(GL10 gl, EGLConfig config);
void onSurfaceChanged(GL10 gl, int width, int height);
void onDrawFrame(GL10 gl);
```

其中，onSurfaceCreated 方法在创建或重建 OpenGL ES 绘制窗口时被调用，可以在该方法中做一些初始化的功能，例如设置背景颜色、启动平滑模型等。onSurfaceChanged 方法在 OpenGL ES 的绘制窗口尺寸发生变化时被调用。当然，不管窗口尺寸是否发生改变，onSurfaceChanged 方法在程序开始时都至少执行一次。onDrawFrame 方法在绘制每一帧时被调用，类似于 View 中的 onDraw 方法。一般在 onDrawFrame 方法中绘制 2D 或 3D 图形。

在上面 3 个方法中会发现第 1 个参数的类型都是 GL10，这是 OpenGL ES 1.0 的接口。在这 3 个方法中都可以利用 gl 参数使用 OpenGL ES 1.0 中的功能。

读者可以在 Eclipse 中建立一个 MyRender 类，并实现 Renderer 接口；然后，按 Ctrl+Shift+O 组合键自动生成 import 语句以导入相关的类。

至此，一个完整的 OpenGL ES 框架就搭建完成了。接下来详细介绍如何在这个框架中绘制 2D/3D 图形以及更复杂的效果。

24.3 用 OpenGL ES 绘制 2D 图形

OpenGL ES 可以像 23 章介绍的画布技术一样绘制 2D 图形，本章介绍如何利用 OpenGL ES 技术绘制 2D 图形。

24.3.1 三角形

工程目录：src\ch24\triangle

在介绍如何绘制多边形之前，先了解 OpenGL ES 的坐标系。当调用 GL10.glLoadIdentity 方法后，实际上是将当前点移动到了屏幕中心，而屏幕中心点正是 OpenGL ES 坐标系的原点。坐标系是三维的，也就是沿 X、Y、Z 轴 3 个方向。读者可以将自己的手机屏幕朝上平放在桌面上，X 轴就是手机屏幕从左到右的方向，Y 轴就是手机屏幕从下到上的方向，Z 轴就是从桌面到天空的方向，这 3 个坐标轴都以手机屏幕中心为原点。X 轴在屏幕中心左侧的点为负值，右侧的点为正值；Y 轴在屏幕中心下方的点为负值，上方的点为正值；Z 轴在屏幕下方的点为负值，在屏幕上方的点为正值。

了解 OpenGL ES 的坐标系之后，就可以使用 OpenGL ES 的框架来绘制多边形了。首先建立一个 TriangleRender 类，该类继承自 Renderer 类；然后，在 onSurfaceChanged 方法中做一些初始化的工作，代码如下：

```
public void onSurfaceChanged(GL10 gl, int width, int height)
{
    float ratio = (float) width / height;
    // 设置 OpenGL 场景的大小
    gl.glViewport(0, 0, width, height);
    // 设置投影矩阵
    gl.glMatrixMode(GL10.GL_PROJECTION);
    // 重置投影矩阵
    gl.glLoadIdentity();
    // 设置 X、Y、Z 轴方向可设置的最远距离
    gl.glFrustumf(-ratio, ratio, -1, 1, 1, 10);
    // 选择模型观察矩阵
    gl.glMatrixMode(GL10.GL_MODELVIEW);
    // 重置模型观察矩阵
    gl.glLoadIdentity();
}
```

三角形是由 3 个顶点组成的。OpenGL ES 的坐标系是三维的，因此每一个顶点坐标都由 3 个值组成。本例将图形绘制在 Z 轴的原点处，因此所有坐标的第 3 个值都为 0。下面定义了三角形的 3 个顶点的坐标：

```
private IntBuffer triangleBuffer;
private int[] triangleVertices = new int[]
{  0, one, 0,              // 上顶点
  -one, -one, 0,           // 左下顶点
  one, -one, 0 };          // 右下顶点
```

由于绘制三角形需要一个 IntBuffer 对象，而不是普通的 int 数组。因此，需要为三角形定义一个 IntBuffer 类型的变量，该变量需要在 onSurfaceCreated 方法（创建绘制 3D 图形的窗口时调用该方法）中初始化，代码如下：

```
public void onSurfaceCreated(GL10 gl, EGLConfig config)
{
    //  根据三角形顶点数创建一个 ByteBuffer 对象
    //  由于一个 int 类型的值占 4 个字节，因此，应分配的空间大小应为顶点坐标数的 4 倍
    ByteBuffer byteBuffer = ByteBuffer.allocateDirect(triangleVertices.length * 4);
    byteBuffer.order(ByteOrder.nativeOrder());
    triangleBuffer = byteBuffer.asIntBuffer();
    //  将三角形顶点坐标放到 IntBuffer 类型变量中
    triangleBuffer.put(triangleVertices);
    //  将缓冲区指针指向第 1 个字节的位置
    triangleBuffer.position(0);
}
```

本例将在屏幕正中心绘制一个三角形，所以需要使用 glTranslatef 方法将坐标原点移至三角形的位置，如下面的代码将坐标原点沿 Z 轴移入屏幕 6 个单位，X 和 Y 轴原点不变：

```
gl.glTranslatef(0.0f,  0.0f,  -6.0f);
```

执行上面的代码后，会将视图推入屏幕背后足够的距离，以便可以看见全部的场景。要注意的是，这里移动的单位必须小于使用 glFrustumf 方法设置的最远距离，否则显示不出来。例如，Z 轴的最远距离是 10，Z 轴中点向屏幕背后移动不能超过 10。不管是绘制三角形、矩形还是其他多边形，都需要设置顶点，因此要使用如下代码告诉 OpenGLES 要设置顶点这个功能：

```
gl.glEnableClientState(GL10.GL_VERTEX_ARRAY);
```

在绘制多边形之前，需要指定顶点以及与顶点相关的信息，以下代码为三角形指定了顶点信息：

```
// 设置三角形的顶点坐标
gl.glVertexPointer(3, GL10.GL_FIXED, 0, triggerBuffer);
```

其中，glVertexPointer 方法的第 1 个参数表示坐标系的维度（要注意，该参数不是坐标数组的尺寸）；由于 OpenGL 是三维坐标系，因此该参数值是 3。第 2 个参数表示顶点的类型，本例中的数据是固定的，所以使用 GL_FIXED 表示固定的顶点。第 3 个参数表示步长，第 4 个参数表示顶点缓存（也就是前面定义的两个坐标数组）。

最后一步是使用 glDrawArrays 方法绘制三角形，代码如下：

```
gl.glDrawArrays(GL10.GL_TRIANGLES, 0, 3);
```

现在绘制三角形的代码已经完成了，下面是完整的绘制代码：

```
public void onDrawFrame(GL10 gl)
{
    // 清除屏幕和深度缓存
    gl.glClear(GL10.GL_COLOR_BUFFER_BIT | GL10.GL_DEPTH_BUFFER_BIT);
    // 允许设置顶点
    gl.glEnableClientState(GL10.GL_VERTEX_ARRAY);
    // 重置当前的模型观察矩阵
    gl.glLoadIdentity();
    // 移入屏幕 6.0 个单位
    gl.glTranslatef(0.0f, 0.0f, -6.0f);
    // 设置三角形的顶点坐标
    gl.glVertexPointer(3, GL10.GL_FIXED, 0, triggerBuffer);
    // 绘制三角形
    gl.glDrawArrays(GL10.GL_TRIANGLES, 0, 3);
    //  在开启顶点设置功能后，必须使用下面的代码关闭（取消）顶点设置功能
    gl.glDisableClientState(GL10.GL_VERTEX_ARRAY);
}
```

编写完 TriangleRender 类后，需要在主类（Triangle）的 onCreate 方法中创建 TriangleRender 对象，代码如下：

```
public void onCreate(Bundle savedInstanceState)
{
    super.onCreate(savedInstanceState);
    GLSurfaceView glView = new GLSurfaceView(this);
    TriangleRender triangleRender = new TriangleRender();
    glView.setRenderer(triangleRender);
    setContentView(glView);
}
```

运行本例，会显示如图 24-1 所示的图形。

图 24-1 绘制三角形的效果

24.3.2 矩形

工程目录：src\ch24\rectangle

绘制矩形和绘制三角形的方法是一样的，只是需要多定义一个顶点。定义矩形顶点的代码如下：

```
private IntBuffer rectangleBuffer;
private int[] rectangleVertices = new int[]
{ one, one, 0, -one, one, 0, one, -one, 0, -one, -one, 0 };
```

下面的代码根据 int 数组初始化了 rectangleBuffer 变量：

```
ByteBuffer byteBuffer = ByteBuffer.allocateDirect(rectangleVertices.length * 4);
byteBuffer.order(ByteOrder.nativeOrder());
rectangleBuffer = byteBuffer.asIntBuffer();
rectangleBuffer.put(rectangleVertices);
rectangleBuffer.position(0);
```

初始化的代码与上一节相同，下面给出绘制矩形的代码：

```
@Override
public void onDrawFrame(GL10 gl)
{
    // 允许设置顶点
    gl.glEnableClientState(GL10.GL_VERTEX_ARRAY);
    // 重置当前的模型观察矩阵
    gl.glLoadIdentity();
    // 移入屏幕 6.0 个单位
    gl.glTranslatef(0.0f, 0.0f, -6.0f);
    //  设置矩形的顶点
    gl.glVertexPointer(3, GL10.GL_FIXED, 0, rectangleBuffer);
   //  绘制矩形
    gl.glDrawArrays(GL10.GL_TRIANGLE_STRIP, 0, 4);
    //  在开启顶点设置功能后，必须使用下面的代码关闭（取消）顶点设置功能
    gl.glDisableClientState(GL10.GL_VERTEX_ARRAY);
}
```

注意　glDrawArrays 方法的第 1 个参数除了可以设置为 GL10.GL_TRIANGLE_STRIP 外，还可以设置为 GL10.GL_TRIANGLE_FAN。这两个常量的区别与 23.1.4 节介绍的 drawVertices 方法的第 1 个参数类似。

运行本例，会显示如图 24-2 所示的图形。

24.3.3　为图形上色

工程目录：src\ch24\color

通过前两节的学习我们已经可以使用 OpenGL ES 绘制三角形和矩形了。本节为一个三角形填充渐变颜色。下面先看填充颜色后的效果，如图 24-3 所示。

图 24-2　绘制矩形的效果

如图 24-3 所示，三角形使用了渐变颜色进行填充。对图形

着色需要从三角形的顶点定义起始颜色，每一种颜色由 4 个值组成，这 4 个值是 R、G、B、A，其中 A 是透明度。下面的代码是为三角形定义的一个颜色数组：

```
int one = 0x10000;
private IntBuffer colorBuffer;
private int[] colorVertices = new int[]
{ one, 0, 0, one, 0, one, 0, one, 0, 0, one, one };
```

图 24-3 填充颜色的三角形

为多边形着色也需要先开启颜色渲染功能，代码如下：

```
gl.glEnableClientState(GL10.GL_COLOR_ARRAY);
```

然后通过 glColorPointer 方法可以进行着色，代码如下：

```
gl.glColorPointer(4, GL10.GL_FIXED, 0, colorBuffer);
```

glColorPointer 方法的 4 个参数的含义与 glVertexPointer 方法的相应参数类似，需要注意的是，第 1 个参数表示每一个颜色的值的数目（R、G、B、A）。

对多边形着色后，需要使用 glDisableClientState 方法关闭颜色渲染功能，代码如下：

```
gl.glDisableClientState(GL10.GL_COLOR_ARRAY);
```

如想使用单调着色，可以直接调用 glColor4f 方法设置颜色值，代码如下：

```
//  设置颜色（R、G、B、A）
gl.glColor4f(1.0f, 0.0f, 0.0f, 0.0f);
```

glColor4f 不需要开启颜色渲染功能，因此，需要在调用 glColor4f 方法之前使用 glDisableClientState 方法关闭颜色渲染功能，否则 glColor4f 方法不起作用。

与前面的例子相同，需要在 onSurfaceCreated 方法中对 IntBuffer 及 FloatBuffer 类型的变量初始化，代码如下：

```
public void onSurfaceCreated(GL10 gl, EGLConfig config)
{
    ByteBuffer byteBuffer = ByteBuffer.allocateDirect(triangleVertices.length * 4);
    byteBuffer.order(ByteOrder.nativeOrder());
    triangleBuffer = byteBuffer.asFloatBuffer();
    triangleBuffer.put(triangleVertices);
    triangleBuffer.position(0);

    byteBuffer = ByteBuffer.allocateDirect(quaterVertices.length * 4);
    byteBuffer.order(ByteOrder.nativeOrder());
    colorBuffer = byteBuffer.asIntBuffer();
    colorBuffer.put(colorVertices);
    colorBuffer.position(0);
}
```

24.4 OpenGL ES 实战：旋转立方体

本节介绍如何用 OpenGL ES 绘制 3D 图形，以及如何使 3D 图形产生动画效果。本节以一个立方体为例介绍这些技术。

24.4.1 绘制立方体

工程目录：src\ch24\cube

绘制立方体与绘制 2D 图形一样，需要指定顶点，只不过立方体需要指定更多的顶点。例如，图 24-4 所示的彩色立方体需要指定 24 个顶点（也就是 6 个平面或 12 个三角形的顶点）。

图 24-4 彩色立方体

定义立方体顶点坐标的代码如下：

```
int one = 0x10000;
private IntBuffer quaterBuffer;
private int[] quaterVertices = new int[]
{ one, one, -one, -one, one, -one, one, one, one, -one, one, one,
one, -one, one, -one, -one, one, one, -one, -one, -one, -one, -one,
one, one, one, -one, one, one, one, -one, one, -one, -one, one,
one, -one, -one, -one, -one, -one, one, one, -one, -one, one, -one,
-one, one, one, -one, one, -one, -one, -one, one, -one, -one, -one,
one, one, -one, one, one, one, one, -one, -one, one, -one, one, };
```

上面代码的 quaterVertices 数组中，每一行定义代码是立方体的一个平面，一共 6 个面。除此之外，还需要定义立方体每个平面的颜色，代码如下：

```
private IntBuffer colorBuffer;
private int[] colors = new int[]
{
one, 0, 0, one, 0, one, 0, one, 0, 0, one, one, one ,one, 0, one,
0, one, 0, one, one, 0, 0, one,0, 0, one, one, one , one, 0, one,
0, one, 0, one, one, 0, 0, one,0, 0, one, one, one , one, 0, one,
0, one, 0, one,  one , one, 0, one, one, 0,0, one,0, 0, one, one,
one, 0, 0, one,0, 0, 0, one, one, 0, 0, one, one, 0, 0, one, one,
0, 0, one, one,one, 0, one, one, one, 0, one, one, one, 0, one, one
};
```

定义立方体每个平面的颜色与定义顶点类似，也需要定义每个平面顶点的颜色（共 24 个颜色值），由于每一个颜色值由 4 个值（R、G、B、A）组成，因此，定义立方体颜色值的数组比定义立方体顶点的数组多 24 个元素。

下面在 onDrawFrame 方法中根据前面定义的顶点坐标和顶点颜色值绘制立方体：

```
@Override
public void onDrawFrame(GL10 gl)
{
    //  设置颜色和深度缓冲位，绘制带颜色的立方体必须设置这两项
```

```
    gl.glClear(GL10.GL_COLOR_BUFFER_BIT | GL10.GL_DEPTH_BUFFER_BIT);
    gl.glEnableClientState(GL10.GL_VERTEX_ARRAY);
    gl.glEnableClientState(GL10.GL_COLOR_ARRAY);
    gl.glLoadIdentity();
    //  将立方体向后推6个单位深
    gl.glTranslatef(0.0f, 0.0f, -6.0f);
    //  将立方体沿X轴和Y轴旋转45度
    gl.glRotatef(45, 1.0f, 1.0f, 0.0f);
    //  设置顶点颜色值
    gl.glColorPointer(4, GL10.GL_FIXED, 0, colorBuffer);
    //  设置顶点坐标值
    gl.glVertexPointer(3, GL10.GL_FIXED, 0, quaterBuffer);
    for (int i = 0; i < 6; i++)
    {
        //  绘制立方体的6个平面
        gl.glDrawArrays(GL10.GL_TRIANGLE_STRIP, i * 4, 4);
    }
    gl.glDisableClientState(GL10.GL_VERTEX_ARRAY);
    gl.glDisableClientState(GL10.GL_COLOR_ARRAY);
}
```

24.4.2 使立方体旋转起来

工程目录：src\ch24\rotate_cube

由于GLSurfaceView会不断刷新界面，因此，onDrawFrame方法会不断被调用。这与View.onDraw方法类似，只不过不需要调用View.invalidate方法刷新界面。所以实现不断旋转立方体只需要在onDrawFrame方法中改变旋转角度以及旋转轴坐标即可。旋转效果如图24-5所示。

图24-5 旋转立方体

旋转立方体的代码如下：

```
@Override
public void onDrawFrame(GL10 gl)
{
    gl.glClear(GL10.GL_COLOR_BUFFER_BIT | GL10.GL_DEPTH_BUFFER_BIT);
    gl.glEnableClientState(GL10.GL_VERTEX_ARRAY);
    gl.glEnableClientState(GL10.GL_COLOR_ARRAY);
    gl.glLoadIdentity();
```

```
    gl.glTranslatef(0.0f, 0.0f, -6.0f);

    // rotateQuad 表示当前立方体旋转角度
    gl.glRotatef(rotateQuad, 1.0f, 1.0f, 0.0f);
    gl.glColorPointer(4, GL10.GL_FIXED, 0, colorBuffer);
    gl.glVertexPointer(3, GL10.GL_FIXED, 0, quaterBuffer);

    for (int i = 0; i < 6; i++)
    {
        gl.glDrawArrays(GL10.GL_TRIANGLE_STRIP, i * 4, 4);
    }

    gl.glDisableClientState(GL10.GL_VERTEX_ARRAY);
    gl.glDisableClientState(GL10.GL_COLOR_ARRAY);
    // 每刷新次，旋转角度加 1
    rotateQuad++;
}
```

24.5　小结

本章主要介绍了如何使用 OpenGL ES 技术绘制 2D 和 3D 图形。OpenGL ES 可以完全取代 View 来绘制各种 2D 图形。除此之外，OpenGL ES 最擅长的自然是绘制各种 3D 图形以及对 3D 图形的渲染。本章以一个立方体为例，演示了如何使用 OpenGL ES 技术绘制 3D 图形。当然，OpenGL ES 还可以绘制出更复杂和逼真的 3D 效果，很多 3D 游戏都有 OpenGL ES 的功劳。

第25章　性能优化

任何程序都可能存在或多或少的性能问题。例如，在下载图片时感觉很慢、列表框向下拖动感觉偶有停顿、程序在执行一段时间后消耗大量的内存而几乎使整个系统崩溃。这些问题有可能并不会有多么严重的影响（最多是用户体验差了点），但有的问题所带来的后果可能是灾难性的。因此，编写程序不仅仅要考虑逻辑上的正确性，同时也要考虑程序的健壮性。这其中包括容错性、系统资源低消耗、程序代码拥有良好的结构（可读性好）、可重用性等。

为了使读者了解在程序设计中的性能优化技术，本章将讨论设计 Java 及 Android 程序时经常使用到的优化技术，以及性能检测工具和测试工具的使用方法。

25.1　性能优化的基础知识

性能优化技术包含多方面的内容，我们可以从以下几方面来考虑优化 Android 程序。

（1）代码编写的最优化原则

使代码尽可能保持最优化是性能优化的第 1 步，也是最重要的一步。最优化代码并没有固定的模式，要根据实际情况而定。但有一些规则会适合所有的情况，例如，代码要可读性强，在满足可读性的同时代码应尽可能简单，当然，如果以牺牲代码的可读性为代价来换取代码的简练是不可取的。设计程序时要尽量使程序模块化，如果团队开发时尽量统一编码规范，这样更有利于其他人阅读代码或接手自己的工作，提高程序的可重用性。

（2）程序的容错性

程序的容错性仍然属于编码的范畴，之所以将它单独提出来是因为程序的容错性太重要了，它直接决定了程序是否会令用户满意。经常崩溃或出错的程序很难长期引起用户的兴趣。

（3）程序中各个组成部分的执行效率

程序的最基本调用单元是方法。因此，方法的执行效率也在很大程度上决定了程序整体的效率。尽管代码写得很优化（至少从源代码中看是这样的），但实际上却不一定会得到更高的执行效率。因此，要借助各种工具对程序中的核心方法进行调优。

（4）程序的系统资源消耗

尽管程序的执行效率很高，但由于手机硬件资源的匮乏（主要指内存），占用大量系统资源所换来的高效率在大多数情况下并不是首选。因此，需要找到平衡执行效率和资源效率的支点。

（5）优化 Android UI

有时大量不合理的 UI 设计也会占用很多系统资源，并且可能会在不同配置的手机上显示失真的 UI。

25.2 编写 Java 程序的最优化原则

由于 Android 程序主要由 Java 语言编写，因此，了解如何更有效地编写 Java 程序显得十分重要。本节介绍常用的 Java 程序优化技术。虽然这些技术并不是必须使用，但合理地使用它们可以使程序的执行效率更高、占用更少的资源以及使程序更加健壮。

25.2.1 用静态工厂方法代替构造方法

通常创建一个类的对象需要使用类的构造方法，但还有另外一种方法可以创建类的对象，这就是静态工厂方法。如下面的代码所示：

```
class Product
{
    public static Product getInstance() { return new Prodjct();}
}
```

使用静态工厂方法代替构造方法至少具有如下 3 个优点：

1）静态工厂方法可以有具体的名称。例如，当返回一个 Product 对象时可以将静态方法命名成更有意义的方法名，如 Product.asElectronicalProduct。

2）与构造方法不同，静态工厂方法不一定返回新的对象，也可以返回已经存在的对象。例如，单件（Singleton）模式就是利用了静态方法返回已经存在的对象。

3）静态工厂方法不一定返回当前类的对象，也可以返回当前类的子类对象。

25.2.2 避免创建重复的对象

创建对象的基本原则是尽可能避免创建重复的对象（这样可以避免使用大量的 CPU 和内存资源）。例如，下面的代码使用 new 创建 String 对象是完全多余的：

```
String s = new String("hello world");
```

由于 JVM 的特性（Dalivk 虚拟机也是一样），直接将字符串赋给变量就会自动创建一个 String 对象，因此，只需要使用下面的代码即可：

```
String s = "hello world";
```

如果是字符串连接，并且会执行多次连接（如在循环中连接字符串），建议使用 StringBuilder，而不是直接使用“+”进行连接。请比较下面两段代码：

直接使用“+”连接字符串

```
String s = "";
for(int i = 0; i < 10000; i++)
{
```

```
    s += "a";
}
```

使用 StringBuilder 连接字符串

```
String s = "";
StringBuilder sb = new StringBuilder();
for(int i = 0; i < 10000; i++)
{
    sb.append("a");
}
s = sb.toString();
```

以上两段代码都生成了包含10000个“a”的字符串。第1段代码中直接使用了“+”连接字符串，这样会产生大量的临时String对象，如果循环次数很大，可能会严重影响系统的性能。而使用StringBuilder连接字符串并不会产生大量的String对象，因此，使用StringBuilder是一种节省资源的做法。

在类的方法中也可能出现重复创建对象的情况，例如，下面的代码在每次调用isTeacher方法时都会创建Company对象：

```
public class Person
{
    public boolean isTeacher()
    {
        //  创建了一个 Company 对象
        Company company = new Company();
        return company.getType = "school";
    }
}
```

在每次调用isTeacher方法时都会创建一个Company对象，这完全没有必要。可以在第1次访问Person对象时就创建Company对象，在isTeacher方法中只需要访问这个已经创建的Company对象即可。改进后的代码如下：

```
public class Person
{
    private static Company company;
    static
    {
        //  在 Person 类被第一次访问时创建 Company 对象
        company = new Company();
    }
    public boolean isTeacher()
    {
        //  每次调用 isTeacher 方法将不再创建 Company 对象
        return company.getType = "school";
    }
}
```

尽管Company对象可以在定义company变量时创建，但建议还是在static块中创建静态变量。因为static块中除了创建对象外，还可以执行更复杂的代码。

如果读者认为只创建一个普通的对象，就算多次调用，可能也不会有多大的资源消耗。这似乎也对，但量变会引起质变。如果某个方法恰好需要大量的调用（例如100万次），而且在方法中创建了很昂贵的对象（非常消耗资源），那么执行效率的差异是完全可以感觉到的，有时可能会差很多。

为了避免重复创建对象，可以使用单件（Singleton）模式代替构造方法来创建对象。也就是使用静态工厂方法来创建对象，而将类的构造方法定义为private。

25.2.3 防止内存泄漏

内存泄漏是一个古老的术语，从计算机语言诞生那一天起就存在。但自从带有垃圾回收的编程语言诞生以来，好像内存泄漏与这些语言再也没关系了。不过不要高兴得太早，内存泄漏在这些语言中仍然存在，而且还更难发现。虽然在这些语言中，由于内存泄漏而引起的系统崩溃不经常发生，有的情况可能会被隐藏很多年后才被发现，但内存泄漏仍然是一个不可忽视的问题。

垃圾回收器是根据对象被引用数决定是否回收对象的。也就是说，每一个对象在内存中都会对应一个计数器，保存该对象当前被引用的次数。如果被引用的次数为0，垃圾回收器就会选择一个适当的时机将该对象所占的内存空间回收，并将该对象释放。问题就出在这个计数器上，如果对象的计数器不为0，也就是说，对象仍然被一次或多次引用，而我们并没有意识到这一点，那么这个引用计数器就永远不会是0了。这就会造成这个对象永远不会被释放，从而造成内存泄漏现象。先看一个产生内存泄漏的例子，代码如下：

```
public class Stack
{
    private Person[] persons;
    private int currentIndex;
    ...
    public Person pop()
    {
        if(currentIndex == 0)
            throw new Exception();
        currentIndex--;
        return persons[currentIndex];
    }
}
```

从表面上看，Stack类的代码非常完美，通过pop方法返回persons数组最后一个元素（Person对象），也就是出栈操作。如果栈为空，也就是currentIndex变量的值为0，则抛出异常。pop方法无论调用多少次都会按照我们的要求忠实地完成任务。但这个方法的确已经造成了内存泄漏，而且压栈和出栈操作越频繁，内存泄漏越严重。

当 pop 方法直接从 persons 数组中取某个位置的 Person 对象并返回后，persons 数组中的相应 Person 对象并没有释放，而且在同样的位置再压入新的 Person 对象时，原来的对象就再也没有被释放的机会了。这样，Person 对象的引用次数至少为 1，而且将永远为 1（Stack 对象被释放）。为了避免这种情况的发生，不要直接返回 persons 数组的 Person 对象，而要先将 Person 对象取出，再将 persons 数组中的相应位置设为 null（引用指针减 1），代码如下：

```
public Person pop()
{
    if(currentIndex == 0)
        throw new Exception();
    currentIndex--;
    Person person = persons[currentIndex];
    //  引用计数减1
    persons[currentIndex] = null;
    return person;
}
```

25.2.4 接口只用于定义类型

一个类实现一个接口，这个接口称为一个类型（type）。程序往往需要判断类实现了哪些接口（类型）来决定下一步的工作，如进行类型转换。

有很多读者喜欢用接口来定义常量，这类接口通常称为常量接口。这是一个非常不好的习惯。因为将常量定义在接口中可能会使开发者迷惑。而且如果在未来的版本中不再需要这个常量接口，那么实现这个接口的类（仅为了从接口获得常量）为了保持兼容性，仍然需要实现这个接口。常量最后直接放到相关的类中，如果其他类需要使用，可以将这些常量定义为 public static final。

25.2.5 返回零长度的集合而不是 null

如果方法的返回类型是一个集合（如数组、List、Set 等），在没有数据返回的情况下应返回长度为零的集合，而不是直接返回 null。看下面的代码：

```
public class MyClass
{
    public static List<String>  getValues()
    {
        List<String> result = new ArrayList<String>();
        ...
        if(result.size == 0)
        return null;
    else
        return result;
    }
    public static List<Product>  getProducts()
    {
```

```
        List<Product> products = new ArrayList<Product>();
        ...
        //  向products中添加数据
        return products;
    }
}
```

MyClass 类中的 getValues 方法当 List 对象的长度为 0 时返回 null，而 getProducts 方法直接返回 List 对象，而不管 List 对象的长度是否为 0。如果处理 getValues 方法的返回值，就必须加另外的判断，代码如下：

```
List<String>  values = MyClass.getValues();
if(values != null)
{
    for(String value: values)
    {
        Log.d("value", value);
    }
}
```

如果忘了判断 getValues 方法的返回值是否为 null，将会抛出异常。如果将 getValues 方法换成 getProducts 方法，不仅代码更简练，而且当返回集合长度为 0 时也不会抛出异常，代码如下：

```
List<Product> products = MyClass.getProducts();
for(Product product: products)
{
    Log.d("product", String.valueOf(product));
}
```

25.2.6 通过接口引用对象

如果类实现了接口，在定义类变量时要尽量使用接口，而不是直接使用类。例如，ArrayList 类实现了 List 接口，在定义 ArrayList 类型的变量时要尽量使用如下的代码。

```
List<String> list = new ArrayList<String>();
```

使用接口定义变量会更加灵活，如果需要换一种实现，只要使用新的实现该接口的类创建对象即可。这样，所有使用该变量的代码都不需要修改了。这也就是面向对象中的一个重要特征：多态。

25.3 避免 ANR

很多初学者在编写程序时经常会使程序弹出 ANR（Application Not Responding）对话框，如图 25-1 所示。这是由于在主线程中执行某段代码时间较长而使系统阻塞造成的。

解决这个问题的方法是将主线程中可能长时间没有响应（如下载文件、复杂算法、处理复杂任务的循环操作等）的代码移动到另一个子线程中。也就是说，在主线程中不直接执行这些代码，而是创建一个线程，并在线程中执行这些代码。不过要注意，这些代码可能在执行的过程中需要更新 UI 中显示的信息，但在线程中不能直接访问 UI 控件，因此，在更新 UI 时需要使用 Handler。代码如下：

```
Handler handler = new Handler()
{
    @Override
    public void handleMessage(Message msg)
    {
        super.handleMessage(msg);
        //  在这里更新UI控件
    }
};
```

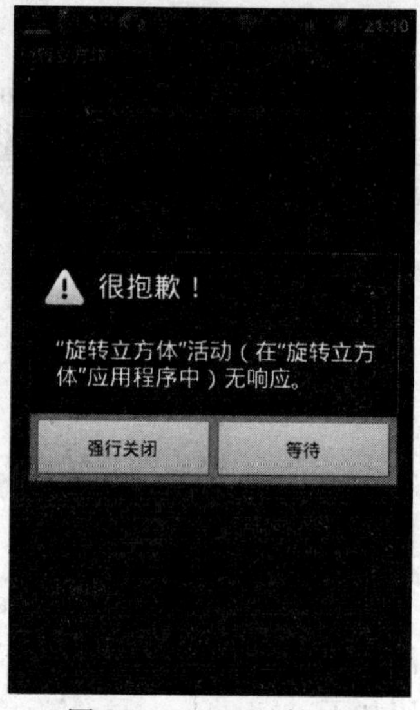

图 25-1　ANR 对话框

下面的代码调用 Handler.sendMessage 方法使 Handler 处理消息（执行 HandleMessage 方法）：

```
Message message = new Message();
message.obj = ...  //  要传递给Handler的数据
handler.sendMessage(message);
```

25.4 性能检测

除了华丽的界面可以增强用户体验外，良好的性能也可以在用户体验上起到举足轻重的作用。

25.4.1 执行时间测试

工程目录：src\ch25\runtime_test

代码的执行时间是影响系统性能的重要因素，因此，对可能影响系统性能的代码需要检测其执行时间，以确定这些代码是否可以进一步优化。下面的代码测试了 test1 和 test2 方法的执行时间，并将最后的测试结果以 Toast 信息框的形式显示：

```
package mobile.android.jx.runtime.test;

import java.util.ArrayList;
import java.util.List;
import android.app.Activity;
import android.os.Bundle;
import android.view.View;
import android.widget.Toast;
```

```
public class Main extends Activity
{
    private List<Integer> list1 = new ArrayList<Integer>();

    @Override
    public void onCreate(Bundle savedInstanceState)
    {
        super.onCreate(savedInstanceState);
        setContentView(R.layout.main);
    }
    //  第 1 个测试方法
    public void test1()
    {
        //  向 List 对象中添加 10000 个数
        for (int i = 0; i < 10000; i++)
        {
            list1.add(i);
        }
    }
    //  第 2 个测试方法
    public void test2()
    {
        //  依次获得 List 对象中的元素
        for (int i = 0; i < 10000; i++)
            list1.get(i);
    }
    public void onClick_Test(View view)
    {
        try
        {
            //  获取执行 test1 方法前的时间点（单位：毫秒）
            long start1 = System.currentTimeMillis();
            //  执行 test1 方法
            test1();
            //  获取执行 test1 方法后的时间点（单位：毫秒）
            long end1 = System.currentTimeMillis();
            //  获取执行 test2 方法前的时间点（单位：毫秒）
            long start2 = System.currentTimeMillis();
            //  执行 test2 方法
            test2();
            //  获取执行 test2 方法后的时间点（单位：毫秒）
            long end2 = System.currentTimeMillis();
            //  显示测试结果
            Toast.makeText(
                    this,
                    "test1 方法的执行时间：" + (end1 - start1)
                    + " 毫秒 \ntest2 方法的执行时间："
                    + (end2 - start2) + " 毫秒 ", Toast.LENGTH_LONG).show();
        }
        catch (Exception e)
```

```
            {
            }
        }
    }
```

运行程序，单击“测试”按钮，显示如图 25-2 所示的信息。

从上面的测试结果可以看出，向内存中存储数据（调用 List.add 方法）远比从内存中读取数据占用的时间更多，因此，应尽量避免频繁写数据等操作。

图 25-2 显示执行时间的测试结果

25.4.2 内存消耗测试

工程目录：src\ch25\memory_test

严重的内存消耗也同样影响程序的性能。因此，需要测试关键代码（可能大量消耗内存的代码）的内存消耗情况。测试内存消耗类似测试执行时间，只是开始点和结束点是当前的内存（单位：字节）。首先编写一个获得当前已使用内存的类，代码如下：

```
package mobile.android.jx.memory.test;
public class Memory
{
    public static long used()
    {
        //  获取系统内存总数
        long total = Runtime.getRuntime().totalMemory();
        //  获取剩余内存
        long free = Runtime.getRuntime().freeMemory();
        //  返回已使用的内容
        return (total - free);
    }
}
```

本例仍然测试上一节中的 test1 和 test2 方法。“测试”按钮的单击事件方法代码如下：

```
public void onClick_Test(View view)
{
    try
    {
        //  获取调用 test1 方法之前的内存
        long start1 = Memory.used();
        //  调用 test1 方法
        test1();
        //  获取调用 test1 方法之后的内存
        long end1 = Memory.used();
        //  获取调用 test2 方法之前的内存
        long start2 = Memory.used();
```

```
        //  调用 test2 方法
        test2();
        //  获取调用 test2 方法之后的内存
        long end2 = Memory.used();
        //  显示内存测试结果
        Toast.makeText(
                this,
                "test1 方法占用的内存：: " + (end1 - start1) +
                    " 字节 \ntest2 方法占用的内存：" + (end2 - start2) + " 字节 ",
                    Toast.LENGTH_LONG).show();

    }
    catch (Exception e)
    {
    }
}
```

运行程序，单击“测试”按钮，会显示如图 25-3 所示的信息。

25.4.3 测试性能的工具 traceview

图 25-3 显示内存测试的结果

上一节使用代码测试了指定方法的执行时间，其实，可以用 traceview 来完成同样的工作，而且只需要编写两行代码就可以测试多个方法的执行时间。

traceview 是 Android SDK 提供的一个命令行工具。该工具位于 <Android SDK 安装目录 >\tools 目录。但 traceview 不能单独运行，还需要一个性能跟踪文件。

现在仍然测试上一节中的 test1 和 test2 方法。在 onClick_Test 方法中执行 test1 和 test2 方法之前调用 Debug.startMethodTracing 方法开始跟踪方法；然后在调用完要监视的方法后，再调用 Debug.stopMethodTracing 方法结束跟踪。完整的代码如下：

```
public void onClick_Test(View view)
{
    //  开始监视方法
    Debug.startMethodTracing("activity_trace");
    //  执行 test1 方法
    test1();
    //  执行 test2 方法
    test2();
    //  停止监视方法
   Debug.stopMethodTracing();
}
```

Debug.startMethodTracing 方法的参数指定了方法跟踪文件名。当调用 startMethodTracing

方法后，会在 SD 卡的根目录生成一个 activity_trace.trace 文件；当调用 stopMethodTracing 方法后，会将跟踪数据写到 activity_trace.trace 文件中；然后，从 SD 卡将该文件传到 PC 上的目录。假设将该文件放到了 D 盘的根目录，在控制台进入 <Android SDK 安装目录>\tools 目录（如果设置了 Path 环境变量，在任何目录下都可以），并输入如下的命令：

```
traceview D:\activity_trace.trace
```

执行上面的命令行，会显示如图 25-4 所示的界面。

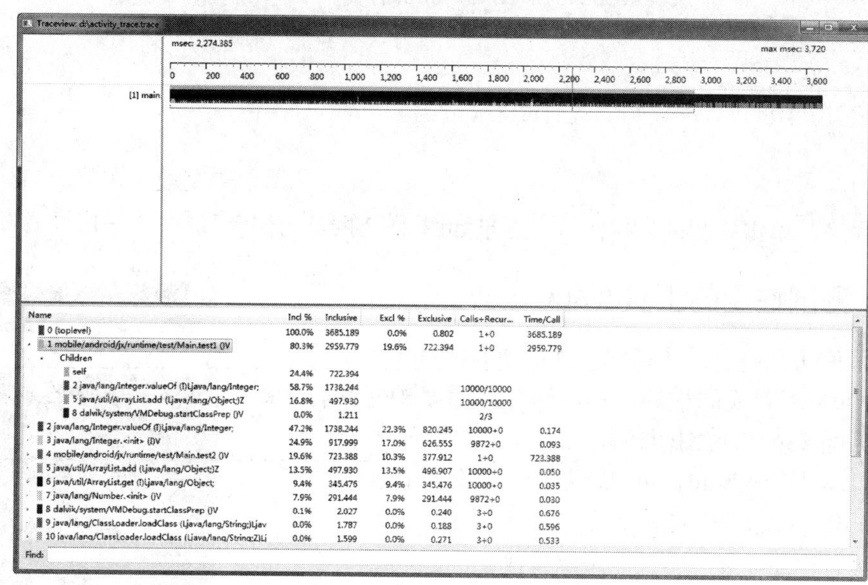

图 25-4 traceview 跟踪界面

我们主要看图 25-4 的下半部分。左侧的树状结构显示了在 startMethodTracing 和 stopMethodTracing 方法之间调用方法的执行时间，其中 Inclusive 列是当前方法执行的总时间（单位：毫秒），而在这一列可以显示方法内部各个部分执行的时间。Exclusive 列也表示方法的执行时间，但不包括方法内部语句的执行时间。倒数第 2 列表示测试方法内部的循环次数（本例都是 10000 次），最后一列显示每一次循环花费的时间（单位：毫秒）。

25.5 小结

本章介绍了 Java 和 Android 常用的优化技术。这些优化技术包括编码上的优化（如使用静态工厂方法、避免创建重复的对象、接口的使用等）、避免 ANR、执行时间优化、内存消耗优化等。除此之外，还介绍了 Android SDK 提供的一个测试性能的工具 traceview。

一套成熟的系统不仅仅需要向用户展现正确的结果，也需要拥有良好的用户体验。希望读者认真学习和领会本章介绍的性能优化技术，并能很好地应用到自己开发的系统中。

第 26 章　Android 4.0 新技术探索

Android 4.0 是 Android 的最新版本。该版本融合了 Android 2.x 和 Android 3.x 的技术。因此 Android 4.0 同时支持手机和平板电脑。这标志 Android 又向前迈进了一步。本章将带领读者领略 Android 的最新技术！

26.1　全新的 Android，全新的体验

Android 4.0 从系统界面到开发环境、模拟器都发生了很大的变换，在笔者写作本书时 Google 只推出了 Android 4.0 的 SDK，并没有装载 Android 4.0 的真机。相信读者在看到本书时，会有很多包括手机和平板电脑在内的运行 Android 4.0 的设备。虽然没有真机，但仍然可以从开发环境和模拟器中感受到 Android 4.0 的变化。

注意　*Android 3.x 中增加的技术在 Android 4.0 中仍然可以使用。因此，本章的很多例子仍然可以在 Android 3.x 平台上运行。*

26.1.1　开发环境

写作本书时，ADT 的最新版本是 ADT 15.0.0。在低版本的 ADT 中，安装 Android SDK 和 AVD Manager 都在一个界面，在 Eclipse 中使用一个按钮启动，但从 ADT 14.0.0 开始，将安装 Android SDK 和 AVD Manager 分成了两个界面，并分别使用两个按钮来启动这两个界面。启动按钮如图 26-1 黑框中所示。第一个按钮用于启动安装 Android SDK 的界面，第二个按钮用于启动 AVD Manager。

图 26-1　ADT 的功能按钮

Android SDK 安装界面的变化很大，整体采用了树型结构列出所有可安装的 Android 和 Tools 版本。如图 26-2 所示。

AVD Manager 在界面上并未做太大改动，仅增加了一些功能。例如，在创建完一个 AVD 后可以修改这个 AVD（老版本的 AVD Manager 是不能修改 AVD 的）。AVD Manager 的界面如图 26-3 所示。

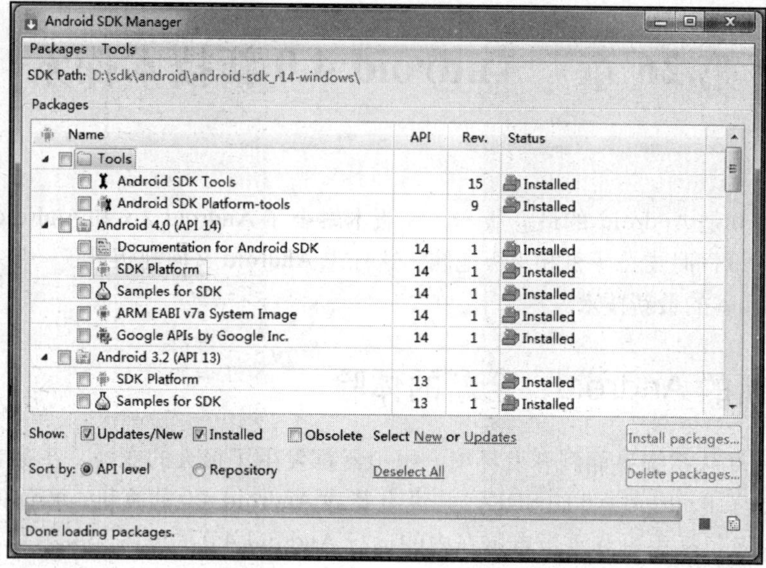

图 26-2　Android SDK 安装界面

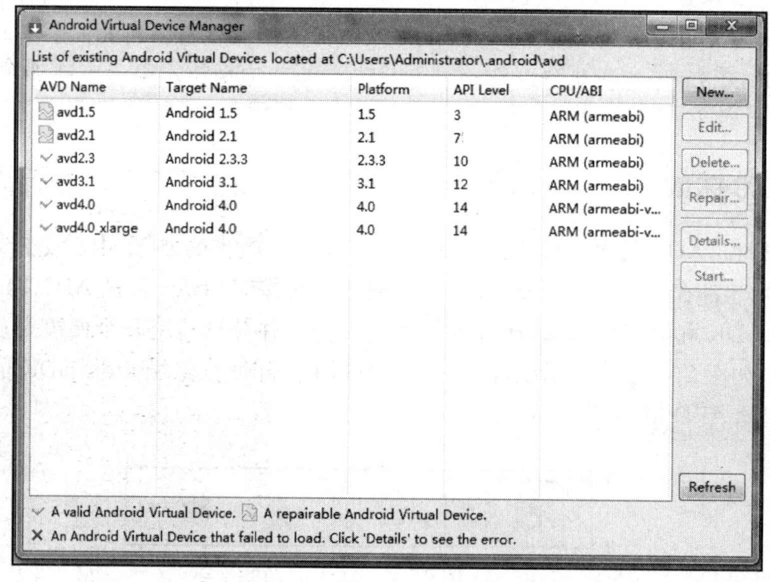

图 26-3　AVD Manager 界面

26.1.2 模拟器

Android 4.0 SDK 的模拟器在界面上也做了较大的改动。启动 Android 手机模拟器后，映入眼帘的是一个位于屏幕下方圆圈中的小锁，如图 26-4 所示。单击小锁，会出现如图 26-5 所示的效果。将屏幕正下方的小锁拖到右下方已经打开的小锁后屏幕会解锁。

图 26-4 Android 4.0 手机模拟器未解锁界面

图 26-5 Android 4.0 手机模拟器解锁界面

解锁后进入主界面，如图 26-6 所示。屏幕下方有 5 个按钮，单击中间那个按钮会显示本机安装的应用程序，如图 26-7 所示。

图 26-6 Android 4.0 主界面

图 26-7 应用程序列表

Android 4.0 的应用程序列表界面与老版本不同。除了 Apps 页，还多了一个 Widgets 页用于显示本机安装的小应用部件。这个界面中显示小应用部件的效果如图 26-8 所示。

Android 4.0 的平板电脑模拟器与手机模拟器类似，只是界面以横向布局显示。图 26-9 是未解锁的界面，图 26-10 是解锁后的界面。

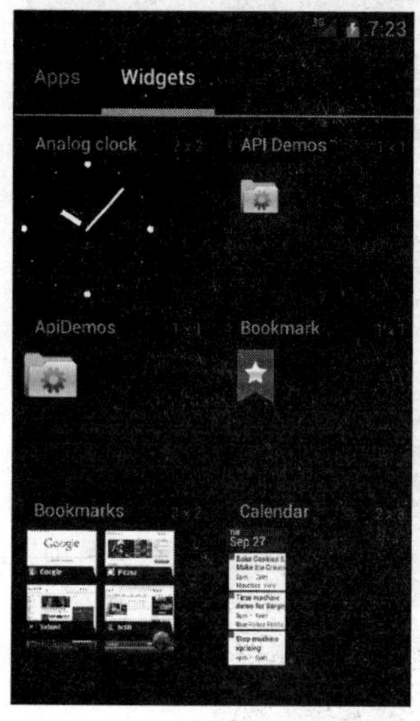

图 26-8 小应用程序部件列表

图 26-9 平板电脑模拟器未解锁的界面

图 26-10 平板电脑模拟器已解锁的界面

图 26-11 和图 26-12 分别是应用程序列表和小应用程序部件列表。

main.xml 文件的代码如下：

```
<?xml version="1.0" encoding="utf-8"?>
<LinearLayout xmlns:android="http://schemas.android.com/apk/res/android"
    android:layout_width="fill_parent"
    android:layout_height="fill_parent"
    android:orientation="vertical" >
    <fragment class="mobile.android.fragment.lifecycle.MyFragment1"
        android:id="@+id/fragment1"
        android:layout_width="match_parent"
        android:layout_height="wrap_content"
        android:layout_weight="1"
        android:name="fragment1" />
    <fragment class="mobile.android.fragment.lifecycle.MyFragment2"
        android:id="@+id/fragment2"
        android:layout_width="match_parent"
        android:layout_height="wrap_content"
        android:layout_weight="1"
        android:name="fragment2" />
</LinearLayout>
```

运行程序，会显示如图 26-14 所示的界面。

启动后打开 LogCat 视图，会看到如图 26-15 所示黑框中的输出日志。可以很容易看出两个 Fragment 在创建和显示过程中生命周期方法的调用顺序。

销毁当前 Activity 时，在 Activity 上的所有 Fragment 也会被销毁，在销毁过程中生命周期方法执行的顺序如图 26-16 中黑框中所示。

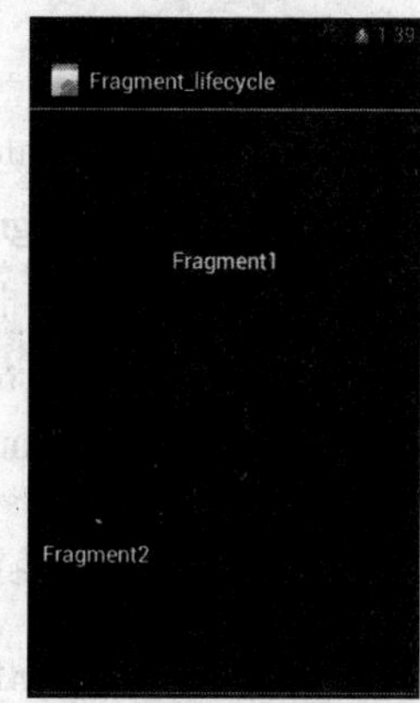

图 26-14　两个垂直平分整个屏幕的 Fragment 的显示效果

	PID	Application	Tag	Text
7.692	1394	mobile.android.fr...	Process	Sending signal. PID: 1394 SIG: 9
2.501	1441	mobile.android.fr...	onAttach	mobile.android.fragment.lifecycle.MyFragment1
2.501	1441	mobile.android.fr...	onCreate	mobile.android.fragment.lifecycle.MyFragment1
2.501	1441	mobile.android.fr...	onCreateView	mobile.android.fragment.lifecycle.MyFragment1
2.533	1441	mobile.android.fr...	onAttach	mobile.android.fragment.lifecycle.MyFragment2
2.541	1441	mobile.android.fr...	onCreate	mobile.android.fragment.lifecycle.MyFragment2
2.541	1441	mobile.android.fr...	onCreateView	mobile.android.fragment.lifecycle.MyFragment2
2.611	1441	mobile.android.fr...	onActivityCreated	mobile.android.fragment.lifecycle.MyFragment1
2.611	1441	mobile.android.fr...	onActivityCreated	mobile.android.fragment.lifecycle.MyFragment2
2.622	1441	mobile.android.fr...	onStart	mobile.android.fragment.lifecycle.MyFragment1
2.622	1441	mobile.android.fr...	onStart	mobile.android.fragment.lifecycle.MyFragment2
2.631	1441	mobile.android.fr...	onResume	mobile.android.fragment.lifecycle.MyFragment1
2.631	1441	mobile.android.fr...	onResume	mobile.android.fragment.lifecycle.MyFragment2
3.162	1441	mobile.android.fr...	gralloc_goldfish	Emulator without GPU emulation detected.
1.522	1441	mobile.android.fr...	dalvikvm	GC_CONCURRENT freed 319K, 5% free 10020K/10439K, paused 143ms+10ms

图 26-15　Fragment 在创建和显示过程中生命周期方法的执行顺序

	PID	Application	Tag	Text
3.162	1441	mobile.android.fr...	gralloc_goldfish	Emulator without GPU emulation detected.
1.522	1441	mobile.android.fr...	dalvikvm	GC_CONCURRENT freed 319K, 5% free 10020K/10439K, paused 143ms+10ms
2.331	1441	mobile.android.fr...	onPause	mobile.android.fragment.lifecycle.MyFragment1
2.341	1441	mobile.android.fr...	onPause	mobile.android.fragment.lifecycle.MyFragment2
3.002	1441	mobile.android.fr...	IInputConnectionWrapper	showStatusIcon on inactive InputConnection
3.311	1441	mobile.android.fr...	onStop	mobile.android.fragment.lifecycle.MyFragment1
3.311	1441	mobile.android.fr...	onStop	mobile.android.fragment.lifecycle.MyFragment2
3.371	1441	mobile.android.fr...	onDestroyView	mobile.android.fragment.lifecycle.MyFragment1
3.471	1441	mobile.android.fr...	onDestroy	mobile.android.fragment.lifecycle.MyFragment1
3.471	1441	mobile.android.fr...	onDetach	mobile.android.fragment.lifecycle.MyFragment1
3.471	1441	mobile.android.fr...	onDestroyView	mobile.android.fragment.lifecycle.MyFragment2
3.481	1441	mobile.android.fr...	onDestroy	mobile.android.fragment.lifecycle.MyFragment2
3.491	1441	mobile.android.fr...	onDetach	mobile.android.fragment.lifecycle.MyFragment2
3.571	1441	mobile.android.fr...	dalvikvm	GC_CONCURRENT freed 409K, 6% free 10028K/10567K, paused 5ms+4ms

图 26-16　Fragment 在销毁过程中生命周期方法的执行顺序

26.2.3　显示对话框

工程目录：src\ch26\alert_dialog

DialogFragment 是 Fragment 的子类，使用 DialogFragment 可以用 Fragment 控制对话框。对话框的效果如图 26-17 所示。

DialogFragment 的用法与 Fragment 类似，首先需要编写一个继承自 DialogFragment 的类，代码如下：

图 26-17　DialogFragment 对话框效果

```
package mobile.android.alert.dialog;

import android.app.AlertDialog;
import android.app.Dialog;
import android.app.DialogFragment;
import android.content.DialogInterface;
import android.os.Bundle;

public class MyAlertDialogFragment extends DialogFragment
{
    //  通过静态方法创建 DialogFragment 对象
    public static MyAlertDialogFragment newInstance(int title)
    {
        MyAlertDialogFragment frag = new MyAlertDialogFragment();
        Bundle args = new Bundle();
        args.putInt("title", title);
        //  向对话框传递标题信息
        frag.setArguments(args);
        return frag;
    }
    //  返回 Dialog 对象
    @Override
    public Dialog onCreateDialog(Bundle savedInstanceState)
```

```
{
    //  获取对话框标签信息
    int title = getArguments().getInt("title");
    //  创建一个 AlertDialog 对象
    return new AlertDialog.Builder(getActivity())
            .setIcon(R.drawable.ic_launcher)
            .setTitle(title)
            .setPositiveButton("确定",
                    new DialogInterface.OnClickListener()
                    {
                        public void onClick(DialogInterface dialog,
                                int whichButton)
                        {

                        }
                    })
            .setNegativeButton("取消",
                    new DialogInterface.OnClickListener()
                    {
                        public void onClick(DialogInterface dialog,
                                int whichButton)
                        {

                        }
                    }).create();
}
}
```

接下来在主程序中创建 MyAlertDialogFragment 对象，并通过单击一个按钮来显示这个对话框，代码如下：

```
package mobile.android.alert.dialog;

import android.app.Activity;
import android.app.DialogFragment;
import android.os.Bundle;
import android.view.View;
import android.view.View.OnClickListener;
import android.widget.Button;
import android.widget.TextView;

public class Main extends Activity
{
    @Override
    protected void onCreate(Bundle savedInstanceState)
    {
        super.onCreate(savedInstanceState);
        setContentView(R.layout.fragment_dialog);
        View tv = findViewById(R.id.text);
        ((TextView) tv).setText("DialogFragment 显示对话框演示");
```

```
        Button button = (Button) findViewById(R.id.show);
        button.setOnClickListener(new OnClickListener()
        {
            public void onClick(View v)
            {
                //  显示对话框
                showDialog();
            }
        });
    }
    void showDialog()
    {
        //  创建 AlertDialogFragment 对象
        DialogFragment newFragment = MyAlertDialogFragment
                .newInstance(R.string.app_name);
        //  显示对话框
        newFragment.show(getFragmentManager(), "dialog");
    }
}
```

运行程序，并单击屏幕下方的“显示对话框”按钮，会显示如图 26-17 所示所示的对话框。

26.2.4 隐藏和显示 Fragment

工程目录：src\ch26\fragment_hide_show

通过 FragmentTransaction.show 和 FragmentTransaction.hide 方法可以显示和隐藏 Fragment。并且可以通过 FragmentTransaction.setCustomAnimations 方法指定显示和隐藏 Fragment 时的动画效果。本节给出一个例子，以淡入淡出效果显示和隐藏 Fragment，效果如图 26-18 和图 26-19 所示。

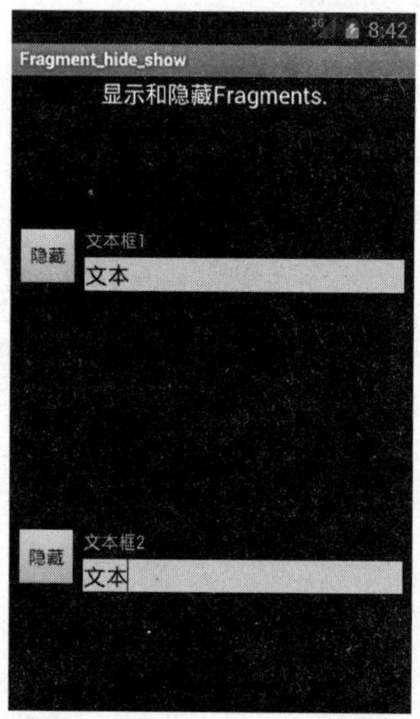

图 26-18 显示 Fragment

图 26-19 隐藏 Fragment

先编写两个继承自 Fragment 的类：FirstFragment 和 SecondFragment。由于这两个类的代码类似，在这里只给出 FirstGragment 类的代码，如下所示：

```
package mobile.android.fragment.hide.show;

import android.app.Fragment;
import android.os.Bundle;
import android.view.LayoutInflater;
import android.view.View;
import android.view.ViewGroup;
import android.widget.TextView;

public class FirstFragment extends Fragment
{
    TextView mTextView;
    @Override
    public View onCreateView(LayoutInflater inflater, ViewGroup container,
            Bundle savedInstanceState)
    {
        View v = inflater.inflate(R.layout.labeled_text_edit, container, false);
        View tv = v.findViewById(R.id.msg);
        ((TextView) tv).setText("文本框1");
        return v;
    }
}
```

接下来在 fragment_hide_show.xml 文件中插入两个 <fragment> 标签，代码如下：

```
<?xml version="1.0" encoding="utf-8"?>
<LinearLayout xmlns:android="http://schemas.android.com/apk/res/android"
    android:layout_width="match_parent"
    android:layout_height="match_parent"
    android:gravity="center_horizontal"
    android:orientation="vertical" >
    <TextView
        android:layout_width="match_parent"
        android:layout_height="wrap_content"
        android:gravity="center_vertical|center_horizontal"
        android:text="显示和隐藏 Fragments."
        android:textAppearance="?android:attr/textAppearanceMedium" />
    <LinearLayout
        android:layout_width="match_parent"
        android:layout_height="wrap_content"
        android:layout_weight="1"
        android:gravity="center_vertical"
        android:orientation="horizontal"
        android:padding="4dp" >
        <Button
            android:id="@+id/frag1hide"
            android:layout_width="wrap_content"
```

```
            android:layout_height="wrap_content"
            android:text=" 隐藏 " />
        <!--  第 1 个 Fragment  -->
        <fragment
            android:id="@+id/fragment1"
            android:layout_width="0px"
            android:layout_height="wrap_content"
            android:layout_weight="1"
            android:name="mobile.android.fragment.hide.show.FirstFragment" />
    </LinearLayout>

    <LinearLayout
        android:layout_width="match_parent"
        android:layout_height="wrap_content"
        android:layout_weight="1"
        android:gravity="center_vertical"
        android:orientation="horizontal"
        android:padding="4dip" >

        <Button
            android:id="@+id/frag2hide"
            android:layout_width="wrap_content"
            android:layout_height="wrap_content"
            android:text=" 隐藏 " />
        <!--  第 2 个 Fragment  -->
        <fragment
            android:id="@+id/fragment2"
            android:layout_width="0px"
            android:layout_height="wrap_content"
            android:layout_weight="1"
            android:name="mobile.android.fragment.hide.show.SecondFragment" />
    </LinearLayout>
</LinearLayout>
```

最后，在主程序中使用 show 和 hide 方法显示和隐藏 Fragment，代码如下：

```
package mobile.android.fragment.hide.show;

import android.app.Activity;
import android.app.Fragment;
import android.app.FragmentManager;
import android.app.FragmentTransaction;
import android.os.Bundle;
import android.view.View;
import android.view.View.OnClickListener;
import android.widget.Button;

public class Main extends Activity
{
    @Override
```

```
protected void onCreate(Bundle savedInstanceState)
{
    super.onCreate(savedInstanceState);
    setContentView(R.layout.fragment_hide_show);

    FragmentManager fm = getFragmentManager();
    //  添加第 1 个显示 / 隐藏按钮的单击事件
    addShowHideListener(R.id.frag1hide, fm.findFragmentById(R.id.fragment1));
    //  添加第 2 个显示 / 隐藏按钮的单击事件
    addShowHideListener(R.id.frag2hide, fm.findFragmentById(R.id.fragment2));
}

void addShowHideListener(int buttonId, final Fragment fragment)
{
    final Button button = (Button) findViewById(buttonId);
    button.setOnClickListener(new OnClickListener()
    {
        public void onClick(View v)
        {
            FragmentTransaction ft = getFragmentManager().beginTransaction();
            //  设置显示 / 隐藏 Fragment 时的动画效果，第 1 个参数表示显示
            //  时使用淡入效果，第 2 个参数表示隐藏时使用淡出效果
            ft.setCustomAnimations(android.R.animator.fade_in,
                    android.R.animator.fade_out);
            //  判断当前是否为隐藏状态
            if (fragment.isHidden())
            {
                ft.show(fragment);  //  显示 Fragment
                button.setText("隐藏");
            }
            else
            {
                ft.hide(fragment);  //  隐藏 Fragment
                button.setText("显示");
            }
            ft.commit();  //  提交以使 Fragment 的状态发生改变
        }
    });
}
}
```

26.2.5 回退堆栈

工程目录：src\ch26\fragment_backstack

Fragment 还支持回退堆栈，也就是说，可以像堆栈一样添加 Fragment 和删除最后一个添加的 Fragment（后进先出）。本节给出一个例子演示回退堆栈的用法。首先需要编写一个 addFragmentToStack 方法将 Fragment 入栈，代码如下：

```
void addFragmentToStack()
{
    // 堆栈中 Fragment 的数量
    mStackLevel++;
    // 创建一个 Fragment
    Fragment newFragment = CountingFragment.newInstance(mStackLevel);
    FragmentTransaction ft = getFragmentManager().beginTransaction();
    // 添加一个 Fragment，其中 R.id.simple_fragment 表示 Fragment
    // 的父视图的资源 ID
    ft.add(R.id.simple_fragment, newFragment);
    // 选择一种切换 Fragment 的动画
    ft.setTransition(FragmentTransaction.TRANSIT_FRAGMENT_FADE);
    // 将 Fragment 入栈
    ft.addToBackStack(null);
    ft.commit();
}
```

将 Fragment 从回退堆栈中弹出的代码如下：

```
getFragmentManager().popBackStack();
mStackLevel--;
```

运行本程序，会显示如图 26-20 所示的效果。单击屏幕下方两个按钮会分别添加和删除最后一个 Fragment。

图 26-20 回退堆栈

26.3 Android 4.0 的新特性

虽然目前市场上还没有 Android 4.0 真机可以测试，但可以从模拟器和官方文档来了解 Android 4.0 为我们提供了哪些新特性。

26.3.1 联系人提供者中的社会化 API

最新的 Android 包含了一个机主的个人档案，存在 ContactsContract.Profile 表里，通过新建一个 ContactsContract.RawContacts 记录，社交应用程序可以维护一个用户个人资料数据。这个新的联系人数据表的定义不同于以往的联系人数据表的定义，必须在 CONTENT_RAW_CONTACTS_URI 表里新建 1 个内容。联系人资料在这个表中被加上了“Me”标签，只能特定的用户可见。

增加一个新的联系人资料需要 WRITE_PROFILE 权限，读取该联系人资料表需要 READ_PROFILE 权限。大多数的应用程序需要用户资料，甚至是提供数据给该资料。但是读取用户资料是一个敏感的权限，你应该期望用户对需要读取用户资料的应用保持怀疑态度。

26.3.2 高分辨率的联系人照片

现在，Android 支持高分辨率的联系人照片，当将一个照片放到联系人记录中时，系统会把它处理成 96*96 的缩略图（像之前那样）和一个 256*256 大小的图片（该系统选择的确切尺寸，在未来可能会有所不同）。在 PHOTO 字段能够为联系人添加一个大的照片，系统会再加工成相应的缩略图显示联系人照片。

26.3.3 新的日历 API

新的日历 API 允许我们读取、增加、编辑和删除存储在系统数据库中的日历、事件记录、提醒和警示，各种应用程序和部件可以使用这些 API 来读取和修改日历事件。然而，最引人注目的是同步适配器，能够通过 Calendar Provider 同步其他日历服务用户的日历，为所有的用户事件提供一个统一的存放位置。

26.3.4 语音信箱

新的 Voicemail Provider 允许应用程序添加语音信箱设备，从而使所有的语音邮件以同样的方式展现。举个例子，用户也许拥有多个语音邮件的来源，如从手机服务供应商和其他 VoIP 或其他替代的语音服务之一，这些应用可以通过 Voicemail Provider APIs 添加语音邮箱到该手机中。内置的 Phone 应用会将所有的语音邮箱为用户统一展示。虽然 Phone 应用是系统唯一的一个应用，能够读取所有的语音邮件信箱，但是每个提供语音邮件服务的应用，都能够读他们加到系统中的邮箱（不能读其他服务的邮箱）。

由于现在的 API 不支持第三方应用程序读系统中所有的语音信箱，能够用的 API 操作是他们提供给用户的语音邮箱。

26.3.5 多媒体 API

Android 4.0 增加了几个新的多媒体 API，使应用程序能够与照片、影片和音乐等媒体交互。

(1) 媒体效果 API

这些 API 适用于各种图像和视频的视觉效果。例如，图像效果框架可以轻松地修复红眼、将图像转换为灰度、亮度调整、调整饱和度、旋转图像、应用鱼眼镜头的效果等。该效果框架执行在 GPU 上，以获得最大的性能。

为了得到最佳效果，媒体效果 API 直接应用 OpenGL 的纹理，应用程序必须有一个有效的 OpenGLContext，才可以使用媒体效果 API。应用效果的纹理可以用于位图、视频，甚至相机。不过也有一定的限制，纹理必须满足如下的条件：

- ❑ 绑定到一个 GL_TEXTURE_2D 的纹理图像
- ❑ 至少包含一个 mipmap 的级别

（2）远程控制客户端

新远程控制客户端允许媒体播放器，使媒体播放器能够被远程控制，如设备锁定屏幕。媒体播放器还可以使遥控器上显示目前正在播放的媒体，如进度信息和专辑封面的信息。

（3）新的 MediaPlayer

- 加入网络权限就可以使媒体播放器播放网络上的音乐。不要忘记加上权限。
- 允许定义播放习惯。

（4）支持更多的媒体类型

Android 4.0 新增了如下的媒体种类。

- HTTP / HTTPS 的实时流媒体协议第 3 版
- ADTS 的原生 AAC 音频编码
- WEBP 图像
- Matroska 的视频

26.3.6 人脸识别

Android 4.0 的拍照功能终于拥有了一门绝技：人脸识别。可以检测人脸特征，包括眼睛和嘴。如果想用相机来开发人脸识别的程序，必须使用 setFaceDetectionListener 方法注册 Camera.FaceDetectionListener 对象，然后启动 camera surface，并调用 startFaceDetection 方法开始检测人脸。

如果实现了 Camera.FaceDetectionListener 接口，当系统检测到一个或者更多个人脸时，便会向所调用的接口回调 onFaceDetection 方法，包括一组 Camera.Face 对象。

Camera.Face 类的实例提供有关于人脸识别的各种各样信息，其中包括：

- 一个相对与相机当前视野的所指定人脸边界的矩形框 (Rect 对象)。
- 一个 1~100 之间并用于人脸识别精确度的整数。

每个检测到的人脸会分配独一无二的 ID，当识别到眼睛和嘴时，都会生成一个 Point 对象，该对象指定眼睛或者嘴巴的空间位置。

注意 并不是所有设备都支持人脸识别，应该先调用 getMaxNumDetectedFaces() 方法来保证返回的值大于 0，说明设备是支持该技术的。当然，还有一些设备可以支持人脸识别，但是不支持眼睛和嘴的鉴定，在这种情况下，Camera.Face 对象为空值。

26.3.7 焦距和感光区域

现在，照相机程序可以控制焦距和感光的白平衡以及自动曝光，这两个功能使用新的 Camera.Area 类，来指定照相所集中和所计算的出来的当前视图区域。Camera.Area 类的实例定义该视图边界的矩形区域和面积比重（相对于其他区域，该区域的重要性）。

设置焦距或感光度之前，首先调用 getMaxNumFocusAreas() 或 getMaxNumMeteringAreas()

方法。如果返回 0，该设备不支持相应的功能。

设置焦距调用 setFocusAreas() 方法，设置感光度调用 setMeteringAreas() 方法；这两种方法每次会返回包含所对应焦距或者感光度的 Camera.Area 对象列表 (List)。例如，可以实现一个功能，允许用户设置通过触摸一个预览区域，再转化到重点领域 Camera.Area 对象和要求，重点放在该区域的场景。在现场的面积变化，在这一领域的重点或曝光将不断更新。

26.3.8　摄像头自动对焦

现在，可以启用连续自动对焦（CAF）拍照。为了使照相程序调用连续自动对焦功能，需要传递 FOCUS_MODE_CONTINUOUS_PICTURE 参数到 setFocusMode() 方法中。当准备拍摄照片，调用 autoFocus() 方法。Camera.AutoFocusCallback 对象便立即收到一个回调来指示是否获得焦点。接受到回调值后，如果还需要重新自动对焦，必须调用 cancelAutoFocus() 方法。

26.3.9　Wi-Fi 点对点连接

Android 框架提供了一套 Wi-Fi 的直接点对点（P2P）的 API，允许发现和连接到其他设备，Wi-Fi 点对点通讯的距离远远长于蓝牙通信的距离。

android.net.wifi.p2p 是一个新的软件包，包含所有与 Wi-Fi 点对点连接相关的 API。其中核心类是 WifiP2pManager ，可以调用 getSystemService(WIFI_P2P_SERVICE) 方法获取该对象。使用 WifiP2pManager 类的 API 可以实现以下事情：

- 通过调用 initialize 方法初始化应用程序
- 扫描附近的 Wi-Fi 设备
- 通过调用 P2P API 连接其他的 Wi-Fi 设备

26.3.10　高级的网络应用

Android 4.0 使用户能够精确地、明显地看到应用程序正在使用多少网络数据，应用程序能够设置是否允许用户管理并设置网络数据的使用权，甚至禁止某个应用使用后台数据。为了避免应用程序被禁止访问后台数据，应该优化策略，更加有效地利用连接数据，并且调整应用依赖的有效连接的类型。

如果应用执行很多网络交互，应该提供一些设置，允许用户来控制应用程序数据。例如，多久执行同步数据、是否只在 WI-FI 环境下执行上传下载操作、是否使用数据漫游等。通过提供这些设置，当用户处理数据管制时，就不太可能禁用你的应用程序来访问数据，因为可以更加精确地控制应用程序的数据使用。如果提供了 Preference 的 Activity 来设置，应该在清单文件里声明 intent-filter，并且将 action 设为 ACTION_MANAGE_NETWORK_USAGE，例如：

```
<activity android:name="DataPreferences" android:label="@string/title_preferences">
    <intent-filter>
        <action android:name="android.intent.action.MANAGE_NETWORK_USAGE" />
        <category android:name="android.intent.category.DEFAULT" />
    </intent-filter>
</activity>
```

这个 intent-filter 向系统表明，这个 Activity 是来控制应用程序的数据使用的。所以，当用户在 Setting 里面检查应用程序使用了多少数据时，就会显示一个 "View application settings" 的按钮，来启动自己的 Preference Activity，这样，用户就可以更加详细地指导应用程序所使用的数据了。

26.3.11 新增的设备传感器

Android4.0 新增加了两个传感器类型：

- ❑ TYPE_AMBIENT_TEMPERATURE，提供环境（室）温度（摄氏度）的温度传感器。
- ❑ TYPE_RELATIVE_HUMIDITY，以百分比形式提供相对环境（室内）的湿度传感器。

以前的温度传感器 TYPE_TEMPERATURE 已被弃用。使用 TYPE_AMBIENT_TEMPERATURE 传感器来代替。

此外，Android 的三大综合传感器已大大提高，所以现在有更低的延迟和平滑输出。这些传感器包括重力感应器（TYPE_GRAVITY）、旋转矢量传感器（TYPE_ROTATION_VECTOR）和线性加速度传感器（TYPE_LINEAR_ACCELERATION）。改进的传感器依靠陀螺仪传感器，以提高它们的输出，因此，设备上出现的传感器有一个陀螺仪。

26.3.12 WebKit 浏览器引擎

WebKit 浏览器引擎做了如下更新：

- ❑ WebKit 更新到 534.30 版本。
- ❑ 在 WebView 和内置的浏览器中支持印度的字体（梵文、孟加拉语、泰米尔语等，需要通过复杂的字形来组合的字符）。
- ❑ 在 WebView 和内置的浏览器中支持埃塞俄比亚语、格鲁吉亚语、亚美尼亚语的字体。
- ❑ 支持 WebDriver，通过它可以利用 WebView 来测试程序更加的容易。

26.4 Android 4.0 实战：应用程序演示

工程目录：src\ch26\HoneycombGallery

本节给出一个实际的 Android 4.0 应用程序的例子。主要演示 Fragment 及 Action Bar 的应用，效果如图 26-21 所示。

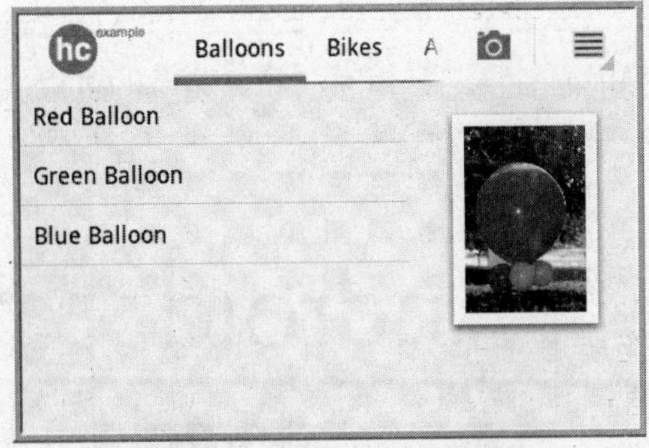

图 26-21 Action Bar 的效果

在图 26-21 所示界面的布局中使用了两个 <fragment> 标签，将界面分成两部分，代码如下：

```
<fragment class=" mobile.android.jx.hcgallery.TitlesFragment"
        android:id="@+id/frag_title"
        android:visibility="gone"
        android:layout_marginTop="?android:attr/actionBarSize"
        android:layout_width="@dimen/titles_size"
        android:layout_height="match_parent" />
<fragment class=" mobile.android.jx.hcgallery.ContentFragment"
        android:id="@+id/frag_content"
        android:layout_width="match_parent"
        android:layout_height="match_parent" />
```

其中，class 属性分别指定了两个 fragment 类，每一个 fragment 类必须是 Fragment 的子类。如 ContentFragment 类的定义代码如下：

```
public class ContentFragment extends Fragment
{
    ...
}
```

由于本例的代码过于复杂，关于更详细的实现请读者参阅本书提供的源代码。

26.5 小结

本章介绍了 Android 4.0 新增的主要 API，并对两类主要的 API（Fragment 和 Action Bar）进行了实例演示。Android 4.0 可以同时支持手持设备（主要是手机）和平板电脑。其中很多 API 是从 Android 3.x 延续来的，在 Android 4.0 中对这些 API 做了优化，使其可以在各种分辨率的屏幕上都有很好的显示效果。

Android技术内幕：系统卷

作者：杨丰盛

ISBN：978-7-111-33727-0

定价：69.00元

内容简介

国内首本系统对Android的源代码进行深入分析的著作。全书将Android系统从构架上依次分为应用层、应用框架层、系统运行库层、硬件抽象层和Linux内核层等5个层次，旨在通过对Android系统源代码的全面分析来帮助开发者加深对Android系统架构设计和实现原理的认识，从而帮助他们解决开发中遇到的更加复杂的问题。

全书分为两卷，系统卷主要分析了Linux内核层、硬件抽象层和系统运行库层的各个模块的底层原理和实现细节；应用卷主要分析了应用层和应用框架层的各个模块的底层原理和实现细节。

具体而言，系统卷第1章首先从宏观上介绍了Android系统的架构以及各个层次之间的关系，然后介绍了如何获取Android源代码并搭建Android源代码开发环境和阅读环境的方法；第2章有针对性地剖析了Android的内核机制和结构，以及Android对Linux内核的改动和增强；第3章分析了Binder的架构和工作机制，以及Binder驱动的实现原理；第4章分析了Android电源管理模块的机制与实现；第5章全面地剖析了Android硬件设备驱动（显示、视频、音频、MTD、Event、蓝牙、WLAN等）的工作原理和实现，掌握这部分内容即可修改和编写基于Android的设备驱动程序；第6章深刻阐述了Android原生库的原理及实现，涉及系统C库、功能库、扩展库和原生的Server等重要内容；第7章系统地讲解了硬件抽象层的原理与实现，掌握这部分内容即可编写适合特定硬件设备驱动的抽象层接口；第8章和第9章是对系统运行库层的分析，主要讲解了Dalvik虚拟机的架构、原理与实现，以及Android的核心库相关的知识，掌握这部分内容即可完成对Android运行库的移植和修改。

本书适合所有的高级Android应用开发工程师、Android系统开发工程师、Android移植工程师、Android系统架构师和所有对Android源码实现感兴趣的读者。

深入理解Android：卷I

作者：邓凡平

ISBN：978-7-111-35762-9

定价：69.00元

内容简介

这是一本以情景方式对Android的源代码进行深入分析的书。内容广泛，以对Framework层的分析为主，兼顾Native层和Application层；分析深入，每一部分源代码的分析都力求透彻；针对性强，注重实际应用开发需求，书中所涵盖的知识点都是Android应用开发者和系统开发者需要重点掌握的。

本书适合有一定基础的Android应用开发工程师和系统工程师阅读。通过对本书的学习，大家将能更深刻地理解Android系统，从而自如应对实际开发中遇到的难题。

www.hzbook.com

填写读者调查表　加入华章书友会
获赠精彩技术书　参与活动和抽奖

尊敬的读者：

感谢您选择华章图书。为了聆听您的意见，以便我们能够为您提供更优秀的图书产品，敬请您抽出宝贵的时间填写本表，并按底部的地址邮寄给我们（您也可通过www.hzbook.com填写本表）。您将加入我们的“华章书友会”，及时获得新书资讯，免费参加书友会活动。我们将定期选出若干名热心读者，免费赠送我们出版的图书。请一定填写书名书号并留全您的联系信息，以便我们联络您，谢谢！

书名：　　　　　　　　　　　　书号：7-111-(　　　　　　　　)

姓名：	性别：☐男　☐女	年龄：	职业：
通信地址：		E-mail：	
电话：	手机：	邮编：	

1. 您是如何获知本书的：

☐朋友推荐　☐书店　☐图书目录　☐杂志、报纸、网络等　☐其他

2. 您从哪里购买本书：

☐新华书店　☐计算机专业书店　☐网上书店　☐其他

3. 您对本书的评价是：

技术内容	☐很好	☐一般	☐较差	☐理由______
文字质量	☐很好	☐一般	☐较差	☐理由______
版式封面	☐很好	☐一般	☐较差	☐理由______
印装质量	☐很好	☐一般	☐较差	☐理由______
图书定价	☐太高	☐合适	☐较低	☐理由______

4. 您希望我们的图书在哪些方面进行改进？

____

____

5. 您最希望我们出版哪方面的图书？如果有英文版请写出书名。

____

____

6. 您有没有写作或翻译技术图书的想法？

☐是，我的计划是______________________　☐否

7. 您希望获取图书信息的形式：

☐邮件　☐信函　☐短信　☐其他______

请寄：北京市西城区百万庄南街1号　机械工业出版社　华章公司　计算机图书策划部收

邮编：100037　电话：(010) 88379512　传真：(010) 68311602　E-mail: hzjsj@hzbook.com